센·서·공·학

대표저자 이학박사
손병기 편저
경북대학교수
센서기술연구소 소장

Sensor Engineering

집필자 소개 (무순)

1. 손병기 ; 1981년 경북대학교 이학박사 (물리학)
   · 현재, 경북대학교 공과대학 전자·전기공학부 교수
     경북대학교 센서기술연구소 소장

2. 최시영 ; 1986년 일본 동북대학교 공학박사 (전자공학)
   · 현재, 경북대학교 공과대학 전자·전기공학부 교수
     센서기술연구소 부소장

3. 박이순 ; 1982년 미국 Mississippi Univ. 공학박사 (고분자공학)
   · 현재, 경북대학교 공과대학 고분자공학과 부교수
     평판 표시장치 부품·재료 거점 연구단 단장

4. 박세광 ; 1988년 미국 Case Western Reserve Univ. 공학박사 (전기공학)
   · 현재, 경북대학교 공과대학 전자·전기공학부 부교수

5. 이종현 ; 1981년 프랑스 그레노블 국립공대 공학박사 (전자공학)
   · 현재, 경북대학교 공과대학 전자·전기공학부 교수
     경북대학교 산학 협력단 단장

6. 남태철 ; 1986년 경북대학교 공학박사 (전자물성)
   · 현재, 영남대학교 공과대학 전자공학과 교수

7. 이정희 ; 1990년 미국 Noth Carolina State Univ. 공학박사 (전기공학)
   · 현재, 경북대학교 공과대학 전자·전기공학부 부교수
     센서기술연구소 센서정보 센터장

8. 강희동 ; 1980년 프랑스 Paul Sabatier Univ. 이학박사 (핵물리학)
   · 현재, 경북대학교 자연과학대학 물리학과 교수
     경북대학교 방사선과학연구소장

9. 노용래 ; 1990년 미국 Pennsylvania State Univ. 공학박사 (응용역학)
   · 현재, 경북대학교 센서기술연구소 조교수
     센서기술연구소 연구협력 본부장

10. 이용현 ; 1991년 충남대학교 공학박사 (반도체 재료)
    · 현재, 경북대학교 공과대학 전자·전기공학부 교수

11. 이덕동 ; 1984년 연세대학교 공학박사 (전자공학)
    · 현재, 경북대학교 공과대학 전자·전기공학부 교수

12. 이흥락 ; 1977년 일본 경도대학교 이학박사 (분석화학)
    · 현재, 경북대학교 자연과학대학 화학과 교수
      경북대학교 공동실험실습 관장

13. 강신원 ; 1993년 일본 게이오대학 공학박사 (생체의공학)
    · 현재, 경북대학교 센서기술연구소 조교수
      센서기술연구소 교육자원 센터장

14. 조진호 ; 1988년 경북대학교 공학박사 (의용전자공학)
    · 현재, 경북대학교 공과대학 전자·전기공학부 부교수
      경북대학교 대학병원 의공학과장

현대 사회는 눈부신 과학기술 혁신의 거듭으로 대전환을 겪고 있으며, 이미 정보화 사회로 신속하게 진입하고 있다. 이때 각양각색의 정보가 센서에 의하여 원초적(原初的)으로 채취되고, 컴퓨터에 의하여 신속·정확하게 처리되어 각종 통신수단에 의해 전달되고 있으며 또한 정보의 처리, 전달, 활용량의 폭발적 증대는 정보화 사회의 도래를 가속화 하면서 고도의 과학기술을 더욱 필요로 하고 있다.

원초적(原初的) 정보를 포착·채취·처리·활용하는 센서 기술은 학제적(學際的)이고 복합기술적(複合技術的)이어서 컴퓨터 기술이나 통신 기술에 비해 훨씬 낙후하여 센서 기술의 낙후 그 자체가 각종 정보시스템의 기능확대나 고도화에 주된 걸림돌이 되고 있다. 따라서 시스템 기술의 성취를 위해서도 센서 기술 혁신이 절실히 요청되고 있다.

선진국들은 센서 기술을 21세기의 핵심기술이요, 금후 기술경쟁력 확보의 열쇠라 생각하고 센서 기술 개발을 위하여 많은 투자를 서슴치 않고 있다. 센서 기술의 역사는 길다고 할 수 있으나 1970년대 이후에 이루어진 것이 거의 전부라 할 수 있을 만큼 혁신을 거듭했고, 소수의 선진국이 독점하고 있는 실정이다.

현재 센서 기술은 이제 그 여명기를 벗어나 일출기에 접어들고 있다고 볼 수 있다. 그러나 아직 그 학문적 체계가 명쾌하게 이루어졌다고는 할 수 없으며, 현재 그 체계화가 진행중에 있다고 보는 것이 옳을 것이다. 센서 기술이 워낙 다양한데다 폭넓은 학제성을 띠고 아주 복합기술적이어서 그 체계 정립 자체가 매우 힘들고 자료가 태부족하여 본 책자의 저자들이 여러모로 노력했음에도 불구하고 그 체계나 내용이 다소 미흡한 것은 앞으로 계속 보완·수정해 나갈 것이다.

끝으로, 이 책이 나오기까지 출판을 맡아 주신 도서출판 **일진사** 여러분에게 감사드린다.

제 1 장 센서와 센서기술

1. 센서의 개념 ·· 13
  1-1 센서의 정의 ·· 13
  1-2 트랜스듀서와 액추에이터 ·· 14
2. 센서의 기능과 구비요건 ·· 15
3. 센서 기술과 그 중요성 ·· 16
4. 센서의 분류 ·· 17

제 2 장 센서의 변환기능

1. 물리현상을 이용한 변환기능 ·· 20
  1-1 광전변환기능 ·· 20
  1-2 열전변환기능 ·· 24
  1-3 압전변환기능 ·· 28
  1-4 자전변환기능 ·· 31
2. 화학현상 관련 변환기능 ·· 37
  2-1 전지의 원리 ·· 37
  2-2 고체의 전기전도 ·· 40

2-3 반도체의 표면현상 40

2-4 ISFET의 원리 42

3. 생물현상을 이용한 변환기능 45

3-1 바이오센서의 구성과 원리 45

3-2 분자식별 기능 물질 45

3-3 생체관련 물질의 고정화법 46

3-4 바이오센서의 변환기능 47

제 3 장 센서 기능성 재료

1. 무기물 Ⅰ(반도체·반도체 세라믹) 48

1-1 원소 반도체 50

1-2 화합물 반도체(Ⅲ-Ⅴ족 화합물) 50

1-3 화합물 반도체(Ⅱ-Ⅵ족 화합물) 51

1-4 화합물 반도체(그 외의 금속간 화합물) 52

1-5 금속 산화물 52

1-6 탄소 및 그 화합물 52

1-7 비정질 반도체 53

1-8 반도체를 이용한 센서 54

2. 무기물 Ⅱ(파인 세라믹) 55

2-1 유전체 세라믹 56

2-2 자성체 세라믹 57

2-3 그 밖의 산화물(1-5 참조) 59

2-4 탄화물 60

2-5 질화물 60

2-6 붕소화물 60

2-7 세라믹을 이용한 센서 61

3. 금 속 61

3-1 초전도 재료 62

3-2 금속을 이용한 센서 63

4. 유기물 및 고분자 재료 63

4-1 도전성 유기고분자 재료 64

4-2 압전·초전 유기고분자 재료 70

4-3 광학 재료 71

4-4 분자식별 기능 재료 75

제 4 장 센 서

1. 역학 센서 77

1-1 압력 센서 77

1-2 변위 센서 83

1-3 스트레인 게이지(센서) 89

1-4 유속 센서 91

1-5 가속도 센서 93

2. 자기 센서 102

2-1 전자유도작용 103

2-2 전류자기효과 103

2-3 포화철심형 자력계 106

2-4 Hall 소자 108

2-5 자기저항 소자 110

2-6 자기 diode ·· 113
   2-7 SQUID ··· 113
   2-8 자기 센서의 응용 ·· 115

3. 광 센서 ·· 117
   3-1 개 요 ··· 117
   3-2 광전자 방출형 센서 ·· 119
   3-3 광도전형 센서 ·· 123
   3-4 접합형 센서 ·· 126
   3-5 복합광 소자 ·· 136

4. 방사선 센서 ·· 137
   4-1 방사선과 물질과의 상호작용 ·· 137
   4-2 방사선 센서의 종류와 주요특성 ·· 140
   4-3 기체 전리형 방사선 센서 ·· 140
   4-4 액체 전리형 방사선 센서 ·· 147
   4-5 반도체 방사선 센서 ·· 147
   4-6 섬광형(Scintillation) 방사선 센서 ··· 153

5. 음향 센서 ·· 158
   5-1 음파센서 ·· 158
   5-2 초음파 센서 ·· 166

6. 열학 센서 ·· 174
   6-1 측온저항소자 ·· 174
   6-2 서미스터(thermistor) ·· 174
   6-3 p-n 접합 온도 센서 ·· 177
   6-4 열전대 ·· 178

6-5 초전형 온도 센서 ··· 179

7. 화학 센서 ·· 180

  7-1 가스센서 ·· 180

  7-2 이온센서 ·· 189

  7-3 습도센서 ·· 195

8. 바이오 센서 ·· 200

  8-1 바이오센서의 원리 ··· 200

  8-2 바이오센서의 종류 ··· 201

제 5 장 특수 센서 기술

1. 광섬유 센서 ·· 207

  1-1 광섬유의 종류 ··· 207

  1-2 광섬유 센서의 형태 ··· 208

  1-3 광섬유 센서의 종류 ··· 209

  1-4 광섬유 온도센서 ··· 210

  1-5 광섬유 전압(전계) 센서 ·· 212

  1-6 광섬유 전류(자계) 센서 ·· 213

  1-7 광섬유 자이로 ··· 214

  1-8 광섬유 가스센서 ··· 215

  1-9 광섬유 이온센서 ··· 215

2. 센서의 미세가공 기술 ··· 218

  2-1 미세가공 기술 ··· 218

  2-2 식각 기술 ··· 220

2-3 식각중지 기술 222

2-4 접합 기술 224

3. 고기능 센서 226

3-1 집적화 기술 227

3-2 다기능화 기술 227

3-3 지능화 기술(스마트 센서) 230

3-4 스마트 센서의 기술 동향 230

3-5 스마트 센서의 형태 230

제 6 장 센서 응용 기술

1. 센서 응용 기술의 기초 232

1-1 기초 응용 기술의 개요 232

1-2 주변 회로 기술 234

1-3 전송 기술 242

1-4 잡음 처리 기술 244

1-5 신호 및 영상처리 기술 247

2. 민수 응용 기술 249

2-1 주방용 가전기기 250

2-2 홈 오토메이션 252

2-3 가정 영상기기 253

2-4 음향기기 256

3. 공공 응용 기술 258

3-1 의료에서의 센서 응용 259

3-2 안전 방재 시스템 269

3-3　교통 시스템 272

　　3-4　환경 관리 273

4. 산업 응용 기술 274

　　4-1　프로세서 산업 시스템 275

　　4-2　기계 산업 시스템 279

　　4-3　전자 산업 시스템 286

　　4-4　정보 처리 시스템 289

5. 특수 응용 기술 293

　　5-1　자원탐사·우주·기상 시스템에서의 리모트 센싱 기술 293

　　5-2　지중·수중 자원탐사 센서 295

　　5-3　지열탐사 295

　　5-4　우주 자원탐사 센서 296

　　5-5　기상현상 측정 296

　　5-6　해양환경 계측 시스템 297

센서와 센서기술

1. 센서의 개념

1-1 센서의 정의

인류는 센서(sensor)라는 단어가 생기기 훨씬 전부터 실제로 센서를 활용해 왔다. 나침반으로 방위를 감지했고 한란계를 만들어 온도를 측정하였다. 오늘날에는 센서라는 수단을 통하여 보고 들을 수 없는 적외선, 자외선, 초음파, X-선 등을 감지할 수 있으며, 작아서 볼 수 없는 것을 전자현미경으로 1천만배나 확대해서 볼 수 있고 전파망원경으로 100억 광년이나 멀리 떨어져 있는 퀘이사(quasar)를 관측한다. 그리고 레이더를 이용하여 상당한 거리에서 빠르게 움직이는 물체를 감지해 내고 있다.

이 센서라는 단어는 라틴어의 "sens(-us)"에서 유래된 것인데, 1965년 경까지도 문헌상에 나타나지 않는다. 이 「sensor」라는 낱말은 1967년 미국의 McGraw-Hill 출판사가 펴낸 "English-German Technical Engineering Dictionary"(2nd ed.)에 정의 없이 최초로 출현하였다. 1974년, 역시 McGraw-Hill 출판사가 "Dictionary of Scientific and Technical Terms"(1st ed.)에 처음으로 정의를 넣어서 「sensor」라는 단어를 수록하였는데, 그 정의는 "온도, 압력, 유량, 또는 그들의 변화, 혹은 빛, 소리, 전파 등의 강도를 감지하여 그 정보 수집시스템의 입력신호로 변환하는 디바이스(device)"라고 되어 있다. 국내에서는 1982년 「국어대사전」에 「센서」란 단어가 처음으로 등장하였는데, "센서(sensor) : (명) [군] 인간의 감각 능력을 확대하기 위한 기술적 수단. 목표물로부터 반사 또는 방출되는 에너지에 의하여 지세, 군사적 표적의 존재 여부, 기타 인공 및 자연물의 활동 사항을 탐지·지적해 내는데 쓰이는 장비"라고 되어 있다.

그러나 아직도 센서란 낱말의 개념이 명확하게 정의되어 있다고 할 수 없다. 왜냐하면 학자에 따라서, 분야에 따라서, 사용자에 따라서 약간씩 그 개념의 차이를 나타내고 있는데 이것은 센서 기술이 수요지향적으로 성장해 왔고, 그 특성이 아주 학제적(學際的)이고 복합기술적이기 때문이다. 센서를 좁게 보느냐, 넓게 보느냐에 따라서 그 개념적 차이가 상당히 클

수 있지만 대체로 다음과 같이 정의된다.
- 센서(sensor) : [L sensus] 측정 대상의 물리량이나 화학량을 선택적으로 포착하여 유용한 신호(주로 전기적 신호)로 변환·출력하는 장치.

그런데 일반적으로 센서란 시스템에 필요한 정보를 채취·출력하는 디바이스 또는 장치라고 할 수 있으며, 외계의 정보를 검지하여 전기신호로 변환하는 장치라고 단순하게 이해해도 큰 무리는 없다.

1-2 트랜스듀서와 액추에이터

센서가 원초적 정보를 채취하는 것으로서 감지기 또는 감지장치인데 비하여 트랜스듀서(transducer)는 채취된 정보를 이에 대응하는 유용한 신호로 변환하는 것으로서 변환기 또는 변환장치이다. 트랜스듀서란 광의로는 "어떤 종류의 신호 또는 에너지를 다른 종류의 신호 또는 에너지로 변환하는 장치"라고 할 수 있고, 협의로는 "물리·화학량을 전기신호로 변환하거나 역으로 전기신호를 다른 물리·화학량으로 변환하는 장치"라고 할 수 있다.

생체는 외계로부터의 자극을 오감(시각, 청각, 촉각, 후각, 미각)으로 받아서 그 신호를 신경에 의하여 뇌로 전달한다. 이때 뇌는 이 신호를 처리하여 근육 또는 수족 등으로 명령신호를 전달함으로써 동작을 수행하게 한다. 이 관계를 공학적으로 수행하려면 외계의 정보를 센서에 의하여 원초적으로 감지하고 트랜스듀서에 의해 전기적 신호로 변환해서 그 신호를 전송로를 통하여 정보처리기(컴퓨터)에 전달한다. 이때 컴퓨터는 그 신호를 처리하여 액추에이터(actuator)에 전송함으로써 액추에이터를 구동하게 한다. 즉, 액추에이터란 입력된 신호에 대응하여 작동을 수행하는 장치, 또는 명령신호에 의하여 작동하는 집행기이다.

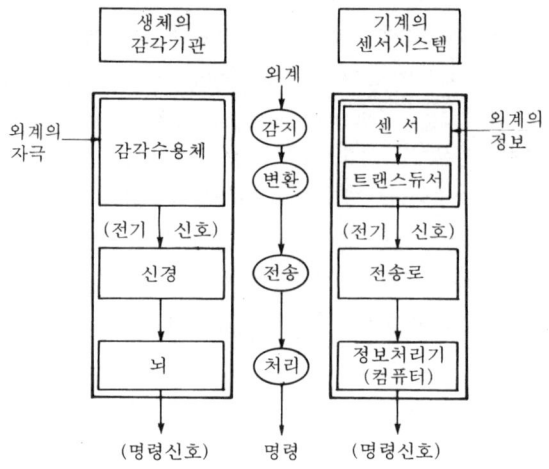

그림 1-1 생체의 감각기관과 기계의 센서시스템 비교

그림 1-1은 생체의 감각기관과 공학적 센서시스템을 대비하여 나타낸 것으로 센서시스템에서 협의의 센서와 트랜스듀서가 결합되어서 생체의 수용체(receptor)에 대응된다. 따라서 일반적으로 원초적 정보가 센서에 의하여 채취되고 입력 트랜스듀서(input transducer)에 의하여 전기적 신호로 변환·출력하는 장치를 센서라고 하는 것이다. 센서가 스스로 전기신호를 출력할 경우에는 입력 트랜스듀서는 불필요하게 되며, 이 때문에 센서와 트랜스듀서가 가끔 혼용되기도 한다.

2. 센서의 기능과 구비요건

센서는 외부로부터의 자극이나 신호를 선택적으로 감지해야 하는 본질적 기능과 이 감지된 원초적 신호를 유용한 전기적 신호로 변환하는 기능을 갖추고 있어야 하며, 기본적으로 우수한 감도(sensitivity), 선택도(selectivity), 안정도(stability) 및 복귀도(reversibility)를 갖추어야 한다. 이것을 센서의 특성상 필수적으로 구비해야 할 기본요건(basic requirements)이라 하며, 이 기본요건 중에서도 가장 중요한 것은 역시 감도이다. 또한 센서는 이 기본적인 요건 외에도 높은 기능성, 적용성, 규격성, 생산성, 보존성 등 다양한 부대요건(subsidiary requirements)을 구비해야 한다.

이러한 기본요건 및 부대요건을 우수하게 많이 구비할수록 센서는 높은 신뢰성(reliability)을 갖는 좋은 것이다. 경우에 따라서는 비교적 단순한 요건만을 충족해도 환영받는 센서가 있는가 하면 대단히 까다롭고 복잡한 요건을 구비해야 실용될 수 있는 것이 있다. 대체로 화학센서나 바이오센서들이 물리센서들에 비하여 더 까다로운 구비요건을 충족해야 하며, 높은 수준의 센서일수록 그 구비요건은 더욱 엄격해 진다. 그리고 센서 개발이 어렵고 센서기술의 혁신이 늦어진 한 이유도 바로 이와같은 센서의 기능과 특성상 요구되는 조건들이 복잡하고 엄격하기 때문이다.

센서의 감도는 측정치의 정밀도(precision) 또는 정확도(accuracy)의 기초가 된다. 용액이나 기체중의 특정 이온이나 특정 가스를 검출하고자 할 때, 공존하고 있는 다른 이온이나 가스들의 간섭효과를 최대한 피해야 하는데 이러한 경우 센서의 선택도는 특히 중요하다. 센서의 동작이 측정환경의 변화에도 안정되어 있어야 하며, 또 센서가 작동을 하고 난 후에는 즉시 원상태로 복귀하여 다음 작동 태세에 들어가야 한다. 그러나 보통은 센서가 작동 후 원상복귀하는 데는 어느 정도의 시간을 요한다. 이러한 현상은 기억효과(memory effect) 또는 이력효과(hysteresis effect)에 기인하는 경우가 많으며, 센서의 높은 복귀도란 센서의 신속한 원상복귀의 정도이다. 따라서 센서는 신속한 감응을 하여야 하고, 신속하게 원상복귀해야 한다. 이 감응속도와 복귀도는 일반적으로 상관되어 있고 GM 계수관(Geiger-Müller counter)과 같은 경우 이 복귀도의 중요성이 쉽게 이해된다.

부대요건도 센서 기술 및 센서 산업상 대단히 중요하며, 실제로 이 부대요건이 때로는 기본요건보다 더 중요하게 다루어지기도 한다. 센서의 적용성을 예로 들면 우수한 기본요건을 구비하고 있는 센서일지라도 어떤 특수 목적으로 사용하는데 문제가 있을 수 있다. 그러므로 생체내에 삽입하여 특수 측정하고자 하는 경우 생체 삽입에 문제가 없도록 제반 조건을 갖추고 있지 않으면 그 센서가 아무리 우수한 기본요건을 구비하고 있어도 쓸 수가 없는 것이다.

3. 센서 기술과 그 중요성

센서 기술은 근래에 눈부시게 발전한 기초과학과 그 지식을 바탕으로 하는 기술, 특히 재료, 집적회로, 소프트웨어 등의 첨단기술의 토양 위에서 혁신적 발전을 거듭하고 있다.

센서 기술은 참으로 학제적이고 복합기술적이다. 이러한 특성이 바로 센서 기술의 발전을 느리게 하는 주요 원인으로 어떤 개인이나 작은 그룹이 이 학제적이고 복합기술적인 센서 기술을 충분히 주도하기에는 너무나 벅찬 일이기 때문이다. 즉, 우수하고 다양한 두뇌의 유기적 집단과 상당한 투자가 융합되어야 센서 기술은 효율적으로 발전할 수 있기 때문이다.

현대사회는 과학기술의 거듭되는 혁신으로 대전환을 겪고 있다. 이 사회의 대전환은 대단히 신속하고 방대하며, 사회는 고도과학기술을 바탕으로 하는 정보화사회로 급속히 진입하고 있다. 이미 현대사회는 고도과학기술 없이는 지탱될 수 없는 지경에 이르고 있으며, 특히 고도의 컴퓨터 기술, 통신 기술, 제어 기술, 그리고 이들 기술이 조화롭게 집적된 고도의 시스템 기술을 요구하고 있다. 그런데 제어 기술은 컴퓨터 기술 및 통신 기술에 비하여 상대적으로 크게 낙후해 있는데 이것은 센서 기술의 낙후 때문이다. 제어 기술은 계측 기술 없이는 성취될 수 없고 계측 기술은 센서 기술 없이는 이루어질 수 없기 때문이다. 즉 컴퓨터 기술, 통신 기술 및 제어 기술의 융합으로 이루어지는 고도시스템 기술을 얻기 위해서는 센서 기술의 혁신이 우선되어야 한다. 그러므로 센서 기술은 정밀계측 및 자동화 기술의 핵심이며, 고도시스템 기술의 열쇠이다.

센서 기술이란 기계장치에 감각기능을 부여하는 기술이며, 인간의 감각기능을 확대하는 기술이다. 이 센서 기술의 활용으로 인간이 스스로 감각하지 못하는 것도 감지할 수 있고, 또 인간이 통상적으로 감각할 수 있는 것일지라도 센서 기술의 도움으로 정신적·육체적 상태변화에 따른 감각오차를 크게 줄일 수 있으므로 센서 기술은 인간의 감각기능을 확대하는 기술이다. 인간은 전파, 적외선, 자외선, X선, 방사선 등을 볼 수 없고 초음파를 들을 수 없으며, 극저온이나 극고온을 정확히 느낄 수 없으나, 센서를 통하여 오감으로 감지할 수 없는 이런 양(量)을 감지할 수 있다.

센서 기술은 그 핵심 요소성과 고도시스템 기술의 관건성 때문에 첨예화하는 국제기술 경쟁의 초점이 되고 있다. 센서 기술의 이러한 특성이 선진국에서 센서기술 개발 투자에 혈안이 되는 근본 이유이며, 센서 기술의 자력 개발 없이는 국제기술 경쟁력을 확보할 수 없다는 것을 웅변해 준다.

센서 기술은 고부가가치 창출의 길잡이이며, 센서의 수준에 의하여 상품의 가격이 결정된다. 고급 상품일수록 센서가 차지하는 비율이 높고, 센서 기술은 원재료비의 50~1000배 부가가치가 창출된다.

센서 기술산업의 시장 규모가 급신장하고 있으며, 사회는 고도기술사회 또는 정보화사회로 급변하고 있고 따라서 자동화기술의 수요도 급증하고 있다. 그러나 센서 기술의 혁신이 바로 그 요청에 부응하지 못하고 있는 실정이다. 즉, 센서 기술의 미진이 종합기술 발전의 제한 조건이 되고 있으며, 앞으로 센서 산업의 시장 규모는 거의 폭발적으로 급신장할 것이 확실하다.

4. 센서의 분류

센서의 종류는 다양하다. 실제로 요구되는 센서는 한 가지일지라도 세분하면 참으로 다양하다. 온도 센서의 경우 열전대, 서미스터, 체온계, 광온도계 등이 있으며, 또 열전대에도 사용온도 범위에 따라서 백금·백금로듐 (0~1,400℃), 크로멜·알루멜 (-270~1,000℃), 구리·콘스탄탄 (-270~300℃) 등 여러가지이다. 따라서 센서의 분류법도 관점에 따라서 다양한데 열거하면 대체로 다음과 같다.

① 구성방법에 의한 분류 : 기본센서, 조립센서
② 측정대상에 의한 분류 : 광센서, 방사선센서, 역학량센서, 전자기센서, 음파·초음파센서, 온도센서, 습도센서, 성분센서
③ 검출량의 변환원리에 의한 분류 : 물리센서, 화학센서, 생물센서
④ 구성재료에 의한 분류 : 반도체센서, 금속센서, 세라믹센서, 고분자 (유기)센서, 효소센서, 미생물센서
⑤ 검출방법에 의한 분류 : 역학적센서, 전자적센서, 광학적센서, 전기화학적센서, 미생물학적센서
⑥ 기구에 의한 분류 : 구조형센서, 물성형센서
⑦ 작용형식에 의한 분류 : 능동형센서, 수동형센서
⑧ 변환에너지 공급방식에 의한 분류 : 에너지 변환형센서, 에너지 제어형센서
⑨ 출력형식에 의한 분류 : 아날로그형센서, 디지털형센서
⑩ 응용분야에 의한 분류 : 민생응용, 산업응용, 공공응용, 특수응용

또는 범용, 공정제어용, 정보통신용, 과학계측용, 보건의료용, 환경에너지용, 가정생활용, 교통운수용, 농수토건용, 기타 응용 (군사, 우주 등)

표 1-1 감지대상에 따른 센서소자 분류

대단위 센서	중단위 센서	소단위 센서
역학 센서 (mechanical)	공간 (space)	거리, 각도, 위치(변위), 레벨, 면적, 부피, 변형, 곡률, 구조(배열/결합)……
	시간 (time)	시간, 시각, 주기(주파수), 수명, 연대……
	운동 (movement)	속도(각속도), 가속도(각가속도), 진동, 회전, 유속(유량)……
	힘 (force)	힘(하중), 압력(응력), 토크, 충격……
	기타 (others)	질량, 밀도, 비중, 탄성, 점성, 경도, 전성, 인성, 기공, (파괴)강도……
전자기 센서 (electro-magnetic)	전기 (electric)	전위(전압), 전류, 전력(곡률/적산), 전하, 전장(전계), 전기분극, 전기력……
	자기 (magnetic)	자장(자계), 자속, 자기력, 자기에너지, 자기저항, 자기분극……
	전자파 (electro-magnetic wave : 光제외)	진폭, 주파수……
	기타 (others)	도전율, 저항률, 유전율, 투자율, 유전강도, 보자력, 자기저항, 분극률……
광 센서 (optical)	가시광 (visible light)	광도, 조도, 색, 편광, 간섭, 회절, 굴절, 반사……
	적외선 (infrared)	적외선(원, 근)……
	자외선 (ultraviolet)	자외선(원, 근)……
	영상 (image)	영상, 분해능, 색상……
	기타 (others)	형광……
방사선 센서 (radiation)	하전입자선 (charged particle)	α선, 핵분열선, 이온 빔……
	전자선 (electron)	β선……
	전자파방사선 (E-M wave radiation)	γ선, X선……
	기타 (others)	우주선, 고에너지 방사선……
음향 센서 (acoustic)	음파 (acoustic wave)	강도, 고저, 위상, 반사, 굴절, 투과, 회절, 간섭, 음속, 파형……
	초음파 (ultrasonic wave)	강도, 진동수, 위상, 영상, 거리, 결함……
	음성/소음 (voice/noise)	강도, 음색, 맥놀이, 소음……
	기타 (others)	특수 합성음

열학 센서 (thermal)	열량 (heat)	열량 (반응열), 전도, 복사, 대류, 용량, 비열……
	온도 (temperature)	상온 (기온/실온/체온), 고온, 저온, 극고온, 극저온……
	기타 (others)	열전도율, 융점, 비점, 열팽창……
화학 센서 (chemical)	가스 (gas)	H_2, O_2/O_3, CO/CO_2, CH, H_2S/SO_2, NH_3/NOx, $HCl/HF/Cl_2$, 독가스 (혈액, 신경, 수포, 질식)……
	이온 (ion)	양이온, 음이온, 가스 감응이온……
	성분 (component)	기상성분, 액상성분, 이온질량, 광흡수성분, 발광성분 (형광/화학발광), 산화환원성분, 용액전도율성분, 자기산소……
	습도 (humidity)	습도 (상대/절대), 습기, 결로……
	분진/매연 (particulate/smoke)	부유분진, 강하분진, 매연, 탁도 (turbidity)……
	기타 (others)	복합가스, 특수 합성가스……
생물 센서 (biological)	생체물질 (biosubstance)	단백질, 핵산, 탄수화물, 지질, 비타민, 무기염류, 항생물질……
	세포/조직 (cell)	생체막, 세포소기관, 세균, 균류, 바이러스……
	생체기능 (biofunction)	효소, 소화/배설, 호흡/순환, 호르몬, 면역
	기타 (others)	생물환경, 환경오염……
기타 센서 (others)	다기능 센서 (multifunction)	물화, 화생, 물생, 물화생 등 다기능 복합 센서
	기타 (others)	

아직도 분류방식이 국제적으로 정립되어 있지 않은 실정이다. 그러나 가장 보편적 분류방식은 측정대상에 의한 분류법이라 생각된다. 표 1-1은 십진코드화를 전제한 측정대상에 의한 센서 분류표이다.

센서의 변환기능

센서는 기본적으로 측정대상의 물리량이나 화학량을 전기신호로 변환하는 기능을 가지고 있다. 이러한 변환기능은 사용되는 재료의 고유한 성질이나 물리적 또는 화학적 제현상을 이용하는 디바이스에 의하여 결정된다. 센서의 변환기능에 응용되는 제현상은 물리현상(physical phenomena), 화학현상(chemical phenomena), 생물현상(biological phenomena)으로 크게 분류할 수 있으며, 이들 제현상 중에서도 물리현상에 속하는 변환기능이 현실적으로 센서에 가장 많이 활용되고 있다.

물리현상에 속하는 주된 변환으로는 광전변환(photoelectric conversion), 열전변환(thermoelectric conversion), 압전변환(piezoelectric conversion), 자전변환(magnetoelectric conversion)을 들 수 있으며, 화학현상에 속하는 변환기능으로는 전기화학반응(electrochemical reaction), 산화환원반응(oxidation-reduction reaction), 촉매반응(catalytic reaction) 등이 있는데, 어느 것이나 화학량을 전기신호로 변환하는 기능이어야 하므로, 전압측정형(potentiometry) 및 전류측정형(amperometry)으로 구별된다. 그리고 생물현상에 속하는 주된 변환기능으로는 효소반응(enzyme reaction), 면역반응(immunoreaction), 미생물반응(microbial reaction) 등을 들 수 있는데, 원리적으로는 화학현상을 이용하고 있다.

1. 물리현상을 이용한 변환기능

1-1 광전변환기능

여러 가지 변환기능 중에서도 이 광전변환 기능을 이용하는 센서가 가장 많다. 그 취급하는 빛의 파장범위도 자외선-가시광선-적외선에 걸친 넓은 영역이며, 이 광전변환 기능에 속하는 물리현상은 광전효과(photoelectric effect)이다.

광전효과란 광전자 방출효과(photoelectron emission effect)라고 단순하게 말하는 경우가 많다. 그러나 광전효과의 포괄적 의미는 광전자 방출효과, 광도전효과(photoconductive effect),

광기전력효과(photovoltaic effect)를 포함한다. 이 광전자 방출효과를 외부 광전효과(external photoelectric effect)라 하고 광도전효과 및 광기전력효과를 내부 광전효과(internal photoelectric effect)라고 하며, 실제 센서를 위한 광전변환 기능에는 광열전변환 방식도 있다. 즉, 광에너지를 직접적 전기신호로 변환하는 앞의 광전효과와는 달리, 1차로 광열변환하고 2차로 열전변환함으로써 간접적으로 광전 변환효과를 얻는 방식이다. 열형광 센서의 변환기구는 바로 이 광열전변환의 간접 광전효과(indirect photoeletric effect)이다.

- 광전효과 ┬ 직접 광전효과 ┬ 외부 광전효과 : 광전자 방출효과
            │   └ 내부 광전효과 : 광도전효과, 광기전력효과
            └ 간접 광전효과 : 열형광전효과 ┬ 광초전효과
                                            └ 광열전효과

그림 2-1은 광파장에 따른 광센서 및 광전효과를 나타낸 것이다. 이 그림에서 광전자 방출은 가시광선-자외선 영역이고 광도전 효과는 가시광선-적외선 영역에 사용되는 경우가 많음을 볼 수 있다.

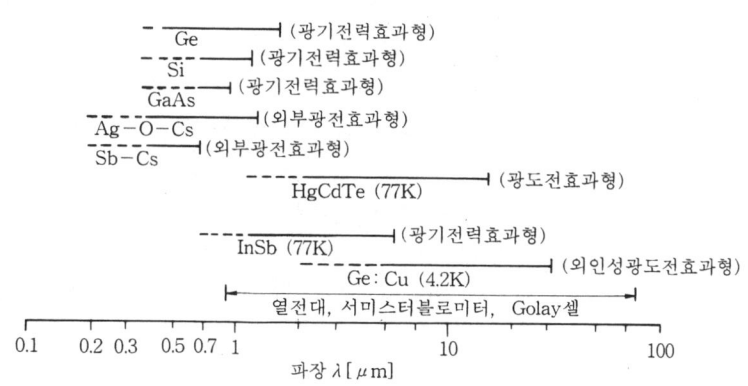

그림 2-1 파장에 따른 광센서 및 광전효과

(1) 광전자 방출

금속이나 반도체의 고체 표면에 충분한 에너지의 빛을 쪼이게 되면 전자가 고체 표면에서 외부로 방출된다. 이러한 현상을 외부 광전효과 또는 광전자 방출현상이라 한다.

빛의 에너지 ($E = h\nu$)가 고체의 일함수(ϕ_M)보다 클 때, 즉 $h\nu > \phi_M$일 때 전자가 외부로 방출되고, $h\nu < \phi_M$일 때 전자는 외부로 방출되지 않는다. 따라서 $h\nu = \phi_M$에 대응하는 광의 파장(λ_0)을 한계파장 또는 흡수단(absorption edge)이라 한다.

λ_0와 ϕ_M 사이에는 다음의 관계가 있다.

$$\lambda_0 = \frac{1.239}{\phi_M [\text{eV}]} [\mu\text{m}] \quad \cdots\cdots\cdots\cdots\cdots\cdots\cdots\cdots\cdots\cdots (2-1)$$

그림 2-2는 금속표면 부근의 에너지 상태를 나타내는 그림이다. 그림에서 E_f 는 Fermi 준위이고, E_c는 전도대의 최저 준위이며, $E = 0$ 준위는 금속내의 자유전자가 자유로워질 수 있는 표면의 진공준위이다.

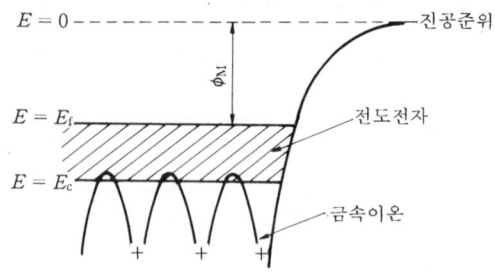

그림 2-2 금속표면 부근의 에너지 상태

(2) 광도전 효과

이 내부 광전효과는 특히 반도체에서 현저하게 나타나는데, 광전변환 중에서도 가장 널리 응용되고 있는 효과이다. 반도체 에너지대의 금지대폭($E_g = E_c - E_v$)보다 더 큰 에너지의 빛이 진성반도체에 조사되면 가전자를 전도대로 여기시켜서 전자정공쌍(electron-hole pair)을 생성하게 된다. 또 불순물 반도체에 빛이 조사되어 불순물 준위로부터의 전자 또는 정공(正孔)이 발생하기도 한다.

광조사에 의하여 생성된 전자 및 정공(캐리어)의 증가에 의하여 반도체의 도전율이 변화(증가)한다. 이 현상을 광도전효과(photoconductive effect)라 한다.

반도체에 빛이 쪼여서 단위체적당 매초 f개의 전자-정공쌍이 발생하면 도전율의 증가분($\Delta \sigma$)은 다음과 같다.

$$\Delta \sigma = q(\mu_n \Delta_n + \mu_p \Delta_p) \quad \cdots \cdots (2-2)$$

여기서, q : 전자의 전하, μ_n : 전자의 이동도, μ_p : 정공의 이동도
Δ_n : 전자의 농도 증가분, Δ_p : 정공의 농도 증가분

광조사에 의하여 생성된 전자나 정공은 광조사를 중단하면 전자정공 재결합 등으로 그 농도가 감소하게 된다. 전자 및 정공의 수명을 각각 τ_n 및 τ_p라 하면 Δn 및 Δp는 각각 $f\tau_n$ 및 $f\tau_p$이므로 다음 식이 된다.

$$\Delta \sigma = qf(\mu_n \tau_n + \mu_p \tau_p) \quad \cdots \cdots (2-3)$$

(3) 광기전력 효과

반도체 p-n접합의 경우 그림 2-3과 같은 공핍층에 전위장벽이 형성된다. 이 공핍층 부근에 빛을 쪼이면 광도전효과와 같은 현상으로 전자정공쌍이 생성되고 전자는 n영역으로, 정공은 p영역으로 이동하기 때문에 기전력이 발생한다. 이러한 현상을 광기전력효과(photovoltaic effect)라고 한다.

　만약 이 p-n접합을 외부회로로 연결해 주면 광조사량에 비례하는 전류가 외부회로에 흐르게 되는데 이 전류를 단락전류(short-circuit current)라 한다. 외부회로를 연 상태에서는 광여기된 전자는 n영역에, 정공은 p영역에 축적되어서 n영역(n형 반도체)은 -로, p영역(p형 반도체)은 +로 대전된다. 그 결과 p영역의 Fermi 준위를 기준으로 볼 때 n영역의 Fermi 준위는 위로 올라가게 되어 양쪽 Fermi 준위는 qV_{oc}만큼의 차이가 생긴다. 따라서 개방전압(open-circuit voltage) V_{oc}가 외부에 관측된다.

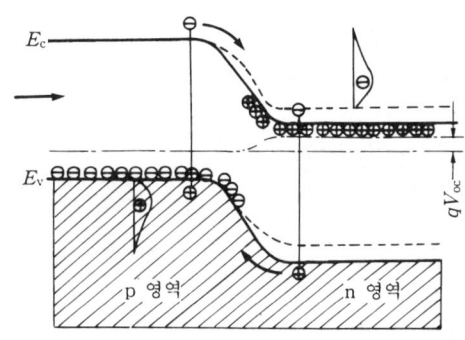

그림 2-3　p-n접합의 에너지대

　그림 2-4와 같이 p-n접합의 외부회로를 접속시키면 회로에 전류가 흐르는데 광조사가 없는 경우에는 다음과 같다.

$$I = I_0 \left(\exp \frac{qV}{kT} - 1 \right) \quad\quad\quad\quad\quad\quad\quad\quad\quad\quad (2-4)$$

　여기서, I_0 : 역방향의 포화전류치, k : Boltzmann 상수, T : 절대온도

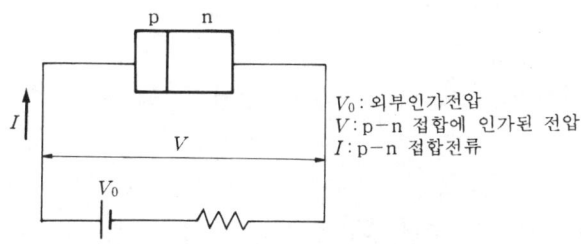

그림 2-4　p-n접합에 전압을 가한 경우

　빛을 조사하면 다음 식과 같이 된다.

$$I = I_o \left(\exp \frac{qV}{kT} - 1 \right) - I_L \quad \cdots\cdots\cdots\cdots\cdots\cdots\cdots\cdots\cdots\cdots\cdots\cdots\cdots\cdots\cdots\cdots\cdots \quad (2-5)$$

V_{oc}는 $I = 0$인 경우이므로 다음 식이 된다.

$$V_{oc} = \frac{kT}{q} \ln \left(1 + \frac{I_L}{I_0} \right) \quad \cdots\cdots\cdots\cdots\cdots\cdots\cdots\cdots\cdots\cdots\cdots\cdots\cdots\cdots \quad (2-6)$$

한편 단락전류는 식 (2-5)에서 $V = 0$인 경우이므로 다음과 같이 되어 I는 입사광량에 비례한다.

$$I = -I_L \quad \cdots\cdots\cdots\cdots\cdots\cdots\cdots\cdots\cdots\cdots\cdots\cdots\cdots\cdots\cdots\cdots\cdots\cdots\cdots\cdots\cdots\cdots\cdots\cdots \quad (2-7)$$

광조사 때 p-n접합의 등가회로는 그림 2-5와 같다.

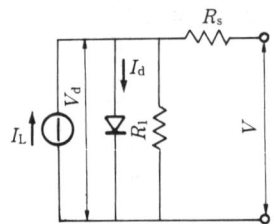

I_L : 광전류
I_d : p-n접합 인가전압이 V_d일 때 흐르는 p-n접합전류
R_s : 반도체 직렬저항
R_l : 누설전류에 대응하는 저항

그림 2-5 p-n접합에 빛을 조사한 경우의 등가회로

1-2 열전변환기능

 열전대(thermocouple), 반도체 서미스터(thermistor) 등의 온도센서는 금속이나 반도체의 열기전력, 반도체의 저항온도 특성 등의 열전 변환기능을 이용한 것으로 주된 열전 변환현상은 다음과 같다.

- 열전 변환현상 ─┬ 열전효과 : Seebeck효과, Peltier효과, Thomson효과
　　　　　　　　├ 초전효과
　　　　　　　　└ 저항의 온도의존성, p-n접합의 온도의존성, 기타 온도의존성

(1) 열전효과

 두 개의 다른 도체로 구성된 폐회로에 있어서, 그 접촉부에 온도차를 주면 이 폐회로에 열전류가 흐른다. 이는 그 폐회로에 열기전력(thermoelectromotive force)이 발생한 때문이다. 이 현상을 열전효과(thermoelectric effect)라 하는데 이 열전효과에는 Seebeck효과, Peltier효과 및 Thomson효과 등 세 종류가 있다.
 ① Seebeck효과 : 그림 2-6 (a)와 같이 두 다른 도체 a 및 b로 개회로(開回路)를 만들고,

그 접속점 1 및 2에 각각 다른 온도 T_1(저온) 및 T_2(고온)을 유지시키면 회로내에 기전력이 발생하는데 이 현상을 Seebeck효과라 한다.

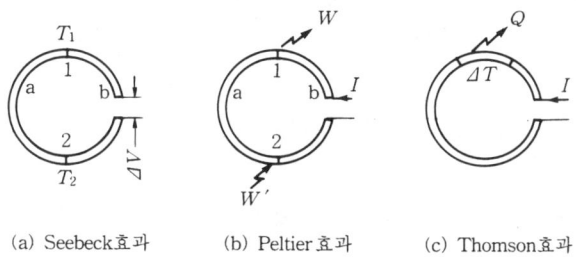

(a) Seebeck효과   (b) Peltier효과   (c) Thomson효과

그림 2-6 열전효과

이때 유기전압 ΔV는 $\Delta T(= T_2 - T_1)$에 비례한다.

$$\Delta V = \alpha(T)\,\Delta T \quad\cdots\cdots\cdots (2-8)$$

여기서, 비례계수 $\alpha(T)$를 열전능 또는 Seebeck 계수라고 한다. 일반적으로는 상대열전능인데, Pb를 기준으로 한 것을 절대열전능이라 한다. 보통 Seebeck효과는 반도체에서 현저하다.

② Peltier효과 : 그림 2-6 (b)와 같이 다른 도체 a, b로 된 폐회로에 전류를 흘리면 그 접속점 1, 2 중 한쪽은 열이 발생하고 다른 접속점은 열을 흡수하는 현상이 일어난다. 이러한 현상을 Peltier효과라고 한다.

열발생량과 흡수량의 절대값은 같다. 발생하는 열량(Q)은 이 회로에 흐르는 전류(I)에 비례한다.

$$Q = \eta I \quad\cdots\cdots\cdots (2-9)$$

여기서, 비례계수 η를 Peltier계수라 한다.

③ Thomson효과 : 장소에 따라 온도가 다른 도체(또는 반도체)에 전류를 흘릴 때 도체내에 Joule열 이외의 열의 발생 또는 흡수가 일어난다. 이 현상을 Thomson효과라고 한다.

단위시간, 단위길이 당 발생하는 열량 $\partial W/\partial l$ [W/m]은 온도기울기($\partial T/\partial l$)와 전류(I)의 곱에 비례한다.

$$\frac{\partial W}{\partial l} = \tau(T)\,I\,\frac{\partial T}{\partial l} \quad\cdots\cdots\cdots (2-10)$$

이 비례계수 $\tau(T)$를 Thomson계수 또는 전기의 비열이라고 한다. Pb의 τ가 거의 0이므로 열기전력을 비교할 때 기준물질로 삼는다.

열전효과계수 α, η, τ 사이에는 Thomson의 관계식이 성립한다.

$$\tau = \frac{d\eta}{dT} - \alpha \quad\cdots\cdots\cdots (2-11)$$

(2) 초전효과

결정에 온도 변화를 주면 이 온도 변화에 대응하여 결정의 표면에 전하가 유기되는 현상을 초전효과(pyroelectric effect)라 한다. 이것은 자발분극을 가진 결정의 성질인데, 온도가 변화하면 분극의 크기가 변하므로 표면전하의 변화분이 관측된다.

큰 초전효과를 나타내는 재료로서는 $BaTiO_3$, $PbTiO_3$, PZT, PLZT 등이 있지만 PVDF 등의 고분자 재료도 비교적 큰 초전효과를 나타낸다. 만일 자발분극도 P_s인 초전형 결정 상·하면에 전극을 형성하고 이에 전류계를 이어 회로를 만들면 전류가 흐른다. 이때 전류밀도(J)는 다음과 같다.

$$J = \frac{dP_s}{dt} = \frac{dP_s}{dT}\frac{dT}{dt} = p\frac{dT}{dt} \quad \cdots\cdots\cdots\cdots\cdots\cdots\cdots\cdots\cdots\cdots\cdots\cdots\cdots (2-12)$$

여기서, T: 절대온도, t: 시간

$$p = \frac{dP_s}{dT} \quad \cdots\cdots\cdots\cdots\cdots\cdots\cdots\cdots\cdots\cdots\cdots\cdots\cdots\cdots\cdots\cdots\cdots\cdots\cdots\cdots\cdots\cdots\cdots (2-13)$$

여기서, p: 초전계수(pyroelectric coefficient)

(3) 고체 저항의 온도의존성

고체저항의 온도 변화에는 반도체 특성에 기인하는 것과 상전이에 기인하는 것이 있다. 천이금속 산화물 소결체가 부(−)의 저항온도계수(NTC)를 나타내는 것 등은 반도체 특성형이고, $BaTiO_3$가 정(+)의 저항온도계수(PTC)를, VO_2가 급격한 저항치 감소(CTR)를 나타내는 것 등은 상전이형이다. 서미스터(thermistor)가 고체 저항의 온도의존성 소자의 대표적인 것이다.

- 고체 저항의 온도의존성 $\begin{bmatrix} \text{반도체 특성형 : NTC} \\ \text{상전이형 : PTC, CTR} \end{bmatrix}$

① 부특성 서미스터(negative temperature coefficient thermistor) : 이것이 바로 NTC 서미스터이다. 이는 주로 반도체의 도전에 기여하는 캐리어 수의 온도의존성에 기인하며, 온도 상승에 따라서 캐리어 농도는 지수함수적으로 증가한다. 일반적으로 서미스터의 저항 온도의존성은 다음과 같다.

$$R = R_0 \exp\left[B\left(\frac{1}{T} - \frac{1}{T_0}\right)\right] \quad \cdots\cdots\cdots\cdots\cdots\cdots\cdots\cdots\cdots\cdots\cdots (2-14)$$

여기서, R은 온도 T에서 서미스터의 저항, R_0는 온도 T_0에서의 저항, B는 서미스터 상수로서 재료에 의하여 결정된다. 저항의 온도변화율(α)은 식 (2-14)로부터 식 (2-15)와 같이 표시된다.

$$\alpha = \frac{1}{R}\frac{dR}{dT} = -\frac{B}{T^2} \quad \cdots \quad (2-15)$$

② 정특성 서미스터 (positive temperature coefficient thermistor) : 이것이 PTC 서미스터이다. 이의 대표적인 재료는 BaTiO$_3$을 주체로 하고 미량의 희토유원소를 첨가한 소결체이다. 이는 온도를 올리면 Curie온도 부근에서 급격한 저항치 증가를 나타낸다. BaTiO$_3$의 Ba를 Sr이나 Pb로 치환하면 Curié온도를 변화시킬 수 있다. 이 온도에서 강유전체의 상전이가 일어난다.

유전율(ε)의 온도의존성은 Curie온도(T_0)까지는 일정하나 Curie온도 이상에서는 Curie-Weiss법칙을 따른다.

$$\varepsilon = \frac{C}{T-T_0} \quad \cdots \quad (2-16)$$

저항률(ρ)은 다음과 같이 주어진다.

$$\rho = \rho_0 \exp\frac{q\phi}{kT} \quad \cdots \quad (2-17)$$

여기서, ϕ는 결정입계와 입계와의 접촉면 근방에 발생하는 공핍층에서의 퍼텐셜 장벽 높이인데 다음의 관계를 가진다.

$$\phi = \frac{qN_d d^2}{\varepsilon} \quad \cdots \quad (2-18)$$

여기서, N_d : 결정립내의 전자농도, d : 공핍층폭, ε : 입자 유전율

Curie온도 이상에서는 ϕ가 크게 되어서 저항률 ρ는 지수함수적으로 증대한다.

③ 급변 서미스터 (critical temperature resistor thermistor) : 이는 줄여서 CTR서미스터라 한다. 이것은 V$_2$O$_5$, P$_2$O$_5$, SrO 등의 혼합산화물을 환원성 분위기 중에서 소결한 반도체에 Ge, Ni, W, MO의 혼합산화물을 첨가함으로써 급변온도를 변화시킬 수 있다.

(4) p-n 접합의 온도의존성

바이폴러 디바이스는 그 전류-전압 특성의 온도의존성이 크다. 그러므로 이들의 실용에서는 온도 보상회로가 필요하게 되는데 온도센서 등에서는 이 현상을 역이용한다.

다이오드의 경우 그 특성식은 근사적으로 다음과 같다.

$$I = I_0 \exp\left(\frac{qV}{kT}\right) \quad \cdots \quad (2-19)$$

전류(I)는 온도(T)의 함수이며, 여기서, V는 인가전압이다.

트랜지스터의 경우, 컬렉터 전류(I_c)도 역시 다음과 같은 온도함수이다.

$$I_c = kT \exp\left(-\frac{E_g}{kT}\right)\left(\exp\frac{qV_{BE}}{kT} - 1\right) \quad \cdots \quad (2-20)$$

여기서, k는 트랜지스터에 의해서 결정되는 상수, V_{BE}는 베이스·이미터 사이의 전압, E_g는 반도체의 에너지 금지 대폭이다.

(5) 기타 열전변환 현상

액정, 감온훼라이트, 수정진동자, 핵사중극공명자(NQR ; nuclear quadrupole resonator), SAW(surface acoustic wave) 공진자 등의 온도의존성을 이용하여 열전변환 기능을 얻을 수도 있다.

1-3 압전변환기능

압력이나 변형(strain) 등의 역학량을 측정·표시 가능한 양으로 변환하는 것은 비교적 오래 전부터 행하여져 왔고, 또 기계식으로부터 전기적인 것에 이르기까지 다양한 방식이 개발되기도 했다. 그 대표적인 것으로는 부르동관(bourdon tube), 전위차계(potentiometer), 차동변압기(differential transformer), 금속선 변형게이지 등을 들 수 있는데 근래에 와서는 반도체 압전변환 디바이스가 출현하고 있으며, 또 이들은 집적화·지능화로 발전하고 있다.

여기서는 압전변환 기능을 나타내는 물리현상 중에서 가장 널리 사용되고 있는 압전효과 (piezoelectric effect), 압저항효과(piezoresistive effect), 금속선의 변형 게이지효과(strain gauge effect)에 관하여 설명하기로 한다.

(1) 압전효과

결정체에 어떤 방향으로 압축 또는 인장력을 가하면, 즉 응력(stress)을 가하면 전기분극이 일어나고 그 대응되는 단면에 분극전하가 나타난다. 이때 전기분극은 일반적으로 응력에 비례한다. 이러한 현상을 압전효과라고 한다. 또 이때 단면에 나타나는 분극잔하를 압전기 (piezoelectricity)라 하고, 대전면에 수직한 축을 전기축(electric axis)이라 한다. 1880년 J. Curie와 P. Curie가 이런 현상을 전기석(電氣石)에서 처음으로 발견하였다.

결정체에 기계적 변형력을 가함으로써 유전분극을 일으키는 현상을 압전효과 또는 1차 압진효과라 하고, 이 압전효과를 나타내는 결정에 전장을 가하면 전장에 비례하는 기계적 응력이 결정에 나타나는데 이 역현상을 역압전효과 또는 2차 압전효과라고 한다. 이와 같은 가역성은 전기에너지와 기계에너지의 상호변환이 가능함을 나타내는 것이다.

압전현상은 결정의 변형에 의한 이온의 상대적 위치변화 때문에 일어나는 것이다. 압전기는 방향성이 있는데, 응력과 같은 방향으로 분극이 일어나는 현상을 종효과(longitudinal effect)라 하고, 분극이 응력에 수직한 방향일 때 횡효과(transversal effect)라고 한다. 특히 압전효과를 나타내는 물질은 극성결정체로서 결정내의 원자배열이 특정축에 대하여 비대칭적인 것이다.

높은 압전효과를 갖는 대표적인 물질은 Rochelle염, $BaTiO_3$, $PbTiO_3$, $LiNbO_3$, 수정(SiO_2),

Pb (Zr, Ti)O$_3$, PVDF와 같은 것들이다.

만일 x축 방향에 응력 T_{xx}를 가할 때 x축 방향으로 유전분극 P_x가 발생하였다면 압전효과는 다음과 같다.

$$P_x = dT_{xx} \quad\quad\quad (2-21)$$

또 x축 방향에 전장 E_x를 가하여 같은 방향으로 변형 S_{xx}가 발생한 역압전효과는 다음과 같다.

$$S_{xx} = d'E_x \quad\quad\quad (2-22)$$

여기서, 비례계수 d는 압전상수(piezoelectric constant)이고, $d = d'$이며, 그 차원은 coulomb/newton (C/N)이다. 응력 T는 6개의 성분을 갖는 텐서(tensor)이고 분극도 P는 3성분을 갖는 벡터량이므로 d는 3행 6열의 텐서이다. 그러나 박막 압전효과와 같은 특수 경우에는 1차원 근사로 $P = dT$ 및 $S = dE$로 단순화가 가능할 때도 있다.

(2) 금속선의 변형게이지 효과

금속저항선에 응력을 가하면 기하학적 형상변화에 기인하는 저항변화가 일어난다. 인장응력이냐 또는 압축응력이냐에 따라서 저항이 증가하거나 감소하는 현상이 일어난다.

금속선의 저항(R)은 다음과 같다.

$$R = \rho \frac{L}{A} \quad\quad\quad (2-23)$$

여기서, ρ : 저항률(resistivity), L : 금속선의 길이, A : 단면적

이 금속선에 응력이 가해질 때 다음 관계가 성립한다.

$$\frac{\Delta R}{R} = \frac{\Delta L}{L} - \frac{\Delta A}{A} + \frac{\Delta \rho}{\rho} \quad\quad\quad (2-24)$$

$$= (1 + 2\nu)\frac{\Delta L}{L} + \frac{\Delta \rho}{\rho} \quad\quad\quad (2-25)$$

여기서, ν는 Poisson 비(比)인데 다음의 관계를 갖는다.

$$\frac{\Delta A}{A} = -2\nu \frac{\Delta L}{L} \quad\quad\quad (2-26)$$

일반적으로 금속선의 경우에는 $\Delta \rho / \rho$가 무시되므로 식 (2-25)는 식 (2-27)과 같이 근사식으로 표현된다.

$$\frac{\Delta R}{R} = (1 + 2\nu)\frac{\Delta L}{L} = (1 + 2\nu)\varepsilon \quad\quad\quad (2-27)$$

그러므로 금속선을 변형센서로 사용하는 경우의 감도인 게이지율(gauge factor) G는 다음과 같다.

$$G = \frac{\Delta R / R}{\varepsilon} = 1 + 2\nu \quad\quad\quad (2-28)$$

(3) 반도체의 압저항효과

반도체의 응력효과에는 가해진 응력 때문에 반도체의 저항이 변화하는 압저항효과 (또는 피에조 저항효과라고도 함)와 p-n접합의 전류-전압 특성이 응력에 의하여 변화하는 효과가 있다.

응력에 대응하는 변형에 기인하는 저항변화는 금속선의 변형에 기인하는 저항변화의 경우와 마찬가지로 다음과 같이 주어진다.

$$\frac{\Delta R}{R} = (1 + 2\nu)\varepsilon + \frac{\Delta \rho}{\rho} \quad \cdots \quad (2-29)$$

그러나 반도체의 경우에는 응력에 의하여 에너지대의 변화가 일어나서 캐리어 농도 변화 및 캐리어 이동도 변화가 유발된다. 이 때문에 반도체의 경우에는 제1항보다도 제2항이 더욱 주도적이다.

$$\frac{\Delta R}{R} = \frac{\Delta \rho}{\rho} = \pi T \quad \cdots \quad (2-30)$$

$$= \pi Y \varepsilon \quad \cdots \quad (2-31)$$

여기서, π: 압저항계수(piezoresistive coefficient), T: 응력
Y: 영률(Young's modulus)

이때 게이지율 G는 다음과 같다.

$$G = \frac{\Delta R/R}{\varepsilon} = \pi Y \quad \cdots \quad (2-32)$$

표 2-1 대표적 반도체의 π, Y, G값

각정수	반도체	Ge[$10^{-2}\Omega \cdot m$]		Si[$2\times 10^{-2}\Omega \cdot m$]		InSb	
		n	p	n	p	n	p
π [$10^{-16}m^2$/dyne]	[100]	-3	-6	-102	65	-17	98
	[110]	-72	47	-63	71		
	[111]	-95	65	-8	93		
Y [10^{16}dyne/m^2]	[100]	1.04		1.30		0.47	
	[110]	1.38		1.67		0.66	
	[111]	1.55		1.87		0.75	
G	[100]	-1	-5	-132	10	-74.5	-45
	[110]	-97	67	-104	123		
	[111]	-147	104	-13	177		30

p-n접합의 전류-전압 특성의 압력의존성은 압력에 의하여 금지대폭이 변해서 캐리어 농도가 변화하기 때문이다. 터널다이오드, Schottky다이오드, 트랜지스터에서도 전류-전압 특성의 압력의존성이 관찰된다.

1-4 자전변환 기능

자전변환 기능을 이용한 센서로서는 대표적으로 홀소자(Hall device)와 자기저항소자(magnetoresistance device)가 있는데, 가전제품에서부터 산업계측기에까지 널리 응용되고 있다. 자전변환 기능으로 이용되고 있는 대표적인 현상은 대체로 다음과 같이 정리될 수 있다.

- 자전변환
  - 전류자기효과 : Hall 효과, 자기저항효과, Ettingshausen효과
  - 열자기효과 : Nernst효과, Righi-Leduc효과
  - 광전자기효과
  - 조셉슨효과

이 중에서 전류자기효과(galvanomagnetic effect)는 직접 자전변환이고, 열자기효과(thermomagnetic effect) 및 광전자기효과는 간접 자전변환이며, 조셉슨효과는 복합형 자전변환이라 할 수 있다.

(1) 홀효과 (Hall effect)

고체 소자에 전류가 흐르고 있을 때 전류에 수직하게 자장을 가하면 전류와 자장에 각각 수직한 방향으로 기전력이 발생한다. 이 현상을 Hall효과라 하고 이 기전력을 홀전압(Hall voltage)이라 한다. 이 현상은 1879년 E. H. Hall에 의하여 발견되었으며, 이 효과는 캐리어에 작용하는 Lorentz 힘 때문에 발생한다.

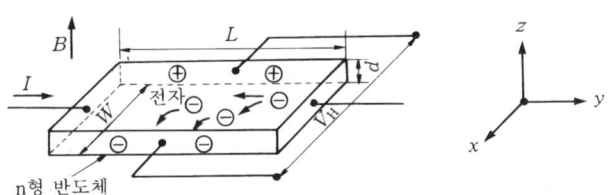

그림 2-7 Hall 효과

그림 2-7에서와 같이 전류 I가 $+y$축 방향으로 흐르는데 자장 B가 $+z$축 방향으로 작용하면 전자는 Lorentz 힘 (F)를 받게 된다.

$$F = q(v \times B) = evBi \quad \cdots\cdots\cdots\cdots\cdots\cdots\cdots\cdots\cdots\cdots\cdots\cdots\cdots\cdots\cdots\cdots (2-33)$$

여기서, v는 전자의 평균 유동속도이고, q는 전자전하 ($q = -e$로서 e는 전자전하의 절대값)이다. 또 i는 x축 방향의 단위벡터(unit vector)이다. 따라서 전자는 $+x$축 방향으로 힘을 받게 되어서, 소자에는 $+x$축 방향의 측면은 상대적으로 $-$전위, 그리고 $-x$축 방향의 측면은 $+$전위로 전위차 V_H를 나타내며, 이 V_H가 Hall 전압이다. 따라서 소자내의 전자는 이 V_H에

의한 Coulomb 힘과 B에 의한 Lorentz 힘을 동시에 받게 되어 x축 방향으로 힘의 평형을 이룬다.

$$evB = eE_H \quad (2-34)$$

$$E_H = vB \quad (2-35)$$

여기서, E_H는 Hall 전압 V_H에 의한 전장, 즉 Hall 전장이다.

그림 2-7에서 Hall 소자의 길이, 폭, 두께가 각각 L, W, d이며, 전류 밀도 (J)는 다음과 같다.

$$J = \rho v = qnv \quad (2-36)$$

$$J = \frac{I}{Wd} = qnv \quad (2-37)$$

여기서, n은 캐리어의 밀도이다. 식 (2-35)와 식 (2-37)을 써서 다음과 같이 된다.

$$V_H = E_H W = \frac{IB}{nqd} \quad (2-38)$$

$$= \frac{WJB}{nq} \quad (2-39)$$

$$\therefore E_H = \frac{JB}{nq} = R_H JB \quad (2-40)$$

$$R_H = \frac{1}{nq} \quad (2-41)$$

여기서, R_H를 홀계수(Hall coefficient)라 하며, q는 캐리어 전하이므로 전자 및 정공의 밀도를 각각 n 및 p라 하면 다음과 같이 된다.

$$R_H = \frac{1}{ne} \quad (\text{전자의 경우}) \quad (2-42)$$

$$R_H = \frac{1}{pe} \quad (\text{정공인 경우}) \quad (2-43)$$

캐리어의 유동속도(v)는 가해진 전장(E)에 비례한다.

$$v = \mu E \quad (2-44)$$

여기서, μ는 캐리어의 이동도(mobility)이다. 또 Ohm의 법칙은 다음과 같이 표현되는데

$$J = \sigma E \quad (2-45)$$

여기서, σ : 도전율(conductivity)

$$J = \rho v = nqv = nq\mu E \quad (2-46)$$

식 (2-41), 식 (2-45) 및 식 (2-46)에 의해 다음의 관계를 얻는다.

$$\sigma = nq\mu \quad (2-47)$$

$$\mu = R_H \sigma \quad (2-48)$$

또 그림 2-7에서 외부인가 전장 E는 전류 방향과 같으므로 $+y$축 방향이고, Hall 전장 E_H는 $+x$축 방향이다. 그러므로 그림 2-7의 경우 전자는 외부전장 E와 Hall 전장 E_H의 영향을 함께 받게 된다.

$$\tan \theta = \frac{E_H}{E} \quad \quad (2-49)$$

식 (2-49)의 관계로 정의되는 각 θ를 홀각(Hall angle)이라 한다.

지금까지는 단일 캐리어에 대해서 논의하였는데, 전자와 정공이 공존하는 복합도전의 경우에는 Hall 계수(R_H)가 식 (2-50)의 관계로 표현된다.

$$R_H = \frac{p\mu_p^2 - n\mu_n^2}{e(p\mu_p + n\mu_n)^2} \quad \quad (2-50)$$

여기서, μ_n: 전자 이동도, μ_p: 정공 이동도

완전한 진성반도체에서는 $n=p$이므로 다음과 같다.

$$R_H = \frac{\mu_p - \mu_n}{ne(\mu_p + \mu_n)} \quad \quad (2-51)$$

$$\sigma = ne(\mu_p + \mu_n) \quad \quad (2-52)$$

$$R_H \sigma = \mu_p - \mu_n \quad \quad (2-53)$$

(2) 자기 저항효과

전류가 흐르고 있는 고체 소자에 자장을 가하면 소자의 전기저항이 증가한다. 이러한 현상을 자기 저항효과(magnetoresistance effect)라고 한다. 자장을 가하면 캐리어가 Lorentz 힘을 받게 되어 그 유동경로(drift path)가 휘어지므로, 외부의 인가전장 방향의 전류 성분이 감소하게 된다. 따라서 결과적으로는 자장이 인가되면 전기저항의 증대효과가 나타난다. 이 현상은 1883년 Lord Kelvin이 금속에 대해서 발견하였다. 그러나 이 자기저항효과는 금속재에서는 미미하고 반도체에서는 현저하다. 전류와 자장이 서로 수직인 경우를 횡효과라 하고 서로 평행인 경우의 자기저항효과를 종효과라고 한다. 그러나 보통 횡효과 쪽이 훨씬 더 현저하다.

그림 2-8에서와 같이 고체속에서 속도 v인 전자가 이에 수직한 자장(B)내에서 운동할 때에는, 전자는 반지름 r인 원호를 그리면서 평균 자유행정(mean free path) λ_0로 이온과 충돌을 일으키면서 운동한다.

$$qvB = \frac{mv^2}{r} \quad \quad (2-54)$$

$$r = \frac{mv}{qB} \quad \quad (2-55)$$

$r \propto 1/B$인데 또 $\lambda \propto \mu$이므로 다음과 같이 된다.

$$\phi = \frac{\lambda}{r} \propto \mu B \quad \cdots\cdots\cdots (2-56)$$

$$\lambda_0 = 2r \sin \frac{\phi}{2} \quad \cdots\cdots\cdots (2-57)$$

B가 작은 경우에는 저항률의 변화는 다음과 같다.

$$\frac{\rho - \rho_0}{\rho_0} = \frac{\Delta \rho}{\rho_0} = \frac{1/\lambda_0 - 1/\lambda}{1/\lambda} = \frac{\phi^2}{24} \propto (\mu B)^2 \quad \cdots\cdots\cdots (2-58)$$

여기서, ρ : 자장이 B인 경우의 저항률, ρ_0 : 자장이 0인 경우의 저항률

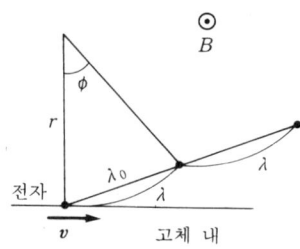

그림 2-8 자기 저항효과

식 (2-58)에서 자기 저항효과는 캐리어의 이동도(μ)가 클수록 크다. 이러한 조건을 만족해 주는 재료로는 InSb, InAs, GaAs 등이 잘 알려져 있다.

(3) 에팅하우젠 효과 (Ettingshausen effect)

그림 2-7에서와 같이 전류에 수직하게 자장을 가하면 전류와 자장에 수직하게 Hall 단자 간에는 Hall 전압(V_H)이 유기되는데, 동시에 이 방향으로 온도차가 발생한다. 이 온도차 발생 현상을 에팅하우젠 효과라고 하며, 이 현상은 1887년 에팅하우젠에 의하여 발견되었다.

이 에팅하우젠 효과는 고체속 전자의 에너지가 균일하지 않은데 기인하는 것으로서, 자장이 가해진 상태에서 빠른 전자와 느린 전자의 운동 방향이 다르기 때문에 빠른 전자가 모이는 쪽은 느린 전자가 모이는 쪽보다 온도가 높다. 따라서 온도의 기울기가 나타나게 된다.

이 온도차(ΔT)는 전류(I)와 자속밀도(B)의 곱에 비례한다.

$$\Delta T = p_E \frac{IB}{d} \quad \cdots\cdots\cdots (2-59)$$

여기서, d : 소자의 유효층 두께, p_E : 에팅하우젠 계수(Ettingshausen coefficient)

(4) 열자기 효과 (Thermomagnetic effect)

열자기효과란 전류자기효과에서 제어전류(I) 대신에 열류가 있을 때의 제효과인데, 네른스트(Nernst)효과와 리기-레듀(Righi-Leduc)효과가 있다. 에팅하우젠효과는 전류자기효과 중

의 하나인데 경우에 따라서는 열자기효과의 하나로 포함시키기도 한다.

① 네른스트 효과(Nernst effect) : Hall효과에 있어서 전류 대신에 열류를 흘리면 Hall전압 단자에 전위차가 생기는 현상을 네른스트 효과라고 한다. 그림 2-7에서 y방향으로 온도기울기 dT/dy가 존재하면 캐리어의 이동에 의한 열류가 존재한다. 이에 수직하게 자장 (B)을 가하면 Hall효과처럼 Hall전압 단자에 전위차가 발생한다. 이 전위차에 의한 전장 (E_N)은 온도기울기와 자속밀도의 곱에 비례한다.

$$E_N = \gamma B \frac{dT}{dy} \quad\quad\quad\quad\quad (2-60)$$

여기서, γ : 네른스트 계수(Nernst coefficient)

② 리기-레듀 효과(Righi-Leduc effect) : Righi와 Leduc에 의하여 독립적으로 발견되어 1887년에 발표된 열자기효과의 하나로 온도기울기(dT/dy)가 있고, 열의 흐름이 있는 도체 또는 반도체에 열류방향(y축방향)에 수직인 방향(z축방향)으로 자장(B)을 가하면 이들에 수직인 방향(x축방향)에 온도기울기가 발생한다. 이 현상을 리기-레듀(Righi-Leduc) 효과라 한다.

$$\frac{dT}{dx} = SB \frac{dT}{dy} \quad\quad\quad\quad\quad (2-61)$$

여기서, S : 리기-레듀 계수(Righi-Leduc coefficient)

(5) 광전자기 효과 (Photo-electro-magnetic effect)

반도체나 광도전체에 빛을 입사·흡수하게 하면 전자·정공쌍이 생성되어 내부로 확산하게 된다. 이때 자장을 입사방향에 수직으로 가하면 전자 및 정공은 Lorentz 힘에 의하여 각각 반대방향으로 휘게 되는데, 입사방향과 자장에 각각 수직한 방향으로 기전력이 발생한다. 이 효과를 광전자기효과라고 한다.

(6) 조셉슨 효과 (Josephson effect)

1962년 B. D. Josephson은 초전도 터널접합에 있어서 전자쌍이 준립자로서 전위장벽을 통과할 가능성을 이론적으로 예언하였다. 그림 2-9 (a)와 같이 두 초전도체(superconductor)를 박막절연체로 약결합시킨 것을 조셉슨 소자라 한다. 특히 이것은 접합형태의 것이므로 이런 접합을 조셉슨 접합이라 하며, 이 조셉슨 소자를 통하여 직류전류를 흘릴 때 박막절연층으로 격리된 두 초전도체가 상호작용하여 사실상 절연막도 초전도체처럼 되어 전위차 없이 영구전류가 흐른다. 이렇게 2개의 초전도체가 약하게 결합된 조셉슨 접합에서 응축전자쌍이 포텐셜 장벽을 통과하는 터널 효과(tunnel effect)에 관계되어 일어나는 현상을 총칭하여 조셉슨 효과라고 한다. 그림 2-9는 접합형(터널형), 점접촉형, 마이크로 브리지형 등의 조셉슨 소자 구성법을 나타내고 있다.

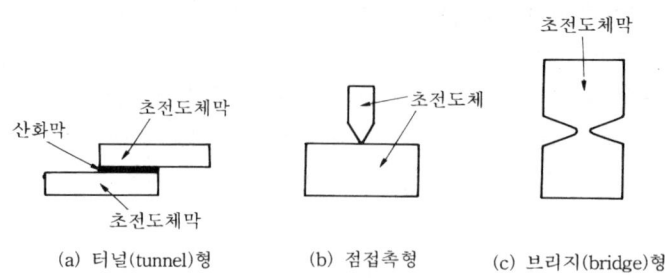

그림 2-9 조셉슨(Josephson) 소자의 구성법

조셉슨 소자의 전류-전압 특성을 그림 2-10에 나타낸다. 임계전류 (I_c, 영전압에서 흐르는 전류의 한계값) 이하의 전류가 흐르는 경우에 소자의 전압은 0이다. I_c 이상의 전류가 흐르게 되면 전압은 0에서 V_c로 변한다. 또 접합부에 자장을 가하면 임계전류가 대폭적이고, 주기적으로 변화한다. 그림 2-11은 임계전류 I_c의 자속의존성을 나타낸다.

그림 2-10 조셉슨(Josephson) 소자의 전류-전압 특성

그림 2-11 임계전류의 자속의존성 ($\phi_0 = 2 \times 10^{-15}$ Wb : 자속양자)

두 초전도체 양단에 직류전압을 가하면 교류전압이 발생하고, 그 주파수 (f)는 인가전압 (V)에 비례하여 식 (2-62)가 된다.

$$f = \frac{2e}{h} V \quad \cdots\cdots\cdots\cdots\cdots\cdots\cdots\cdots\cdots\cdots\cdots\cdots\cdots\cdots\cdots\cdots \quad (2\text{-}62)$$

여기서, h : Planck 상수

이것을 교류 조셉슨 효과라 한다. 이에 대하여 인가전압 없이도 임계전류까지 직류전류가 흐르는 효과를 직류 조셉슨 효과라고 한다.

한편 약한 자기장 안에 있는 초전도체는 그 내부에 자기유도 (B)가 0인 완전한 반자성 (diamagnetism)을 띄게 된다. 시편을 자기장 안에 놓고 초전도의 전이온도 이하로 냉각시키면 원래 시편속을 지나던 자속이 시편으로부터 추방된다. 이 현상을 마이스너 효과 (Meissner effect)라 한다. 그림 2-12는 마이스너 효과를 나타낸다.

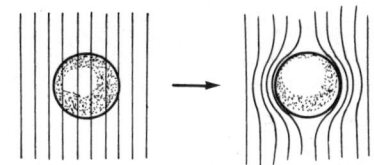

그림 2-12 마이스너(Meissner) 효과

2. 화학현상 관련 변환기능

화학센서란 외계의 화학물질 또는 화학량을 선택적으로 감지하여 전기신호로 변환·출력하는 디바이스이다. 즉, 화학센서로서는 그 수감부에서 감지물질에 대한 선택기능(식별능력)을 가지며, 그 변환부에서 전기신호로 변환하는 기능을 갖추는 것이 필요하다.

화학센서의 변환기능을 피측정화학량을 직접 전기신호로 변화하는 직접 변환법과 피측정 화학량의 식별과정과 변환과정이 구분되는 간접 변환법으로 나누어 생각할 수 있고, 또 광전 변환과 같은 에너지 변환형과 반도체의 도전율변화(예로서 가스흡착에 의한 도전율의 변화)와 같은 에너지 제어형으로 나누어 생각할 수 있다.

그러나 화학량을 전기신호로 변환한다는데 주안점을 두어, 전압으로 측정하는 전위차법 (potentiometry), 전류로 측정하는 전류법(ampetrmetry), 접촉 연소식센서에서의 연소열, 물 분자의 흡착에 의한 정전용량의 변화 이용 등의 기타 방법으로 나누어 생각하는 것이 더욱 보편적이라 할 수 있다.

여기서는 화학적 변환을 모두 논의할 수가 없어서 주로 전지의 원리, 고체의 전기전도, 반도체의 표면현상, ISFET의 원리 등에 대하여 논의하기로 한다.

2-1 전지의 원리

화학센서의 한 중요 검출원리는 전지를 구성하여 기준 전극과의 전위차 변화를 측정함으로써 화학물질(피검물질)을 판정하는 것이다.

(1) 단극전위(single-electrode potential)

단체(금속)를 그 단체를 함유하는 용액에 담그면(이것을 단전극이라 함), 그 단체 표면과 용액과의 접촉계면에 전위차(단극전위)가 발생한다. 이 전위차(V_N)는 식 (2-63)으로 표현된다.

$$V_N = \frac{RT}{nF} \ln \frac{P}{p} \quad \cdots\cdots\cdots\cdots\cdots\cdots\cdots\cdots\cdots\cdots\cdots\cdots\cdots\cdots\cdots\cdots\cdots\cdots (2-63)$$

여기서, R : 기체상수, T : 절대온도, n : 금속 원자가, p : 침투압
F : Faraday 상수 (9.65×10^4 C/mol), P : 전용압(電溶壓) 또는 전리전압

이 식 (2-63)을 Nernst 방정식이라 한다.

단극 전위는 표준 수소전극 또는 표준 칼로멜전극(calomel electrode)을 기준으로 하여 정한다.

(2) 전지 (cell)

2개의 단극용액을 전기화학적으로 접하게 한 장치를 전지라 한다. 그림 2-13은 Daniel 전지와 Volta 전지의 구조를 나타낸 것으로 단지 두 용액의 접촉방식에서 그 차이를 볼 수 있으며, Daniel 전지의 경우에는 이종의 두 단극용액이 KCl 등의 적당한 전해질 용액으로 연결되어 있는데 대하여, Volta 전지는 동종의 용액이다.

Cu^+ / $CuSO_4$용액 // $ZnSO_4$용액 / Zn : Daniel 전지
Cu^+ / H_2SO_4용액 / Zn^- : Volta 전지

같은 종류의 단전극을 접속한 경우, 용액의 농도가 다를 때에는 농도가 짙은 쪽으로부터 묽은 쪽으로 전류가 흐른다. 이것을 농담전지(concentration cell)라 한다. 그 한 예로서 다음의 것을 생각할 수 있다.

| Zn^+ / 농$ZnSO_4$ // 담$ZnSO_4$ / Zn^- |

이 전위차 (V)는 식 (2-64)이다.

$$V = V_1 - V_2 = 0.0002 \frac{T}{n} \log \frac{C_1}{C_2} \quad \cdots\cdots\cdots\cdots\cdots\cdots\cdots\cdots\cdots\cdots (2-64)$$

만일 이온농도 C_1을 알고 있다면 V를 측정함으로써 상대쪽 이온농도 C_2를 구할 수 있다.

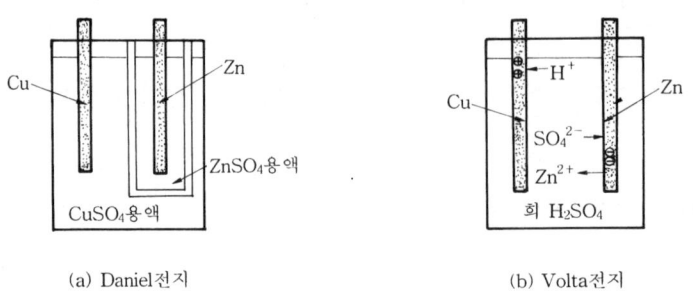

(a) Daniel전지   (b) Volta전지

그림 2-13 전지의 구조

다른 종류의 2단 전극을 접속한 경우를 농담전지에 대응해서 화학전지라 한다. 예를 든다면 그림 2-13의 Daniel 전지와 같은 것이다. 여기에서 일어나는 화학변화는 다음과 같다.

$$Cu^{2+} \rightarrow Cu, \quad Zn \rightarrow Zn^{2+}$$
$$(Cu^{2+} + Zn \rightarrow Cu + Zn^{2+})$$

화학전지 중에서 산화제를 쓴 단전극과 환원제를 쓴 단전극으로 된 전지를 산화환원전지 (oxidation and reduction cell)라 한다.

$$Pt^- / SnCl_4 // FeCl_2 / Pt^+$$

인 예에서 전지내의 변화는 다음과 같다.

$$Sn^{2+} + 2Fe^{3+} \rightarrow Sn^{4+} + 2Fe^{2+}$$

Daniel 전지와 같은 일반적 화학전지도 넓은 의미에서는 산화환원전지로 볼 수 있다.

(3) 이온 선택성 전극 (ion selective electrode)

특정 이온에 감응하여 기준 전극과의 사이에 이온농도에 따른 전위차를 일으키는 전극을 이온 선택성전극(ISE)이라 한다. 전극의 종류로는 H^+, Na^+, K^+, Ca^{2+} 등의 ISE가 개발되어 있으며, 막의 종류에 따라서 유리막형, 고체막형, 액체막형, 격막형 등이 있다. 이들 중 대표적인 것으로 pH 유리 전극을 들 수 있는데 그림 2-14와 같다. 시료의 이온농도는 다음과 같은 기전력을 측정함으로써 구할 수 있다.

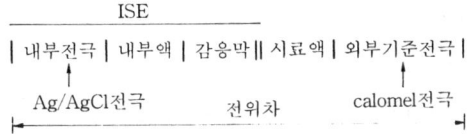

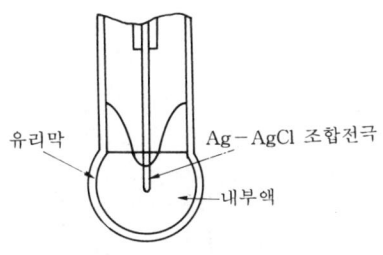

그림 2-14 pH 유리 전극

2-2 고체의 전기전도

화학센서 중에는 가스센서나 습도센서처럼 가스나 수분의 흡착(adsorption)에 기인한 도전율 변화를 이용하는 것이 많다. 이 목적으로 사용되는 재료로서는 원소를 비롯한 산화물 반도체가 주류를 이루고 있으며, 그 도전기구는 검지대상물질의 흡착에 기인하는 고체 표면현상을 이용하는 것인데, 본질적으로 반도체의 도전기구에 기초하고 있다.

반도체의 도전기구에 대해서는 간략하게 전술하였거니와 반도체의 도전율(σ) 및 이동도(μ)의 온도의존성을 대략적으로 나타내면 그림 2-15와 같다.

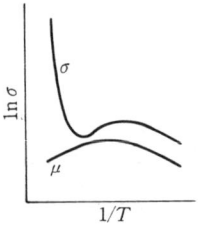

그림 2-15 반도체의 도전율 및 이동도의 온도의존성

2-3 반도체의 표면현상

Schottky다이오드의 전류-전압 특성이 화학종(예를 들면, H_2)의 흡착에 의하여 변하며, 또 반도체 표면에 화학종의 부착에 의하여 표면전위가 변한다. 이런 변화를 이용하여 여러가지 화학센서를 만든다.

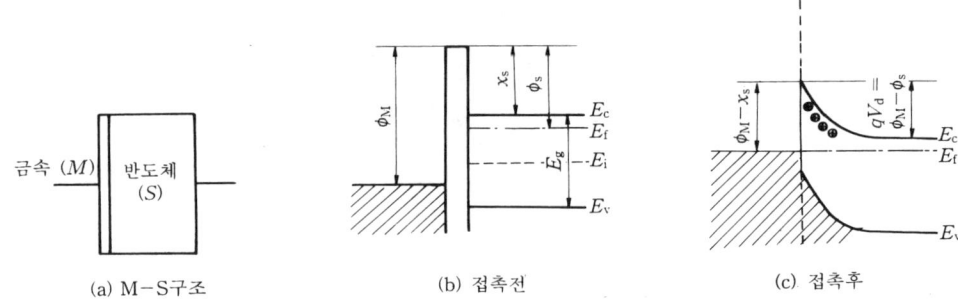

(a) M-S구조   (b) 접촉전   (c) 접촉후

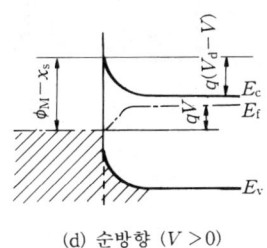 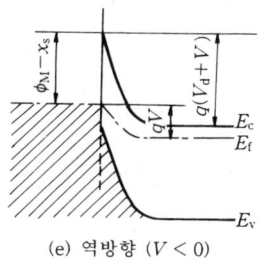

(d) 순방향 ($V > 0$)　　　(e) 역방향 ($V < 0$)

그림 2-16　금속-반도체의 접촉 특성

　실용되고 있는 반도체 표면에서는 원자가 내향으로는 공유결합을 하고 있는데 외향으로는 결합수가 끊긴 상태 (dangling bond)가 되어 있다. 그래서 표면 근방에서는 결정 내부와는 다른 에너지 준위가 형성된다. 이것을 탐 준위 (Tamm state)라 하며, 이러한 표면에서는 결정 내부의 전자포획에 의하여 결정표면에 정공이 발생하거나 전자수의 감소가 일어나며, 공기중의 산소, 질소, 수분 등이 쉽게 흡착한다.

　금속과 반도체의 접합을 Schottky접합이라 한다. 금속과 반도체를 접합하면 두 물체의 Fermi 준위가 일치하도록 캐리어가 이동하고, 반도체 표면에 공간전하층이 생기는데 이것이 포텐셜 장벽 (에너지 장벽)을 형성하는데 이 에너지 장벽을 Schottky장벽이라 한다. 이 장벽 때문에 이 접합은 정류특성을 가진다.

　그림 2-16은 금속-반도체 접촉특성을 나타내며, 그림에서 ϕ_M은 금속의 일함수, E_f는 Fermi 준위, E_c는 전도대의 최저준위, E_v는 원자가전자대의 최고준위, E_g는 금지대폭, ϕ_s는 반도체의 일함수, x_s는 전자친화력, V는 인가전압이다. 그림 2-16 (d)는 금속에 +, 반도체에 -로 전압이 인가되었을 때의 에너지 준위도이다.

　ZnO나 SnO_2를 사용한 가스센서는 가스 흡착이나 반응에 의하여 가스와 반도체 표면간에 전자의 수수가 일어나서 전기저항이 변화하는 것을 이용한다. 예로서 산화성 가스에 있는 O_2가 흡착한 경우 O_2는 반도체 표면으로부터 전자를 받아서 -로 대전되고 공핍층 (표면공간전하영역)이 확대되어서 도전율이 감소한다. 역으로 환원성 가스의 흡착이나 흡착산소의 이탈이 있을 때는 공핍층이 축소되어 표면 도전율은 증대한다. 반도체 표면 (결정립계 표면)에 O_2가 흡착하여 전자를 받게 되는 현상이 그림 2-17에 표현되어 있으며, 그림 2-17 (a)는 결정립계 및 표면의 모식도이고 그림 2-17 (b)는 그 에너지 준위도이다.

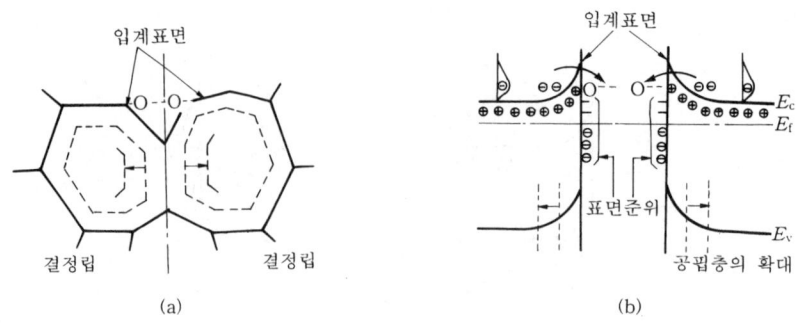

그림 2-17 반도체 표면상에 가스(여기서는 O_2)가 흡착되어서 일어나는 공핍층의 변화

2-4 ISFET의 원리

FET형 이온센서 즉, ISFET (Ion Sensitive Field Effect Transistor)나 FET형 바이오센서 등 FET의 원리를 이용한 센서가 근래에 와서 상당한 관심을 집중시키면서 급속한 발전을 하고 있다. 그 이유는 소형, 경량, 전압 측정형, IC제조공정으로 정교하게 또 좋은 규격성을 갖고 제조되며, 신속한 응답 특성, 유리한 지능화 특성 등 많은 장점을 가지고 있기 때문이다.

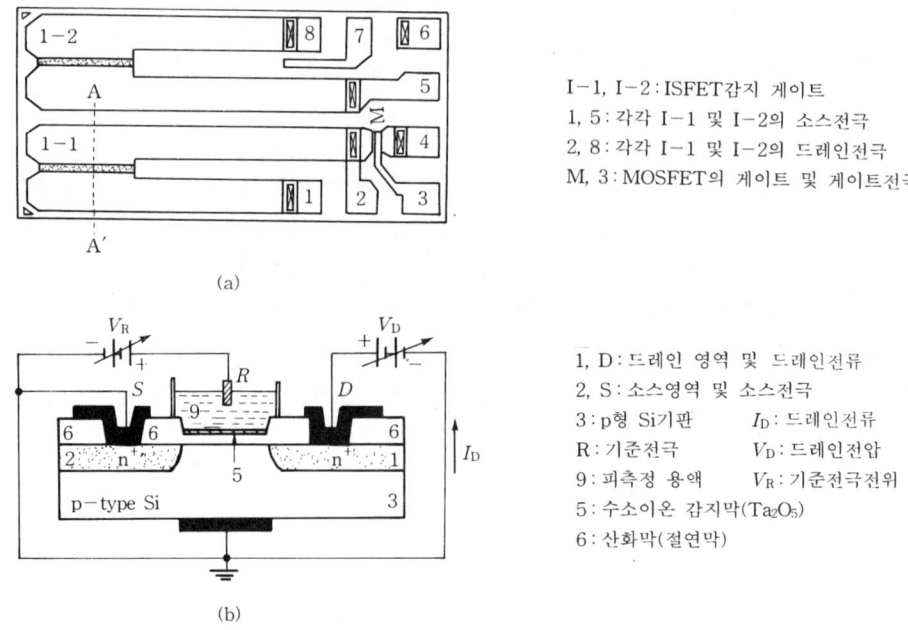

I-1, I-2 : ISFET감지 게이트
1, 5 : 각각 I-1 및 I-2의 소스전극
2, 8 : 각각 I-1 및 I-2의 드레인전극
M, 3 : MOSFET의 게이트 및 게이트전극

1, D : 드레인 영역 및 드레인전류
2, S : 소스영역 및 소스전극
3 : p형 Si기판 I_D : 드레인전류
R : 기준전극 V_D : 드레인전압
9 : 피측정 용액 V_R : 기준전극전위
5 : 수소이온 감지막(Ta_2O_5)
6 : 산화막(절연막)

그림 2-18 pH-ISFET

2. 화학현상 관련 변환기능   43

최근에 H^+, Na^+, K^+, Ca^{2+} 등 감지용의 여러가지 ISFET와 포도당, 요소, 지질, 페니실린, 자당 등 감지용의 FET형 바이오 센서에 관한 연구 결과가 다수 보고되고 있다.

대표적인 예로써 H^+ 감지용 ISFET, 즉 pH-ISFET에 관하여 설명하기로 한다. 그림 2-18은 pH-ISFET의 평면도 (a)와 단면도 (b)를 나타낸다. (b)는 (a)에서 A-A′ 부위의 단면도이고, 동작시의 전압인가를 표본적으로 표시하고 있다. 평면도 (a)에는 2개의 ISFET가 있고, ISFET I-1은 MOSFET M과 연결되어 인버터를 만들고 있다.

그림 2-18에서 ISFET는 MOSFET의 게이트 금속전극이 이온감지막과 기준전극 (reference electrode)으로 대치된 것임을 알 수 있다. 이들 동작 특성도 서로 비슷하다. MOSFET의 유효 게이트 전압이 ($V_G - V_T$)인데 ISFET의 유효 게이트 전압은 ($V_R - V_T'$)이다. 여기서 V_T 및 V_T'은 각각 MOSFET 및 ISFET의 문턱 전압 (threshold voltage)이다. V_T'은 피측정용액과 이온감지막과의 계면 전기화학적 전위차 (V_N)가 V_T에 더해진 것이다. 이 V_N은 다음식 즉, Nernst식으로 주어진다.

$$V_N = V_0 \pm 2.303 \frac{RT}{nF} \log a_i \quad \cdots\cdots (2-65)$$

여기서, V_0는 상수항이고, a_i는 이온 활동도 (ion activity)이다. 그래서 식 (2-66)과 같이 된다.

$$V_G - V_T \rightarrow V_R - V_T' = V_R - aX - b \quad \cdots\cdots (2-66)$$

여기서, $a = 2.303 RT/nF$, $X = \log a_i$, b는 V_T 및 기준전극과 용액과의 계면전위차 등을 포함하지만 이온농도와는 무관한 상수항이라 볼 수 있다.

따라서 식 (2-66)을 잘 알려진 MOSFET의 전류-전압 특성식에 적용함으로써 ISFET의 전류-전압 특성식을 얻을 수 있다.

$$I_D = \beta(V_R - aX - b)V_D \quad (\text{선형 영역}) \quad \cdots\cdots (2-67)$$

$$I_D = \frac{\beta}{2}(V_R - aX - b)^2 \quad (\text{포화 영역}) \quad \cdots\cdots (2-68)$$

여기서, $\beta = \mu W C_0 / L$인데, μ는 채널내의 캐리어 이동도, C_0는 게이트 단위면적당 정전용량, W 및 L은 각각 게이트의 폭과 길이이다.

식 (2-67) 및 식 (2-68)에서 적당한 V_R 및 V_D를 인가하고 일정온도를 유지시키면 이온농도의 변화는 곧 드레인 전류 (I_D)의 변화로 나타난다. 즉, I_D의 변화를 측정함으로써 이온농도 변화를 구할 수 있다.

또 식 (2-68)에서 ISFET를 일정 전류에서 작동하게 하면 (즉, I_D = 일정) 다음과 같이 된다.

$$V_R = aX + K \quad \cdots\cdots (2-69)$$

여기서, K는 ($\sqrt{2I_D/\beta} + b$)로서 상수항이다. 즉 I_D = 일정이면 이온농도 변화가 직접적으로 기준전극 전위변화로 출력된다. 실제 식 (2-69)는 유용하다. I_D를 일정하게 함으로써, 잡음원인 채널내의 Joule열효과 및 자기효과 등을 배제할 수 있다. 이 경우의 감도 (S)는 다음과 같다.

$$S = \frac{\partial V_R}{\partial X} = a = 2.303 \frac{RT}{nF} \quad \cdots\cdots\cdots\cdots\cdots\cdots\cdots\cdots\cdots\cdots\cdots\cdots\cdots\cdots (2-70)$$

즉, 수소이온과 실온의 경우 S는 59 mV/pH이다.

그림 2-19는 한 pH-ISFET의 I_D-V_D 특성 곡선(a)과 pH 감응 특성(b)을 예로서 나타낸 것이다. 그림 2-19 (b)는 Ta_2O_5 수소이온 감지막의 경우인데 아주 안정된 특성을 나타낸다. 이 pH-ISFET의 경우 칩(chip)의 크기가 폭 0.4mm, 길이 1.0mm 정도의 작은 것으로 아주 정교하다. 또 pH 감응속도도 0.3초 이내로 빠르다. 그러나 반도체 소자이므로 어느 정도의 온도의존성을 나타낸다. 그래서 실제 정밀측정의 경우에는 온도보상을 해야 한다.

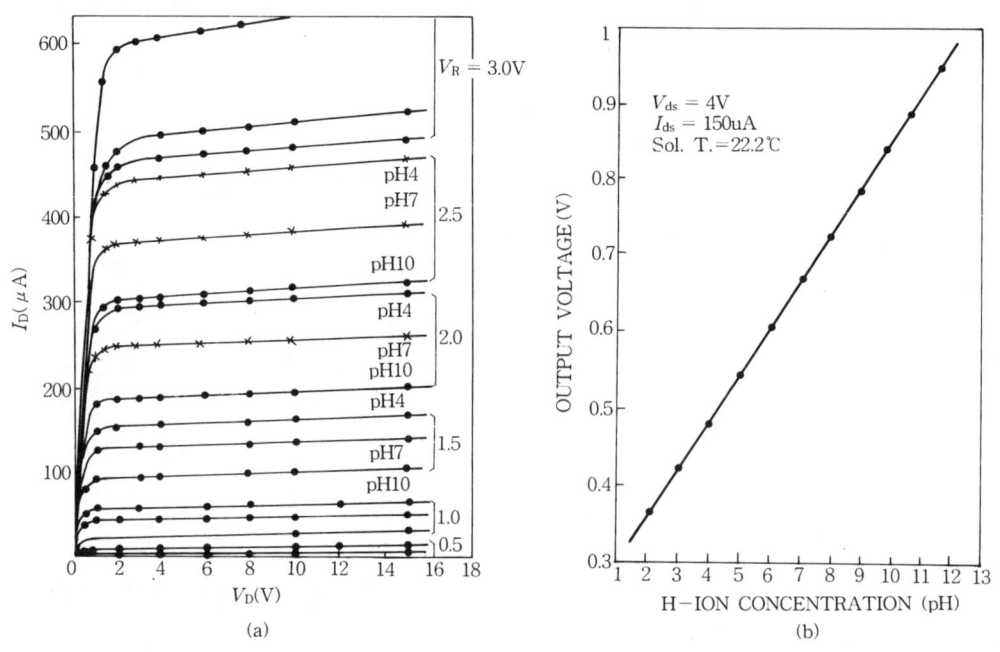

그림 2-19 pH-ISFET의 I-V특성 및 pH 감응 특성의 예

게이트 이온감지 물질을 잘 선정·형성함으로써 여러 가지 ISFET를 만들 수 있고, 이들을 적절하게 집적함으로써 다기능 센서 또 이와 함께 지능회로를 집적함으로써 다기능 스마트 센서를 만들 수 있다. MOSFET 게이트에 습도에 민감한 유전체막을 형성하는 경우에는 게이트 용량의 습도의존성을 이용하여 습도에 민감한 FET형 센서도 제조할 수 있다.

3. 생물현상을 이용한 변환기능

3-1 바이오센서의 구성과 원리

생물학적 현상을 이용한 변환기능 소자 즉, 바이오센서(biosensor)는 원리적으로 화학센서 범주에 든다. 바이오센서는 기능적으로 측정 대상인 생체물질에 대한 선택기능(식별기능 또는 receptor 기능이라고도 함)과 전기적 신호로 변환하는 변환기능(transducer 기능이라고도 함)으로 구성된다. 그림 2-20은 바이오센서의 기본구성과 원리를 나타낸 것이다.

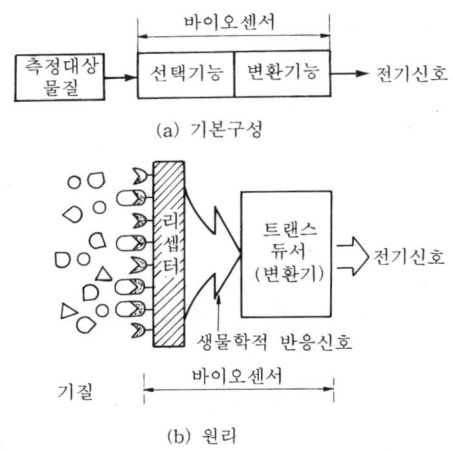

그림 2-20 바이오센서의 구성과 원리

선택 기능부는 생체내에서 친화성을 가진 물질의 한쪽을 고정화하여 그 상대를 식별할 수 있게 한 생물기능성막이다. 식별 기능을 가진 생물물질에 따라서 효소센서, 면역센서, 미생물센서, 세포소기관(organelle)센서, 생물조직센서 등으로 분류할 수 있다.

변환기능부는 화학관련 현상을 이용한 기능을 갖는 전기화학 디바이스 즉, 트랜스듀서이다. 경우에 따라서는 물리현상을 이용한 기능을 가진 트랜스듀서도 사용된다.

3-2 분자식별 기능 물질

각종 분자식별 기능 물질을 써서 여러가지 바이오센서를 구성하고 있다. 표 2-2는 대표적인 바이오센서의 선택 기능부와 변환 기능부를 나타낸 것이다.

표 2-2 바이오센서의 구성 예

바이오센서	선택 기능부	변환 기능부
효소센서	효소막	pH전극 : 유리전극, pH-ISFET O_2전극 : O_2투과막 / Pt음극 / Ag (Pb)양극 H_2O_2전극 : H_2O_2 투과막 / Pt양극 / Ag음극
면역센서	항원막 항체막	Ag-AgCl전극 : Ag-AgCl전극 (전위법) O_2전극 : O_2투과막 / Pt음극 / Ag (Pb)양극
미생물센서	미생물막	O_2전극 : 투과막 / Pt음극 / Ag (Pb)양극
organelle센서	mitochondria 전자전달립자막	O_2전극 : 투과막 / Pt음극 / Ag (Pb)양극
생물조직센서	조직막	• 동물조직 : 소의 간장 / 요소전극, 돼지신장 / 암모니아 가스전극 • 식물조직 : 화분 / 탄산가스전극

3-3 생체관련 물질의 고정화법

효소, 생물조직, 미생물, 항체 등 생체관련 물질을 고정화하는 방법은 여러가지가 있으나 대체로 다음과 같이 요약·정리될 수 있다.

[생체관련 물질의 고정화법]
① 공유결합법 : 생체물질을 공유결합시켜 막을 형성하는 법
② 가교화법 : 생체물질을 서로 가교화시켜 막을 형성하는 법
③ 포괄법 : 생체물질을 막중에 포괄시키는 방법
④ 흡착법 : 생체물질을 막상에 흡착 고정화하는 방법

이 생체관련 물질의 고정화 방법을 그림으로 표현하면 그림 2-21과 같다.

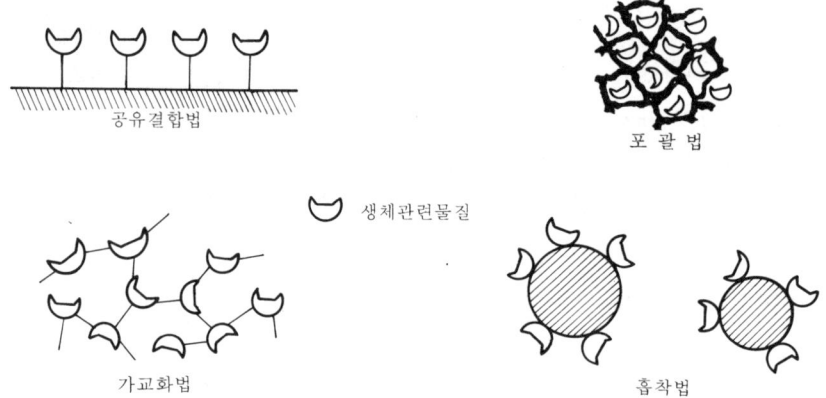

그림 2-21 생체관련 물질의 고정화법

3-4 바이오센서의 변환기능

바이오센서의 변환기능은 여러 가지가 있는데 대표적인 것을 요약·정리하면 대체로 다음과 같다.

- 바이오센서의 변환기능 ┌ 직접 변환 : 생전변환 (生電變換)
  └ 간접 변환 : 생화전 (生化電)변환, 생열전 (生熱電)변환, 생광전 (生光電)변환

(1) 직접 변환 (생전변환)

생물 기능성막이 분자 식별할 때 복합체를 형성하는 경우 이것을 고체 표면에서 행하면 고체계면의 전위가 변화한다. 즉 생물 기능성막 반응에서 직접적으로 전기신호로 변환된다.

(2) 화학변화를 전기신호로 변환 (생화전변환)

예로서, 효소의 분자식별 반응에 있어서 특정 물질이 증감하게 되는데 이 물질의 증감을 전기신호로 변환한다. 이 기능을 구현하는 것으로서 각종 전극 (수소이온 전극, 이온선택성 전극, Clark형 산소 전극, 과산화수소 전극 등)이 있다.

(3) 열변화를 전기신호로 변환 (생열전변환)

생물 기능성막이 분자를 식별할 때에 열변화를 수반하는 경우, 열을 전기신호로 변환한다. 예로서 생물 기능성막과 서미스터로 구성할 수 있다.

(4) 광변화를 전기신호로 변환 (생광전변환)

생물 기능성막이 분자를 식별할 때 발광을 수반하게 되는 경우, 발광량을 전기신호로 변환한다.

 센서 기능성 재료

 센서가 측정대상이 되는 물리량, 화학량을 검출하는 능력은 재료가 가지는 특성에 의존하는 것이 크다. 따라서, 센서용으로서 유용하다고 생각되는 재료 (센서 기능성 재료)를 채택하여 분류하면 무기물 Ⅰ (반도체, 반도체 세라믹), 무기물 Ⅱ (파인 세라믹 : 고순도 세라믹), 금속 (순수금속, 합금, 금속간화합물), 유기물 (고분자, 복합 재료)과 같다.
 센서를 분류하는 것에는 몇 가지 방법이 있다. 예를 들어 사용하는 재료의 종류에 따라 분류하면 반도체 센서, 세라믹 센서, 금속 센서, 유기 센서로 된다.
 여기에서는 기능성 재료의 각 항목에 걸쳐 그 종류, 특성, 센서 기능성에 관하여 설명하는데, 어떤 측정 대상에 적응되는가를 센서와 관련지어 서술한다.

1. 무기물 Ⅰ(반도체·반도체 세라믹)

 반도체 재료는 그 에너지대 구조에 의해서 특징지어 지는데, 금지대역 (에너지 갭)이 큰 것은 절연체이고, 0.1~3 eV 범위의 것을 반도체라고 분류하고 있다.
 반도체의 일반적 성질로서 금속과의 접촉이나, 이종반도체와의 접촉에서 나타나는 전압-전류 특성이 비직선성 (정류성)이 되고, 광전효과, 열전효과, 자전효과가 현저하고, 다른 물질에 대해서 볼 수 없는 특성을 갖고 있다. 이들의 특이성을 이용해서 다이오드, 트랜지스터, 전계효과 트랜지스터 (FET), 태양전지 (solar cell), 집적회로 (IC) 등 신기능을 가지는 전자소자가 개발되고 있다.
 반도체 재료의 이들 특이성 (제현상, 제효과)을 이용한다면, 앞에서 언급한 변환기능으로서의 동작을 발휘하여 센서로 되는 것이 있다.
 반도체 재료는 원자배열에 의해서 결정 반도체와 비정질 반도체로 크게 분류된다.
 ① 결정 반도체
  ㈎ 원자배열의 규칙성이 있고, 그것이 고체 전체에 적용되는 것 (장거리 질서) : 단결정 (single crystal)

(나) 규칙성이 고체의 일부에 한정되는 것 : 다결정 (poly crystal)
② 비정질 반도체 : 원자배열의 장거리 질서가 없고, 반도체적인 성질을 나타내는 것 (단거리 질서) : 비정질 (amorphous)

표 3-1에 반도체의 종류와 재료명을 나타내었다. 또, 대표적인 반도체 재료의 물리정수를 표 3-2에 나타내었다.

표 3-1 반도체의 종류와 재료명

	반도체의 종류		재 료 명
결정반도체	원 소	(element)	Ge, Si, Se, Te, C*
	III-V족 화합물 II-IV족 화합물 그외 다른 금속화합물	(intermetallic compound)	InSb, InAs, GaAs, GaP, InP ZnS, ZnSe, ZnTe, CdS**, CdSe*, CdTe, HgTe Bi_2Te_3, PbTe, GeTe
	금속의 산화물	(oxide)	Cu_2O, NiO, CoO, ZnO, CdO, TiO_2
	금속의 유화물	(sulphide)	PbS, Ag_2S, CdS*
	금속의 Se 화합물	(selenide)	Ag_2Se, PbSe, CdSe*
	탄소 및 화합물	(carbon, carbide)	C* (다이아몬드), SiC, B_4C*
	붕소화합물	(bronide)	BN, B_4C*
비반결도정체	칼코제나이드계		S, Se, Te 원소를 포함한 화합물
	테트라헤드랄계		a-Si, a-SiC, a-C

㈜ : *을 붙인 물질은 복수 종류의 구분에 포함된다.

표 3-2 반도체 재료의 물리정수

반도체	융점 (℃)	금지 대폭[eV]		천이의 종류	이동도 (300K) $[cm^2/Vs]$		비유전율	격자 정수 [Å]	전자 친화력 [eV]	열팽창계수 (300K) $[×10^{-6}/℃]$
		300K	0K		전 자	정 공				
Si	1,412	1.11	1.166	간접	1,350	480	12	5.431	4.01	2.33
Ge	958	0.66	0.74	간접	3,600	1,800	16	5.658	4.13	5.75
AlSb	1,080	1.6	1.6	간접	900	400	10.3	6.136	3.65	3.7
GaP	1,467	2.25	2.4	간접	300	150	8.4 (op)	5.451	~4.3	5.3
GaAs	1,238	1.43	1.52	직접	8,600	400	11.5	5.654	4.07	5.0
GaSb	712	0.68	0.81	직접	5,000	1,000	14.8	6.095	4.06	6.9
InP	1,070	1.27	1.42	직접	4,500	100	12.1	5.869	4.4	4.5
InAs	943	0.36	0.43	직접	30,000	450	12.5	6.058	4.9	4.5 (5.3)
InSb	525	0.17	0.235	직접	80,000	450	15.9	6.479	4.59	4.9
ZnS (hex)	1,850	3.58 (β) 3.8 (α)		직접 직접	120		8.3	3.814	3.9	6.2
ZnSe	1,500	2.58	2.80	직접	530		9.1	5.667	4.09	7.0
ZnTe	1,240	2.26	2.38	직접	530	130	10.1	6.103	4.8	8.2
CdS (hex)	1,750	2.42	2.58	직접	340		9.0~10.3	4.137	4.5	4.0
CdSe (hex)	1,350	1.74	1.85	직접	600		9.3~10.6	4.298	4.95	4.8
CdTe	1,045	1.44	1.60	직접	700	65	9.6	6.477	4.28	

SiC (hex)	2,800	2.75~3.1		간접	120	20	10.2	3.082	5.7
Bi_2Te_3	575	0.20			310	400	85	10.48	13~22
PbTe	910	0.29	0.19	간접	2,500	1,000	17.5 (op)	6.52	
ZnO	1,970	3.3			180		8.5		

1-1 원소 반도체

원소 주기표의 4족 원소인 Ge, Si 등 및 주기표의 6족 원소인 Se, Te 등이 있다.

① Ge, Si 결정 : 가전자 4개가 인접하는 다른 원자의 가전자 4개와 공유결합을 하는 다이아몬드 구조를 갖는다. 불순물 (impurity)로서 5족 원소 (P, As, Sb)를 첨가하면 n형 반도체로, 3족 원소 (B, Al, Ga, In)를 첨가하면 p형 반도체로 된다. 이와 같이 반도체 재료에 첨가하는 불순물의 종류 및 양에 의해서 전도형 및 도전율을 쉽게 제어할 수 있는 것이다.

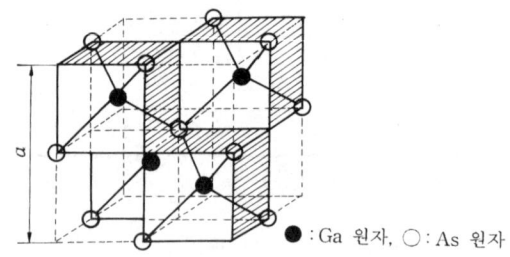

●: Ga 원자, ○: As 원자

그림 3-1 다이아몬드 구조 (섬아연 구조의 경우)

Ge는 처음에 트랜지스터, 다이오드 재료로 사용되어 왔으나 현재에는 그 역할을 Si에 물려주고 있다. 그러나 Ge의 높은 이동도, 가공의 용이성 때문에 센서 기능성 재료로서 주목되고 있다.

Si은 Ge보다 넓은 금지대역을 가지며, 자원적으로 풍부하게 존재하기 때문에 트랜지스터, 다이오드, 집적회로 (IC)용으로 현재 널리 이용되고 있다.

② Se, Te 결정 : 공유결합성을 나타내는 원소 반도체로서 6방정계 구조를 갖는다. Se는 광전재료로서 전자사진, 태양전지 등에 이용되고 있다. Te는 열-전변환 재료, 박막 트랜지스터 재료로 사용되고 있다.

1-2 화합물 반도체 (III-V족 화합물)

주기표의 III족 원소 (B, Al, Ga, In)와 V족 원소 (N, P, As, Sb)와의 조합에 의한 화합물 반도체로서 섬아연광형을 취한다. 그림 3-1의 다이아몬드 구조에 대해서 ●을 Ga 원자로,

○을 As 원자로 치환한 구조이다. 이 반도체에 Ⅵ족 원소를 첨가하면 Ⅴ족 원소와 치환되어서 n형 반도체로, Ⅱ족 원소를 첨가하면 Ⅲ족 원소와 치환되어서 p형 반도체로 된다. Ⅳ족 원소의 Ge, Si은 Ⅴ족 원소와 치환하면 n형으로, Ⅲ족 원소와 치환하면 p형으로 되어 p, n 양방의 전도형이 얻어진다.

① GaAs : 직접천이형 반도체이며, 고이동도, 넓은 금지대역을 가지는 것으로서, 고주파용 전계 트랜지스터, 태양전지, 반도체 레이저, 홀(Hall) 소자 등에 이용되고 있다.
② InP : 그 특성이 GaAs와 유사하기 때문에 거의 동일한 분야에 이용되고 있다.
③ InSb, InAs : 금지대폭이 좁고, 특히 고이동도를 갖는 것으로서, 적외선 검출소자, 자기저항소자, 홀 소자 등에 사용되고 있다.

이들의 Ⅲ-Ⅴ족 화합물을 복수 혼합해서 고용체를 만들면 혼정 반도체로 된다. 그 혼합한 비율에 의해 금지대폭을 인위적으로 변화시킴으로써, 고효율 태양전지, 발광 다이오드용으로서 사용 목적에 맞는 재료로 만들 수가 있다.

1-3 화합물 반도체 (Ⅱ-Ⅵ족 화합물)

주기표 Ⅱ족 원소(Zn, Cd, Hg)와 Ⅵ족 원소(S, Se, Te)로부터 구성되는 화합물 반도체로서 결정 구조는 섬아연광형 또는 월츠(wurtz)광형을 취한다.

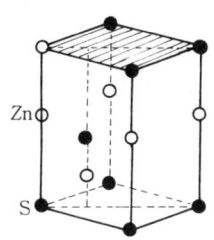

그림 3-2 월츠(wurtz)광 구조

성분원소의 증기압이 높아서 화학양론적 조성의 것을 만드는 것이 어렵고, CdTe를 제외하고는 불순물 첨가에 의한 전도형의 제어가 되지 않는 결점이 있다.

① CdS, CdSe : 가시영역에 대해서 광전도 특성이 우수하며, 광도전 재료로서 적당하다.
② CdTe : 태양전지 재료로 적당한 금지대폭을 갖고 높은 변환효율이 기대되는 재료로서, 전도형의 제어가 가능하다.
③ ZnS, ZnSe : 일렉트로루미네센스(electroluminescence)용 재료, 발광 다이오드용 재료로 이용되고 있다.

Ⅱ~Ⅵ족 화합물에 대해서도 혼정화합물의 비율에 의해 금지대폭의 제어가 가능하다. HgCdTe의 3원 혼정재료는 금지대폭이 좁고 장파장($8\sim12\mu m$)의 검출용 재료로 이용되고 있다.

1-4 화합물 반도체 (그 외의 금속간 화합물)

Vb-VIb계의 합금물질은 열전 재료로 잘 조사되어 있다. Bi_2Te_3는 열전효과가 크고, 성능지수 ($z=a^2/kr$: 여기서, a : 제벡(Seebeck)계수, k : 열전도율, r : 저항률)가 좋기 때문에, 열-전 변환, 열-전 냉각소자로써 이용되고 있다.

IV-VI족 화합물은 좁은 밴드갭 (narrow gap) 반도체로서 주목되고 있다. PbS, PbTe-PbSe, SnTe-SnSe 화합물은 금지대폭이 좁은 것을 이용해 적외선 검출소자로써 사용되고 있다.

1-5 금속 산화물

NiO, CoO, FeO, Co_2O_3, Mn_2O_3, Cu_2O 등은 공기중에서 열처리하면 도전성이 증가한다 (산화형 반도체 : 금속이 부족하여 억셉터(acceptor) 준위를 나타낸다. $Ni^{3+} \rightarrow Ni^{2+} + h$).

ZnO, CdO, TiO_2, Al_2O_3 등은 환원성 분위기에서 열처리하면 도전성이 증가된다 (환원형 반도체 : 금속이온이 과잉하게 되어 도너(donor) 준위를 나타낸다. $Zn \rightarrow Zn^{2+} + 2e$).

이들의 산화물에 몇 가지 소량의 첨가물을 혼합해서 소결한 것은 서미스터(thermistor) 재료로 이용되고 있다. 혼합비에 의하여 저항치(R), 서미스터 정수(B)를 가변할 수 있다.

이 외에, 서미스터 재료로는 $ZrO_2-Y_2O_3$계, $Cr_2O_3-Y_2O_3$계, $Al_2O_3-CoO-MnO_2$계, $MgO-Al_2O_3-Cr_2O_3-Fe_2O_3$계, $NiO-Al_2O_3$계의 소결체 등이 있다.

페로부스카이트(perovskite) 구조를 갖는 $BaTiO_3$, $CaTiO_3$ 등에 La_2O_3와 같은 3가 금속의 산화물을 첨가하는 경우, n형 반도체가 얻어진다 (원자가 제어 반도체 : La^{3+}가 Ba^{2+}와 치환하는 동시에 Ti^{4+}가 Ti^{3+}로 변환되어 도너 준위를 만든다. $Ti^{3+} \rightarrow Ti^{4+} + e$). $BaTiO_3$에 La_2O_3 (Ta_2O_5)를 첨가해서 PTC 서미스터가 만들어진다.

위에서 언급한 금속의 산화물은 반도체 세라믹의 범주에 포함되는 것인데, 센서 재료로서 내열, 내식성이 우수하며 분위기 센서로서 광범위하게 이용되고 있다.

1-6 탄소 및 그 화합물

① C (다이아몬드) : Ge, Si과 동일한 IV족에 속하고, 보통은 절연체로 분류되는 것인데, 내환경성이라는 견지에서부터 특별히 이 항목으로 채택한다. 다이아몬드는 금지대폭 5.5eV를 갖는 간접 천이형 반도체로서 전자 이동도 2,400 $cm^2/V \cdot s$, 정공 이동도 100 $cm^2/V \cdot s$ 정도로 크다. 따라서, 내열성을 갖는 고속 device를 제작할 수 있는 가능성이 있다. 박막성 다이아몬드가 얻어진다면, 가공의 곤란성을 극복하여 각종 내열성 소자의 제조가 가능하다.

② SiC : IV-IV족 화합물로서 전기적 음성도가 크다. 그 구조는 입방정계에 속하는 β-SiC(3C)와 육방정계에 속하는 α-SiC(4H, 6H, 15R ···) 등이 있다. 300°K에서 금지대폭은 3C는 2.2eV, 6H는 2.86eV을 유지하여 내열성 소자용으로 옛날부터 주목받아 왔으며, p-n 접합 다이오드 등이 시험제작되고 있다.

1-7 비정질 반도체

(1) 종 류

비정질 반도체 또는 아몰퍼스(amorphous) 반도체로 불려지고 있는 것에는 크게 분류해서 S, Se, Te 등의 VI_b족 원소를 함유하는 칼코제나이드(chalcogenide)계와 Si, Ge 등의 IV족 원소를 함유하는 테트라헤드랄(tetrahedral)계가 있다.
  ① 칼코제나이드계 : S, Se, Te 원소를 포함하는 화합물
  ② 테트라헤드랄계 : Ge, SiC, Si : H, Si : H : F
비정질 반도체로서는 칼코제나이드계 재료가 먼저 연구되었지만 최근 연구의 주류는 테트라헤드랄계로 이동되고 있다.

비정질 반도체는 미결합수(dangling bond)와 동공(void) 등의 결정 불완전성이 많이 존재해서 구조적으로 장거리 질서가 없기 때문에 (단거리 질서는 존재) 밴드 구조는 단결정의 것과 다르게 된다. 금지대 중에 많은 국부준위가 존재해서 상태밀도가 에너지 대역의 끝부분에서도 많이 존재한다. 그림 3-3에 결정 반도체 및 비정질 반도체의 에너지대 구조와 상태밀도를 나타내고 있다.

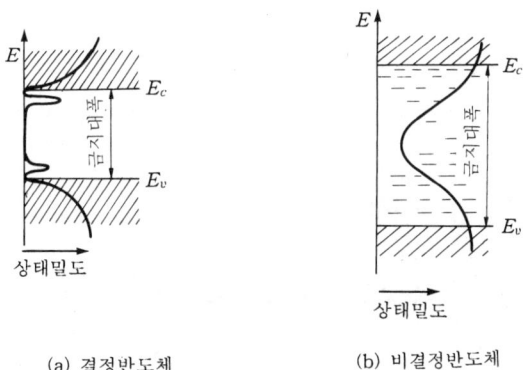

(a) 결정반도체   (b) 비결정반도체

그림 3-3 결정반도체 및 비정질 반도체의 에너지대 구조와 상태밀도

(2) 특 징

이 비정질 반도체의 주요한 특징은 다음과 같다.
① 물성정수를 크게 변화시킬 수 있다.
② 균질한 결정립계가 어렵다.
③ 도전율이 낮다.
④ 열역학적으로 비평형이다.

예를 들면, 칼코제나이드계 비정질 반도체의 조성을 변화시켜서 색감도를 조절한 촬상관 타겟(target)에 이용되고 있다. 그 밖에도 전기적 스위치 및 기억소자, 광 기억소자 등의 작용을 가지는 소자가 만들어져 있다. 또, 테트라헤드랄계 비정질 반도체인 비정질 실리콘(a-Si)은 생성시에 막중에 H(혹은 F)가 들어가면, 미결합수가 감소하고, 단결정과 같이 불순물 첨가에 의해 가전자제어가 가능해서 태양전지, 광센서용 재료 및 전자사진 감광체로 연구·개발이 진행되어 실용화되고 있다.

그림 3-4 (a)는 진공증착법에 의해 작성된 a-Si의 구조이고, (b)는 글로(glow) 방전법으로 형성된 a-Si의 미결합수를 H로 메우고 있는 구조를 나타내고 있다. 다른 응용으로서는 비정질 박막 트랜지스터, 액정 표시용 스위치로서 연구가 진행되고 있다. 미세결정상을 함유하는 Si(μc-Si)은 막성장 기구가 명확하게 됨에 따라서 태양 전지용 n층, p층으로서, 또 큰 왜곡 저항효과를 이용한 왜곡센서, 그리고 열기전력 효과를 이용한 전력용 센서의 재료로 새로운 응용 분야로의 사용이 고려되고 있다.

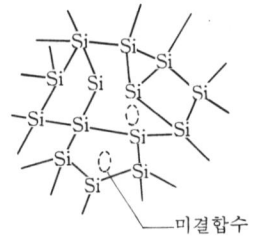　　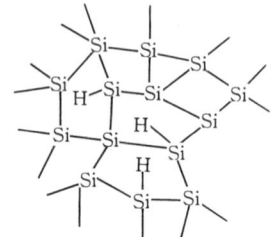

(a) 수소를 포함하지 않는 아몰퍼스 Si　　(b) 수소를 포함한 아몰퍼스 Si(a-Si : H)

그림 3-4 아몰퍼스(amorphous) Si의 구조

1-8 반도체를 이용한 센서

이상에서 서술한 각종 반도체 재료를 측정 대상별로 분류하면 표 3-3과 같이 된다.

표 3-3 반도체 재료

측정대상	이용한 효과(현상)	센서용 재료	
온 도	저항변화	원 소 : Ge, Si 화합물 : GaAs, CdTe 산화물 : $ZrO_2-Y_2O_3$계 　　　　$Cr_2O_3-Al_2O_3$계 　　　　$Al_2O_3-CoO-MnO_2$계 　　　　$MgO-Al_2O_3$계 　　　　$BaTiO_3(+Y_2O_3)$, V_2O_5 박 막 : SiC, Ge (유기물) : 카본 우레탄 수지계	
	열전효과	원소, 화합물 : Ge, Si, PbTe, Bi_2O_3	
광	광도전효과	가시광용 : CdS, CdSe, ZnO, Se 적외용 : PbS, InSb, $Cd_xHg_{1-x}Te$ 　　　　Ge : Au, Ge:Hg	광전자 센서
		자외광용 : Se계, As_2Se_3계 가시광용 : Sb_2S_3, PbO, CdTe, As-Te계 적외광용 : PbO, $PbO-Sb_2S_3$, PbO-PbS	촬상관
	광기전력효과	자외광용 : Au-ZnS, Ag-ZnS, Si 가시광용 : Si, Ge 적외광용 : Si, Ge, InP, GaAs 　　　　InSb, InAs	포토다이오드, 포토트랜지스 터, CCD
		태양전지용 : Si, GaAs, CdTe, a-Si, Se	
	광전자방출효과	$Ag-Cs_2O-Cs$	
자 기	Hall 효과 자기저항효과	InSb, InAs, Si, Ge, GaAs InSb, InAs (금속계)	
압 력	압력효과 피에조 저항효과	Si, ZnO Si, Ge, GaAs, $\mu C-Si$, PbTe	

2. 무기물 Ⅱ(파인 세라믹)

　세라믹은 "인위적 열처리에 의해 제조되어, 원하는 형상을 가지는 비금속 무기질 고체 재료"로 정의할 수 있는데 내열성, 내마모성, 내부식성에 우수한 특성을 가지는 재료일뿐만 아니라, 전기적, 광학적, 열적, 화학적 기능을 가지는 것으로서 그 기능성을 이용한 세라믹 센서로서 유용한 것이다.

　세라믹의 종류는 많고, 광범위하게 연구되어 실용화되고 있다. 물질이 가지고 있는 본래의 특성을 손상시키지 않고 제조된 파인 세라믹의 결정상태에 의한 분류에 따르면, 산화물, 탄화물, 질화물, 붕소화물 등과 같이 된다. 표 3-4에 분류하여, 재료명을 열거하였다.

　이것들을 별도의 관점 즉, 전자기적 기능의 면으로부터 크게 분류하여 보면, 반도체 세라믹, 유전체 세라믹, 자성체 세라믹으로 된다. 이 중 반도체 세라믹에 대해서는 앞에서 이미 설명한 바 있다. 이하에서는 유전체 세라믹, 자성체 세라믹에 대해서 재료의 면에서부터 서술한다.

표 3-4 파인 세라믹(결정상태에 의한 분류)

화합물	종류
산화물	Al_2O_3, SnO_2 $BaTiO_3$, $Pb(Zr_x,Ti_{1-x})O_3$, SiO_2, ZnO ZrO_2, $(1-x)Pb(Zr_x, Ti_{1-x})O_3 + xLa_2O_3$ $Bi_2O_3 \cdot 3SnO_2$ $Zn_{1-x}Mn_xFe_2O_4$, $\gamma-Fe_2O_3$, $SrO \cdot 6Fe_2O_3$ $Ba_xLa_{2-x}CuO_{4-y}$, $Ba_2YCu_3O_{7-y}$
질화물	Si_3N_4, $c-BN^*$, $h-BN^*$, TiN
탄소 및 탄화물	C, SiC, TiC, B_4C
붕소 및 붕소화물	B, BN^*

㈜. *을 붙인 물질은 복수 종류의 구분에 포함된다.

2-1 유전체 세라믹

유전체는 초전성, 압전성을 함께 가지고 있으며 각각 그 효과를 이용하여 적외선 센서, 압전성 센서에 이용되고, 또는 $BaTiO_3$에 불순물(La^{3+}, Bi^{3+})을 첨가하여 압전성을 증가시키고, 양의 온도계수를 가지는 서미스터로써 응용되고 있다.

① 티탄산바륨자기($BaTiO_3$) : 결정 구조는 산소 O를 정점으로 하는 산소 팔면체의 중심에 Ti를 가지고, Ba을 스페이스(space)의 위치에 배열된 페로브스카이트(perovskite) 구조이다. 이 기본격자를 그림 3-5에 나타내었다. 세 개의 전이점(-80℃, 0℃, 120℃)을 가지고, $BaTiO_3$에 고용되는 불순물을 변화시킴에 따라 퀴리(Curie) 온도(T_c)를 변화시킬 수 있다.

여러 종류의 제조방법이 있지만, 그 중에서 일반적인 제조방법은, 탄화바륨법이다. 산화티탄(TiO_2)과 탄산바륨($BaCO_3$)을 1:1 몰비로 혼합하여 전기로에 넣어서, 산소분위중 1,100℃~1,300℃로 일정기간 소결(소성)하여 만든다.

② 티탄산연자기($PbTiO_3$) : 결정 구조는 $BaTiO_3$의 Ba^{2+}를 반경이 작은 Pb^{2+}로 치환한 강유전체이다. 퀴리 온도(T_c)는 490℃이고, T_c 이상에서는 입방정계, 그 이하에서는 정방정계로 된다.

제조방법은 PbO와 TiO_2를 1:1의 몰비로, $PbCl_2$ 2몰을 혼합하여 전기로에 넣어, 500~900℃로 가열소성한다.

③ PZT ($PbZr_xTi_{1-x}O_3$) : 강유전체 $PbTiO_3$와 반강유전체 $PbZrO_3$의 고용체이고, 정방정 F_t상과 삼방정 F_R상의 상경계의 조성 $x=0.52$ 부근에서 유전율(수백 이상), 압전정수 등이 최대치를 나타낸다.

④ PLZT : $PbTiO_3-PbZrO_3$계에 La_2O_3를 가하여 보트프레스(boat press)한다. 투광성이 뛰어난 세라믹이 얻어지고, 광일렉트로닉스(electronics) 분야에 이용된다.

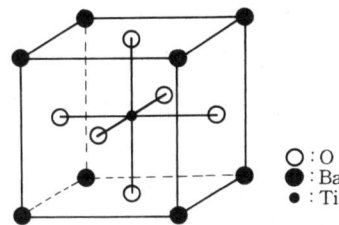

그림 3-5 페로브스카이트(perovskite) 구조

2-2 자성체 세라믹

(1) 스핀 배열방식에 의한 분류

자성체 세라믹은 기록재료로서 자기 테이프, 자기 디스크 등에 이용된다. 자성체에 대한 자성이온간의 상호작용에 의한 스핀(spin) 배열방식으로 크게 분류하면 다음과 같다.
① 강자성 : 자발분극이 나타난다. (예 : CrO, α-Fe_2O_3)
② 반강자성 : 자발자화는 일어나지 않는다. (예 : MnO, NiO, MnP)

(2) H_c와 μ_i에 의한 분류

자성을 특징짓는 인자 H_c(보지력), μ_i(초자화율)에 의하면 다음과 같다.
① 연자성 : H_c가 작고 μ_i가 큰 자성체
② 경자성 : H_c가 큰 자성체

그림 3-6에 자성체의 자화곡선을 나타내었다.

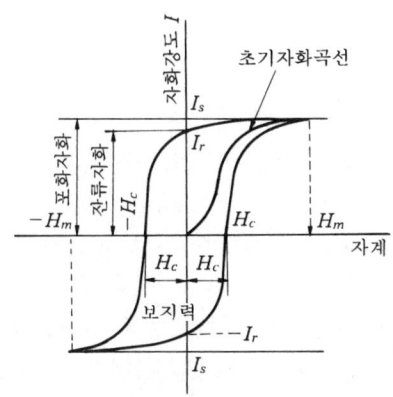

그림 3-6 자성체의 자화곡선

(3) 페라이트의 구조

일반적으로 강자성체 산화물인 페라이트(ferrite)는 다음과 같은 구조를 가진다.
① $MO \cdot Fe_2O_3$ (M : Mn, Ni, Mg, Cu, Li, Zn 등)로 표시되는 스피넬(spinel) 구조
② $MO \cdot 6Fe_2O_3$ (M : Ba, Sr 등)로 표시되는 마그네트 프란바이트 구조
③ $3M_2O_3 \cdot 5Fe_2O_3$ (M : Y, Sm, Gd 등)로 표시되는 카벳트 구조
④ $M_2O_3 \cdot Fe_2O_3$ (M : La, Nd, En 등)로 표시되는 페로브스카이트 구조
금속철심에 비해 B_s는 작지만, 밀도가 $10^7 \sim 10^8$배로 높아 전류손실이 무시될 수 있다.
제조방법은 금속산화물 등을 혼합하여 가소성한 후 분쇄하여, 점결제, 윤활제 등을 첨가한다. 성형시킨 후 $1,000 \sim 1,300 °C$에서 소성한다.

(4) 페라이트의 종류

① 스피넬형 페라이트 : 페라이트의 한 종류인 스피넬형 페라이트는 $M \cdot Fe_2O_4$의 화학조성을 가진다. 단위격자($Z = 8$)는 입방최밀충인 32개의 O^{2-} 이온과 이들에 의해 형성되는 32개의 8면체위치 중의 16개($16\,d$), 그리고 64개의 4면체위치 중의 8개($8\,a$)에 분포하는 양이온으로 된다. 그림 3-7에 스피넬 구조를 나타내었다.

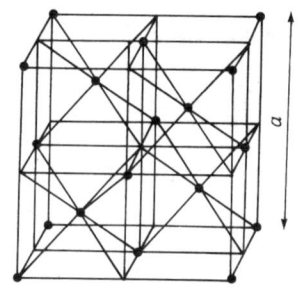 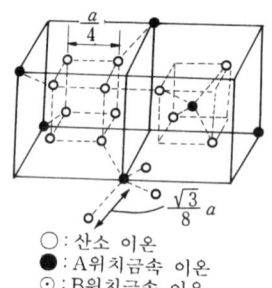

(a) 단위격자 (A위치금속이온을 표시) (b) 1/4 격자

○ : 산소 이온
● : A위치금속 이온
⊙ : B위치금속 이온

그림 3-7 스피넬 구조

㈎ 정스피넬형 : 모든 Fe^{3+}가 $16d$에 분포한다.
㈏ 역스피넬형 : Fe^{3+}의 $1/2$과 M^{2+}가 $16d$에 분포하고, 나머지 $1/2$의 Fe^{3+}가 $8\,a$에 분포한다.
② Ba 페라이트 : 마그네트 프란바이트 구조($BaFe_{12}O_{19}$)는 보지력이 크고, 전기저항이 크고, 비중이 작고, 화학적으로 안정하고, 저가격 등의 특징을 가지므로 현재는 영구자석 재료의 주류로 되어 있다.
③ Sr 페라이트 : Ba 페라이트보다 고성능 재료로서 주목받고 있다.
④ 복합 페라이트 : 현재 많이 이용되고 있는 페라이트는 복합 페라이트(Mn-Zn계, Ni-Zn계)이고, 그 혼합비에 따라 퀴리 온도(T_c)가 변하고, 포화자속밀도(B_s)가 증가하고, 이방성정수(K) 및 자외정수(λ)를 작게 할 수가 있다.

2-3 그 밖의 산화물 (1-5 참조)

금속산화물 (NiO, CoO, FeO, MnO) 반도체 재료의 항목에서 서술한 것과 같이 이들 산화물을 주성분으로 하는 소결체는 서미스터로 알려진 스피넬 구조를 한다. 산소의 영향을 받아서 대기중에서 안정하다. 서미스터 정수 B는 2,000~5,000°K 정도이다.

① 지르코니아 (ZrO_2) : 내화 세라믹의 일종으로 고강도, 고인성 재료로서 주목되고 있다. 2,700℃를 넘는 온도에서 합성되는 지르코니아는 「입방상」이라고 하는 구조를 가지지만, 온도를 낮춤에 따라 「정방상」(2,370℃), 「단사상」(1,100℃)으로 상변화하여, 체적변화를 동반한다. 이 지르코니아 결정의 Zr원자 (이온반경 0.82Å)보다 큰 이온반경을 가지는 Ca (이온반경 1.03Å), 혹은 Y (이온반경 0.96Å)을 Zr원자와 치환하면, 입방상이 넓은 온도 범위에서 준안정구조를 가져 체적변화를 방지할 수 있다. Ca 혹은 Y원자를 포함하는 지르코니아 (ZrO_2)를 안정화 지르코니아 (CaO-PSZ, Y_2O_3-PSZ)라 부르고, 산소공공 (oxygen cavity)을 생성시키는 산소 이온 도전체로 되어 산소센서, 연료전지용 재료로서 주목받고 있다.

② ZnO, SnO_2 : 이들 산화물은 결정의 생성과정에서 화학양론적 조성비에서 벗어나서 금속 원자가 과잉되기 쉬워 n형 반도체 특성을 나타낸다 (1-5 참조).

예를들면, ZnO는 다음과 같다.

$$ZnO \rightleftarrows Zn + \frac{1}{2}O_2$$

이 과잉 Zn원자가 결정의 격자간에 존재하면, 도너형 불순물 준위를 만들어서 ZnO는 n형 반도체 특성을 나타낸다. 다시 말하면, 불순물 Zn원자가 에너지를 흡수하여, 다음 식에 의해 전자가 유리되어, 이 유리전자가 전기전도에 기여한다.

$$Zn \rightarrow Zn^- + e \quad \text{혹은} \quad Zn \rightarrow Zn^{2-} + 2e$$

ZnO, SnO_2 등의 산화물 반도체는 표면제어형의 가스 센서로서 이용되고 있다 (동작원리는 2항 2-3 참조). 또, ZnO는 바리스터 (varistor), 압전체 소자의 재료로서 SnO_2는 태양전지나 EL의 투명도전막으로 이용되고 있다.

③ $Ba_xLa_{2-x}CuO_{4-y}$ (Ba-La-Cu-O계 산화물), $Ba_2YCu_3O_{7-y}$ (Ba-Y-Cu-O계 산화물) : 높은 전이온도 (T_c)를 가지는 산화물 초전도체로서 출현된 것으로, 층상 페로브스카이트 구조를 이루는 $Ba_xLa_{2-x}CuO_{4-y}$ ($T_c \cong 30K$)와 산소흠손형 페로브스카이트 구조를 이루는 $Ba_2YCu_3O_{7-y}$ ($T_c \cong 98K$)가 있다.

이들의 제조방법에는 소결법, 박막법 등이 있다. 소결법에 의한 산화물 초전도체 (예를 들면 $Ba_2YCu_3O_{7-y}$)를 만드는 데는 산화이트리움 (Y_2O_3), 탄소바륨 ($BaCO_3$), 탄소제이동 (CuO)의 분말을 잘 혼합하여 압력 성형후 (약 $1kg_f/cm^2$) 950℃ 정도로 소결하여 서냉한다. 혹은 혼합된 원재료를 가성형 후 분쇄된 것을 성형하여 소결한다. 초전도체 박막을 만드는 것에는 스퍼터법, 스크린 인쇄법 등의 박막법이 이용된다. 스퍼터법에 의한 경우는 성형후 소결된 산화물을 타겟으로 하고 있다. 스크린 인쇄법에 의한 경우는 가소결된 원재료와 유기용제와의 혼합물을 기판 위에 도포하여 소결한다.

이들 산화물 초전도체는 종래의 Nb계 합금의 전이온도 (T_c = 23.3K)보다 매우 높은 것으로서 초전도 자석, 초전도 양자간섭 소자 (SQUID), 고속 스위칭 소자 등의 응용이 기대된다.

2-4 탄화물

① SiC, B_4C (원자가 결합 탄화물) : 내부의 결합이 원자결합에 의해 이루어지고, 반도체적 특성을 나타낸다. 경도가 경하고, 화학적으로 안정하다. 이 밖의 특성에 대해서는 반도체 재료의 항에서 서술하였다.

② TiC, NbC, MoC (합금형 탄화물) : 큰 금속원자로 만들어진 결정격자의 중간에 작은 탄소 원자가 배열된 구조를 가지고 있다. 주기표의 제Ⅳ족 a, 제Ⅴ족 a 및 제Ⅵ족 a 등에 속하는 천이원소의 탄화물에 상당한다. 기계적으로는 경하고, 금속광택을 가지고, 전기적으로 전도성이고, 화학적으로 안정하다.

2-5 질화물

① M_3N (M : 금속) : 구조를 가지는 질소와 금속과의 화합물
  ㈎ Li_3N, Mg_3O_2 : 이온 결합성이고, 분해되기 쉽다.
  ㈏ BN, AlN : 원자 결합성이고, 화학적으로 안정하다.
② 금속간 화합물 : TiN, ZrN, NbN으로 고융점, 고경도, 금속광택을 가지며, 전기적으로는 전도성이고, 화학적으로 안정하다.

2-6 붕소화물

① B_4C : (2-4 참조)
② BN : 질화보론에는 h-BN과 c-BN의 두 종류가 있다.
  ㈎ h-BN (육방정) : 질소와 붕소를 1,500℃에서 반응시켜 얻어지고, 혹은 취화붕소와 염화암모늄을 반응시켜 얻어진다.
    • 금지대역 (E_g) = 5.8 [eV]
  ㈏ c-BN (정방정) : 고온·고압하에서 합성된다 (1,500℃ 이상, 4,500기압).
    • 금지대역 (E_g) = 7~8 [eV]

2-7 세라믹을 이용한 센서

지금까지 서술한 세라믹 재료를 센서 용도별로 정리하면 표 3-5와 같다.

표 3-5 측정 대상별로 분류한 센서용 세라믹 재료

측정대상	이용한 효과(현상)	센서용 재료
온도(열)	저항변화	NiO, FeO, CoO, MnO, SiC BaTiO$_2$ VO$_2$, V$_2$O$_3$
	자기변화	Mn-Zn계 페라이트
	기전력	안정화 지르코니아
광	집전효과	PZT, LiNbO$_3$, SrTiO$_3$
	반스톡스측	LaF$_3$ (Yb, Er)
	형 광	ZnS (Cu, Al), Y$_2$O$_2$ (Eu)
압 력	압전효과(피에조전기)	PZT
가 스	저항변화	Pt 촉매/아루미나/Pt 선 SnO$_2$, In$_2$O$_3$, ZnO, γ-Fe$_2$O$_3$, NiO 서미스터 TiO$_2$, CoO-MgO
	기전력효과	ZrO$_2$-CaO, -MgO, Y$_2$O$_3$, -LaO$_3$ (안정화 지르코니아) ThO$_2$-Y$_2$O$_3$ (토리아)
온 도	저항변화	LiCl, B$_2$O$_5$, ZnO-Li$_2$O TiO$_2$, NiFe$_2$O$_4$, MgCr$_2$O$_4$+TiO$_2$
	유전율변화	Al$_2$O$_3$
이 온	기전력효과	AgX, LaF$_3$, Ag$_2$S, SiO$_2$박막 CdS, AgI
	전계효과	Si (FET)

3. 금 속

 전기 재료로서의 금속은 오래 전부터 도전성 재료, 저항 재료, pulse 재료, 땜납 재료, 열전대 재료로서 사용되고 있지만 변환 기능을 포함하고 있는 금속 재료로서는 온도측정용 열전대 재료, distortion계측용 저항재료 뿐이다. 특히 금속 중에서 변환기능의 역할을 한다고 생각되는 흥미있는 성질은 극저온상태(액체 He 온도부근)에서 저항이 0이 되는 현상(초전도현상)을 나타내는 것이다. 이와 같은 현상을 보이는 금속(초전도체)은 완전도전성 외에 완전반자성, 자속양자화 등의 특성도 가지기 위한 센서(조셉슨 소자) 등으로의 응용이 생각되어지고 있다.

3-1 초전도 재료

초전도체는 그 자기적 성질이 다르기 때문에, 제1종 초전도체와 제2종 초전도체로 나누어 진다. 전자는 자계가 더하여져도 그 크기가 H_c(임계 자장) 이하의 초전도상태에 있어서는 초전도체 내부에 자속의 침입이 0이고 완전반자성을 나타낸다. 후자는 인가 자계가 작을 때에는 완전반자성을 나타내지만, H_{c1}의 자계에서 자속이 시료 내부에 침입하면 초기자화는 감소하고 H_{c2}에서 상전도 상태로 되며, H_{c1}과 H_{c2}의 사이를 혼합상태라 부르고 있다. 양자의 자화 곡선을 그림 3-8에 나타낸다.

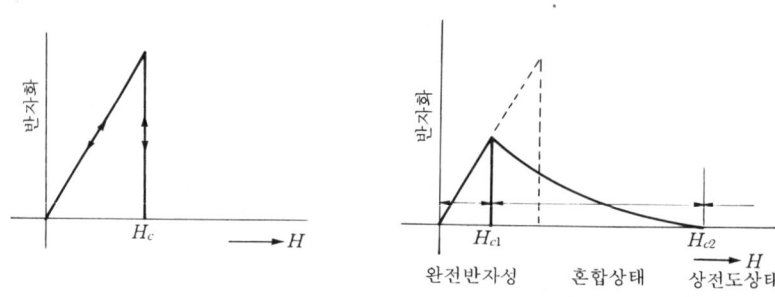

그림 3-8 초전도체의 자화곡선

① 제1종 초전도체 : Nb, V을 제외한 금속원소 및 화학양론적 조성을 가진 화합물
② 제2종 초전도체 : 금속원소의 Nb, V 및 대부분의 합금, 화합물, 초전도체에는 27종 이상의 금속원소(Al, Sn, Pb, Nb 등) 및 합금(Nb-Zr, Pb-Ag 등), 금속간 화합물(Nb$_3$Ge, Nb$_3$Sn, MoN 등 1,000종 이상)이 있다.
③ 산화물 초전도체 : Ba-La-Cu-O계 산화물(Ba$_x$La$_{2-x}$CuO$_{4-y}$), Y-Ba-Cu-O계 산화물(Ba$_2$YCu$_3$O$_{7-y}$)은 금속 특성을 나타내고, 높은 전이온도를 가진다. 최대 임계온도 T_c는 각각의 Nb에서 9.3°K, 금속간 화합물의 Nb$_3$Ge에서 23.6°K, Ba$_2$YCu$_3$O$_{7-x}$에서 98°K 이다. 표 3-6은 대표적인 초전도 재료를 보여준다.

표 3-6 대표적인 초전도 재료

구 분	재 료	박막 재료의 임계온도 (T_{cf})	벌크 재료의 임계온도 (T_{cB})
비천이원소 (7)	Al	5.7	1.175
	Pb	7.5	7.196
	Sn	6	3.722
천이원소 (17~18)	Nb	10.1	9.25
	Ta	4.51	4.47
	V	6.02	5.40
	W	5.5	0.0154

화합물	A-15형 (A_3B)	Nb_3Ge	23.6	18
		Nb_3Sn	28.3	18.5
		V_3Si	17.6	0.29
	NaCl형 (AB)	NbN	17.3	16.5
		Nb-N-C		
산화물 초전도체		$Ba_xLa_{2-x}CuO_{4-y}$	38	40
		$Ba_2YCu_2O_{7-y}$	90	98

3-2 금속을 이용한 센서

조셉슨 소자를 응용한 것으로는 초고속 집적회로, A/D변환기, 증폭기, 미소전압, 미소자속의 검출, 마이크로파의 발생, 검출, 혼합 등이 행해지는 전자 디바이스의 개발이 진행되고 있다. 표 3-7은 대표적인 용도를 나타낸다.

표 3-7 측정대상별로 분류한 센서용 금속재료

측정 대상	이용한 효과 (현상)	센서용 재료
전 자 파	조셉슨 효과 터널 효과 Spot Shottkey diode	Nb Pb (In, Au) Pb/Shottkey Barrier/GaAsp
자 속	조셉슨 효과 (SQUID)	Nb, Pb, NbN, Nb_3Sn
표준 전압 발생	조셉슨 효과	Pb

4. 유기물 및 고분자 재료

무기물 재료와는 달리 유기물 재료들은 성형가공의 용이성, 저가격, 대량 생산의 수월성 등의 장점을 가지므로 그 물성의 특징에 기반을 두고 최근에 광, 전기, 역학, 화학적 특성 변화에 착안하여 센서용 재료로서 관심이 모아지고 있다. 현재 가장 많이 이용되어지고 있는 센서용 유기물 재료를 기능성의 측면에서 분류해 보면 다음과 같다.

① 도전성 유기 재료 : 유기반도체, 합성금속
② 압전성·초전성 재료 : PVDF, 복합재료
③ 광학 재료 : 광섬유, 액정
④ 분자식별 기능 재료
  ㈎ 이온식별 기능 재료 : 환상 펩티드, 크라운에테르, 폴리에테르, 칼릭스어린, 사이클로 덱스트린
  ㈏ 저분자식별 기능 재료 : 효소, 미생물, 결합단백질

(다) 고분자식별 기능 재료 : 항체
(라) 가스투과 기능 재료 : 고분자막

이상의 대표적인 유기물 재료들은 각기 독립적으로 발전해온 기능성 재료들을 센서 제조에 응용한 것으로서 근본원리 및 종류는 다음과 같다.

4-1 도전성 유기고분자 재료

유기고분자는 그 유전특성을 이용하여 전자부품 중의 콘덴서로서, 또 전기저항이 높은 것은 전기 절연재료로 이용되고 있다. 한편, 이 유기고분자에 도전성을 부여시킨 것이 도전성 유기고분자이다. 이들 유기고분자의 도전성에 관해 주목하게 된 것은 환상공역화합물(프탈로시아닌), 축합 다환 방향족화합물 등에서 반도체적 특성이 발견되면서부터이다. 이것들은 유기반도체로도 불리며, 합성금속(유기금속), 초전도 특성 재료 분야까지 발전되고 있다. 한 예로서 폴리아세틸렌은 금속이온 등의 도핑에 의해 도전율을 현저히 증가시켜 절연체의 상태로부터 반도체 및 금속으로의 전이가 가능하다. 대표적인 전도성 고분자형 유기물 재료는 다음 표 3-8에 나타내었다.

표 3-8 도전성 고분자형 유기물 재료

계	재 료 명
다환 방향족계	피렌, 안트라센, 페리렌
공역 이중결합계	폴리아세틸렌
유리기	DPPH (디페닐피크릴히드라질)
이온 전도계	폴리글리신
전하이동형 착체계	페리렌-I_2계, TTF-TCNQ
고분자계	폴리비닐카바졸(PVK), 폴리아세틸렌 열분해 고분자

고분자 재료는 에너지 밴드 다이아그램(energy band diagram)의 전도층과 가전자층의 에너지 갭(energy gap)이 크기 때문에(polyethylene의 경우 7 eV) 보통 절연체로 많이 쓰이지만, 최근 고분자 구조가 제어된 특수 중합체들이 개발되어 도전성($10^{-8}\Omega^{-1}cm^{-1}$)을 가지는 재료들이 출현하였다. 이것은 공역 이중결합을 가지는 중합체, 고분자 전하이동 착체, 이온전도성 고분자, 전도성 고분자 복합 재료로 구분할 수 있다. 이 중에서 이온 전도성 고분자는 리튬 건전지(lithium battery)의 고분자 고체 전해질로써 사용되고, 전도성 고분자 복합 재료는 전기 전자제품의 정전기 방지, 접착제 등으로 활용되고 있다. 여기서는 센서 재료로서 큰 응용성을 가진 도전성 공역 중합체 및 고분자 전하이동 착체에 대해 설명하고자 한다.

① 도전성 공역 중합체 : 고분자의 주쇄(main chain)나 측쇄(pendant group)에 방향족 환 또는 이중결합의 π전자계를 공역(conjugation) 구조로 가지고 있는 형이 여기에 속한다. π전자는 원자의 구속이 약하므로 금속의 자유전자와 유사한 성질을 가진다. 이런

형의 대표적인 예가 Poly (acetylene)으로서 cis, trans 두 개의 이성체를 가지며 그 구조를 그림 3-9에 나타내었다. Poly (acetylene)의 경우 cis 및 trans 이성질체의 밴드 갭 (band gap)은 각각 2.5 eV 및 1.7 eV로 알려져 있다. Poly (acetylene)는 탄소원자 1개당 1개의 π 전자를 제공하므로 이론적으로 금속과 같아야 할 것이나 실제로는 pulse 전이를 일으키므로 도전율은 그림 3-9에서 보는 바와 같이 온도에 의한 이성질체간의 열운동에 의존한다.

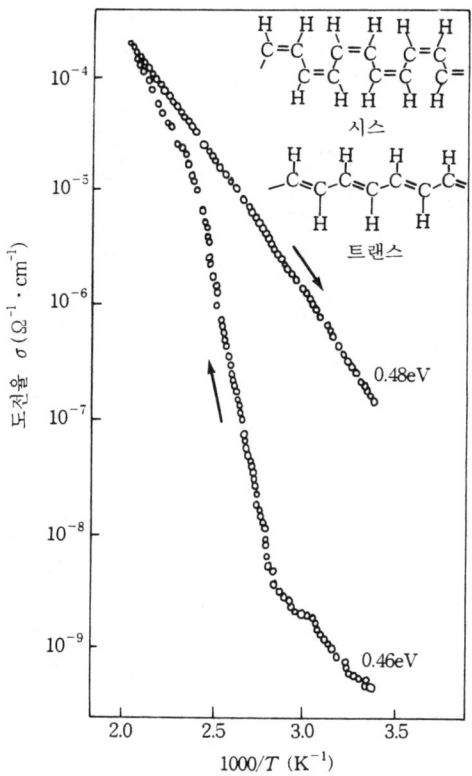

그림 3-9 시스, 트랜스형 폴리아세틸렌의 도전율 온도 의존성

표 3-9 폴리아세틸렌에 각종 불순물을 도핑했을 때의 도전율

전자 수용체 (p형 반도체)		전자 공여체 (n형 반도체)	
Br	$\sigma \fallingdotseq 10^{-3} \, \Omega^{-1} \, cm^{-1}$	Li	$\sigma = 2 \times 10^2 \, \Omega^{-1} \, cm^{-1}$
Cl	$\sigma \fallingdotseq 10^{-4} \, \Omega^{-1} \, cm^{-1}$	Na	$\sigma = 10^2 \, \Omega^{-1} \, cm^{-1}$
I	$\sigma \fallingdotseq 10^2 \, \Omega^{-1} \, cm^{-1}$	K	$\sigma = 50 \, \Omega^{-1} \, cm^{-1}$
AsF_5	$\sigma \fallingdotseq 10^3 \, \Omega^{-1} \, cm^{-1}$		
SbF_5	$\sigma \fallingdotseq 5 \times 10^2 \, \Omega^{-1} \, cm^{-1}$		
ClO_4	$\sigma \fallingdotseq 10^3 \, \Omega^{-1} \, cm^{-1}$		
PF_4	$\sigma \fallingdotseq 10^2 \sim 10^3 \, \Omega^{-1} \, cm^{-1}$		

Poly (acetylene)막에 AsF$_5$, SbF$_5$와 같은 할로겐 화합물(전자 수용체, acceptor)을 약간 더해 주면 도전율이 현저히 증가된다. 이것은 반도체에서 전자수용체를 도핑하여 p형 반도체가 되는 것과 같은 현상이며 전기 화학적 견지에서는 산화반응이 일어났다고 설명할 수 있다. 또 알칼리 금속과 같은 전자 공여체(donor)로 도핑하면 n형 반도체와 같게 된다. Poly(acetylene)에 각종 불순물을 도핑했을 때 도전율의 변화를 앞의 표 3-9에 나타내었다.

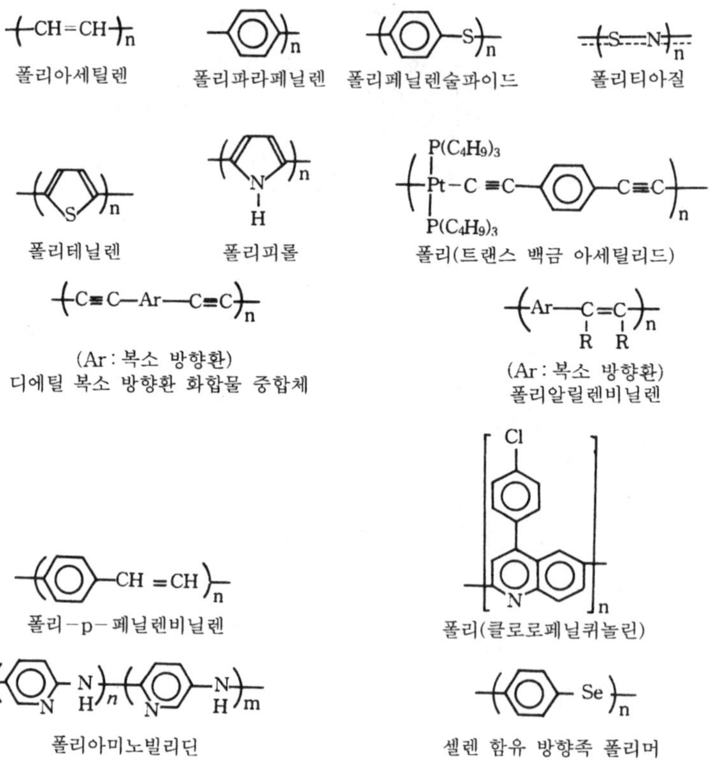

그림 3-10 도전성 공역 중합체의 예

Poly (acetylene)은 구조가 간단하고 도핑에 의해 도전성을 현저히 증가시킬 수 있지만 센서 재료로 응용시 공기중의 산소에 의해 산화되기 쉽고, 용매가 제한되어 있어 성형이 어려운 단점이 있다. 따라서 다른 몇 가지 공역중합체 구조의 도전성 고분자 재료들이 개발되었으며, 이들을 그림 3-10에 나타내었다.

이 중에서 Poly (p-phenylene vinylene) 및 그 유사 공중합체들의 경우 그림 3-11에서 보듯이 도전율이 좋으며, 안정성 및 가공성이 향상된 재료로 사용될 수 있다고 알려져 있다. 이상에서 제시한 도전성 공역 고분자 재료들과 무기 재료 및 분자결정 물질들의 도전성을 비교하여 그림 3-12에 나타내었다.

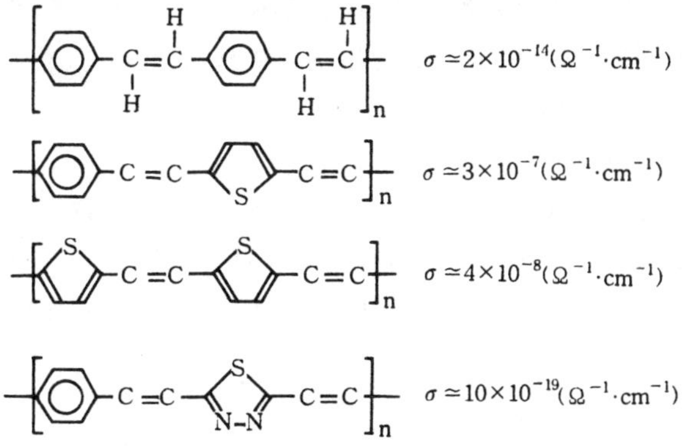

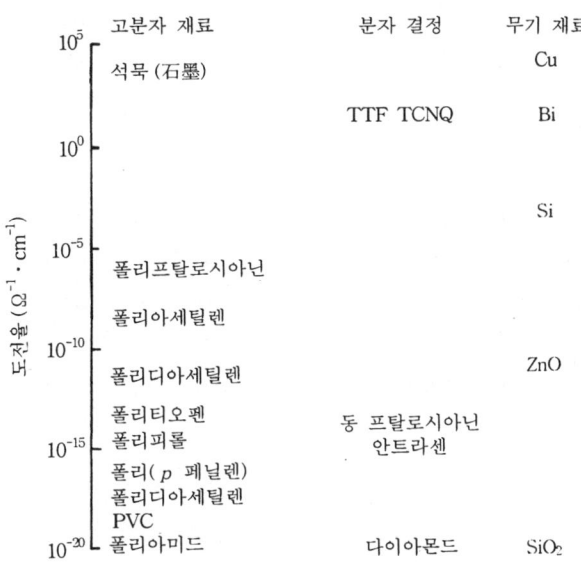

그림 3-11 비닐계 고분자 구조에 의한 도전율 특성 예

그림 3-12 각종 고분자 재료의 도전율

② **고분자 전하이동 착체(Polymer charge transfer complex)**: 저분자 유기 물질에서 많은 종류의 전자 공여체(donor, D) 및 전자 수용체(acceptor, A) 성질을 나타내는 화합물들이 알려져 있다. 이들을 조합하면 전자가 일부 D로부터 A로 이동하여 안정된 화합물이 얻어지며 이를 전하이동 착체(DA로 표시)라 하고 D로부터 A로 전자가 거의 완전히 이동한 경우 이들은 라디칼(radical) 이온염(D^+A^-로 표시)이라고 부른다. 이러한 착체나 라디칼(radical) 이온염은 고체상태에서 일정한 모양의 겹쳐진 층 구조를 취하고 있으며

전자가 이동되어 비편재화(delocalized)되어 있기 때문에 전계하에서 분자 상호간 전자의 이동이 쉬워져 높은 전도율을 나타내게 된다. 전자 수용체 (A) 유기물로는 TCNQ가 중요하며 전자 공여체로는 아민(amine), 술파이드(sulfide), 셀레나이드(selenide) 계 화합물들이 알려져 있다 (그림 3-13).

저분자 라디칼(radical) 이온염에 있어서 그림 3-13의 퀴놀륨(quinolium) (Q^+)과 TCNQ로 이루어진 염 $Q^+(TCNQ)^-$나 여기에 중성의 TCNQ 한 분자 더 부가된 $Q^+(TCNQ)_2^-$ 복염이 좋은 예이고 복염의 경우 $102\ \Omega^{-1}cm^{-1}$의 도전율을 나타낸다고 알려져 있다. 또 $(TTF)^+(TCNQ)^-$ 염의 경우 도전율은 실온에서 $102\sim103\ \Omega^{-1}cm^{-1}$에 이른다.

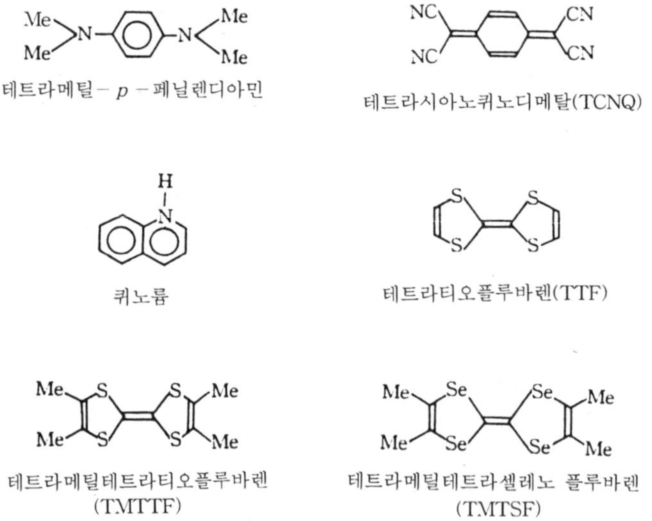

그림 3-13 전하 이동 착체를 형성하는 Donor, Acceptor의 예

이상의 유기물 저분자 전하이동 착체 및 라디칼 이온염의 도전성을 고분자에 도입하는 방법으로는 고분자의 주쇄나 측쇄에 직접 전하이동 착체 혹은 라디칼 이온염을 형성시키는 방법 혹은 저분자 유기물 착체, 라디칼 이온염을 고분자 매트릭스(matrix)에 분산시키는 방법이 이용된다.

먼저 고분자 내에 전하이동 착체를 형성하는 경우는 전자 공여체 고분자로 전자가 풍부한 Poly(vinyl carbazole), PVK 혹은 Poly(vinyl anthracene), Poly(vinyl pyrene)를 쓰고 전자 수용체로는 TCNQ를 주로 쓴다. 이렇게 제조된 고분자 전하이동 착체의 전도도는 $4\sim10\ \Omega^{-1}cm^{-1}$ 이하로 재료로서의 개선된 물성에 반해 전도도가 저분자 착체보다 낮게 나타나는데 이것은 고분자 착체의 경우 polymer 자체의 운동 및 구조상의 이유로 전하이동 착체의 생성률이 저분자보다 적고 고체상태에서 저분자의 경우와 같이 일정한 적층 구조가 완벽하게 유지되지 못하는 데 기인한 것으로 해석된다.

전자 수용체로서 TCNQ를 전자 공여체로서 폴리카티온(polycation)을 쓴 대표적인 경우의 그 구조에 따른 도전율을 표 3-10에 나타내었다.

표 3-10 폴리카티온-TCNQ의 전도성

폴리카티온	[TCNQ]/[TCNQ]	$\rho[\Omega\cdot cm]$ (실온)	E_s [eV]
$-N^+(CH_3)_2-(CH_2)_6-N^+(CH_3)_2-(CH_2)_5-$	0 0.6	3.5×10^7 2.6×10^2	0.54 0.077
$-N^+(CH_3)_2-(CH_2)_3-N^+(CH_3)_2-CH_2-C_6H_4-CH_2-$	0 0.5	1.0×10^6 8.9×10^2	0.41 0.12
$H_3C-N,N^+(CH_3)-CH_2-C_6H_4-CH_2-$ (piperazinium)	0 0.4	1.7×10^8 2.2×10^1	0.27 0.09

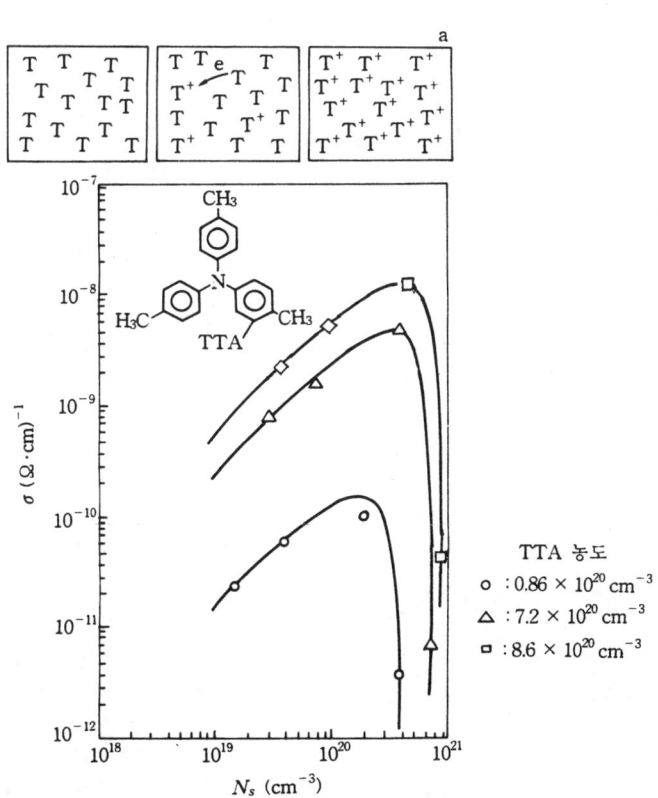

그림 3-14 폴리카보네이트-TTA 고분자를 SbCl₅으로 산화했을 때의 도전율과 모델 그림

한편 라디칼 이온염을 불활성 고분자 매트릭스(inert polymer matrix)에 분산시켜 도전성 고분자 재료를 형성한 예로는 기계적 강도와 분산성이 좋은 폴리카보나이트(polycarbonate)에 tri-p-toluamine(TTA)를 분산시키고 $SbCl_5$로 도핑한 것이 있다. 이 경우 $(TTA)^+(SbCl_5)^-$ 라디칼 이온염이 형성되어 폴리카보나이트(polycarbonate) 고분자 매트릭스(matrix)에 분산된 구조가 되므로 도전성을 나타내게 된다. 이때 전도 과정은 반도체와 유사하게 그림 3-14에서 보듯이 중성분자 TTA(T로 표시)로부터 전자의 이동을 동반한다. 따라서 TTA 모두가 T^+로 되면 전기 전도가 정지되므로 도핑제로 사용한 $SbCl_5$의 적정량에서 도전율이 최대치를 보이게 된다.

4-2 압전·초전 유기고분자 재료

유전체 중에서 기계적 응력을 가해주면 분극을 일으키는 경우를 압전성, 온도 변화에 따라 자발분극의 변화가 표면에 나타나 전위 변화를 일으키는 경우를 초전성이라고 부르며, 외부에서 전계를 가했을 때 자발분극의 방향이 전계에 따라 쉽게 바뀌는 경우를 강유전성이라고 부른다.

(1) 고분자 복합 압전재료

압전성 미분말(PTZ)을 플라스틱 필름에 분산시킨 복합 재료는 피막측의 압력에 대응하여 그 전자물성이 변화하므로 압-전 변환소자로서 사용될 수 있고 고분자로서 PVDF가 압전 특성을 나타내는 대표적인 재료이다.

불화비닐리덴(PVDF ; polyvinylidene fluoride)을 분극 처리하여 얻는 고분자 electret의 대표적인 예로는 PVDF ; poly(vinylidene fluoride)가 있다. PVDF는 $-(CH_2-CF_2)n-$의 반복단위 분자식을 갖는 결정성 고분자이다.

그림 3-15에 α형과 β형 2종류 PVDF 결정구조를 나타내었다. α형에서는 전기 음성도가 큰 F원자에 기인하여 반복단위 자체로는 쌍극자를 가지고 있으나 결정단위격자(unit cell) 내에 두 반복단위가 반대방향으로 배치되어 있으므로 쌍극자 모멘트가 상쇄되어 분극이 생기지 않는다. 한편 β형 결정에서는 반복 단위들이 결정 b축과 같은 방향으로 배치되어 있어 자발분극 현상을 보여 준다.

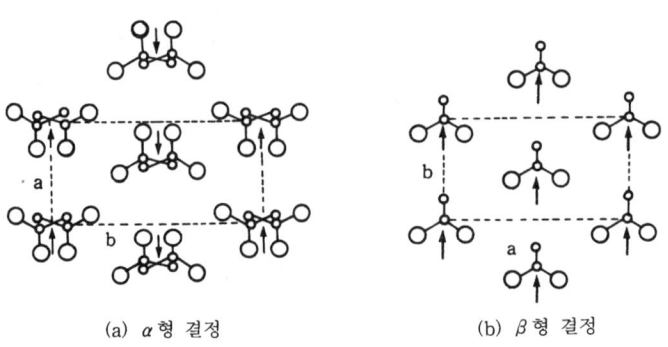

(a) α형 결정　　　　(b) β형 결정

그림 3-15 PVDF의 결정 구조

연신(延伸)시킨 PVDF 고분자 필름의 분극 조작을 보면 다음과 같다. 즉, PVDF을 용융하여 필름상으로 밀어내면 냉각되어 α형 결정이 나타난다. 이를 60~100 ℃ 온도에서 4배 이상으로 연신시키면 β형 결정으로 된다. 그리고 양면에 알루미늄을 증착시키고 100 ℃의 온도에서 10 kV/cm의 전계를 걸면 압전성이 큰 필름을 얻을 수 있다.

PVDF 압전필름과 다른 압전 재료와의 물성 비교를 표 3-11에 나타내었다. PVDF 압전필름은 무기 재료와 비견되는 유연성, 좋은 가공성, 낮은 음향 임피던스 등의 뛰어난 특징을 가지고 있다.

표 3-11 PVDF 압전 필름의 형성

구 분	PVDF	BaTiO$_3$	PZT	수정 (0° Xcut)	로셸염 (45° Xcut)	TGS
비유전율	13	1700	1200	4.5	350	45
밀 도 (g/cm^3)	1.78	5.7	7.5	2.65	1.77	1.69
탄 성 률 (10^9 N/m^2)	3.0	110	83.3	77.2	17.7	30
압전 정수 (10^{-12} C/N)	20~30	78	110	2	275	25
전기·기계 결합정수	0.15	0.21	0.30	0.10	0.073	—
음향임피던스 (10^6 kg/m^2)	2.3~4.0	25	25	14.3	5.7	—
음속 (km/s)	1.5	4.4	3.3	5.7	—	—

4-3 광학 재료

고분자를 이용한 광학 재료의 연구개발도 급속히 진행되고 있다. 대표적인 광학 재료를 그 기능성 측면으로부터 분류하면 다음과 같이 대별된다.
- 광통신용 재료 (도광재료)
- 광학기록 재료
- 광표시용 재료

① 광통신용 재료 : 광통신용으로서의 재료는 광섬유와 박막상 광 가이드가 있다. 고분자계 광섬유는 석영계에 비교하여 흡수계수가 크지만 가소성, 경량, 가공용이, 저가격 등의 특징을 살려 광손실성, 내구성의 문제가 되지 않는 파장대의 실용화가 진행되고 있다. 표 3-12에 몇 가지 플라스틱의 광학특성을 나타낸다.

표 3-12 플라스틱의 광학특성

구 분	비 중	굴 절 률	투 과 율(%)
폴리4메틸펜텐1	0.84	1.46	90
폴리메틸메타크릴레이트	1.19	1.49	94
아세틸셀룰로오스	1.30	1.49	87
폴리염화비닐	1.40	1.54	—
폴리카보네이트	1.20	1.59	—
폴리스틸렌	1.06	1.60	90
페놀수지	1.32	1.60	85

박막상 광가이드로서는 메타크릴산메틸과 메타크릴산 공중합체를 모체로 하는 박막에 고굴절률 모노머를 도프(dope)하여 광중합으로 고정화하는 것에 의해 저손실의 광도파로를 형성하는 방법 등이 제안되어 있다.

② **광학기록 재료**: 광(laser)을 이용한 광학기록 방식은 자기기록 방식에 비해 기록밀도가 1~2자리 높은 몇 개의 실용 예가 있다(디지털 오디오디스크, 비디오디스크 등). 이와 같은 기록매체용 고분자로서는 폴리카보네이트 및 PMMA(폴리메타크릴산메틸) 등이 이용되고 있다.

③ **광표시용 재료**: 광표시용 유기 재료로서 대표적인 것은 네마틱(nematic), 콜레스테릭(cholesteric), 스메틱(smectic) 액정이 있다.

- 액정의 종류

㈎ 네마틱: 배향벡터의 방향을 광학적인 이상축으로 했을 때 굴절률이 그 방향인 $n_{//}$, 이것과 수직 방향인 $n_\perp$으로 하면 $n_{//} > n_\perp$으로 양(正)의 일축성이다. 이것은 긴 막대상 분자에서 축방향의 전기적 분극률 α_1이 이것과 수직방향인 분극률 α_2보다 상당히 크기 때문이다.

㈏ 콜레스테릭: 광학적으로는 일축성이지만 음(負)($n_{//} < n_o$)의 액정이다.

㈐ 스메틱: 분자가 층에 수직일 때(S_A)는 광학적으로 일축성이며, 기울어져 있을 때(S_C)에는 이축성이다. 스메틱 액정에서는 장거리 질서가 있다고 말하는 것이 가능하며, 이것은 스메틱 액정이 유점성 액정의 성격을 띠고 있는 것을 의미한다.

- 액정의 분자 구조와 상변화

㈎ 네마틱: 네마틱 액정의 화학구조를 크게 나누면 아조메틴화합물(시프 염기), 아조 화합물, 아족시 화합물, 에스테르 화합물, 비페닐 화합물 등으로 분류된다. 표 3-13에 이들의 구조 및 상전이 온도 범위를 나타내었다.

표 3-13 네마틱 액정의 예

종 류	명 칭	화 학 구 조	네마틱 온도범위 (℃)
아조메틸 화합물	N-[4-methoxybenzylidene]-4′-butylaniline	$CH_3O-\bigcirc-CH=N-\bigcirc-C_4H_9$	24~48
아조 화합물	4-n-butyl-4′-n-hexyloxy azobenzene	$C_4H_9-\bigcirc-N=N-\bigcirc-OC_6H_{13}$	44~74
아족시 화합물	p-azoxyanisole (PAA)	$CH_3O-\bigcirc-N=N-\bigcirc-OCH_3$ (O)	118~135
에스테르 화합물	4-hexylcarbonato-4′-heptoxyphenyl benzoate	$C_6H_{13}O-CO-O-\bigcirc-CO-O-\bigcirc-OC_7H_{15}$	36~54
비페닐 화합물	4′-n-pentyl-4-cyano-biphenyl	$C_5H_{11}-\bigcirc-\bigcirc-CN$	22.5~35.2

(나) 스메틱 : 스메틱 액정의 화학 구조는 표 3-13에 나타낸 화합물의 동족체 범위 안에서도 스메틱 액정 형태의 것이 많고, 네마틱 액정과 특별히 구분해서 생각할 수 없다. Gray 등은 스메틱이냐, 네마틱이냐에 관한 화학구조를 다음과 같이 종합하고 있다.

ⓐ 카르본산 ($R-CO-OH$), 아민 ($R-NH_2$)의 염류는 스메틱을 이루는 경향이 있다.
ⓑ 벤젠환의 파라 위치의 말단 치환기 $-CO-OR$, $-CH=CH-O-OR$, $-CO-NH_2$ 및 $-O-CH_3$의 화합물은 스메틱상을 취하는 경향이 강하다.
ⓒ 말단의 직쇄상의 알킬 고리가 긴 것은 스메틱상으로 되기 쉽다.
ⓓ X 말단기가 $-C_6H_5$, $-NH-CO-CH_3$ 또는 $-O-CO-CH_3$의 화합물은 스메틱상으로 되는 경향이 강하다.
ⓔ X 말단기에 $-CN$, $-NO_2$ 또는 $-OCH_3$가 들어간 화합물은 네마틱상을 이루는 경향이 강하다.
ⓕ 분자의 긴 축과 직각 방향에 쌍극자를 이룰 만한 화합물은 스메틱상을 이루는 경향이 있다.
ⓖ 액정 형성에 불리는 경향을 주는 입체 인자는 스메틱한 배역에 대한 저해 인자로서 강하게 작용한다.

(다) 콜레스테릭 액정 : 콜레스테릭 액정은 그림 3-16에 보인 것과 같이 나선형으로 규칙적인 되풀이 (피치)가 존재한다. 화학 구조상으로는 콜레스테롤 유도체의 대다수가 이 형의 액정상을 나타낸다. 그리고 분자안에 부제 (chiral) 탄소를 갖고 있어 전계하에서의 구동 특성이 매우 크며, 네마틱상을 가지기 쉬운 화합물은 일반적으로 콜레스테릭 액정이 된다. 콜레스테릭 액정의 예를 표 3-14에 정리하였다.

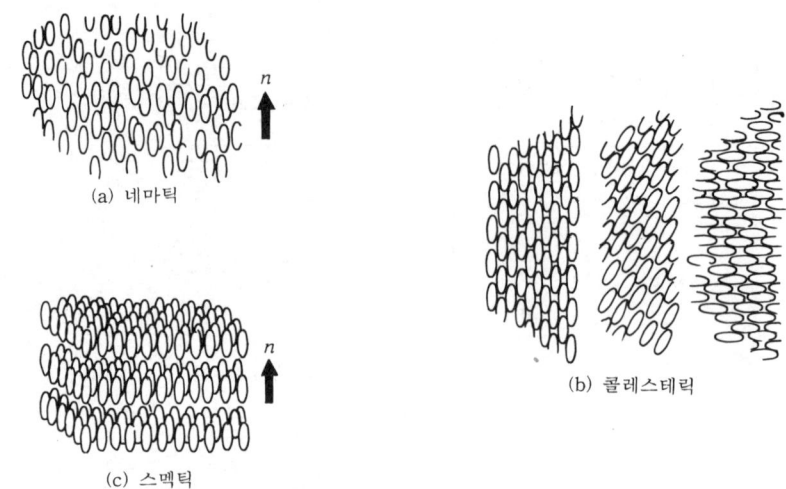

그림 3-16 3종류의 액정 분자 배열

표 3-14 콜레스테릭 액정의 예

명 칭	화 학 구 조
알콕시 화합물	$C_nH_{2n+1}O-C_{27}H_{45}$ ($n=1\sim7$)
지방산 에스테르 화합물	$C_nH_{2n+1}-CO-O-C_{27}H_{45}$ ($n<4\sim5$)
탄산 에스테르 화합물	$C_nH_{2n+1}O-CO-O-C_{27}H_{45}$ ($n<4\sim5$)
안식향산 에스테르	$Ph-CO-O-C_{27}H_{45}$
heptyl-p-(metoxy-bezylideneamino)-cinnamate	$CH_3O-\bigcirc-CH=N-\bigcirc-CH=CHCOCH_2\overset{*}{C}HC_4H_9$ ($\overset{\|}{O}$ $\overset{\|}{CH_3}$)

 이상으로 액정 재료들을 간단히 기술하였으며 센서 재료의 관점에서 보면 액정 분자는 긴 막대형을 한 분자이기 때문에 유전율, 굴절률 및 도전율에 이방성을 갖는 물질이다. 따라서 전계를 가하는 경우, 액정 분자축의 배열 천이, 액정분자의 흐름에 따른 방향 등에 의해 광학적 성질이 다른 이방성(전기 광학 효과)을 나타내며, 이러한 성질이 다양한 센서에 응용되고 있다.

4-4 분자식별 기능 재료

　화학물질(이온, 저분자 등)을 계측하는 화학센서 및 바이오 센서의 검출부에는 선택적으로 대상 물질을 인식하는 인공 화학물, 생체 고분자, 올르가네라, 세포 등의 인식 기능성 물질이 이용된다. 즉, 물질이 물질을 인식하며 그 결과를 물리적 신호로서 발산하는 원리를 센서에 응용하는 것으로서 정밀하고 선택적인 고기능성 센서 제작에는 이러한 물질 인식 기능성 계면의 활용 및 연구가 필수적이라 할 수 있다.

　바이오 센서의 경우 생체관련 물질을 막에 포함 혹은 결합(고정화)한 분자 식별부(receptor : 수용기)와 신호 변환부(transducer)로 구성되며 고도의 정밀한 인식 기능성과 그에 따른 선택성을 가지고서 감지 능력을 발휘하고 있으며 이를 인공적으로 발전시켜 나가고자 하는 인공 인식 기능성 물질을 이용한 센서도 개발되어지고 있다.

리셉터부에 고정화된 분자 식별 기능 물질로서 대표적인 예를 보면 다음과 같다.

- 효소 : 글루코오스옥시다아제(글루코오스 센서), 알콜옥시다아제(에탄올 센서), 우레아제(요소 센서), 콜레스테롤에스테라아제(콜레스테롤 센서), 페니실리나아제(페니실린 센서), 기타
- 미생물 : Pseudomonas fluorescens (글루코오스 센서), Breuibacterium lactofermentum (자화당 센서), Trichosporon brassica (초산 센서), 초화세균 (암모니아 센서), Trichosporon cutaneum (BOD 센서), 기타
- 올르가네라 : 미토콘드리아(NADH 센서), 미크로솜(SO_2 센서), 마이크로바디, 라이소좀, 기타
- 항체(항원) : 콘카나바린 A (당 센서), 카르디오라이핀 지질항원(매독 센서), 항알부민항체(알부민 센서), 혈액형물질(혈액형 센서), 항 HCG항체(HCG 센서), 기타
- 인공 인식 기능성 물질 : 크라운 에테르, 사이클로 덱스트린, 칼릭스어린 등의 바구니 형태의 화합물질 및 그 유도체 등

측정 대상별로 분류한 인식 기능성 유기 재료들과 고분자 재료들을 정리하면 표 3-15 와 같다.

표 3-15 측정대상 별로 분류한 센서용 유기 재료

측정 대상	이용 효과 (현상)	센서용 재료
온 도	제베쿠효과 저항변화 상전이점 연화점 초전효과 투과율의 온도변화 반사/투과광 파장의 온도변화 주쇠분자의 열운동변화	폴리아크릴로나이트릴 분해물 유기반도체 (폴리아세틸렌, 폴리피롤) TCNQ착체 카본블랙＋파라핀 PVDF (폴리불화비닐리덴) TGS (유산글리신) 액정, 파라핀＋광섬유 콜레스테릭 액정 고분자 스테레오 컴플렉스
변형 (일그러짐)	압전효과	PVDF
전 계	전계효과	PVDF
광 속	광도전효과	PVK
습 도	저항변화 유전율 변화 공진주파수 변화	셀룰로오스, 나일론, 이온교환수지 친수성 고분자＋카본 초산셀룰로오스부틸레이트 수정 진동자＋폴리아미드
O_2	O_2의 선택적 투과, 전기화학 반응	O_2투과성 고분자막 (＋O_2전극)
CO_2, NH_3	CO_2의 선택적 투과	다공질 고분자막 (＋pH 전극)
K^+, Na^+	선택적 막내 륜송	환상펩티드 함유 고분자막
글루코스, 요소, 아미노산	선택적 촉매반응	산소 고정화막 (＋전극)
항생물질, 당, BOD	미생물 반응	미생물 고정화막 (＋전극)
혈청 단백 호르몬	항원 항체 반응	항체 (항원) 고정화막 (＋전극)
각종 금속이온, 저분자 화합물	선택적 물질 인식 기능	크라운 에테르, 사이클로덱스트린, 칼릭스어린
광 에너지	광전자 여기 현상	포르피린 및 그 유도체

제 4 장

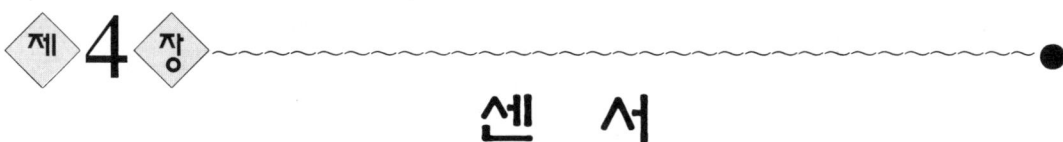
센 서

 기본적인 물리량인 광, 온도, 자기, 압력, 습도 등을 전기신호로 변환하는 소자가 바로 기본 센서이다. 한편 이들 센서를 주류로 하고 다른 물리량을 측정하는 센서는 조립된 센서이고, 그 종류는 다종다양하다. 그래서 여기에서는 센서의 기초 구성을 이해하는 목적으로부터 대표적인 기본에 대해서 서술한다.

1. 역학 센서

1-1 압력 센서

 압력의 측정을 필요로 하는 곳은 온도 측정이 필요한 곳만큼 많고, 그것들을 측정하는 압력 센서도 여러 가지의 것이 개발되어 있다. 검출방식으로 크게 분류하면, 기계식과 전기식 그리고 반도체식이 있는데, 여기서는 각각의 방식의 대표적인 압력 센서에 대해서 설명한다.

(1) 기계식 압력 센서

 기계식인 것에는 많은 종류가 있지만, 그 중에서도 탄성식의 풀돔(full dome)관이 많이 사용되고 있다. 풀돔관은 그림 4-1에 표시된 것과 같이 단면이 원상 혹은 편평상의 금속 파이프이고, C형, 스파이럴(sprial)형 혹은 헤리컬(herical)형 등에 곡선으로 가공된 것이 있다. 개방된 고정단으로부터 측정압력을 도입하면 다른 밀폐된 관의 선단이 이동한다. 이 관선이동량은 관내 압력의 크기에 비례하므로, 이동량은 기계적으로 확대된 압력을 지시한다. 확대작용을 하기 위해서, 풀돔관의 형상이 그림과 같은 종류가 있고, 스파이럴형과 헤리컬형은 C형보다 관선이동량이 크다.

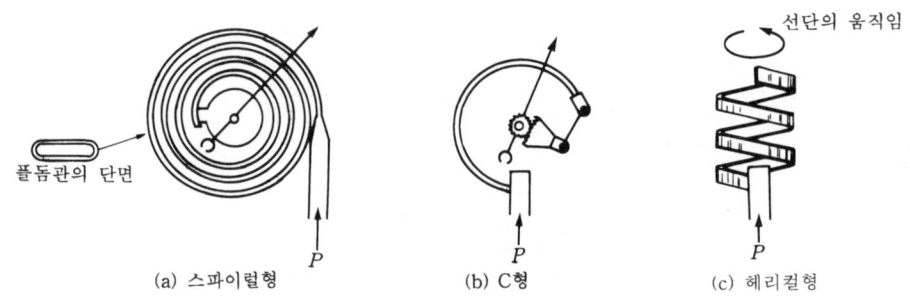

그림 4-1 풀돔(Full Dome)관의 형상

그림 4-2는 주변부를 고정시킨 얇은 원판이고, 원판 측면의 압력차에 비례하여 원판이 변형하고, 그 변위로부터 압력을 측정하는 다이어프램(diaphragm)이라 불리는 압력 센서이다. 이 형상은 그림에서와 같은 파상의 바깥에 평판상도 존재하지만, 파상은 파의 형상과 파수를 선택함으로써 변위량을 변화시킬 수 있다. 다이어프램의 재질은 풀돔관과 동일한 금속 재료 외에 테플론(teflon) 등의 비금속 재료도 이용되고 있다.

그림 4-3은 주름상자상의 박육금속원통의 벨자(bell jar)이다. 원통의 내부와 외부의 압력차에 의해 주름상자가 신축하여, 그 변위량이 압력차에 비례하는 것으로부터 측정 압력을 알 수 있다.

이상까지 서술된 압력 센서의 금속 재료는 주로 인청동, 베릴륨(Be)청동, 스테인리스 등이 이용되고 있다. 지금까지 서술된 센서는 예를 들어 차동 트랜스 포머 방식을 이용하여 변위를 전기신호로 변환하여서 전기적 방식 센서도 된다.

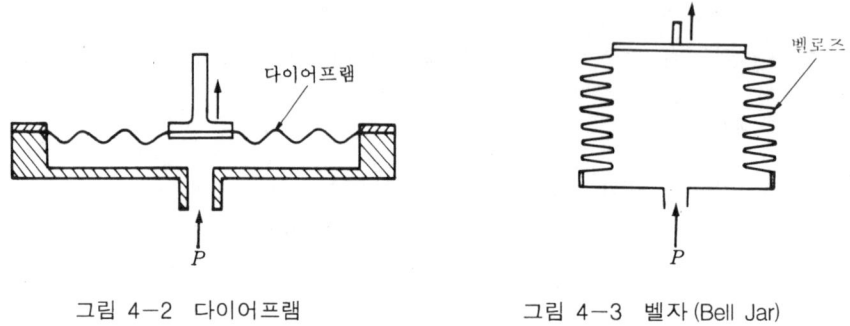

그림 4-2 다이어프램   그림 4-3 벨자(Bell Jar)

(2) 전기식 압력 센서

전기식 압력 센서의 대다수는 기계적인 변위를 어떤 방법으로 전기신호로 변환하는 것이고, 기본적으로는 기계식과 동일하다.

정전용량식 압력 센서는 2개의 물체(전극)간의 정전용량 변화로부터 그 사이의 변위를 측정하는 방법을 기본적으로 이용한다. 앞에서 서술한 벨자 혹은 다이어프램의 압력에 의한 변형으로 가동전극을 변위시켜, 그것에 의한 정전용량의 변화를 변환하여 압력을 전기적으로 검출한다. 이 검출방식에는 가동전극으로서 예를 들면 다이어프램을 직접 이용하는 경우와 판스프링으로 지지대는 이동전극이 연속축으로 다이어프램에 직속되어 있는 경우가 있다.

그림 4-4에 다이어프램을 이용한 예를 표시하였다. 일반적으로 그림과 같은 하프 브리지(half bridge)를 구성하고 있는 단순한 구조가 많고, 다이어프램이 중앙의 전극에 상응하게 위치하고, 외부 잡음의 보상과 감도 증대가 될 수 있도록 되어 있다.

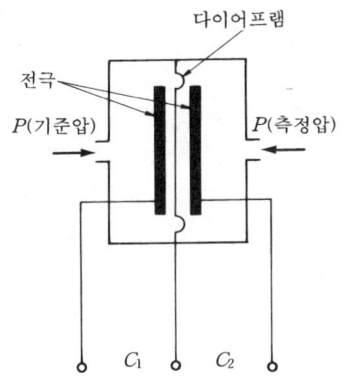

그림 4-4 정전용량식 압력 센서

역평형식 압력 센서는 측정 압력에 비례하여 발생하는 힘과 외부에서 전자적으로 만들어지는 힘과 평형하게 되어 측정압력을 전류와 전압 등으로 읽게 되는 센서이다. 압력검출소자로서는 다이어프램, 벨자, 풀돔관을 이용한다. 그림 4-5에 벨자를 이용한 경우의 예를 표시하였다. 검출소자가 측정 압력에 따라 변위되지 않도록 전자적인 외력을 소자에 작용시켜, 힘의 평형을 유지하기에 필요한 전류와 전압이 측정압력에 비례하는 것으로부터 측정압력을 검출한다.

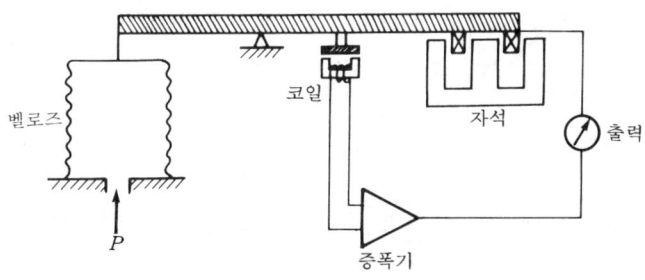

그림 4-5 가평형식 압력 센서

(3) 반도체식 압력센서

반도체식 압력센서는 압력을 받아서 그것을 왜응력(歪應力)으로 변환하는 다이어프램과 다이어프램에서 발생하는 동력을 전기신호로 변환하는 부분의 2가지 요소로 구성되어 있다. 실리콘을 이용한 반도체 압력센서에서는 다이아프램은 단결정 실리콘을 화학적으로 에칭(etching)해서 형성되어진다.

단결정 실리콘은 인장강도가 크고, 완전탄성체로서 히스테리시스(hysteresis)가 없기 때문에 다이어프램을 구성하는 소재로서는 이상에 가까운 기계적 특성을 갖고 있다. 다이어프램에 정수압을 인가하는 경우에 발생하는 응력 분포는 그림 4-6에 나타나 있다.

다이어프램에 발생하는 응력을 전기신호로 변환하는 방법으로서 진동자의 고속진동수의 변화를 검출하는 것과 표면탄성파를 이용하는 것이 있으나, 주로 압저항식과 정전용량식의 2종류가 있다. 압저항식은 저항확산식 또는 확산형이라 불려지고 있다. 이것은 압저항소자를 형성할 때에 반도체의 불순물 확산공정을 이용하기 때문이다. 압저항소자를 확산에 의해서 형성하기 때문에 실리콘의 다이어프램과 압저항소자가 완전히 일체가 되고, 금속형의 다이어프램상에 뒤틀림 게이지를 붙인 것과 비교하면, 접착부의 열화가 없으므로 특성의 안전성이 높다.

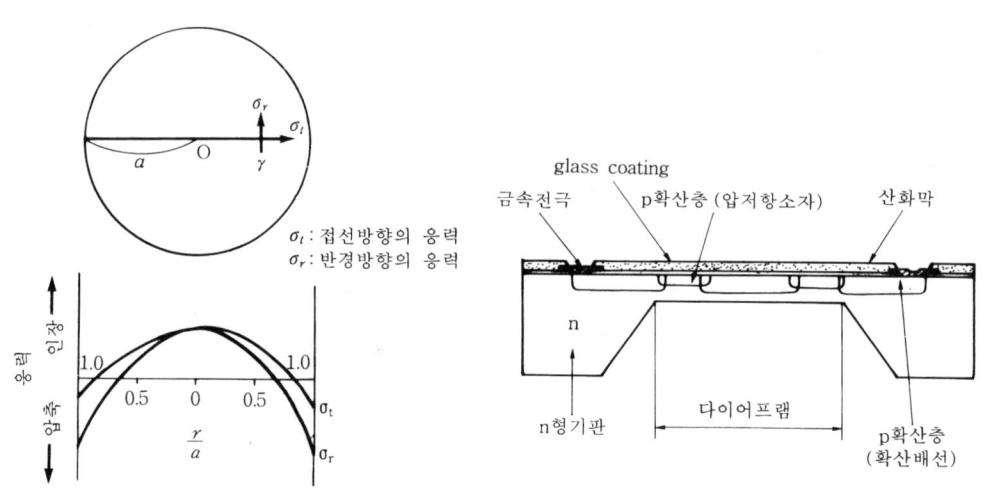

그림 4-6 다이어프램의 응력 분포   그림 4-7 압저항식 압력센서의 구조

압저항식 압력센서의 구조는 그림 4-7에 나타나 있다. 실리콘의 압저항효과는 p형과 n형에 따라 압저항소자의 전도형이나 압저항소자가 형성되는 결정면에 의하여 다르며, 또는 결정방위 의존성이 있다. 보통 (100)면 또는 (110)면의 압저항소자를 이용한다. 그림 4-8에는 (100)면 및 (110)면의 압저항계수를 나타내고 있다. 그림 4-8과 같이 (100)면과 (110)면에서는 압저

항계수의 결정 방위 의존성이 다르기 때문에 압저항소자의 배치 방법이 다르다(그림 4-9 참조). 다이어프램에 발생하는 응력에 대한 압저항소자의 저항변화율은 다음 식으로 표시된다.

$$\frac{\Delta R}{R} = \pi_a \sigma_r + \pi_b \sigma_t \quad \cdots\cdots\cdots\cdots\cdots\cdots\cdots\cdots\cdots\cdots\cdots\cdots\cdots (4-1)$$

여기서 R은 응력이 작용하지 않을 때의 압저항소자의 저항치, ΔR은 응력이 작동했을 때의 저항치 변화량, π_a, π_b는 각각 종방향 및 횡방향의 압저항계수이다. (100)면의 경우는 π_a, π_b가 거의 같고, $|\sigma_r - \sigma_t|$가 최대로 되는 다이어프램의 외주부에 압저항소자를 배치한다. 한편 (110)면의 경우는 $\pi_b=0$의 방향에 압저항소자를 평행하게 배치하고, σ_r의 차가 최대로 되는 다이어프램의 외주부와 중심부에 배치한다.

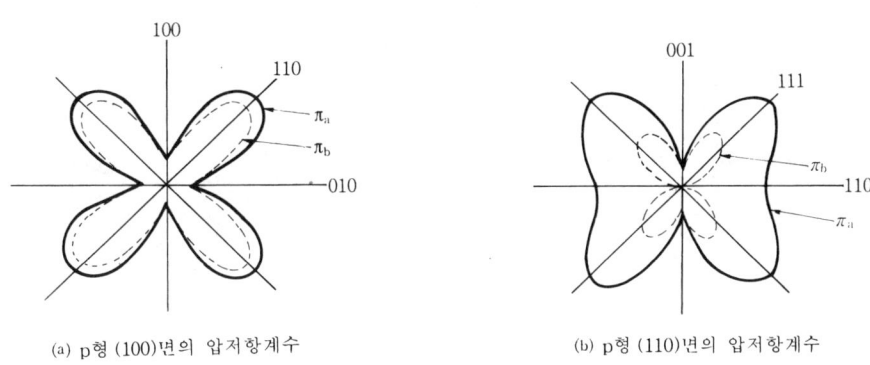

(a) p형 (100)면의 압저항계수   (b) p형 (110)면의 압저항계수

그림 4-8 압저항계수

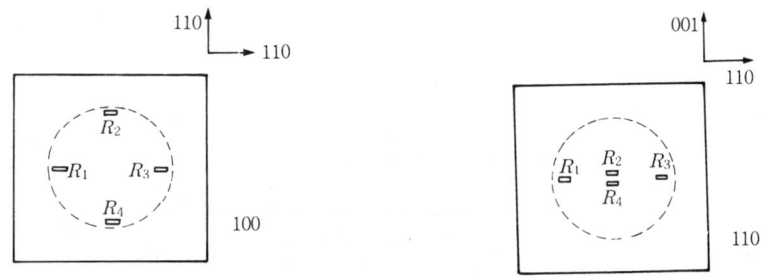

(a) p형 (100)면에서의 압저항소자의 배치   (b) p형 (110)면에서의 압저항소자의 배치

그림 4-9 압저항소자의 배치

그림 4-9와 같이 다이어프램상에 4개의 압저항소자를 형성하고, 저항치 변화를 정도 좋게 전압으로 변환하기 위하여 브릿지형으로 연결되어져 있다. 이때의 출력전압 V_o는 브릿지에 인가한 전압을 V_g라고 하면 다음 식으로 표현된다.

$$V_o = \frac{\Delta R}{R} \times V_g \quad \cdots\cdots\cdots\cdots\cdots\cdots\cdots\cdots\cdots\cdots\cdots\cdots\cdots (4-2)$$

 브릿지의 구동방법으로서 정전압방식과 정전류방식이 있다(그림 4-10 참조). 압저항계수는 부의 온도 특성을 갖고 있기 때문에, 정전압으로 브릿지를 구동하면 압력에 대한 감도가 부의 온도계수를 갖게 된다. 따라서 정전압방식의 경우는 반도체 압력센서의 신호를 증폭하는 증폭기의 증폭률이 정의 온도계수를 가지게 되는 것으로서 감도의 온도보상을 행한다. 한편, 정전류방식의 경우는 압저항소자의 저항치 자체에 정의 온도의존성이 있기 때문에 압저항효과의 부의 온도특성과 잘 매칭(matching)되는 것으로 감도의 온도보상이 된다.

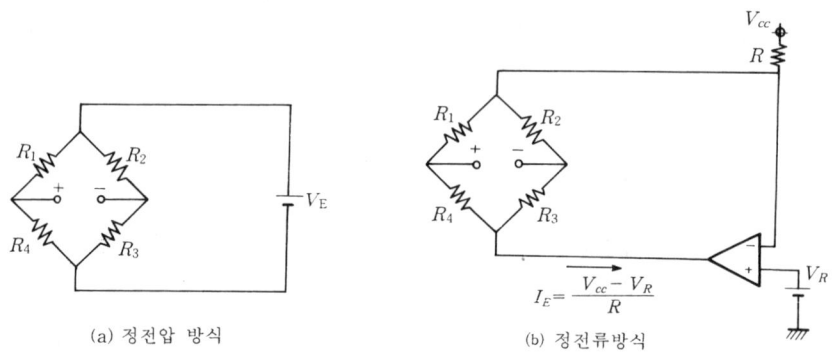

그림 4-10 브릿지의 구동방법

 정전용량식은 서로 마주보고 있는 전극판의 간격을 외부로부터의 응력에 의하여 변화시키면 그 전극간의 정전용량이 변화한다. 이 정전용량 변화를 전기신호로 변환시키면 응력이 검출된다. 이 원리를 이용한 것이 정전용량식 반도체 압력센서이다. 정전용량식의 경우는 반도체 특유의 특성을 응용하고 있지 않기 때문에 반드시 반도체에 한정되지 않으며, 전술한 것과 같이 단결정 실리콘이 다이어프램의 소재로서 우수하다는 것과, 미세가공이 용이하다는 것으로 정전용량식에 실리콘이 많이 이용되고 있다. 그림 4-11에 정전용량식 반도체 압력센서의 구조가 표시되어 있다.

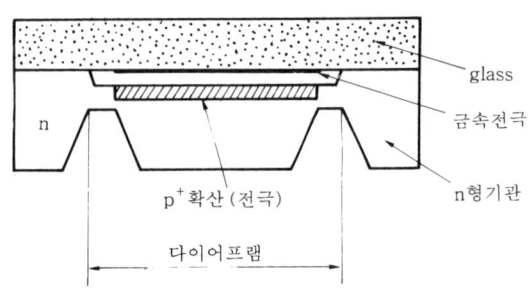

그림 4-11 정전용량식 압력 센서의 구조

검출원리는 단순하지만, 서로 마주보고 있는 전극의 형성이나 외부회로와의 연결이 복잡한 구조로 되어있기 때문에 저항식과 비교하면 양산되어진 양이 적다. 그러나 원리상 온도 특성이 우수하다는 것과 고감도라는 것 등 이점도 많기 때문에 특히 미압(微壓)의 영역에 응용될 가능성이 크다.

또한 다결정 실리콘 박막 압력센서는 변형 게이지가 다결정 Si 박막, 다이어프램이 금속에 만들어져 있어서 압력 범위가 확대되어 있다. 또, 고온과 부식성분위기 등의 악환경 하에서도 사용할 수 있는 SOS(silicon on sapphire) 압력센서가 있다. 이것은 사파이어(sipphire) 기판 위에 실리콘 박막을 에피택셜(epitaxial) 성장시켜, 이 SOS막을 검출소자로써 이용하는 센서이다.

1-2 변위 센서

물체가 이용하는 거리 혹은 그 위치를 아는 것은 기술의 기본이고, 그것을 계측하는 수단으로서 변위 센서가 이용되고 있다. 변위의 계측을 크게 나누면 직선변위와 회전변위로 된다. 직선변위에 대해서는 전위차계(potentiometer)류, 차동 변압기(trans) 등이 잘 이용되고 있고, 더우기 기계장치에 조립된 것이 많다. 회전변위와 전위차계류, 싱크론, 리졸버(resolver) 등이 이용되고 있다. 이외에 최근에는 광학적 변위장치가 개발되었는데, 이것은 광학계와 전자장치의 조합으로 구성되어 있다.

(1) 직선 변위 센서

기계적인 직선 변위를 전기저항의 변화로 측정하는 것에는 직선형 전위차계가 있다. 이것은 예를 들면 그림 4-12와 같은 코일(coil)상의 저항선과 그 위를 직선적으로 이동을 하는 접동자로 되어 있다. 변위의 크기는 접동자를 가지는 검출용 모터의 움직임에 의해 접동자와 저항선간의 저항치에 비례하는 양이 된다. 따라서 저항선에 인가되는 일정의 기준전압을 분압된 전압으로써 취득한다.

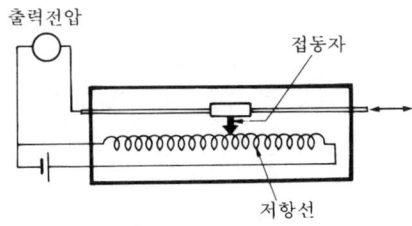

그림 4-12 저항선 직선형 트랜지스터

저항체의 저항치는 권선저항, 카본(carbon) 가루의 도포, 도전 플라스틱 등으로 될 수 있는 수백 Ω에서 수백 kΩ의 것이 이용되고 있고, 변위의 측정범위는 수 mm에서 수백 mm이다.

같은 원리이면서도 비접촉형의 광도전형 변위 센서를 그림 4-13에 나타내었다. 저항체와 도체 사이에 광도전체가 있어서 접동자에 대체된 광 슬릿(slit)이 변위의 크기에 따라 그 위에 이동한다. 전체의 회로구성은 그림 4-12와 동일하다.

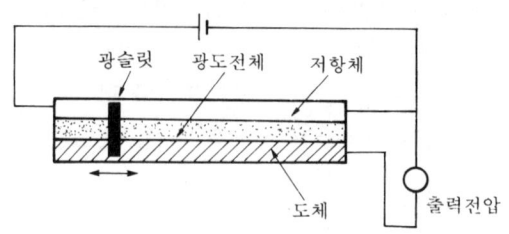

그림 4-13 광도전형 변위 센서

그림 4-14에 표시된 광도전체를 사용한 광 브리지형 변위계는 2개의 삼각형 광도전 셀 (cell) 역방향으로 향하고 있고, 광슬릿의 이동에 의해 한쪽 방향의 광도전 셀의 저항치가 증가하고, 다른 방향의 저항치는 감소하게 되어 브리지 회로를 이용한 변위를 전압으로 변환한다.

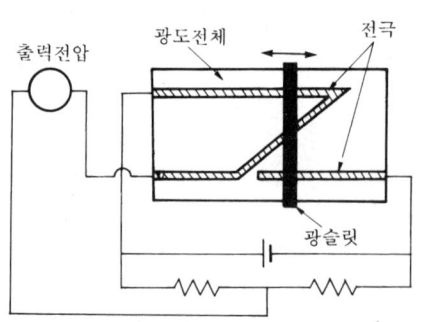

그림 4-14 광브리지형 변위계

평행판 콘덴서의 경우는 전극의 대향면적과 간격의 변화에 따라 그 용량이 변한다. 그림 4-15에 이 현상을 이용한 정전용량형 변위계의 원리를 나타내었다. 3개의 콘덴서에 전극이 구성되어 좌우의 용량차가 출력전압으로 된다. 이와 같은 전극면적의 변화에는 광범위에 걸친 직선성의 것과 같은 변위측정이 가능하고, 한편, 전극간 거리의 변화는 뛰어난 고감도의 변위측정이 가능하다.

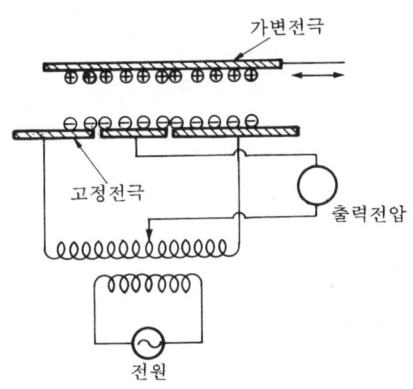

그림 4-15 차동 정전용량형 변위계

변위를 반도체 박막의 자기저항효과를 이용하여 측정하는 자기저항 변위센서가 있다. 그림 4-16에 직선형 전위차계와 대응되는 원리와 구조를 표시하였다. 수감부는 세라믹 기판 위에 InSb 박막의 자기저항소자가 차동형으로 되도록 대응되게 2개가 형성되어 있다. 자기저항 변위센서에서는 수감부와 이동물체에 근접해 있는 자석과의 상대적인 위치에 의하여 변위가 검출되어 전위차계와 동일한 동작을 한다.

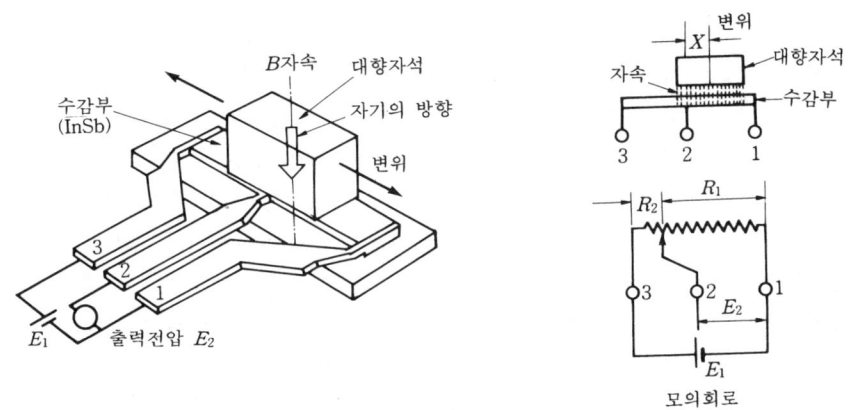

그림 4-16 무접촉 자기저항변위 센서

Hall 효과를 이용한 Hall 자기 변위센서는 그림 4-17에 나타난 바와 같이 2조의 상호 역방향의 자계중에 Hall 소자가 있다. Hall 소자가 2조의 자계중앙에 있을 때 Hall 전압은 발생하지 않지만, 그 위치가 어느쪽으로 변위하면 Hall 전압이 발생하여 그 출력 전압으로부터 변위가 검출될 수 있다.

차동 변압기는 변위를 전자유도를 이용하여 측정하는 센서이다. 그림 4-18과 같이 1차 코일의 양측에 역극직렬로 접속된 2개의 2차 코일과 그 원통상 코일의 중앙을 직선적으로 이동하는 가동철심(core)으로 구성되어 있다. 1차 코일에 교류전류가 흐르면 2개의 2차 코일의 위치에 비례하는 교류의 기전력차가 유기된다. 이 출력전압에 의해 변위량을 검출한다. 차동 변압기에 의한 변위의 측정범위는 다른 변위 센서에 비해 넓고, 수 μm에서 수십 cm이다. 또 고감도이고 직선성이 좋으며, 응답성도 높은 특징을 갖고 있다.

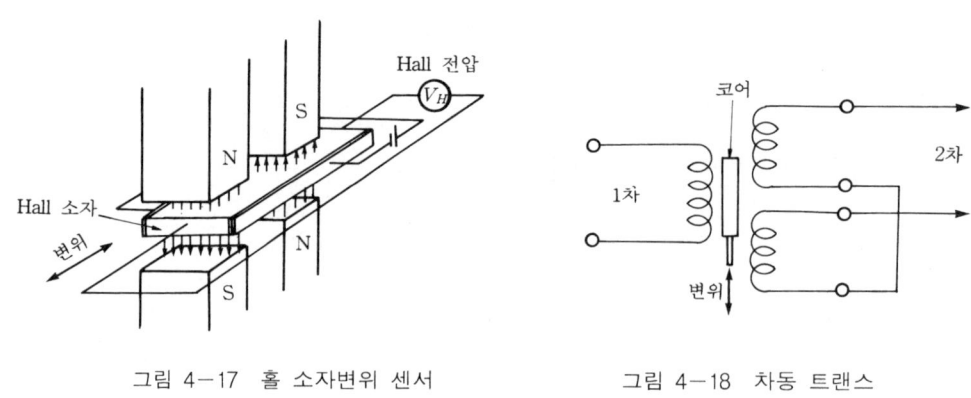

그림 4-17 홀 소자변위 센서   그림 4-18 차동 트랜스

(2) 회전 변위 센서

회전 변위 센서는 아날로그(analog)형과 디지털(digital)형으로 분류될 수 있다. 이때 아날로그형을 대표하는 싱크론(syncron)은 옛날부터 사용되어 왔고, 최근의 디지털화에도 불구하고 실용상의 정도, 취급의 간단 등의 점에서 특징을 가지고 있다. 더욱이 내환경의 우위성 및 컴퓨터의 발전에 따라 A/D 변환의 용이로부터 더욱 그 사용범위가 확대되고 있다.

싱크론은 코일간의 전자유도 현상을 이용하는 것이어서 권선형 동기발전기와 유사하고, 발신기와 수신기가 대응되어 있다. 발신기 회전축의 회전각도 변위를 전기신호로 변환하여 그것을 수신기에 보내어 수신기 회전축의 회전각도 변위로 변환된다. 그림 4-19 (a)에 싱크론의 구조를 나타내었다. 싱크론에는 토크(torque) 싱크론계와 제어 싱크론계가 있지만, 전자는 그림 4-19 (b)와 같은 발신기와 수신기의 각각에 3개의 코일이 권선으로 있는 고정자와 여자권선의 회전자로 이루어져 두 고정자의 코일이 근접되어 있다.

회전자는 여자전원과 접속되어 각각 3개의 코일에 회전자의 회전위치에 의존하는 교류전압이 발생한다. 즉, 회전자의 축각이 일치되지 않는 경우, 각 3개의 코일간의 고정자 전압에 차이가 발생하여 고정자에 전류가 흐르고, 이 전류에 비례하는 회전력이 발생되어 수신기의 회전자가 발신기의 그것과 동일한 각도변위($\theta_1 = \theta_2$)가 될 때까지 회전한다. 정도는 이 토크 싱크론계에서는 ±1~±2도 정도이다.

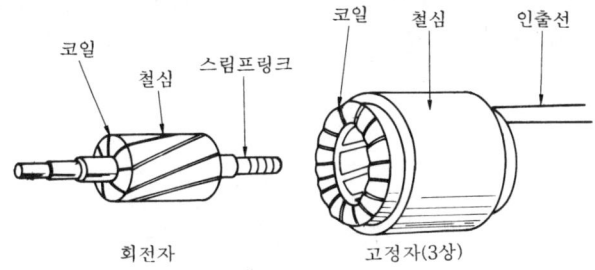

(a) 싱크론의 구조

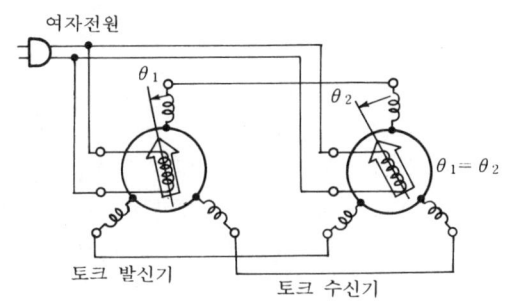

(b) 토크 싱크론계

그림 4-19 싱크론

　제어 싱크론계(싱크론 서보계)는 그림 4-20에 표시된 바와 같이, 축각차($\theta_{CT}-\theta_{CX}$)에 비례하는 편차전압이 전력 증폭기를 통하여 서보 모터에 인가되어 $\theta_{CT}=\theta_{CX}$이 될 때까지 제어변압기(CT)를 모터로 회전시켜 이것에 접속되어 있는 부하가 이것에 따른다. 정도는 ±5~±15분이다.

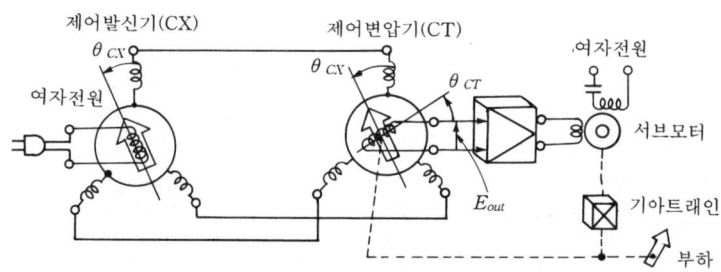

그림 4-20 제어 싱크론

　리졸버(resolver)는 싱크론과 동일한 아날로그형 센서이고, 자기식이 일반적이다. 최근의 리졸버는 그림 4-21에 표시된 철심과 권선정도로 구성되어 있는 프랜지리스 리졸버(frangeless resolver)가 많고, 충격, 진동에 강하고, 고온 하에서의 동작이 가능한 로봇이나 NC 공작기계를 중심으로 광범위하게 사용되고 있다.

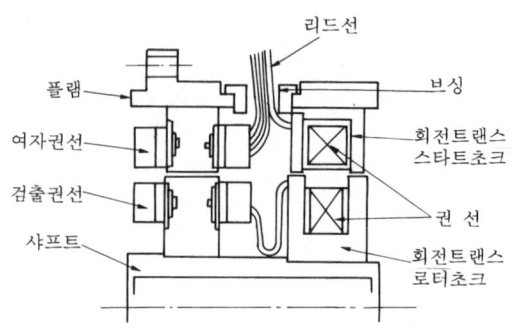

그림 4-21 프랜지리스 리졸버의 구조

리졸버의 구조는 고정자와 회전자에 서로 90도의 각도차를 가지는 2개의 코일로 되어 있다. 고정자측 코일에 위상이 90도 차이가 나면 교류여자전류를 흘려 회전자측 코일은 회전자 회전각도의 변위에 비례하게 되어 위상이 변조된 교류전류가 얻어지게 되어, 위상각을 측정함으로써 각도변위가 측정될 수 있다. 리졸버의 정도는 위상오차로써 표시되는데 5~10분 정도이다. 또, 자기식에 대체되는 광학식 리졸버가 제안되어 왔고, 앞으로의 동향이 주목되고 있다.

인코더(encoder)는 디지털형이지만 구조가 간단한 리졸버보다 여자회로를 필요로 하지 않는다. 검출원리별로 분류하면 자기식과 광학식이 있다. 그림 4-22에 소형전동기에 이용되는 2종류의 자기 인코더를 표시하였다. 자극을 회로 드럼(drum)에 부착시켜 자화시킨 자기 센서를 이용한 자속의 크기를 검출하는 자기 드럼형, 회전 드럼에 톱니바퀴를 설치하여 이것에 대향하고 있는 고정자측 자석의 자속변화를 검출하는 리액턴스형이 있다. 자기 엔코더의 특징은 부품수가 적고, 소형화로 향하고 있다. 또, 기름이나 이슬방울에 대한 출력이 저하되고, 주파수 특성도 좋지만 강력한 외부자계에 대한 오차가 발생하기 쉽다.

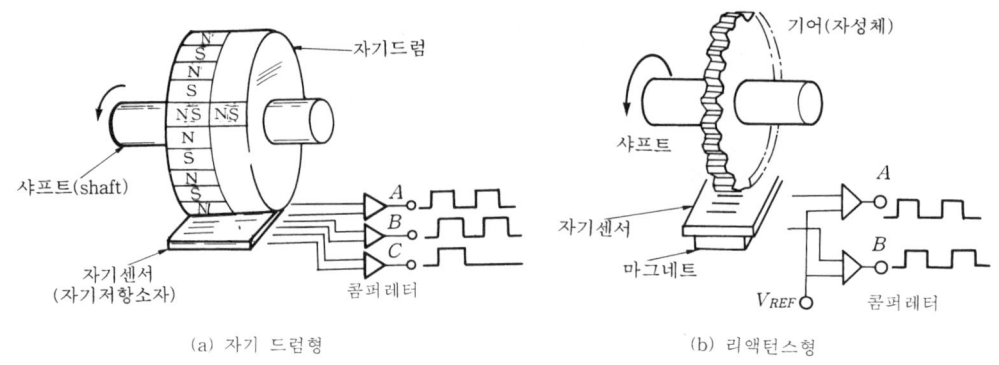

(a) 자기 드럼형   (b) 리액턴스형

그림 4-22 자기 인코더의 구조

광인코더에는 다수의 종류가 있는데, 그림 4-23에 그 한 종류인 출력신호의 형식인 증가형(incremental)의 구성을 표시하였다. 광인코더를 사용하여 회전 디스크(disk)의 회전신호를 검출한다. 출력신호는 디지털처리가 용이한 방형파출력형이 많고, 이것을 이용한 분해능이 수만 펄스/회전의 것이 실용화되어 있고, 더우기 분해능력 향상을 위해서 근사정현파 혹은 근사삼각파 출력형 등에 대해서 검토하고 있다. 일반적으로 광학식은 자기식에 비해 각도 분해능을 높이기 쉽지만 5,000펄스/회전(4.32분/펄스) 정도를 넘으면 형상이 크지 않게 되어서 용도가 제한된다.

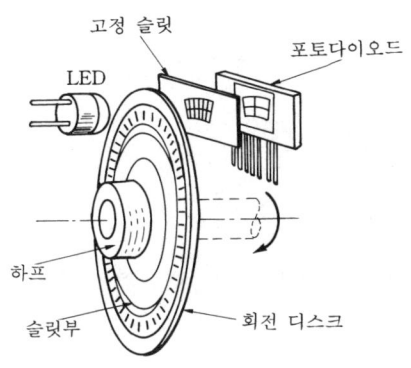

그림 4-23 광로터리 인코더

1-3 스트레인 게이지 (센서)

스트레인 게이지는 "스트레인", 즉 물체에 외력이 작용하여 물체의 변형이 일어나는 효과를 이용하여 재료의 응력, 스트레인을 측정하는 센서이다. 최근에는 여러가지 물리현상을 스트레인으로 변환하고, 다시 전기신호로 변환하는 것으로 응용범위를 확대하고 있다. 스트레인 게이지의 종류는 많지만 현재 가장 널리 이용되고 있는 것을 크게 나누면, 금속 스트레인 게이지와 반도체 스트레인 게이지이다.

(1) 금속 스트레인 게이지

금속저항선은 외력에 의해 신축(伸縮), 즉 그 단면적과 길이가 변화함으로써 전기저항이 변하게 된다. 이 효과를 이용한 것이 금속저항선 스트레인 게이지이고, 그 기본적인 구조는 그림 4-24와 같다. 절연체 기판 위에 저항률이 높은 금속저항선을 접착제로 고정시키고, 단말에 인출선(리드선)이 연결되어 있다. 이것을 피측정물의 한쪽면 또는 양쪽면에 접착제로 붙여서 물체의 스트레인을 전기저항으로 변환·검출한다. 최근에는 저항선 대신 같은 종류의 합금으로 저항박(diaphragm)을 이용하는 경우가 많은데 이를 금속저항박 스트레인 게이지라 한다. 이 게이지의 장·단점은 다음과 같다.

① 내식성 다이어프램을 사용하여 부식성 유체를 측정 대상으로 할 수 있다.

② 접착제의 경년변화, 화학적 변질로 재현성 등의 기본적 성능이 변화한다.
③ 숙련을 요구하는 접착 등의 손작업이 필요하므로 가격이 높아진다.

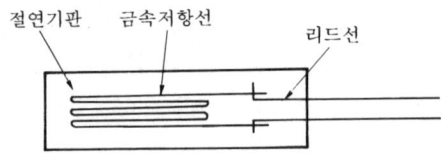

그림 4-24 금속 저항선 스트레인 게이지

게이지의 감도는 게이지율(gauge factor) G로 표현하고, 이것은 게이지의 저항변화율을 $\Delta R/R$, 스트레인을 $\Delta l/l$라고 하면 다음과 같이 표현된다.

$$G = (\Delta R/R)/(\Delta l/l) \quad \cdots\cdots (4-3)$$

금속 스트레인 게이지는 $\Delta l/l$가 지배적으로 변화한다. 또, 저항체의 체적변화율과 저항률의 변화율이 같다고 가정하면, G는 2 정도가 된다.

(2) 반도체 스트레인 게이지

앞으로 많은 기대가 되는 것이 반도체 스트레인 게이지이다. 통상적으로 반도체 재료인 실리콘이 이용되고, 그 종류에는 단결정 벌크 게이지, 기판 위에 실리콘을 박막화한 박막 스트레인 게이지, 확산형의 게이지, 그리고 p-n접합 게이지 등이 있다. 많이 사용되고 있는 벌크 게이지는 그림 4-25와 같이 p형 또는 n형실리콘 단결정으로 제작한다. 이것의 동작원리는 압저항 효과를 이용하고, 반도체의 전도방식에 따라 그 효과가 달라진다.

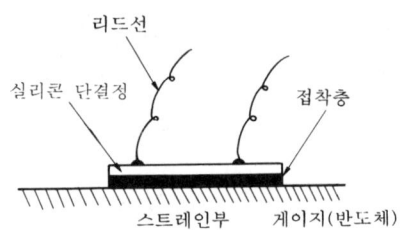

그림 4-25 반도체 스트레인 게이지

반도체 스트레인 게이지의 게이지율 G는 다음과 같이 표현된다.

$$G = 1 + 2\nu + \pi Y \quad \cdots\cdots (4-4)$$

여기서, ν : 푸아송비(Poisson's ratio), π : 압저항계수, Y : 탄성계수(Young's modulus)

반도체 스트레인 게이지는 실리콘의 경우 응력이 부가되면 결정 격자의 간격이 변하기 때문에 캐리어의 이동도 변화를 일으켜 비저항이 매우 크게 변화한다. 그러므로, 식 (4-4)의 제3항이 크고, 게이지율이 10~100 정도로 높으므로 낮은 값의 스트레인 검출에 적당하다. 반도체 스트레인 게이지를 이용하여 압력 센서, 로드 셀 등을 제작한다.

최근에는 실리콘 등의 단결정 표면에 불순물을 부분적으로 확산하고, 단결정 기판과 도전율을 변화시켜 이것을 가공한 확산형 스트레인 게이지가 있다. 이것은 접착제를 사용하지 않고 게이지와 스트레인부를 같이 제작할 수 있는 특징이 있다. 확산형 스트레인 게이지의 장·단점은 다음과 같다.

① 게이지와 스트레인부가 동일하므로 온도환경이 같다.
② 수 mm 이하의 소형으로 만들 수 있어 경량이고 진동충격에 강하다.
③ 장기 안정성이 좋고, 수명이 길다.
④ 실리콘의 경우 온도특성 한계가 125℃ 정도이고, 그 이상의 온도에서는 드리프트나 누설전류 v가 발생하게 된다.

1-4 유속 센서

유속 센서는 유체의 성질을 이용하여 유속을 압력·힘·위치·열·주파수 등의 용이한 물리량으로 변환하는 방식에 따라 구분되어진다. 여기서는 그 중에 대표적인 센서의 원리에 대하여 소개한다.

(1) 피토관 센서

유동의 속도변화가 있으면 국부적으로 압력의 변화가 있으며, 그 관계는 베르누이의 식 (Bernoulli equation)에 의해 주어진다. 이 원리를 이용한 것으로 피토관(pitot tube)이 많이 사용된다. 그림 4-26과 같이 흐름중에 물체가 놓여졌을 때, 흐름이 정지되는 물체 전면 A에서의 압력은 총압(p_A)을 나타내고, 측면 B에서의 압력은 정압(p_B)을 나타내며, 이들 압력차 (p)는 다음의 베르누이 식을 따른다.

$$p = p_A - p_B = \frac{1}{2} \rho V_f^2 \quad \cdots\cdots\cdots\cdots\cdots\cdots\cdots\cdots\cdots\cdots\cdots\cdots\cdots\cdots \quad (4-5)$$

여기서, ρ는 유체 밀도이며, A점에서의 유속 V_f는 P_A, P_B를 측정함으로써 구할 수 있다.

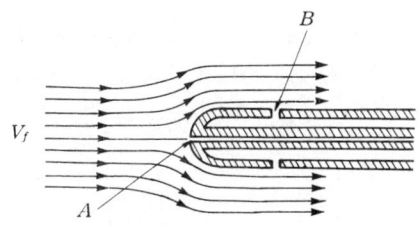

그림 4-26 피토관의 평행 흐름

(2) 초음파 유속 센서

초음파가 유체중을 전파할 때, 유체가 정지하고 있을 때와 흐르고 있을 때의 겉보기 전파속도가 다른 것을 이용한 것이 초음파 유속 센서이다. 정지 유체중의 음속을 C, 유속을 V_f라고 하면 면, 초음파가 흐름의 방향과 일치했을 때와 반대방향일 때의 전파속도는 각각 $C \pm V_f$가 된다. 그리고 그림 4-27의 송파기에서 발사된 초음파가 수파기에 도달하는 시간 t_1과 t_2는 각각 $[L/(C \pm V_f)]$이다. $C^2 \gg V_f$로 하여 다음 식을 얻는다.

$$\Delta t = t_1 - t_2 = \frac{2LV_f}{C^2} \quad\quad\quad\quad\quad\quad\quad\quad (4-6)$$

따라서 L, C가 상수이므로 시간차 Δt를 측정함으로써 유속 V_f가 구해진다.

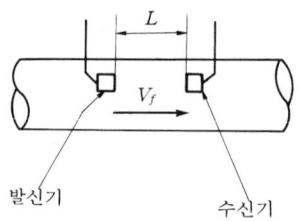

그림 4-27 초음파 유속 센서의 원리

(3) 열식 유속 센서

열을 이용한 유속 센서는 가열된 센서의 냉각효과를 이용한 것이다. 측정원리에 따라 크게 두 가지로 나눌 수 있으며, 유동의 영향으로 센서 표면의 온도분포가 바뀌어서 생긴 온도차를 측정하는 방법과 센서에서의 열손실을 측정하는 방법이다. 반도체 기술을 이용한 열식 유속 센서의 주된 문제점은 유체의 온도가 변할 때 그것을 보상하는 어려움이 있다.

먼저 온도차를 측정하는 방법은 가열된 센서의 표면에서 유동으로 인한 온도변화를 검출하는 것이다. 그림 4-28과 같이 유체가 흐르는 벽면에 발열체가 있기 때문에 유속의 변화에 따른 발열체 양쪽의 온도차가 생긴다. 그 관계식은 다음과 같다.

$$T_2 - T_1 = A(T_c - T_f)V_f^{1/2} \; (T_c > T_f) \quad\quad\quad\quad (4-7)$$

여기서, T_c : 발열체의 온도, T_f : 유체의 온도, V_f : 유체의 속도, A : 상수
T_1, T_2 : 발열체의 바람맞이쪽과 반대편의 온도

발열체와 유체의 온도차 $(T_c - T_f)$를 일정하도록 하면 발열체 양쪽의 온도차 $(T_2 - T_1)$를 측정하므로 유체의 속도를 구할 수 있다.

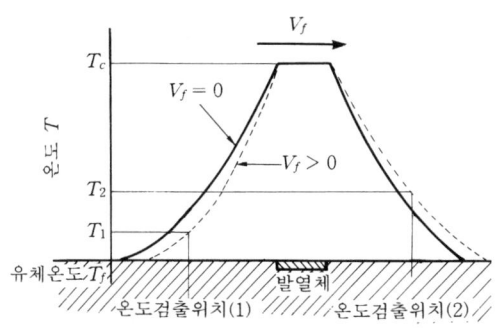

그림 4-28 유체에 의한 온도분포의 변화

그리고 열손실을 측정하는 방식은 유체에 의한 냉각작용으로 발열체에서 일어나는 저항이나 전류의 변화를 검출하여 유체의 속도를 구하는 것이다. 유체의 속도 변화에 대한 관계는 킹의 방정식(King's equation)으로 다음과 같다.

$$P = Ri^2 = (A + BV_f^{1/2})(T_c - T_f) \quad \cdots\cdots\cdots\cdots\cdots\cdots\cdots\cdots\cdots\cdots\cdots\cdots\cdots (4-8)$$

여기서, P : 발열체의 열손실, R : 발열체의 저항값, i : 발열체에 흐르는 전류, V_f : 유체의 속도
T_c : 발열체의 온도, T_f : 유체의 온도, A, B : 상수

유속의 변화에 관계없이 발열체의 온도와 유체의 온도차 $(T_c - T_f)$ 를 항상 일정하게 유지하고 발열체의 열손실을 측정하므로 유속을 구할 수 있다.

1-5 가속도센서

가속도, 진동, 충격 등의 동적 힘을 감지하는 가속도 센서는 물체의 운동상태를 순시적으로 감지할 수 있으므로, 자동차, 기차, 선박, 비행기 등 각종 수송수단, 공장자동화 및 로봇 등의 제어시스템에 있어서 필수적인 소자이며, 그 활용 분야는 대단히 넓다. 검출방식으로 크게 분류하면, 관성식, 자이로식, 실리콘반도체식이 있다. 여기서는 각각의 방식의 대표적인 가속도 센서에 대하여 설명한다.

(1) 관성식

정지계를 기준으로 한 이른바 관성가속도를 측정하는 형식이며, 이에는 질량에 작용하는 가속도에 의한 반력, 즉 관성력을 이용한다.

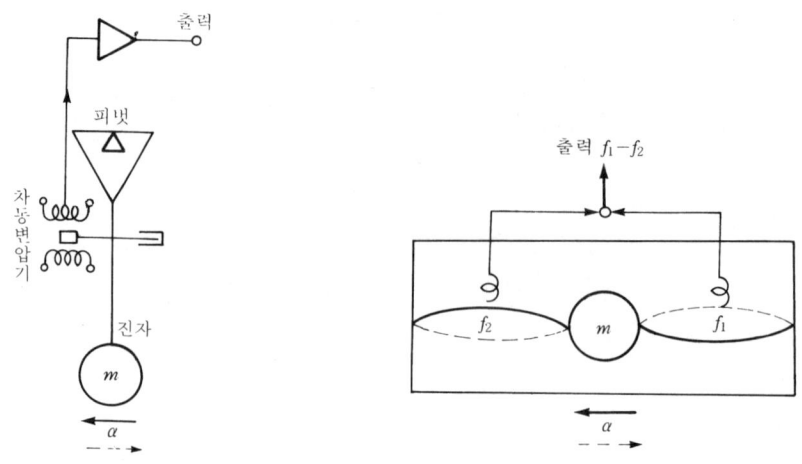

그림 4-29 진자형 가속도센서   그림 4-30 진동형 가속도센서

① 진자형 : 그림 4-29와 같이 마찰이 적은 피벗 베어링으로 진자를 지지한다. 화살표 방향에 가속도 a가 가해지면, 진자는 반대 방향으로 변위한다. 이 변위를 측정하여 가속도를 구한다.
② 진동형 : 그림 4-30과 같이 질량 m을 양측에서 현으로 지지하고 현의 진동수 f_1, f_2의 차를 검출한다. 가속도 a가 한방향으로 가해지면 현의 장력에 차가 생겨, 그 주파수 차이로 가속도를 구한다.

(2) 자이로식

자이로란 관성계(뉴턴의 3법칙이 성립하는 계)에 작용하는 각속도를 감지하는 것이다. 자이로를 구성하는 중요한 요소에 코리올리의 힘이 있다.

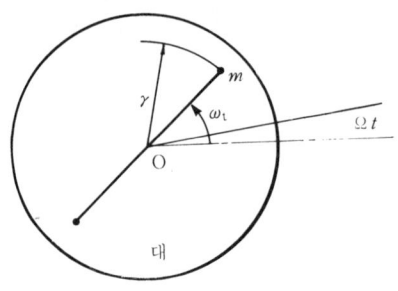

그림 4-31 코리올리의 힘

그림 4-31과 같이, 정지한 평판의 1점 O를 중심으로 ω의 각속도로 질량 m이 회전하고 있을 때, 평판 자체가 O를 중심으로 천천히 Ω라는 각속도로 돌고 있다면, m이라는 질량에 생긴 원심력 F는

$$F = mr(\omega + \Omega)^2 = mr\omega^2 + 2mv\Omega + mr\Omega^2 \quad \cdots\cdots\cdots\cdots\cdots\cdots\cdots\cdots\cdots\cdots \quad (4-9)$$

이 된다. 여기서 $v = r\omega$이고, 평판을 기준으로 한 m의 회전속도이다. 식 (4-9)의 제1항은 평판을 기준으로 한 좌표에서 측정한 경우의 원심력이고, 제2항은 m의 회전 ω와 평판의 회전 Ω의 벡터곱의 힘이며, 그것은 v와 Ω에 직각 방향의 힘이고 이것이 이른바 코리올리의 힘이다. 즉, 평판이 정지하고 있는 것을 기준으로 측정하면, m에는 원심력 $mr\omega^2$과 코리올리의 힘 $2mv\Omega$ 및 제3항의 $mr\Omega^2$이 작용하는 것이 된다. 이 코리올리의 힘은 $\omega = 0$일 때는 0이 되고 Ω의 측정은 제3항을 검출하는 것이 된다. 보통 Ω은 작으므로 그 힘도 작다. 그러나 $\omega \neq 0$으로서 $\omega \gg \Omega$인 각속도로 회전시켜 두면 면 $2mr\omega\Omega$라는 비교적 큰 힘을 검출하여 Ω를 측정할 수 있다.

이상과 같이 코리올리의 힘을 이용함으로써 Ω을 검출할 수 있다. 이와 같이 자이로란 관성계의 회전체가 그 계 자체의 각속도에 감응하는 것이고, 코리올리의 가속도를 검출하는 것이 되기도 한다. 이 검출 각속도가 0이 되도록 어떤 방법으로 자이로를 제어하면 자이로를 각속도적으로 관성계에 고정시킬 수 있다. Ω자체의 측정을 목적으로 하는 자이로를 레이트 (rate) 자이로라 한다.

① 진동형 : 자이로를 구성하는 질량의 운동이 일정한 각속도의 회전운동이 아니고, 그림 4-32와 같이 음의 진동에 의한 것이다. 따라서 Ω라는 각속도가 가해진 경우 코리올리의 힘은 음의 진동수와 같은 진동수의 진동 토크를 발생하고, 이 토크에 의한 진동을 검출하여 Ω을 측정한다. 이 방식은 $\Omega = 0$인 경우에 ω의 각진동수를 가진 불필요 진동이 생기는 결점이 있다. 그러나 베어링과 같은 마찰 부분이 없는 이점이 있다.

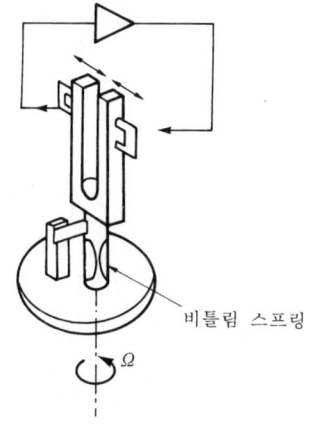
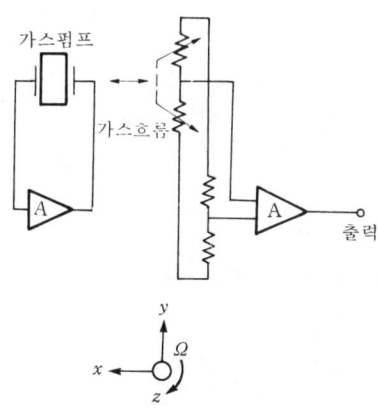

그림 4-32 진동형 자이로   그림 4-33 유체형 자이로 원리

② 유체형 : 운동체로서 가스를 쓴 것을 그림 4-33에 든다. 가스 펌프로 일정 방향의 가스류를 발생시켜, 브리지의 2변의 저항체를 균등하게 냉각시킨다. 여기서 자이로의 z축 (지면에 수직)에 각속도 Ω이 가해지면 가스 분자가 코리올리의 힘을 받아 가스류가 $-y$방향으로 흐르고, 두 저항값이 불평형하게 된다. 이에 의해서 생기는 불평형 전압이 Ω에 비례한다. 이 자이로의 구조는 간단하지만 정밀도가 좋지 않다.

③ 레이저 자이로형 : 광섬유를 응용한 것은 그 광로로서 장척의 단일 모드 광섬유 루프를 사용하여 종래의 것보다 매우 고정도의 각속도 검출이 가능하다. 그림 4-34는 그 원리도를 나타낸 것이다. 빔 스플리터로 두 개로 분할된 광을 역방향에서 광섬유에 입사시킨다. 이들 빛은 광섬유를 통한 후, 다시 합파된 수광 소자면 위에 간섭 줄무늬를 만든다. 이때 광학계가 광섬유 루프의 중심축 주위를 회전하면 두 빛 사이에 위상차가 생겨 간섭 줄무늬가 정지상태에서 이동한다. 그 이동량에서 회전속도가 구해지고, 또 그 적분값에서 회전각이 얻어진다.

④ 회전형 : 그림 4-35와 같이 회전체를 x축 주위의 짐벌에 대해 일정 각속도 ω로 회전시켜 둔다. 이 상태에서 짐벌 지지대가 관성계에 대해 z축 주위에 Ω의 각속도를 가지면, 짐벌에는 y축 주위에 토크 T가 생긴다.

$$T = -A\omega\Omega = -H\Omega \quad\cdots\cdots\cdots\cdots\cdots\cdots\cdots\cdots\cdots\cdots\cdots\cdots\cdots\cdots\cdots (4-10)$$

여기서, A는 회전체의 x축 주위 관성능률, $H = A\omega$이다. 회전체의 각부 질량 m에 작용하는 힘은 $-x$방향이 되고, 또 하반부에 작용하는 힘은 x방향이다. 이 레이저 자이로는 종래부터 가장 많이 사용되고 있는 것이다. 그러나 큰 가속도가 가해진 경우 정적 불균형에 의한 오차가 비교적 크게 된다.

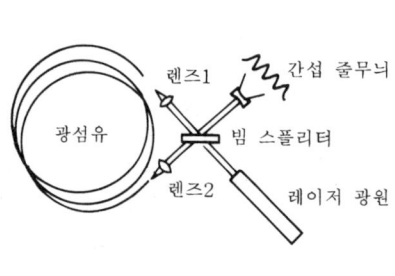

그림 4-34 광섬유 응용 레이저 자이로의 원리도

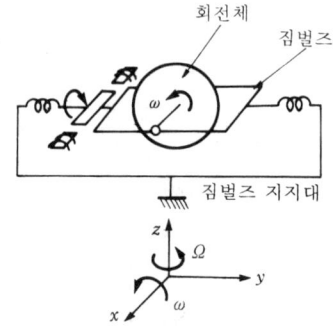

그림 4-35 회전형 자이로

(3) 반도체식

관성식 및 자이로식 가속도센서는 구조가 복잡하고, 크고, 무거우며, 규격양산이 힘들어 신뢰성이 낮고 가격이 높아 그 활용이 제한된다. 반면에 반도체식 가속도센서는 첨단의 집적회로 기술로 집적되어서 정교하고, 신뢰성이 높고, 소형·경량이며, 규격화, 양산화가 쉽고, 저가격인 장점이 있다. 반도체식에는 주로 실리콘을 이용한 것이 주류인데 여기서는 그 중 대표적인 압저항형과 용량형 실리콘 가속도센서에 대해서만 설명한다.

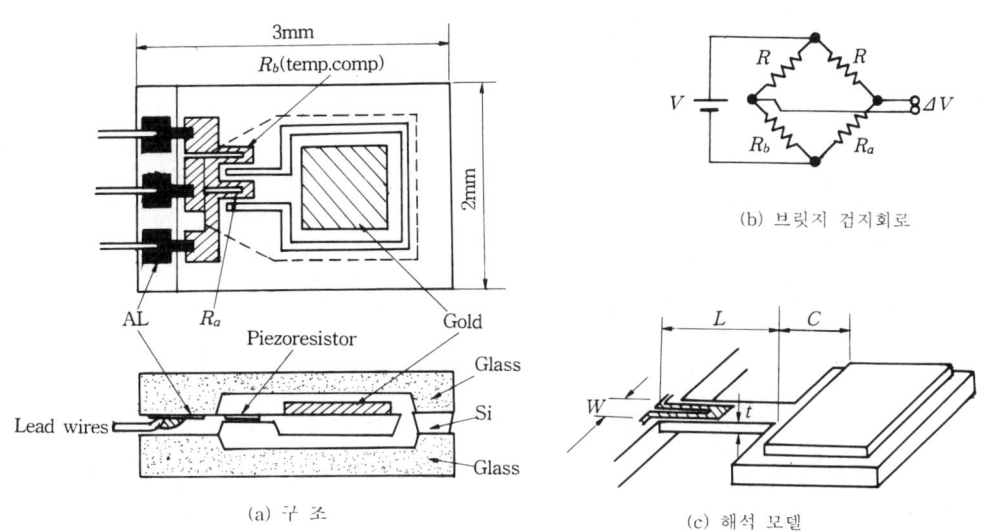

그림 4-36 압저항형 실리콘 가속도센서

① 압저항형 실리콘센서 : 압저항형 실리콘 가속도센서의 기본 구조는 그림 4-36 (a)와 같이 켄틸레버 빔에 매달려 있는 진동 질량의 형태이다. 압저항 요소(R_a)는 확산층으로서 켄틸레버에 형성되어 있다. 실리콘 웨이퍼는 이방성으로 식각되며, 파이렉스 유리판이 센서를 캡슐화하기 위해 양면에 부착된다. 압저항은 큰 온도 계수를 가지므로 확산 저항 R_b가 온도 보상을 위해 같은 칩위에 제조된다.

켄틸레버 빔의 휨에 의한 저항변화는 그림 4-36 (b)의 브릿지 회로에 의해서 검출된다. 그리고 센서의 디자인 요소는 그림 4-36 (c)에 나타낸 것과 같이 빔 길이(L), 빔 폭(W), 빔 두께(t), 진동 질량(m) 및 진동 질량의 중심(c)이다. 압저항 브릿지 회로의 감도는 다음과 같다.

$$\frac{\Delta V}{V} = \left(\frac{3}{4}\right)\pi_{44} m \frac{c+L}{Wt^2} a \quad \cdots\cdots\cdots\cdots\cdots\cdots\cdots\cdots (4-11)$$

여기서, π_{44}는 유효 압저항계수이며, 이것은 스트레스에 대한 아주 작은 저항변화의 비를 의미한다. 식 (4-11)에서 알 수 있는 바와 같이 감도는 빔의 두께의 자승에 반비례하게 된다. 따라서 신뢰성있는 센서의 제조를 위해서는 빔 두께의 제어능력은 필수적이며, 대개 빔 제조는 전기화학적인 식각정지 방법으로 이루어진다. 만약 질량의 중력 중심이 빔의 외삽법으로 추정된 선에 있지 않으면, 센서는 교차축 감도를 가진다. 이 선과 중력 중심을 맞추기 위해 실리콘 질량 위에 다량의 얇은 금이 올려진다.

그림 4-37은 질량의 움직임을 제한하기 위해 센서에 구체화된 과도 범위 방지법의 예이다. 그림 4-37 (b)에서 부가된 질량은 감도를 높여주며 질량을 받치고 있는 막에 있는 압저항들을 정돈함으로써 3축의 센서를 구현할 수 있다.

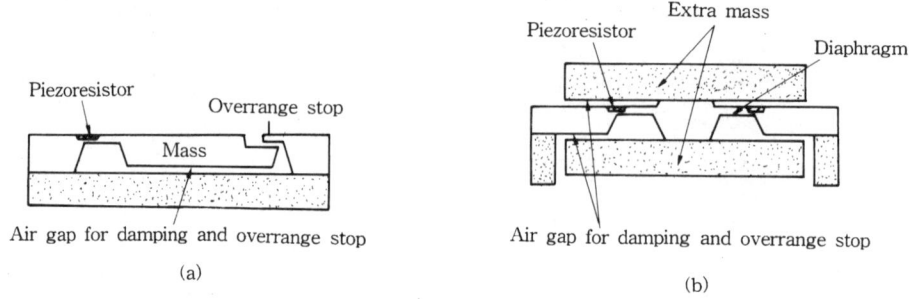

그림 4-37 질량의 움직임을 제한하기 위한 압저항 실리콘 가속도센서의 예

기계적 공진을 막기 위해서는 적당한 감쇠가 필요하다. 센서의 감쇠는 사용된 감쇠 유체의 점도 및 토대(housing)와 질량간의 간극에 의해 결정된다. 압저항 센서의 빔과 질량는 대개 오일에 담그며, 오일의 점도가 감쇠상수를 만든다. 감쇠를 위해 오일을 쓰면 높은 점도 때문에 가스를 쓸 때 보다 효과적인 감쇠를 할 수 있으나, 점도가 온도에 의존적이고 패키지 크기가 상대적으로 큰 단점이 있다. 비록 측정되는 최대 가속도가 작긴 하지만 공기도 그림 4-37 (a), (b)에서 보인 것처럼 감쇠 물질로 쓰여질 수 있다. 공기 감쇠는 압축막 효과로 얻어질 수 있다.

② **용량형 실리콘센서** : 용량형 센서는 질량의 변위가 움직이는 전극과 고정되어 있는 한쪽 전극 사이의 커패시턴스의 변화로써 측정된다. 상대적인 커패시턴스의 변화는 압저항 센서의 상대적 저항 변화보다 훨씬 클 수 있어 용량형 센서는 높은 감도를 가진다. 그러나 커패시턴스의 값이 작기때문에 커패시턴스 검출 회로는 기생 커패시턴스와 잡음의 영향을 피하기 위해 센서 커패시터에 아주 가깝게 위치시켜 주어야 하며, CMOS 같은 고임피던스 회로가 검출에 쓰인다. 과부하 방지는 질량를 한쪽 전극에 근접시킴으로써 이룰 수 있다. 반면에 전극간의 좁은 간격은 압축막 부하 효과에 의해 과도 감쇠를 일으킬 수 있다. 커패시터 전극은 전압을 가함으로써 정전 작용을 할 수 있다. 따라서 정전 힘의 궤환이나 자기 진단을 가지는 가속도센서는 커패시터 구조를 가지는 것이 적합하다. 아래에서는 용량형 센서 구조, 커패시턴스 검출 회로, 정전 힘 궤환 센서를 설명하려고 한다.

그림 4-38은 차동 커패시턴스 실리콘 가속도계의 구조를 보여주고 있다. 실리콘은 파이렉스 유리판 사이에 샌드위치 구조로 위치하고 있으며, 실리콘 질량은 가장자리 둘레로부터 나온 많은 빔들에 고정되어 있고 빔들은 질량의 위, 아래 표면에 대칭적으로 위치하고 있다. 열적 패키징 응력과 교차축 감도에 의한 불안정성은 대칭적 구조에 의해 최소화되어지며, 아래, 위 유리판에서 질량과 전극들 사이에 C_1, C_2의 커패시터가 형성된

다. 1.6μm 두께의 SiON과 0.8μm 두께의 플라즈마를 올린 실리콘 산화층 (P-SiO₂)의 이중 층으로 빔이 만들어진다.

가속도 a에 의한 실리콘 질량의 x축 변위는 식 (4-12)와 같이 주어지고, 이 때 가속도 a는 커패시턴스 차 C_1-C_2에 비례하게 된다.

$$a=\left(\frac{kd}{m}\right)\frac{C_2-C_1}{C_1+C_2} \quad\quad\quad (4-12)$$

여기서 d는 초기 커패시턴스 간격이고, k는 힘에 대한 변위의 비인 등가 탄성 상수이다. 질량이 브릿지 구조에서 가장자리에 매달려 있으므로 빔의 탄성 변형에 의한 응력뿐만 아니라 빔의 내적 응력 또한 k값에 영향을 끼친다. 빔의 길이, 두께, 폭이 각각 L, t, W일 때, 빔이 내부 인장 응력 σ를 가질 때 축으로의 힘은 σWt이다. 질량이 $\Delta d(\ll L)$ 만큼 움직이는 것으로 가정하면, 내부 축으로의 힘의 수직 성분은

$$F_1 \propto (\sigma Wt/L)\Delta d \quad\quad\quad (4-13)$$

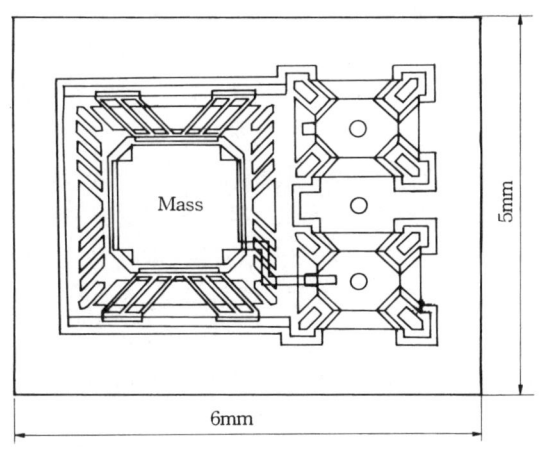

(a) 단면도

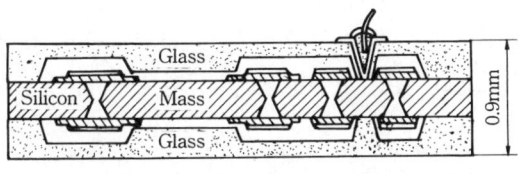

(b) 측면도

그림 4-38 차동 용량형 가속도센서

이며, 탄성 변형에 의해 하나의 빔에 유도되는 힘은

$$F_2 \propto (EWt^3/L^3)\Delta d \quad \cdots\cdots\cdots\cdots\cdots\cdots\cdots\cdots\cdots\cdots\cdots\cdots\cdots\cdots\cdots (4-14)$$

이다. 이 때 E는 Young's modulus이다. n개의 빔이 사용될 때 수직 방향 힘 $n(F_1+F_2)$는 관성 힘 ma에 대립되어 다음과 같은 등가 탄성 상수 k가 얻어진다.

$$k = n\sigma Wt/L + nEWt^3/L^3 \quad \cdots\cdots\cdots\cdots\cdots\cdots\cdots\cdots\cdots\cdots\cdots (4-15)$$

그림 4-38에서 주어진 구조에서의 계산들은 빔의 두께가 $10\mu m$보다 작을 때 내적 응력 F_1이 지배적임을 보여 준다. 즉 F_1은 t에 비례하고, 반면 F_2는 t^3에 의존한다. F_1이 지배적이면 빔의 두께 t는 그리 중요하지 않으나 내적 응력 σ는 조정되어야 한다. SiO_2가 작은 압축 응력을 보임에 비해 Si_3N_4는 큰 인장 응력을 나타낸다. 35MPa 정도의 작은 인장 응력을 나타내는 1:9의 N/O 구성비가 쓰였다.

질량은 빔 위의 알루미늄 선으로 전기적 방법에 의해 칩에 연결된다. 각 유리판에서의 커패시터 전극은 전기 절연을 위해 SiON 빔들에 매달려 있는 실리콘 영역에 연결되며, 이 구조는 기생 커패시턴스를 줄이는 데 효과적이다. 센서의 공간은 넓은 주파수 응답 영역을 위해 압축막 감쇠를 줄여야 하므로 비워져 있다.

질량으로서 실리콘 덩어리를 쓰는 가속도센서와 다르게 질량으로 폴리 실리콘 막을 이용한 가속도센서도 개발되었다. 그림 4-38의 옆면으로의 움직임이 가능한 폴리 실리콘막을 이용한 센서는 A-C 와 A-B 에서의 차동 커패시턴스의 변화는 가속도에 비례한다. 폴리 실리콘층은 밑에 있는 희생층을 에칭시킴으로써 만들어지며, 이 제조 방법은 표면 미세 가공이라 불려지며 기존 IC 제조와 양립할 수 있어 생산에서 높은 수율과 경비 절감을 가져다 준다. 그림 4-38의 센서에서의 문제점으로는 질량이 가볍기 때문에 감도가 낮다는 것과 과도한 가속도는 몇 가지 문제점을 초래한다는 사실이다. 이 센서는 압축막 감쇠를 하지 않는다.

센서의 작은 커패시턴스를 검출하기 위해 CMOS 회로가 사용되며, 오차를 유발할 수 있는 정전 힘의 효과를 최소화하기 위해 커패시턴스 검출을 위해 사용되는 전압값은 작아야 한다. 센서의 출력 신호는 주파수, 펄스 간격이나 주기, 전압, 디지털 신호의 4가지 형태로 나타날 수 있다.

주파수 출력은 잡음 면역성이 우수하므로 신호 전달에 적합하며, 그림 4-39는 하나의 커패시터 센서에 대한 전형적인 주파수 출력 커패시턴스 검출 회로를 보여주고 있다. 이는 바로 Schmitt trigger 발진기이며, 칩상의 회로에서는 LC 발진기보다 이와 같은 이완 발진기가 더 적합하다.

센서 커패시턴스 C_x는 정전류 I_o에 의해 주기적으로 충전 또는 방전된다. 표유 커패시턴스 (stray capacitance)를 무시한다면 출력 주파수 f_{out}은

$$f_{out} = I_o/(C_x V_h) \quad \cdots\cdots\cdots\cdots\cdots\cdots\cdots\cdots\cdots\cdots\cdots\cdots\cdots (4-16)$$

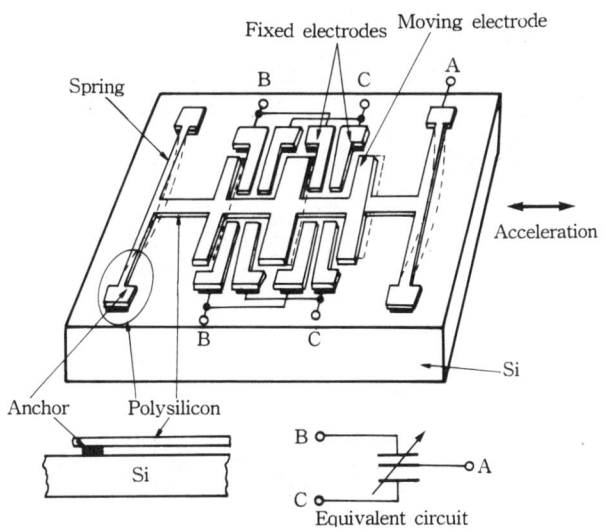

그림 4-39 표면 마이크로머시닝을 이용한 용량형 가속도센서의 제작

으로 된다. 이때 V_h은 Schmitt trigger 회로의 히스테리시스 전압을 나타내며, f_{out}은 센서 커패시턴스 C_x에 반비례한다. 전류 I_o가 증가함에 따라 큰 출력 주파수가 얻어지며, 이는 주파수 범위를 늘려주고 누설 전류에 의한 불안정성을 줄여 준다. 설계된 회로의 출력 주파수는 전원 전압과 온도에 독립적이다.

질량 변위 x는 가속도에 비례한다. d_o를 가속도가 없을 때의 커패시터의 초기 간극이라 하면 센서 커패시턴스는 d_o-x에 반비례하게 된다. 결과적으로 출력 주파수 f_{out}과 가속도 a와의 관계는 다음과 같이 얻어진다.

$$f_{out} = f_o(C_o/C_x) = f_o(d_o - ma/k)/d_o = f_o(1 - ma/kd_o) \quad \cdots\cdots\cdots\cdots (4-17)$$

여기서 C_o와 f_o는 가속도가 없을 때의 센서 커패시턴스와 출력 주파수이다. 이 식은 표유 커패시턴스를 무시할 때 출력 주파수가 가속도에 선형적으로 변함을 보여준다. CMOS 회로가 사용되었을 때 발진 주파수 f_{out}은 전원 전류에서 관찰되는 펄스들에 의해 재생된다. 결과적으로 2선식 감지 시스템은 전원과 접지선만 필요로 한다.

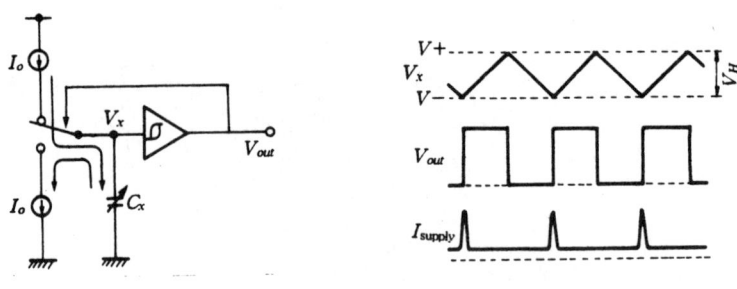

그림 4-40 출력 주파수 용량형 감지 회로

2. 자기 센서

　자기 센서는 자장을 유용한 전기 신호로 변환시켜 주거나, 비자기적 신호를 전기적 신호로 변환시키기 위한 중간 매개체의 변환기 역할을 하는 센서이다. 자기 센서의 특징은 무접점 또는 비접촉 측정이 가능하다는 점이다. 전자기 센서는 이용하는 목적에 따라 직접적인 응용면과 간접적인 응용면으로 나눌 수 있다. 자속이나 자계강도 측정, 방위 측정, 자기 기록 매체로부터의 데이터 읽기, 카드나 지폐의 자성 무늬 식별, 그리고 자기 장치의 제어 등과 같은 직접 자장을 입력하여 전기적 신호로 변환시켜 주는 목적에 이용할 때 이를 직접적인 응용이라 볼 수 있다. 또한, 과부하 보호를 위한 포텐셜이 없는 전류 측정, 집적화 적산 적력계, 무접촉 선형 및 각도 위치 측정, 변위 또는 속도 측정 등 비자기적 신호를 전기적 신호로 변환시켜 주는 목적에 이용될 때 이를 간접적 응용이라 한다.

　전자기 센서는 전자유도 작용을 이용한 코일에서부터 Josephson 접합을 이용한 초전도 양자간섭 디바이스(SQUID : superconducting quantum interference device)까지 광범위하게 이르고 있다. 그 중에서 실온에서 동작하는 범용성이 있는 반도체 자기 센서의 주류는 전류자기 효과에 의한 Hall 소자와 자기저항 소자이며, 이들은 피측정자계에 대하여 고감도로서 좋은 직선성을 갖는 특징이 있다. 이들은 또한 반도체 집적화 공정 기술에 의해 집적화가 가능하기 때문에 다차원 또는 다기능의 성질을 갖는 센서의 제조가 용이하다는 이점도 갖고 있다. 미소자계의 측정이나 극저온에서의 측정을 위해서는 초전도 효과를 이용한 SQUID를 사용한다.

　여기서는 전자유도 작용을 비롯하여 자기 센서의 동작원리들에 대하여 간단히 기술하고 자기 센서들의 종류와 응용에 대하여 알아보기로 한다.

2-1 전자 유도 작용

전자기 센서 중에서 가장 간단한 구조는 코일이다. 코일에 쇄교하는 자속이 시간적으로 변화할 때 코일 양단에는 기전력이 발생하게 되는데 이를 전자유도 작용이라 한다. 이러한 현상은 1831년 Faraday에 의해서 처음 발견되었기 때문에 Faraday 법칙이라고도 한다. 다음 그림은 서치 코일의 대략적인 동작원리를 나타낸 것이다. 그림에서 입력단에 자계의 변화를 주면 이 변화율에 따라 출력단에 기전력이 유도된다. 이 기전력은 유도 전압으로 출력되는데 다음과 같이 주어진다.

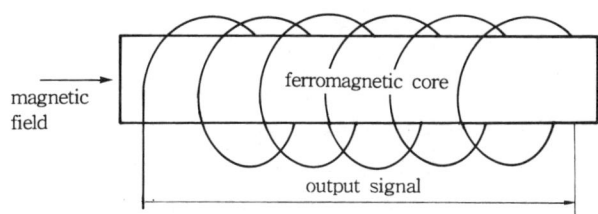

[서치 코일의 동작원리를 설명하는 개략도]

$$E = -N\frac{d\Phi}{dt} \text{ [V]} \quad \cdots\cdots\cdots\cdots\cdots\cdots\cdots\cdots\cdots\cdots\cdots\cdots\cdots\cdots\cdots\cdots\cdots (4-18)$$

여기서, E : 코일 내에 발생하는 유도전압의 크기[V], N : 코일의 감은 수
Φ : 코일과 쇄교하는 자속 [weber]

전자유도 작용을 응용한 것으로는 자기헤드, 자기포화소자, 서치 코일, 플럭스 게이트 마그네토미터(flux gate magnetometer) 등이 있다.

2-2 전류 자기 효과

전자기기에 많이 이용되고 있는 자기 센서는 전류자기효과(galvanomagnetic effect)에 기초를 두고 있다. 전류자기 효과란 금속이나 반도체 시편에 전류를 흘려 주고, 전류의 방향에 대하여 수직으로 자장을 인가하면 자장에 따라 출력이 변하는 현상을 말한다. 전류자기 효과 중에서 가장 잘 알려진 것이 Hall 효과이다. Hall 효과는 1879년 Edwin Hall에 의하여 발견되었다. Hall 효과란 시편에 인가한 본래의 전류방향과 자장방향에 대하여 수직방향으로 전장이 생성되는 현상이다. Hall 효과를 설명하기 위한 기초 원리는 Lorentz 편향이다. Lorentz 편향이란 전하 q[C]가 v[m/s]의 속도로 자속밀도 B[T] 안에서 진행할 때 다음 식으로 주어지는 Lorentz 힘을 받아 진로가 편향된다는 것이다.

$$F = qv \times B [\text{N}] \quad\quad\quad\quad (4-19)$$

만일 전하가 전자인 경우에는 음(-)의 부호가 붙는다. Hall 효과와 다른 전류자기 효과로는 자기저항 효과(magnetoresistance effect)와 자기응축 효과(magnetoconcentration effect)가 있다. 자기저항이란 자장의 인가에 의해서 전기저항이 변화되는 현상이며, 1856년 William Thomson Kelvin에 의해 발견되었다. 그리고 자기응축이란 원래의 전류 방향과 자장 방향에 대하여 수직 방향으로 캐리어 농도의 기울기가 형성되는 현상으로 Suhl 효과라고도 한다. Suhl 효과는 1949년 Bell 연구소의 Harry Suhl에 의하여 발견되었다.

자기 센서의 소형화, 고기능화를 위해서는 반도체 자기 센서가 많이 이용되며, 반도체 자기 센서는 Hall 효과를 이용하는 분류, 즉 Hall 소자와 자기 트랜지스터 등이 있고, 자기저항효과를 이용하는 자기저항소자, 그리고 자기응축 효과를 이용하는 자기 다이오드 등으로 분류할 수 있다.

(1) Hall 효과

진공 중에 있어서 전장의 가속 에너지를 받아 운동하는 전자에 자장을 가하면 플레밍(Flemming)의 왼손 법칙에 의해 전자전류와 자장에 직교하는 방향으로 Lorentz 힘을 생기게 함으로써 전자는 Coulomb 힘과 Lorentz 힘의 합성력을 받아 원운동을 한다.

$$F = qE + qv \times B [\text{N}] \quad\quad\quad\quad (4-20)$$

여기서, q : 전자의 전하량[C], E : 외부전장[V/m], v : 전자의 속도[m/s], B : 자속밀도[T]

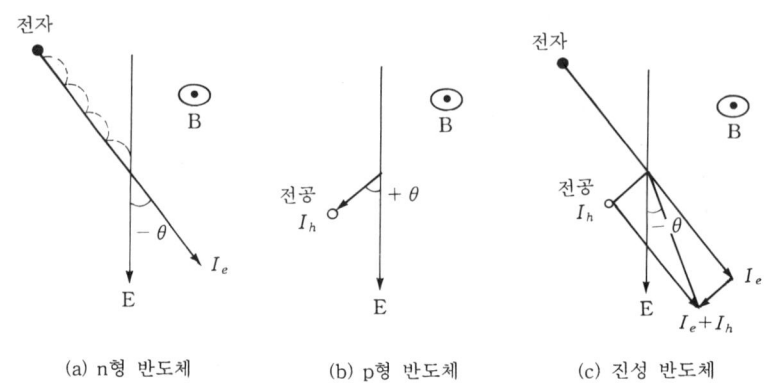

(a) n형 반도체   (b) p형 반도체   (c) 진성 반도체

그림 4-41 반도체의 극성에 따른 Hall 각

반도체 결정 내에서는 그림 4-41 (a)에 보인 것과 같이 격자원자나 불순물 원자 등과의 충돌 산란이 있기 때문에 전자는 원호를 그리며 진행한다. 이때 외부 전장과 전류밀도 사이의 각도를 Hall 각이라고 한다. P형 반도체에서는 그림 4-41 (b)에 보인 것처럼 캐리어의 전하부호가 정이므로 hole에 의한 전류는 n형 반도체와는 반대 방향으로 편향한다. InSb와 같은 진성 반도체에서는 그림 4-41 (c)에 보인 것과 같이 전자와 정공의 전류밀도의 합이 된다. Hall 각 θ는 자속밀도 B와 도전율 σ와의 사이에 다음과 같은 관계가 있다.

$$\tan\theta = \mu_H B = \sigma R_H B \quad \cdots\cdots\cdots (4-21)$$

여기서, μ_H: Hall 이동도[m^2/Vs], R_H: Hall 계수[m^3/C]

큰 Hall 각을 갖기 위해서는 Hall 이동도 또는 Hall 계수가 큰 재료가 필요하다.

반도체 시편에 외부자장을 인가한 직후의 과도상태에서 캐리어는 일시적으로 Lorentz 힘의 작용으로 편향하여 한쪽으로 집결하고 횡방향의 전장을 생기게 한다. 그 결과 캐리어는 횡방향 자장에 의한 힘을 받는다. 이들 두 힘이 평형을 이루는 조건에 도달하는 정상상태에서 전류는 측변에 평행하게 흐르고, 횡방향에는 자속밀도 B와 전류밀도 J에 비례하는 전장 E_H가 생긴다. 이것을 Hall 효과라 한다. Hall 효과를 Hall 전압으로 검출할 수 있게 한 것이 Hall 소자이다. 그림 4-42와 같은 형상의 Hall 소자에서 Hall 전압 V_H는 식 (4-23)과 같이 주어진다.

$$E_H = R_H JB \, [\text{V/m}] \quad \cdots\cdots\cdots (4-22)$$

$$V_H = \frac{R_H IB}{t} \, [\text{V}] \quad \cdots\cdots\cdots (4-23)$$

여기서 I는 인가 전류[A]이고, t는 시편의 두께이다. 큰 Hall 전압을 얻기 위해서는 소자의 두께가 얇아야 한다. Hall 계수 R_H는 캐리어 농도에 반비례하며, 다음과 같이 주어진다.

$$R_H = \begin{cases} \dfrac{1}{pq} \, [\text{m}^3/\text{C}] : \text{p형 반도체} \\ -\dfrac{1}{nq} \, [\text{m}^3/\text{C}] : \text{n형 반도체} \end{cases} \quad \cdots\cdots\cdots (4-24)$$

따라서, Hall 전압이 양인 경우 시편 반도체의 극성은 p형이며, 반대로 음인 경우 극성은 n형이 된다. 이와 같이 Hall 효과는 반도체의 극성을 판별하는 데 이용될 수 있다.

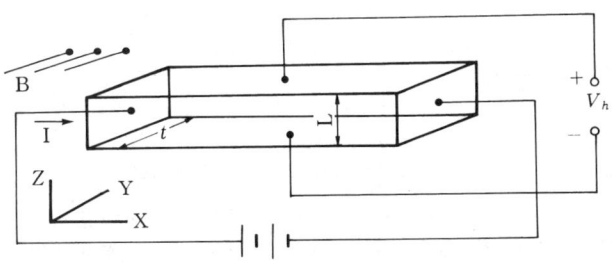

그림 4-42 Hall 효과의 원리 설명도

(2) 자기저항효과

전류가 흐르고 있는 고체 소자에 자장을 작용시켰을 때 그의 저항이 증가하는 현상을 자기저항효과(magnetoresistive effect)라 한다. 이 현상은 자장을 작용시켰을 때 Lorentz 힘으로 인하여 캐리어의 드리프트 방향이 굽어져 인가 전장과 같은 방향의 전류 성분이 감소하고 전기 저항이 증가하여 나타나는 것이다. 자기저항 효과는 Hall 효과와 서로 상보적인 관계를 갖고 있다. 즉 Hall 효과에서 나타나는 Hall 전압이 발생하기 어렵게 금속 경계를 연속적인 배열로 배치하면 자기저항 효과를 얻는다. 자기저항의 원리를 그림 4-43에 간단히 나타낸다.

그림에서 검은 막대 모양은 Hall 전장을 단락시키기 위한 금속선이며, 가는 선은 캐리어가 이동하는 경로를 나타낸다. 여기서 금속선은 실제의 경우 고의로 설계하여 심어 주거나 증착과 뒤이은 열처리에 의해 미세한 구조로 성장시킬 수 있다.

그림 4-43 (a)는 자장이 가해지지 않은 경우로서, 캐리어는 금속선에 수직으로 움직이는데 (이때 금속선은 등전위선을 나타낸다) 만일 자장이 인가되면 그림 4-43 (b)처럼 캐리어는 지그재그형으로 움직여 저항의 변화를 나타낸다. 이때 이 저항변화를 자기저항이라 한다. 이 자기저항을 출력으로 하면 인가된 자장을 알 수 있다.

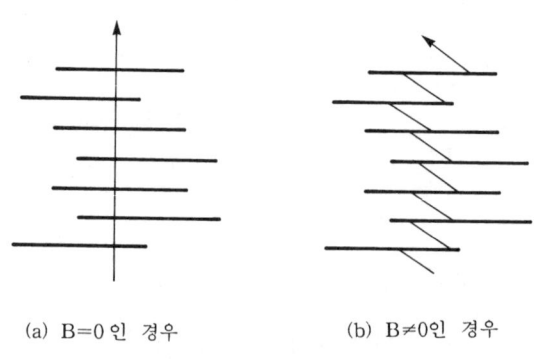

(a) B=0인 경우   (b) B≠0인 경우

그림 4-43 자기저항의 원리 설명도

2-3 포화철심형 자력계

포화철심형 자력계는 1930년대에 Aschenbrenner와 Förster에 의하여 개발되었으며, 특히 저자장 측정을 위하여 많이 이용되고 있다. 포화철심형 자력계는 우주 공간에서의 자기장 측정, 달의 자기장 측정 및 지자장 측정 등에 널리 이용될 수 있으며, 최근에는 자동차의 주행장치에서 위치를 찾는 방법으로 GPS의 보조장치로 방위각 측정에 이용되고 있다. 일반적으로 사용되는 포화철심형 자력계는 측정범위가 10^{-3}[T] 이하이며, 분해능이 0.1[nT]이다.

(1) 포화철심형 자력계의 특성

포화철심형 자력계는 일반적으로 센서 코어가 포화자화가 되게 교류자화를 시켜서 이때 외부 피측정 자기장에 의하여 코어에 가해주는 전류나 2차 코일에 유도되는 기전력이 변화되는 신호로부터 피측정 자기장을 측정하는 방법의 포괄적인 명칭이다.

다음 그림은 포화철심형 자력계의 동작원리를 설명하는 원리도를 나타낸 것이다.

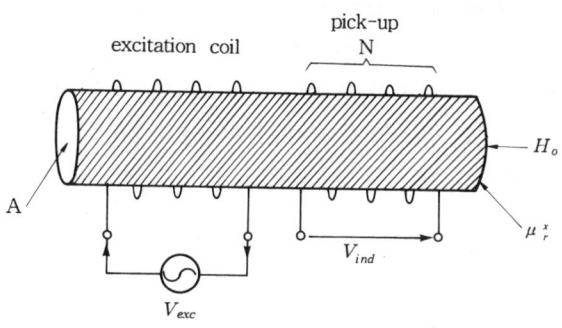

[포화철심형 자력계의 동작원리 설명도]

그림은 강자성체 코어에 1차 코일(excitation coil)에 교류전원에 의해 코어를 포화자화가 되게 한 후, 외부 자장 H_o 의 인가에 의해 2차 코일(pickup coil)에 유도되는 유도 기전력(V_{ind})을 측정함으로써 외부 자장을 측정할 수 있다. 동작원리를 간단히 설명하면 다음과 같다.

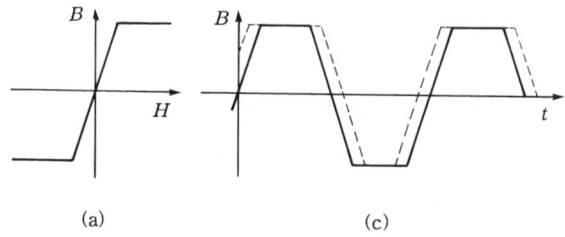

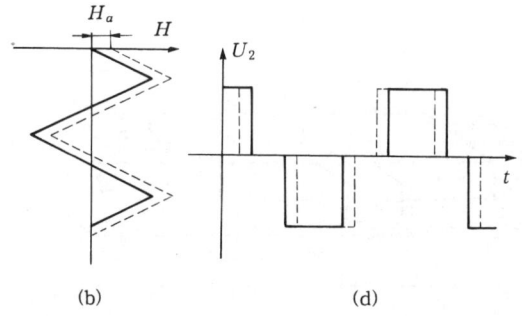

[1개의 코어를 갖는 포화철심형 자력계의 동작원리]

코어를 자기이력 특성을 앞의 그림 (a)와 같이 가정하고, 코어에 그림 (b)와 같은 삼각형파의 자장을 가하면 코어에 유도되는 자속밀도 B는 그림 (c)의 실선과 같이 되고, 2차 코일에 유도되는 기전력은 자속밀도의 시간 변화율에 비례하기 때문에 그림 (d)의 실선과 같이 될 것이다. 그러나 외부자장 H_o가 있을 경우 앞의 그림에서 점선과 같이 변화하게 된다. 이 경우 2차 코일에 유도되는 기전력이 시간축에 대하여 비대칭이 되며 이는 점선파형을 Fourier 급수로 전개할 때 2차 고조파가 발생함을 의미한다. 따라서 2차 코일에 유도되는 기전력을 위상 분석기를 사용하여 자화 주파수 f_o의 2배인 $2f_o$의 성분만 측정하면 외부자장을 측정할 수 있다.

2-4 Hall 소자

Hall 소자는 Hall 효과라고 불리우는 일종의 전류자기 효과를 이용한 것이다. 이 현상은 1879년 Edwin Herbert Hall 에 의하여 발견되었기 때문에 그와 같은 이름이 붙여진 것이다.

(1) Hall 소자의 특성

Hall 소자는 전류자기 효과를 이용하는 감자성 소자의 일종으로 그의 성질은 전자유도 작용과 크게 다르다. 특히, 정자장의 검출, 자장의 강약, 자극의 판별 능력 등 다른 소자와 비교할 수 없는 우수한 성질이 있다.

그림 4-44 는 Hall 소자의 동작을 설명하기 위한 원리도이다. 그림에서 알 수 있는 것과 같이 여기서는 반도체 (또는 금속)에 Hall 전류 I_H [A]를 흐르게 하고, 이것과 직각으로 자속밀도 B [T]를 주고 있다. 이때 출력단자 사이에는 기전력 V_H [V]가 발생하고, 그의 출력은 자속밀도 B [T]에 의존한다.

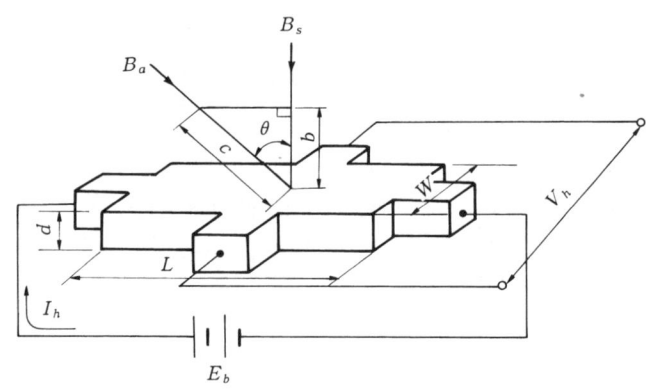

그림 4-44 Hall 소자의 원리도

그런데 여기서 취한 기전력 V_H를 일반적으로 Hall 전압이라고 한다. 그리고 Hall 전류 I_H를 바이어스 전류(Hall 소자를 바이어스하기 위한 전류)라고 부르기도 한다.

일반적으로 Hall 전압 V_H는 다음 식과 같이 나타낼 수 있다.

$$V_H = \frac{R_H}{d} \cdot I_H \cdot B\cos\theta + K_e I_H [V] \quad\quad\quad (4-25)$$

위 식에서 제1항은 신호 전압, 제2항은 불평형 전압(잔류 전압)을 각각 나타낸다. 그리고 R_H는 Hall 계수, d는 소자의 두께, θ는 Hall 소자면에 입사하는 자속의 기울기, 즉 소자면에 수직으로 인가하는 자속밀도 B_S와 인가 자속밀도 B_a가 이루는 각도이다. 그리고 K_e는 불평형계수를 각각 나타낸다.

식 (4-25)에서 알 수 있는 것과 같이 Hall 전압 V_H는 제1항의 신호 전압과 제2항의 불평형 전압으로 구성되어져 있다. 그러나 제2항의 불평형 전압은 매우 작기 때문에 일반적으로 이를 무시한다. 따라서, Hall 전압 V_H는 다음과 같이 간단하게 나타낼 수 있다.

$$V_H = \frac{R_H}{d} \cdot I_H \cdot B\cos\theta [V] \quad\quad\quad (4-26)$$

여기서, (R_H/d)는 소자에 의해 결정되는 일종의 계수라고 볼 수 있다. 따라서 이것을 $K_s = (R_H/d)$라고 하면 식 (4-26)은 다음과 같이 간략하게 쓸 수 있다.

$$V_H = K_H \cdot I_H \cdot B\cos\theta [V] \quad\quad\quad (4-27)$$

즉, Hall 전압 V_H는 사용 소자가 결정된 다음에는 Hall 전류 I_H와 자속밀도 B에 비례한다는 것을 알 수 있다. 사용 소자를 결정할 때에는 K_H가 큰 것을 선택하는 것이 유리하다. 상수 K_H를 소자의 적감도[V/AT]라고 하는데 이는 1T의 자속밀도 속에서 1A의 Hall 전류를 흘려주었을 때 발생하는 Hall 전압[V]으로 나타낸다.

결국, 적감도가 높은 소자는 동일 조건에서 Hall 출력이 크고, 적감도는 물질의 이동도에 크게 의존한다. 이동도가 클수록 적감도는 크다. 표 4-1에는 반도체 자기감응소자의 이동도와 금지대폭을 나타내었다. 표에서 알 수 있는 것과 같이 물질의 성질로 보아 화합물 반도체가 Hall 소자의 재료로서는 매우 유리하다는 것을 알 수 있다.

표 4-1 반도체 자기감응소자의 종류

반도체의 종류	전자 이동도 [$cm^2/V \cdot s$]	정공 이동도 [$cm^2/V \cdot s$]	금지대폭 [eV]
InSb	78,000	750	0.17
InAs	33,000	450	0.36
GaAs	8,500	450	1.40
Si	1,900	425	1.12
Ge	3,900	1,700	0.66

그러나 Hall 전압은 연산 증폭기 등으로 증폭할 수 있기 때문에 양질의 소자 선택은 단순히 적감도만이 아니고, S/N 비, 온도 특성 등의 여러 특성도 고려해야 한다.

(2) Hall 소자의 출력 특성

Hall 소자의 출력전압 V_H는 앞에서 설명한 것과 같이 어떤 조건하에서 Hall 전류 I_H와 자속밀도 B에 비례한다. 이것은 I_H가 일정한 경우, 그의 출력전압 V_H는 자속밀도 B에 비례한다고 말할 수 있다. 결국 이것은 자속변화에 대하여 선형적인 출력특성이 있다고 볼 수 있다.

이 특성은 자속계 등의 측정기에는 매우 중요한 것이지만, 단독으로 자속의 검출에 사용되는 경우에는 반드시 이러한 특성을 필요로 하지 않는다. 예를 들면, 브러시리스 모터(brushless motor)의 자극 검출이 그것이다. 이 경우 저자장에서 감도가 높고, 어느 정도의 자장에서 그의 특성이 포화하는 것이 요망된다. 이와 같이 Hall 소자는 그의 용도에 따라서 적당하게 사용되어야 한다.

그림 4-45는 Hall 소자의 $B-V_H$ 특성을 나타낸 것이다. 그림에서 알 수 있는 바와 같이 여기서는 2종류의 특성을 보이고 있는데, A 특성은 넓은 범위에 걸쳐서 선형적인 출력특성이 있기 때문에 자속계의 센서 등과 같이 주로 계측기에 사용된다. 또 B 특성은 저자장에서의 출력감도가 높기 때문에 일반적으로 브러시리스 모터의 자극 센서 등으로 사용되고 있다. 그림의 마이너스 표시는 N극쪽에 대하여 S극쪽을 나타냄을 의미한다. 따라서 S극쪽을 플러스로 하면 N극쪽이 마이너스가 된다.

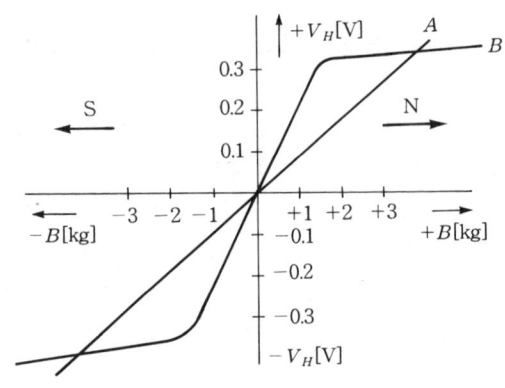

그림 4-45 Hall 소자의 $B-V_H$ 특성

2-5 자기저항 소자

자기저항 소자는 도체 또는 반도체의 자기저항 효과를 효율적으로 응용한 것으로, 그의 기본 원리는 자기 에너지에 의해 도체 안의 내부저항이 변화하는 현상을 이용한 것이다. 자기저항 소자는 앞의 그림 4-43에서 설명한 것과 같이 반도체 시료에 Hall 전압을 단락시키기 위한 금속 막대를 설치하여 자장 인가시에 캐리어의 편향으로 인하여 내부저항을 크게 나타 나게 한 것이다. 다음 그림에 그리드 모양의 금속 막대를 설계하여 제조하거나 또는 InSb/ NiSb 의 합금의 성장을 통하여 Ni 금속이 단락 효과를 주는 금속 막대의 역할을 하게 성장시 키는 방법으로 제조된다. 자기저항 소자의 재료로는 화합물 반도체와 강자성체 금속의 2종류 가 실용화되어 있다. 동일한 반도체 소자임에도, MR 소자는 같은 자극의 판별능력이 없다. 따라서 Mr 소자는 그의 용도도 어느 정도 한정된다. 한편, 장점으로는 2단자 구조이므로 Hall 소자(4단자)에 비하여 취급이 훨씬 용이하다는 점이다. 그리고 Mr 소자에도 보조 부품 을 사용하면 자극의 판별능력을 갖게 할 수 있다.

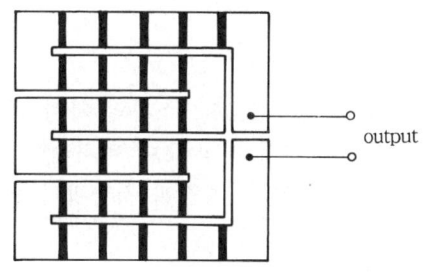

[그리드 구조를 갖는 자기저항 소자의 대략적인 모양]

(1) MR 소자의 특성

자기저항 효과소자(MR 소자)를 소재에 따라 분류하면 현재 2종류가 실용화되고 있다. 하 나는 전자의 이동도가 큰 화합물 반도체로서 InSb, GaAs 등이 쓰이고, 또 하나는 강자성체 MR로서 투자율이 큰 금속물이다. 이에는 퍼멀로이(Ni-Fe), Ni-Co 등이 각각 사용된다. 그 러나 똑같은 MR 소자에도 그의 사용 소재에 따라 자기특성이 크게 다르기 때문에 그들 나름 대로의 주의가 요망된다.

일반적으로 반도체 MR에서는 자장을 가하면 그의 내부저항이 증가한다. 이러한 MR의 성 질을 정(正)의 자기특성이라고 한다. 이에 대하여 강자성체 MR은 자장을 가할 때 그의 내부 저항이 감소한다. 이때는 부의 자기특성을 갖고 있다고 한다.

표 4-2는 MR 소자의 종류와 그의 특징을 간단히 정리하여 나타낸 것이다. 여기서 강자성 체 금속은 부(負)의 자기특성(정특성 소재도 드물게 있다)이며, 또한 자기 저항의 변화율, 즉 $\Delta R/R_0$ 대략 2% 이상이 되는 관계를 만족하는 소재를 말한다. 여기서, R_0는 자장이 0일 때의 저항값이며, ΔR은 포화자장을 주었을 때의 저항값을 나타낸다.

그리고 여기서 언급한 철-니켈(Fe-Ni)은 매우 우수한 투자성을 나타내고 있으며 일반적 으로 퍼멀로이(Permalloy)라고 부른다. 강자성체 MR은 반도체 MR보다 주파수 특성이 우수 하며, 수백 MHz의 주파수를 감지할 수 있다.

표 4-2 MR 소자의 종류와 그의 특징

MR 소자	화합물반도체 MR		InSb		정의 자기특성 (자장이 클수록 내부저항 증가)
			NiSb		
			InAs		
			GaAs		
	강자성체 금속 MR	종류	합금조성비율	저항변화율	부의 자기특성 (자장이 클수록 내부저항 감소)
		Ni	100 %	2.66 %	
		Ni-Co	80 : 20	6.48 %	
		Ni-Fe	Permalloy	4.6 %	
강자성체 금속 ≥ $\frac{\Delta R}{R_0} \approx 2\%$ 여기서, R_0 : 자장 0일 때 저항값, ΔR : 포화자장의 저항값					

(2) MR 소자의 출력 특성

그림 4-46은 InSb를 재료로 하여 제작한 MR 소자의 자기저항 특성이다. 그림에서 알 수 있는 것과 같이 약한 자계영역에서는 소자의 저항 R이 비직선적으로 증가하고, 이 영역에서는 자계감도가 현저하게 낮음을 알 수 있다. 이때 자장과 저항과의 관계는 다음과 같이 나타낼 수 있다.

$$R = R_0(1 + mB^2) \ [\Omega] \quad \cdots\cdots\cdots\cdots\cdots\cdots (4-28)$$

여기서, R_0 : 자장이 0일 때의 내부저항, B : 자속밀도, m : 자장이 0일 때의 계수

이것이 고자장 영역에서는 급격한 직선적 변화를 보이며, 이 때의 저항 R은 다음 식으로 주어진다.

$$R = R_B(1 + m_B B) \ [\Omega] \quad \cdots\cdots\cdots\cdots\cdots\cdots (4-29)$$

여기서, R_B : 바이어스 자장을 주었을 때의 저항값, m_B : 바이어스 자장을 주었을 때의 계수

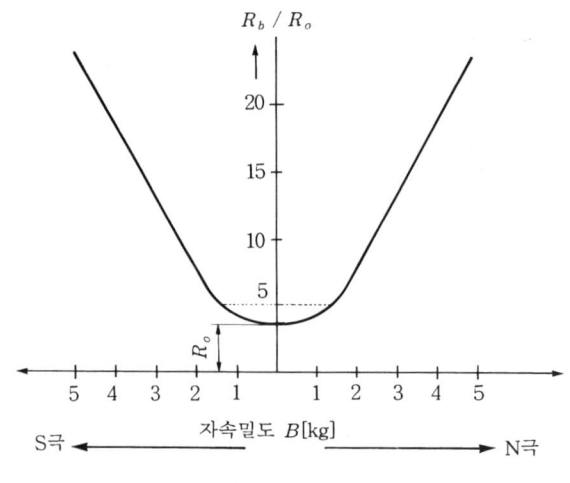

그림 4-46 MR 소자의 자계특성

이와 같이 고자장에서는 거의 직선적인 특성을 보인다. 또한 소자의 감도를 높이기 위해서는 일반적으로 바이어스 자석 (영구 자석)을 이용한다. 그리고 바이어스 자석을 병용한 MR 소자를 복합 (combination) 소자라고 부르기도 한다.

2-6 자기 diode

Hall 소자와 자기저항 소자는 모두 반도체 중의 열평형 상태에 있는 캐리어의 운동이 자계에 의해 변화하는 사실에 기초를 두고 있다. 한편, 자기 다이오드의 동작 원리는 자기응축효과 (magnetoconcentration effect) 또는 Suhl 효과라고 불리는 복합적인 전류자기 효과에 기초를 두고 있다. 자기응축 효과는 캐리어 주입, Hall 효과, 그리고 캐리어들의 표면 재결합 또는 생성 등 3가지의 기본적인 현상의 복합으로 이루어진다.

자기 다이오드의 일반적인 구조는 그림 4-47과 같다. 자기 다이오드는 그림에서 보는 것과 같이 길고 얇은 반도체 시편이며, 긴 축을 따라 p-i-n 구조를 갖는다. 측면 S_1과 S_2의 두 면은 서로 크게 다른 표면 재결합 속도 S_1과 S_2를 갖는다 ($S_1 \ll S_2$).

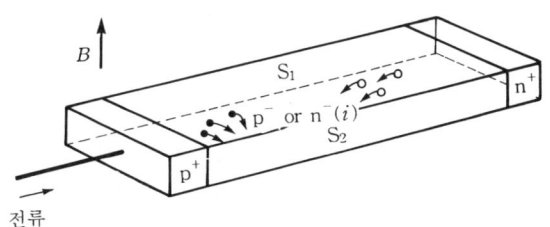

그림 4-47 자기 다이오드의 구조와 원리

동작에 있어서, 캐리어들은 n^-와 p^- 영역으로부터 i 영역으로 주입된다. i 영역에서의 드리프트는 전장 E에 의하여 긴 축을 따라 행해진다. 만일 소자가 S_1과 S_2에 평행하고 전장 E에 수직인 자속밀도 B를 받으면 전자와 정공 모두 S_1 또는 S_2면 쪽으로 편향된다. 만일 그들이 S_1면 쪽으로 편향되면 이 면에서 그들의 농도는 증가하고, 즉 생성률이 증가하고 n^+와 p^-사이의 전도도가 증가한다. 반대방향으로 작용하는 Lorentz 힘에 의해서 캐리어들은 S_2면 쪽으로 편향되고 거기서 큰 재결합률로 재결합하여 저항이 증가하게 된다. 이때의 저항 변화는 대체로 자속밀도에 비례하므로 출력으로부터 자장을 감지할 수 있다.

2-7 SQUID

고감도 자기 센서로서 최고의 분해능을 갖고 있는 것이 SQUID이다. 그의 분해능은 10^{-14} T 정도로서 머지않아 이론한계로 되어 있는 10^{-15} T가 될 것이다. 이 센서에 의해 지자기의 10억분의 1의 미약한 자계나 뇌파를 모두 관측할 수 있다.

SQUID는 초전도 물질로 만들어지는데 초전도성은 반대 부호의 운동량과 스핀을 갖는 한 쌍의 전자 (cooper pair)들의 응집에 의해 나타난다. T=0 K에서 초전도 물질의 모든 전도전자들은 이들 쌍을 이룬다. 온도가 높아지면 응집이 깨지고 초전도성을 잃게 된다. 주요한 몇가지 초전도 물질과 이들의 임계온도를 다음 표에 나타내었다.

[주요한 초전도 물질]

물 질	Tc (K)	물 질	Tc (K)
Al	1.18	NbTi alloy	9.5
In	3.4	NbN	17
Hg	4.15	$Y_1 Ba_2 Cu_3 O_{(7-x)}$	90
Pb	7.2	$Bi_2 Sr_2 Ca_2 Cu_4 O_x$	110
Nb	9.25	$Tl_2 Ca_2 Ba_2 Cu_3 O_x$	120

초전도 상태의 특징은 완전한 전도성, 즉 손실없이 전류를 운반한다는 성질과 자속을 완전히 배제하는 능력을 갖는다는 것이다. 후자를 Meissner 효과라고 한다.

SQUID 센서의 기본적인 동작원리는 Josephson 효과와 자속양자 (flux quantization) 효과이다. Josephson 효과는 2개의 매우 얇은 초전도막과 그 사이의 장벽을 갖는 Josephson 접합에서 설명된다. 장벽은 유전체가 될 수 있고, 2개의 접합 또는 1개의 접합으로 이루어질 수 있다. 그림 4-48은 1개의 접합으로 이루어진 경우를 나타낸 것이다.

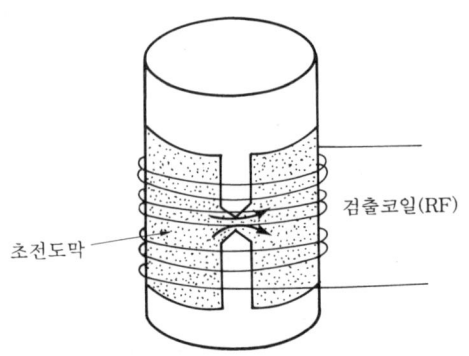

그림 4-48 SQUID 자기 센서

장벽을 통한 두 초전도 상태의 결합은 전자 쌍의 터널링(tunneling)에 의해 유지되도록 약결합(weak link)를 이룰 수 있어야 한다. 약결합들은 두 초전도 상태의 위상차 δ와 약결합을 통해서 흐르는 전류밀도 j와 약결합에서의 전압강하 v 사이에 다음과 같은 관계를 보여준다.

$$j = J_c \sin \delta$$

$$v = \frac{\hbar}{2e} \frac{\partial \delta}{\partial t}$$

여기서, J_c는 접합의 임계 전류밀도로서 물질과 형상, 그리고 온도에 의존하는 양이다. 만일 Josephson 접합이 정전류원에 의해 바이어스되어 있고, 전류가 0A에서 증가한다면 전류밀도의 임계값에 도달하기 전에는 전압강하는 0이다.

위 식을 적분하여 정리하면 다음과 같은 관계식을 얻는다.

$$\delta = \delta_0 + \frac{2e}{\hbar} vt$$

$$j = J_c \sin(\omega_J t + \delta_0)$$

따라서 약결합에서 전압강하가 일어나면 주파수

$$f_J = \left(\frac{2e}{h}\right) \cdot v$$

의 교류가 흐른다. $\frac{2e}{h} = 484 \times 10^{12}$ [Hz/V]를 Josephson의 주파수 - 전압비라 한다. 접합의 $i-v$ 관계는 Josephson 관계식들에 의해 다음과 같이 주어진다.

$$v = \left(\frac{\hbar}{2e} \sec \frac{\delta}{I_c}\right)\frac{di}{dt} = L(\delta)\frac{di}{dt}$$

즉, Josephson 접합은 접합을 가로지르는 유효 인덕턴스 L을 갖고 있으며 이는 δ에 의존한다. 초전도 상태의 파동적인 성질은 초전도 영역에서 자속밀도가 양자화됨을 말해준다. 즉, 자속 Φ는 자속의 기본 단위 Φ_0의 정수배로 주어진다. 이때 Φ_0는

$$\Phi_0 = \frac{h}{2e} = 2.07 \times 10^{-15} [\text{wb}]$$

로서 이를 자속 양자(flux quantum)라 한다. 그리고 최근의 광통신 기술의 발전을 고려할 때 상온에서 SQUID를 능가하는 광 파이버(fiber) 자기 센서의 출현이 기대된다.

2-8 자기 센서의 응용

자기 센서를 이용하기 위해서는 우리들 주위의 자기 환경을 돌아볼 필요가 있다. 우리가 살고 있는 지구는 큰 자석이고 지구 내부에 있는 용융상태의 핵이 만드는 자장의 영향을 지표에서 약 400~500 km의 고도에 있는 인공위성에서도 똑같이 감지한다. 남북 방향의 지자기 성분은 장소에 따라 조금씩 다르지만 약 50μT이다. 또 도시에서 교류의 자기 잡음은 대형 전동기 등에서 생기는 자기의 영향이 크고, 그 크기는 0.1μT 정도가 된다.

자기 감지의 큰 특징은 자력선이 초전도체를 제외한 모든 물질 속을 투과하는 성질을 이용한 비접촉 계측이다. 생체에서는 지자기의 수백억분의 일인 10 fT의 미약한 자기가 뇌등에서 생기는데, 이러한 생체 자기 계측에는 초전도 양자 간섭소자(SQUID)가 사용된다. 지각 표면에 분포하고 있는 광물자원의 탐색에는 지자기의 수만분의 일인 5 nT의 자기 계측이 필요하

고, 이러한 자원 탐사에는 핵자기 공명 자속계 등이 이용된다. 자기 센서 시장의 중심인 가전 제품이나 공업용 기기에 이용되어지는 자기의 세기는 지자기의 백배 이상 큰 수 $10\,\text{mT}$이고, 반도체나 자성 박막 등으로 제작되는 자기 센서가 이용된다. 각종 자기 센서의 동작범위와 중요한 응용 분야를 그림 4-49에 나타내었다.

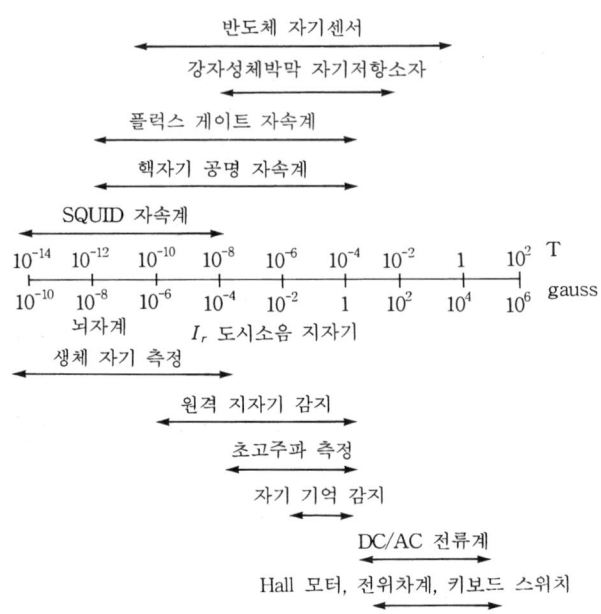

그림 4-49 자기 센서들의 동작 범위와 응용분야

자기 센서들의 대부분은 가전 제품, 공업용 기기, 자동차 등에 많이 이용된다. 표 4-3은 자기 센서의 이와 같은 주요한 이용 분야와 그의 응용 제품들을 나타낸 것이다.

표 4-3 자기 센서의 주요한 이용분야와 그의 응용제품

자기센서의 용도	브러시리스 모터 (70 %) (Hall 모터)	플로피 디스크 (floppy disk)
		하드 디스크 (hard disk)
		VTR 실린더 모터
		캡턴(capstan) motor
		비디오 디스크 모터
		에어콘 (aircon)
		컴퓨터의 단말
		의용전자기기
		기타

		회전계 (tacometer)
자기센서의 용도	자동차 전장부품 (15 %)	디스트리뷰터(distributer)
		무접점 이그나이터(igniter)
		기타
	계측기기분야 (3 %)	전류계, 전력계 (아날로그 승산기)
		Gauss 미터
		자기방위계
		회전검출기
		유량계
		기타
	기타 (12 %)	자동판매기
		전자 자물쇠
		근접센서
		키보드
		금속탐지기
		기타

3. 광 센서

3-1 개 요

 빛 즉, 광은 인간생활에서 절대적인 것이다. 특히 인간의 눈으로 감지할 수 있는 가시광을 중심으로 자외선 및 근적외선은 생활, 산업, 과학 등의 분야에서 깊이 인간과 밀접하고 있다. 이러한 빛을 검출하여 전기적 신호로 바꾸는 광 센서는 그 필요성 때문에 여러 가지 형태, 재료의 것이 개발되어 널리 활용되고 있다.
 광 센서란 포괄적으로 보면 이미지센서, 적외선센서 등 광을 대상으로 하는 모든 센서가 포함되나 여기에서는 광검출 소자만을 광센서라 하고 그 특성이나 용도가 다소 다른 이미지 센서나 적외선 센서는 분리시켜 별도로 다루기로 하겠다.
 광 센서의 종류는 검출하려는 광의 파장 범위대를 기준으로 자외선 센서, 가시광 센서 등으로 나누기도 하지만 그 동작원리를 바탕으로 분류하는 것이 일반적이다. 현재 널리 쓰이는 광도전형 및 접합형 센서는 빛의 흡수에 따른 물질의 물성변화를 이용한 것이다.

이러한 물질로는 주로 빛흡수에 따라 그 물성이 비교적 많이 변할 수 있는 반도체 재료가 주로 쓰이며 이때 빛의 파장에 따른 흡수의 정도 등의 특성은 그 반도체 재료의 금지대의 폭, 즉 에너지갭 E_g에 깊이 의존한다. 에너지 갭보다 큰 에너지대의 빛이 조사되면 그 빛은 반도체 물질 내에 흡수되어 물성변화를 일으키게 되지만 에너지 갭보다 작은 에너지의 빛은 흡수되지 못하고 투과되어 물성변화를 일으키지 못한다.

또한 너무 큰 에너지의 빛은 물질의 표면에서 흡수되어 구조에 따라 다소 다르지만 큰 물성변화를 일으키기 힘들다. 따라서 광센서는 물질의 에너지 갭이나 구조에 따라 검출할 수 있는 빛의 파장대가 한정되어 있다. 한편 빛의 에너지를 E, 그 파장을 λ라 하면 다음의 관계가 성립한다.

$$E = h\nu = hc/\lambda = 1240\lambda \quad \cdots\cdots\cdots\cdots\cdots\cdots\cdots\cdots\cdots\cdots\cdots \quad (4-30)$$

여기서, h : 플랑크 상수
ν : 빛의 진동수
c : 광속

E가 E_g보다 크면 그 빛은 흡수되고 작으면 투과된다. 표 4-4에 자외선-근적외선 범위대의 에너지갭을 가지는 절연체와 반도체 물질의 에너지갭과 그 한계 검출파장을 나타내었다.

광센서는 반도체 기술의 발달에 힘입어 크게 발전하고 있으며, 특히 광신호처리 등 전자적 소자와 광소자 결합 기술의 발달은 자연적인 광센서 발전을 가져왔다. 현재 많은 종류의 센서들이 저가격으로 상품화되어 있으며, 신호처리 회로를 함께 집적한 고성능의 센서들이 개발되어 새로운 응용분야를 확대해 나가고 있다.

표 4-4 각종 물질의 흡수단

물질명	흡 수 단		물질명	흡 수 단	
	E_g (eV)	λ (nm)		E_g (eV)	λ (nm)
NaCl	10	124	ZnS	2.65	468
SiO$_2$	8	155	ZnTe	2.26	549
CsI	6.9	180	CdS	2.42	512
GaN	3.39	366	CdSe	1.7	729
GaP	2.24	554	CdTe	1.44	861
GaAs	1.43	867	Se	2.3	539
GaSb	0.68	1824	Si	1.15	1078
InP	1.35	919	Ge	0.68	1823
InAs	0.36	3444	PbO	2.6	477
InSb	0.18	6889	PbS	0.39	3179
Sb$_2$S$_3$	1.62	765	PbSe	0.24	5167

3-2 광전자 방출형 센서

(1) 원리

금속에 빛을 비출 때 빛의 진동수가 어떤 한계값 v_o 보다 커지면 금속으로부터 전자가 방출된다. 이 방출된 전자를 광전자(photoelectron)라 하고 이 현상을 광전자 방출효과(photoemissive effect)라 한다. 금속 표면으로부터 광전자를 방출시키기 위한 최소 에너지를 그 금속의 일함수(ϕ)라 한다. 따라서 입사광이 다음을 만족해야 광전자 방출이 이루어진다.

$$hv_o \geq \phi \quad \cdots\cdots\cdots\cdots\cdots\cdots\cdots\cdots\cdots\cdots\cdots\cdots\cdots\cdots\cdots\cdots (4-31)$$

여기서, h : 플랑크 상수, v_o : 입사광의 진동수

위에서 광전자 방출이 이루어지는 입사광의 최저 진동수는 다음과 같이 주어진다.

$$v_o = \phi/h \quad \cdots\cdots\cdots\cdots\cdots\cdots\cdots\cdots\cdots\cdots\cdots\cdots\cdots\cdots\cdots\cdots (4-32)$$

한편 빛의 세기가 증가하면 그만큼 광전자 방출도 많아지게 되는데, 이러한 광전자 방출효과를 이용한 센서를 광전자 방출형 센서라 하며 광전관, 광전자증배관 등이 있다.

(2) 광전관

광전관은 광전자를 방출하는 금속의 음극과 방출된 광전자를 흡수하는 양극으로 된 2극관 구조를 하고 있다. 음극에는 빛이 입사하는 면에서 광전자를 방출하는 불투명형(반사형)과 입사면의 반대면에서 광전자를 방출하는 투명형이 있다. 또한 광전관은 그 구조상 빛이 옆면에서 입사하는 사이드온형과 머리부분에서 들어오는 헤드온형으로 나눌 수 있다. 그림 4-50에 광전관 구조의 전형적인 예(사이드온형, 불투명형 음극)를 나타내었다. 음극은 반원통형이고 빛은 측면으로부터 입사된다. 양극은 중앙에 가는 봉 형태로 만들어져 입사광에 거의 방해가 되지 않는다.

광전관에서는 내부를 고진공으로 한 진공형과 Ar과 같은 불활성 가스를 봉입한 가스봉입형이 있다. 그림 4-51에 이 두가지 타입의 전압, 전류 특성을 보였다.

① **진공형** : 광전관내를 고진공으로 한 것으로 입사광의 세기가 일정할 때 출력 전류는 어느정도 이상 전압에서는 포화되어 거의 일정하게 된다. 이 포화전압은 전극의 구조, 빛의 세기에 따라 다르게 되는데 보통 50~90V 정도이지만 구조에 따라서는 3~15V로 낮은 것도 있다. 포화영역에서 빛의 강도와 출력전류는 1차 비례관계에 있으므로 인가전압을 포화영역에서 동작하도록 설정할 필요가 있다.

진공 광전관은 감도는 좋지 않으나 입사광량에 대한 출력의 직선성이 뛰어나며, 안정된 출력을 얻을 수 있다. 진공 광전관의 최대 특징은 빠른 응답특성에 있으며, 빛이 광전면에 닿고나서 광전자가 방출되는 시간은 10~12sec 정도로 짧고, 전자가 양극까지 도달하는 시간도 고진공이므로 다른 입자와 충돌이 없어 매우 작다.

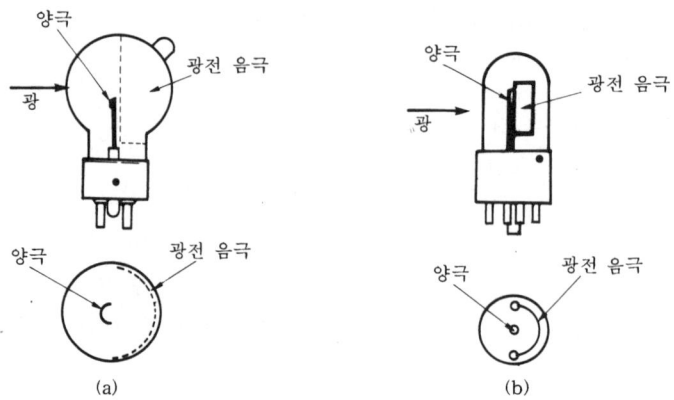

그림 4-50 광전관의 구조

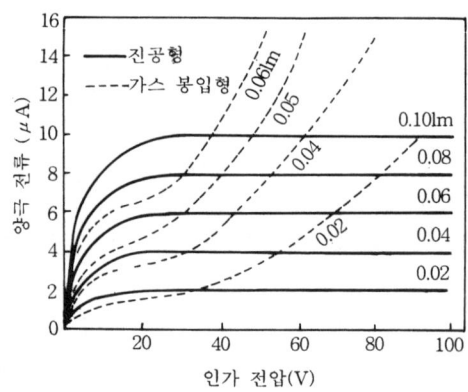

그림 4-51 광전관의 전압-전류 특성

② 가스 봉입형 : 광전관에 수십 Torr의 Ar 등의 가스를 봉입한 것이다. 가스가 이온화되지 않을 정도의 낮은 전압에서는 진공 광전관과 그 특성은 다를 바 없다. 인가전압이 증가해 양극과 음극 사이에 전계가 커지면 방출된 광전자가 충분히 가속되어 가스분자와 충돌해 이온화를 일으킨다. 이렇게 생겨난 양이온은 다시 가속되어 음극인 광전면에 충돌하여 다시 2차 전자를 발생시킨다. 이 현상이 되풀이되면서 광전류의 증폭이 이루어지는데 이 증폭률은 인가전압과 입사광량에 의존하며, 통상 5~50배 정도이다. 가스봉입형 광전관은 진공 광전관에 비해 감도는 좋으나 위의 동작원리상 응답시간이 길며(수십 μsec) 가스 흡착 등에 의한 감도변화 등의 문제가 있다.

(3) 광전자 증배관

미약한 빛을 측정할 경우 그 신호출력도 작으므로 외부 회로에서 증폭해 사용해야 한다. 그러나 이러한 방법은 잡음, 응답속도 등의 점에서 문제가 많다. 광전자 증배관(photomultiplier)은 미약한 빛을 측정할 때 외부 증폭의 단점을 극복하기 위해 광전관 내에 2차 전자 증배기를 내장시킨 것이다. 그림 4-52에 광전자 증배관의 구조를 나타내었다.

광전자를 방출하는 광전면, 광전면으로부터 광전자를 증배부에 도입하는 집속 전극, 2차 전자방출 효과가 있고 증배 기능을 갖는 몇 단의 다이노드(dynode) 및 증배된 전자들을 모아서 외부로 끌어내는 양극으로 구성되어 있다. 광전면 양극간의 각 전극에 적당한 전압을 인가해 전자의 집속, 2차전자 가속에너지원으로 사용하고 있다.

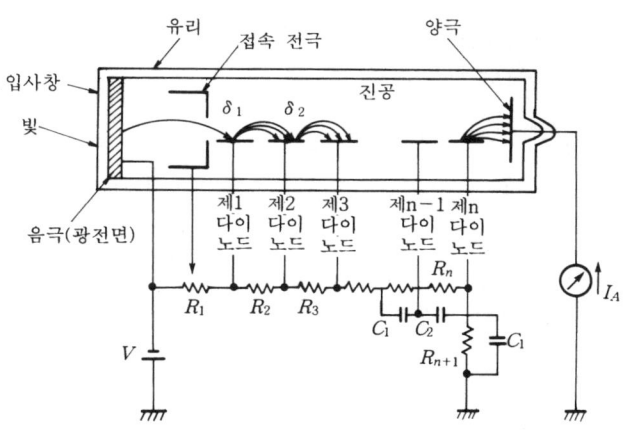

그림 4-52 광전자 증배관의 구조

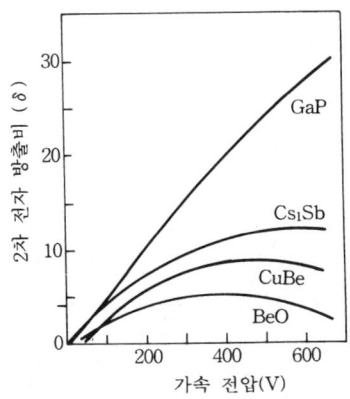

그림 4-53 2차 전자 방출비

고체 표면에 고속의 전자를 충돌시키면 고체 표면으로부터 다수의 2차 전자가 방출되는데 광전자 증배관은 이 원리를 이용한 것이다. 빛이 입사해 광전면으로부터 광전자가 방출되면 이 광전자는 집속 전극에 의해 가속되고 집속되어 제1 다이노드에 충돌한다. 제1 다이노드에서는 충돌에 의해 보다 많은 2차 전자가 방출되며, 이것은 다시 가속되어 제2 다이노드에 충돌한다. 이러한 현상의 반복으로 전자수가 증배되므로 양극에서는 상당히 큰 신호 전류를 얻을 수 있다. 입사전자를 1차 전자, 충돌에 의해 방출되는 전자를 2차 전자라 하면 1차 전자 1개당 방출되는 2차 전자 수를 2차 전자 방출비라 하며, δ로 나타낸다. 이때 δ의 값은 물질의 종류나 표면상태, 1차 전자의 에너지에 의해 달라진다. 그림 4-53은 대표적 물질의 2차 전자 방출비를 나타내었다.

각 다이노드간의 전압을 v라 하면 δ는 다음과 같다.

$$\delta = Av\alpha \quad \cdots\cdots\cdots\cdots\cdots\cdots\cdots\cdots\cdots\cdots\cdots\cdots\cdots\cdots\cdots\cdots\cdots\cdots (4-33)$$

A와 α는 상수로서 α는 다이노드의 형태나 재질로 결정되는데 통상 0.6~0.8 정도이다. n단의 다이노드를 갖는 광전자 증배관에서 각 단이 균등하게 전압이 인가되어 있고 총인가 전압을 V라 하면 총증폭률 G는 다음과 같다.

$$G = (Av\alpha)n = (An/(n+1)\alpha n)Va^n \quad \cdots\cdots\cdots\cdots\cdots\cdots\cdots\cdots (4-34)$$

일반적으로 δ는 3~6 정도이며, $\delta = 4$이고 10단의 다이노드를 사용한다면 약 $G = 10^6$의 증배율을 얻게 된다. 광전자 증배관의 분류는 입사광의 방향에 따라 사이드온형과 헤드온형, 다이노드의 종류에 따라서 서큘러 게이지형, 박스형, 라인포커스형, 베네시안브라인드형으로 나눌 수 있다. 그림 4-54에 다이노드 종류를 나타내었다.

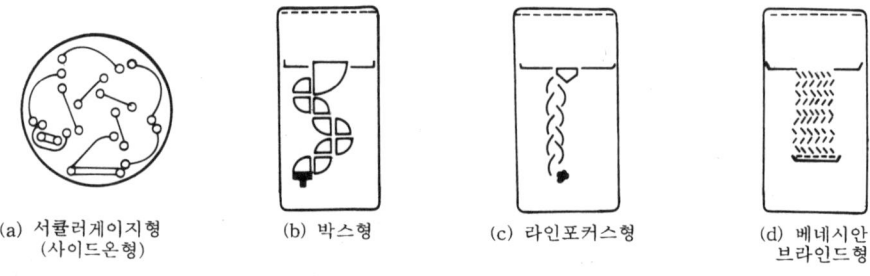

(a) 서큘러게이지형 (사이드온형) (b) 박스형 (c) 라인포커스형 (d) 베네시안 브라인드형

그림 4-54 다이노드의 형태

광전자 증배관의 특징으로는 고감도(이득)이므로 미약광을 검출할 수 있고 응답속도가 빠르며 저잡음을 실현할 수 있다는 것 등이 있다. 특히 특성이 수광면의 크기에 그다지 의존하지 않는데 이것은 다른 반도체형 광검출기에 대해 큰 이점이 된다. 광전자 증배관은 분석기기, 의료용기기, 방사선계측기, 통신정보기기 등에 다양하게 사용된다.

3-3 광도전형 센서

(1) 원 리

빛을 어떤 물질에 조사했을 때 그 물질의 도전율이 증가하는 현상을 광도전효과(photoconductive effect)라 부른다. 이것은 빛에너지를 받아 그 물질 내부에 자유 캐리어 즉, 자유전자와 정공이 발생되기 때문인데 이에 대한 에너지밴드 설명을 그림 4-55에 나타내었다. (a)는 진성 광도전 효과로 빛에너지를 받아 가전자대의 전자가 전도대로 올라가 자유전자와 자유정공이 발생된다. (b)는 외인성 광도전효과로 금지대 내에 존재하는 불순물 준위가 빛에너지를 받아 자유전자 혹은 자유정공을 발생시키게 된다.

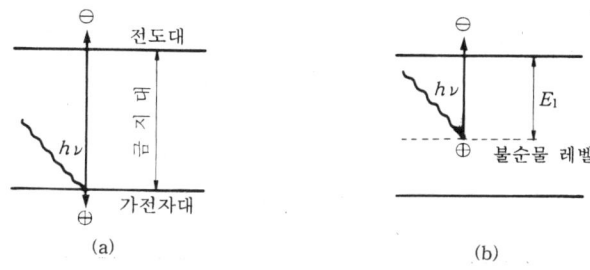

그림 4-55 광도전 효과의 밴드 설명

진성 광도전효과에 대해 광도전 특성을 생각해 보면 빛을 조사하지 않을 때 반도체의 도전율 σ_o는 다음과 같다.

$$\sigma_o = q(n_o \mu_n + p_o \mu_p) \quad \quad (4-35)$$

여기서, n_o, p_o : 열적 평형상태에 있어서의 전자와 정공의 농도
μ_n, μ_p : 전자와 정공의 이동도, q : 단위 전하량

이 반도체의 빛이 조사되어 전자와 정공의 농도가 Δn, Δp만큼 변화했다고 가정하면 도전율 변화 $\Delta \sigma$는 다음과 같이 된다.

$$\Delta \sigma = q(\Delta n \mu_n + \Delta p \mu_p) \quad \quad (4-36)$$

단위체적당 매초 f개의 전자-정공쌍이 발생된다면 식 (4-37)이 된다.

$$\Delta n = f\tau n, \quad \Delta p = f\tau p \quad \quad (4-37)$$

τ_n, τ_p는 각각 전자와 정공의 수명을 나타낸다. 따라서 식 (4-38)이 유도된다.

$$\Delta \sigma = qf(\tau n \mu n + \tau p \mu p) \quad \quad (4-38)$$

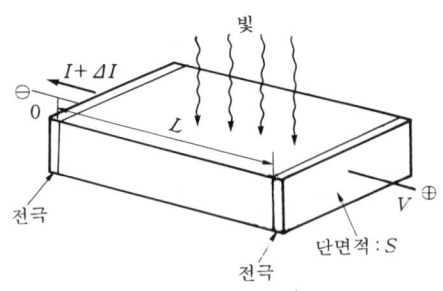

그림 4-56 광도전 효과의 실험

그림 4-56에 나타낸 것과 같은 모양의 반도체를 생각해 보자. 전극간 거리를 L, 전류의 수직한 단면적을 S, 인가 전압을 V라 하면 빛의 조사에 의한 전류의 증가분 ΔI는 다음 식으로 표시된다.

$$\Delta I = (\Delta \sigma SV)/L = (qfLSV(\tau_n \mu_n + \tau_p \mu_p))/L_2 \quad \cdots \cdots (4-39)$$

한편 전자 또는 전공이 전극간거리 L을 통과하는 시간을 t_n, t_p라 하고 반도체 전체적 내에 매초 발생하는 전자-정공쌍의 총수를 G라 하면 다음 식으로 표현된다.

$$t_n = L_2/\mu_n V, \quad t_p = L_2/\mu_p V \quad \cdots \cdots (4-40)$$

$$G = fLS \quad \cdots \cdots (4-41)$$

따라서 식 (4-39)는 다음과 같이 나타낼 수 있다.

$$\Delta I = qG((\tau_n/t_n)+(\tau_p/t_p)) \quad \cdots \cdots (4-42)$$

위의 식에서 알 수 있듯이 광전류 ΔI를 크게 하기 위해서는 캐리어 수명이 길고 이동도가 큰 광도전체 재료를 선택하여야 한다. 캐리어 수명을 길게 하기 위해서 임의의 불순물을 도핑하여 캐리어를 선택적으로 포획할 수도 있다. 그러나 캐리어의 수명이 길다는 것은 곧 응답속도가 늦다는 것을 의미하므로 이에 대한 고려도 병행되어야 한다. 일반적으로 광도전형 센서로는 응답속도가 빠른 소자를 얻기 곤란하다. 반도체 같은 광도전체의 단파장의 광이 조사되면 광흡수 계수가 커져 캐리어 발생이 주로 표면층에만 생기게 된다. 표면은 결정의 불완전성, 이물질의 흡착 등에 의해 많은 불순물 준위가 존재하여 재결합 속도가 매우 빠르므로 이를 검출하기는 곤란하다. 이 때문에 가시광 이상의 장파장광을 검출하는 광도전형 센서만이 실용되고 있다. 일반적으로 광도전 효과를 이용한 광센서는 비교적 간단한 구조를 가지며, 광도전셀이라 불린다.

(2) CdS 광도전셀

광도전체로 CdS, CdSe를 사용하는 센서를 보통 광도전셀이라 한다. 그림 4-57에 광도전셀의 구조를 나타내었다. 세라믹기판 위에 CdS 혹은 CdSe 분말을 적당량의 $CdCl_2$, $CuCl_2$와 함께 도포하고 열처리하여 소결시킨다. $CuCl_2$의 첨가는 Cd원자가 Cu로 치환되게 하여 금지대 내에 불순물 준위를 형성한다. 이 불순물 준위는 주로 정공을 포획하여 자유 정공수를 줄임으로써 전자의 수명이 길어져 광도전성을 증가시키게 한다. 소결체 표면에 In 등의 전극재료가 증착되는데 감도를 증가시키기 위해 빗모양 형상을 하게 된다. 마지막으로 목적에 따라 전체를 수지로 코팅하거나, 금속이나 플라스틱 케이스 또는 유리밸브 등에 넣어 사용하게 된다.

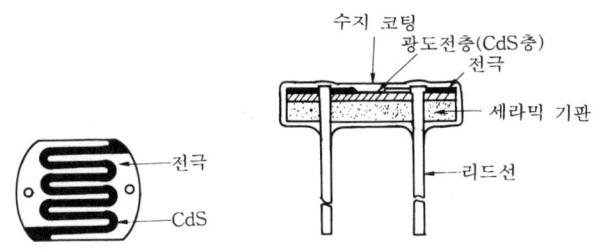

그림 4-57 CdS 셀의 구조(수지 코팅형)

CdS 셀의 분광감도 특성을 그림 4-55 (a)에 나타내었다. CdS는 520nm에서 CdSe는 720nm에서 감도의 최대값을 가진다. CdS와 CdSe를 임의의 비율로 혼합하여 제조함으로써 최대감도 파장을 520~720nm의 범위에서 바꿀 수 있다.

광도전셀에 전압 V를 가하고, 조도 L[lx]의 광을 조사했을 때 광전류는 다음의 식으로 나타낼 수 있다.

$$I = \alpha V^\beta L^\gamma \quad\quad\quad (4-43)$$

여기서, α : 상수, β : 전압지수, γ : 조도지수

β는 인가전압이 수~수십V의 범위일 때 거의 1이며, γ는 조도 및 센서 종류에 따라 다르나 0.5~1의 범위를 가진다. 일반적으로 저조도에서는 큰 값을 가지며, 고조도로 갈수록 떨어져 0.5에 가깝게 된다.

조도 L_a, L_b[lx]일 때의 저항값을 각각 R_a, R_b[Ω]이라 하면 조도지수는 다음 식으로 주어진다.

$$\gamma_{ab} = (\log R_a - \log R_b)/(\log L_a - \log L_b)$$
$$= \log(R_a/R_b)/\log(L_a/L_b) \quad\quad\quad (4-44)$$

그림 4-58 (b)에 조도를 변수로 한 CdS 셀의 전압-전류 특성을 나타내었다. 조도가 일정

할 때 광전류는 전압에 비례한다. CdS 셀은 고감도이고, 소형 염가이며 전력용량이 많다. 또 분광감도 특성이 인간의 눈에 가까워 카메라의 노출계, 가로등 등의 자동점멸기, 프레임아이 등에 폭넓게 사용되고 있다. CdS 셀의 결점은 응답속도가 늦다는 것과 광이력 특성이 있다는 것이다. 응답속도는 조사광의 광량, 전력조건, 주위온도 등에 따라 다르나 보통 10[lx] 광량에서 수십[m·sec] 정도이다.

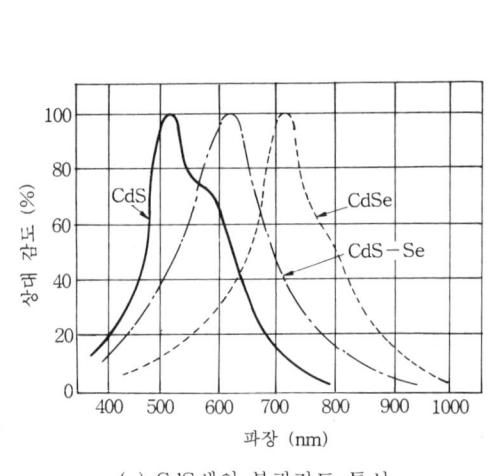
(a) CdS셀의 분광감도 특성

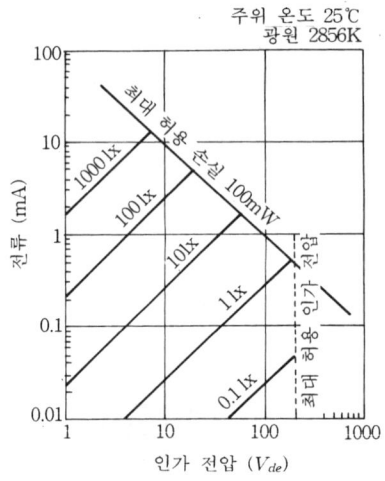
(b) CdS셀의 전압-전류 특성

그림 4-58

(3) PbS 광도전셀

광도전체로 PbS, PbSe를 사용한 것을 PbS 광도전셀이라 한다. PbS는 $2.2\mu m$, PbSe는 $3.8\mu m$의 빛에 최대 감도를 가지며, $1 \sim 3\mu m$ 파장 때의 광검출기로 적합하다. 소자를 냉각하면 감도의 증가 등 특성을 향상시킬 수 있다. PbS 광도전셀은 근적외선 영역에서의 실온동작이 가능한 센서로 방사온도계라든지 적외분광 광도계 등에 사용된다.

3-4 접합형 센서

(1) 원 리

p형 반도체와 n형 반도체를 접합하면 p형의 정공이 n형으로 확산해 들어가고 n형의 전자가 p형으로 확산한다. 확산해 들어온 전자와 정공은 접합부근에서 만나 결합함으로써 소멸되어 버리고 접합부근 p형에는 (-)전하를 띤 억셉터 이온이, n형에는 (+)전하를 띤 도너 이온이 남게 된다. 접합부에는 이 전하의 존재로 인해 전계가 존재하게 되고 이 전계때문에 더 이상의 확산현상은 일어나지 않게 된다. 이렇게 전자와 정공은 존재하지 않고 고정전하만 존

재하는 p-n접합부근의 영역을 공핍영역(depletion region), 혹은 전이영역(transition region)이라 한다. 그림 4-59에 p형과 n형, 그리고 그것을 접합시켰을 때의 에너지 밴드 그림을 나타내었다.

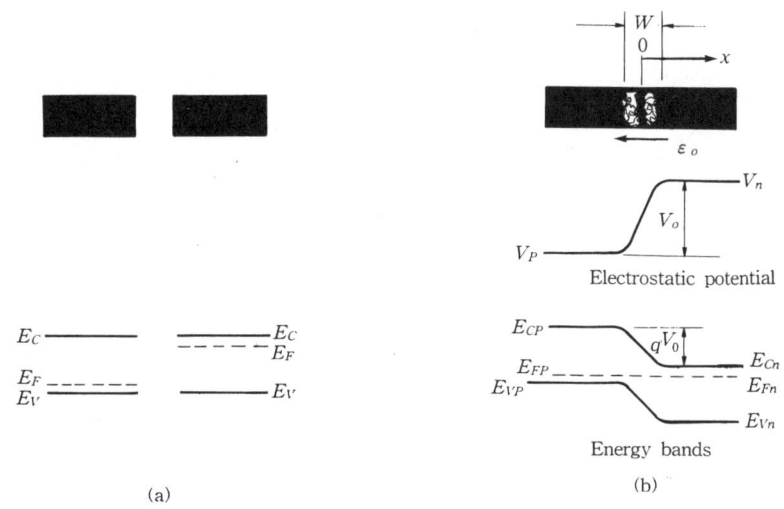

그림 4-59 p형, n형, p-n접합의 에너지 밴드

접합에 빛이 조사될 때의 에너지 밴드 그림을 그림 4-60 (a)에 나타내었다. 빛이 조사되면 빛에너지를 받아 전자-정공쌍이 발생한다. 공핍 영역 (B와 C)에서 발생된 전자-정공쌍은 전계의 영향으로 바로 전자는 n형 중성영역으로, 정공은 p형 중성영역으로 쏠려간다. 한편 공핍영역 끝으로부터 확산거리 내에 발생된 p형의 전자나 n형의 정공은 확산해서 공핍영역 내로 들어갈 수 있는데 이들 역시 전계에 의해 바로 n형이나 p형의 중성영역으로 쏠려가게 된다. 이 결과로 p형 쪽에는 정공이, n형 쪽에는 전자가 축적되게 되어 접합의 전극에는 기전력이 발생하게 되고 외부 회로에 전류를 흘릴 수 있게 된다. 이러한 빛 조사에 의한 기전력의 발생을 광기전력 효과(photovoltaic effect)라 한다.

p-n접합에 빛을 조사하지 않을 때와 조사할 때의 전류-전압 특성을 그림 4-60 (b)에 나타내었다. 빛을 조사하지 않을 때의 전류-전압 특성은 다음과 같이 표시된다.

$$I = I_o(\exp(qV/kT)-1) - IL \quad \cdots\cdots\cdots\cdots\cdots\cdots\cdots\cdots\cdots\cdots\cdots (4-45)$$

여기서, I_o : 포화전류, k : 볼츠만 상수

광을 조사하면 광전류 IL이 발생하게 되는데 이때 접합을 흐르는 전류는 다음과 같다.

$$I = I_o(\exp(qV/kT)-1) - IL \quad \cdots\cdots\cdots\cdots\cdots\cdots\cdots\cdots\cdots\cdots\cdots (4-46)$$

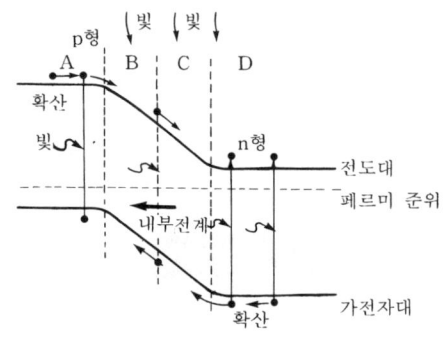
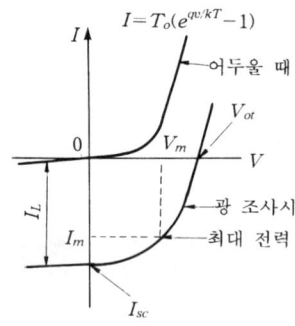

(a) 빛이 조사될 때 p-n접합의 에너지 밴드   (b) 어두울 때와 광조사 때의 p-n접합의 전류-전압 특성

그림 4-60

식 (4-46)과 같이 되어 전류-전압 특성은 광을 조사하지 않을 때의 특성을 전류축에 평행하게 IL만큼 이동시킨 것이 된다. 광조사시의 전류-전압 특성에서 전류축과의 교점을 단락광 전류 I_{sc}, 전압축과의 교점을 개방전압 V_{oc}라 부른다. V_{oc}는 식 (4-46)에서 $I=0$으로 둠으로써 구할 수 있다.

$$V_{oc} = (kT/q)\ln(1+(IL/I_o)) \quad \cdots\cdots\cdots (4-47)$$

그림 4-60 (b)의 제4상한에서 외부로 끌어낼 수 있는 전력 P는 식 (4-48)로 표시된다.

$$P = IV = (I_o(\exp(qV/kT)-1) - IL)V \quad \cdots\cdots (4-48)$$

최대 전력은 $dP/dV=0$로 정해지는데 그 때의 전류를 I_m, 전압을 V_m이라 하면 최대 전력 P_m은 다음과 같이 주어진다.

$$P_m = I_m V_m = I_{sc} V_{oc} FF \quad \cdots\cdots\cdots (4-49)$$

FF를 곡선인자(fill factor)라 하는데 센서의 구조와 밀접한 관계가 있다. FF가 클수록 검출 효율이 커지게 되므로 바람직하다. 그림 4-61에 나타낸 것처럼 단락광 전류가 광감도에 비례하는 것에 비해 개방 전압은 식 (4-47)에서 알 수 있듯이 광감도에 대수적으로 변화한다. 광 센서로서는 입력에 대해 출력이 선형적인 것이 바람직하므로 전류를 측정하는 모드로 사용하는 때가 많다. 한편 p-n접합을 이용해 광을 측정하는 경우 그림 4-60 (b)의 외부인가 전압 없이 제4상한에서 동작시켜 I_{sc}를 측정하는 방법과 외부에서 접합에 역방향 바이어스를 가해 제3상한에서 동작시켜 그 역방향 전류를 측정하는 방법 두 가지가 있다.

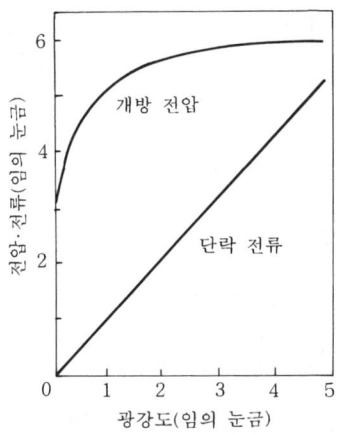

그림 4-61 단락광 전류, 개방 전압의 광감도 의존성

(2) 포토다이오드

포토다이오드는 p-n접합의 전류-전압 특성의 광의존성을 이용한 것으로 그 원리는 앞서 설명한 바와 같다. 플레이너형이라 불리는 가장 일반적인 실리콘 포토다이오드의 구조를 그림 4-62에 나타내었다. 빛은 p^+층을 통해 입사되며, n^+층은 n형과 금속전극과의 옴성접촉(ohmic contact)을 위한 것이다.

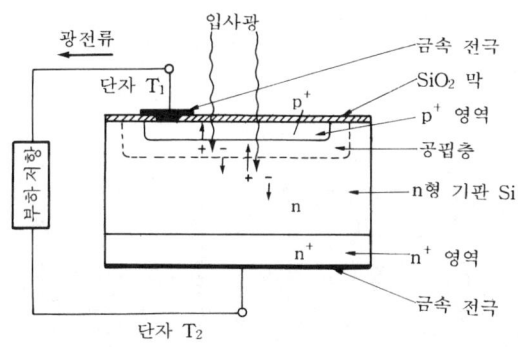

그림 4-62 포토다이오드의 구조

포토다이오드를 희망하는 파장대의 빛에 응답시키기 위해서는 에너지 갭(금지대의 에너지 간격)을 고려해 사용반도체 재료를 변화시킬 필요가 있다. 포토다이오드의 반도체 재료로서 Si 외에 GaAsP, Ge 등이 사용되고 있으며, 그림 4-63에 그 일반적인 분광감도 특성을 나타내었다. 최대 피크를 중심으로 장파장 또는 단파장쪽으로 갈수록 감도는 감소한다. 장파장측

에서의 감쇠는 파장이 길어질수록 빛이 반도체 내에 흡수되지 못하고 투과되기 때문에 전자-전공쌍을 생성시키지 못한다. 단파장측에서의 감쇠는 파장이 짧아질수록 빛이 반도체 표면에서 흡수되어 생성된 캐리어들이 접합부의 공핍영역까지 도달하지 못하고 재결합되므로 광전류에 기여하지 못하기 때문이다. 그림 4-63에서 보듯이 포토다이오드는 자외선-근적외선 영역에서 주로 사용되어진다. 분광감도 특성은 사용반도체 재료의 불순물 분포 및 포토다이오드의 구조에 따라 다소 변화시킬 수 있다.

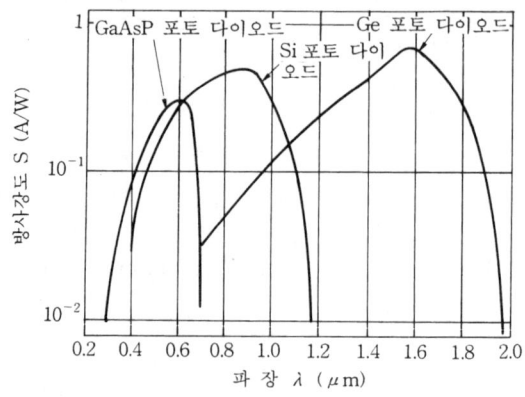

그림 4-63 포토다이오드의 분광감도 특성

포토다이오드의 응답시간은 빛에 의해 생성된 캐리어의 확산시간 및 공핍영역 통과시간, 접합용량 등에 의해 결정된다. 공핍영역 내에서 발생한 캐리어의 전계에 의한 드리프트 시간은 극히 짧지만, 공핍영역 외에서 발생한 캐리어들은 확산시간 때문에 다소 시간이 걸릴 수 있다. 그림 4-64는 포토다이오드의 등가회로를 나타낸 것이며, C_j는 p-n접합에서 공핍 영역의 존재로 인해 생기는 접합 용량이다.

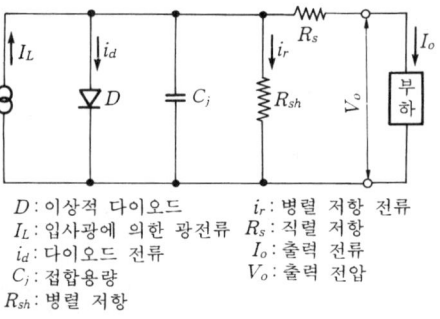

D : 이상적 다이오드 i_r : 병렬 저항 전류
I_L : 입사광에 의한 광전류 R_s : 직렬 저항
i_d : 다이오드 전류 I_o : 출력 전류
C_j : 접합용량 V_o : 출력 전압
R_{sh} : 병렬 저항

그림 4-64 포토다이오드의 등가회로

포토다이오드의 직렬 저항을 R_s, 부하저항을 R_l라 하면 그 응답속도는 $C_j(R_s+R_l)$에 의해 제한받으므로 응답속도를 개선시키기 위해서는 C_j를 작게 할 필요가 있다. 그러므로 C_j는 다음의 관계가 있다.

$$C_j \propto (\rho(V_o+V_B))^{-1/2} \quad\quad\quad\quad\quad\quad\quad\quad (4-50)$$

여기서, ρ : 기판의 비저항, V_o : 접촉전위, V_B : 역방향 전압

C_j를 줄이기 위해서 V_B를 증가시키면 암전류도 증가하게 되어 미약광의 검출이 어려워진다. 따라서 ρ를 크게 하는 것이 바람직하다. ρ를 크게 하기 위해 진성반도체(intrinsic semiconductor)에 가까운 고저항의 기판을 사용한 것을 pin 포토다이오드라 한다. 그 구조는 그림 4-62에서 n기판 대신에 불순물 농도가 매우 낮은 고저항의 n^- 기판을 사용한 것과 같다. pin 포토다이오드는 역방향으로 바이어스시 그 전압이 거의 n^-층에 걸리게 되어 n^-층 전체가 공핍영역 역할을 하게 되며, 광의 대부분은 여기에 흡수된다. pin 다이오드는 응답이 매우 빠르며, 일반적으로 역방향 바이어스 상태를 사용한다. pin 다이오드의 동작은 광도전 효과를 이용한 것으로도 생각할 수 있다.

응답시간은 광이 변화할 때 최종값의 10~90%까지 도달하는데 걸리는 시간으로 정의한다. 응답시간은 수광면적에 크게 의존하지만 대략 포토다이오드의 경우 수~수십[μsec], pin 포토다이오드의 경우 0.8~10[nsec] 정도이다.

한편 포토다이오드의 검출감도를 나타내는 것으로 등가잡음 전력 NEP(noise equivalent power)가 있다. 고감도의 광센서는 일반적으로 잡음 특성이 문제가 되는 경우가 많은데 NEP는 신호대 잡음비 S/N비가 1이 될 때의 입력광전력으로 신호와 잡음이 같게 되는 문턱값을 표시한다. 고감도의 것일수록 NEP의 값은 작게 된다.

살펴본 바와 같이 포토다이오드는 입사광량에 대한 출력 전류의 직선성이 우수하고 응답속도가 빠르며, 암전류가 작다. 또한 실리콘 포토다이오드는 그 구조와 불순물 분포를 조절함으로써 자외선-근적외선의 넓은 범위에 걸쳐 감도를 나타낼 수 있다. 감도는 타센서에 비해 다소 작은 편이며, 포토다이오드는 광통신의 수광소자, 리모콘, 노출계 등에 널리 사용된다.

(3) 애벌랜치 포토다이오드 (avalanche photodiode)

p-n접합에 역방향 바이어스 전압을 크게 하면 가해진 전압은 거의 접합부근의 공핍영역에 걸리게 되어 공핍영역 내의 전계는 매우 강해진다. 광에 의해 하나의 전자-전공쌍이 발생하게 되면 전자와 전공은 전계에 의해 전자는 n형쪽으로, 전공은 p형쪽으로 높은 에너지로 가속되어 각각 다른 격자와 충돌하여 새로운 두 개의 전자-전공쌍을 발생시킨다. 이 두 개의 전자-전공쌍, 즉 4개의 캐리어들은 다시 전계에 의해 가속되어 4개의 전자-전공쌍을 발생시킨다. 이러한 캐리어 증식 작용을 애벌랜치 증식이라 한다. 이 현상이 반복되면 광신호가 다이오드 내부에서 증폭되는 것으로 생각될 수 있는데 이 원리를 이용하여 광감도를 높인 것을 애벌랜치 포토다이오드라 하며, 자주 APD로 표시된다.

애벌랜치 증식작용에 의한 광전류 증폭은 공핍영역에 가해지는 전계에 의존한다. APD는

수광면에 균일하게 애벌랜치 증식이 일어나야 하므로 전계의 균일성이 중요하다. 그림 4-62 에서 역방향 전압을 가하면 곡률이 큰 접합의 단연부(edge)에서 먼저 애벌랜치 증식작용 등에 의한 항복(breakdown)이 일어날 수 있다. 이 현상은 단연부를 엇베거나(그림 4-65 (a)) 단연부에 보호환(guard ring)을 만들어줌으로써 줄일 수 있다(그림 4-65 (b)). 그림 4-65 에 APD의 구조 예를 나타낸 것인데 (a)는 메사형으로 그 기하학적 구조상 단연부의 전계는 약하게 되며, (b)는 보호환이 있는 것으로 p^+-n 구조보다 단연부의 p-n 구조가 공핍영역이 넓으므로 평균 전계는 적게 되어 원하지 않는 항복현상을 막을 수 있다.

APD는 내부증식 작용을 갖는 소자이므로 매우 미약한 광까지도 검출할 수 있는 고감도이며, 공핍영역 내에서의 동작에 의한 것이므로 응답속도가 빠르다. APD는 이러한 장점때문에 pin 포토다이오드와 함께 광 통신용 수광소자로 주목받고 있다.

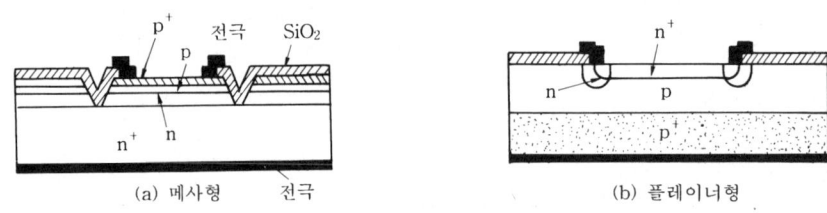

그림 4-65 애벌랜치 포토다이오드의 구조 예

(4) 포토트랜지스터

포토트랜지스터는 포토다이오드에 증폭기능을 더한 소자이다. 그림 4-66에 포토트랜지스터의 구조 및 그 등가회로를 나타내었다. 구조는 보통의 n-p-n트랜지스터와 같지만 광전류를 많이 발생시키기 위해 p형이 크게 만들어져 있다. 등가회로에서 보듯이 포토트랜지스터는 포토다이오드와 트랜지스터가 조합된 것으로서 통상 이미터-컬렉터 사이에 전압을 인가하며, 베이스는 개방된 상태로 사용한다. 빛의 조사에 의해 베이스에 전자-전공쌍이 발생하면 전자는 확산해 이미터나 컬렉터로 빠져나가거나 재결합한다.

한편 정공은 베이스에 축적되어 베이스를 (+)전하를 띠게 해 이미터-베이스 접합을 순방향 바이어스시킴으로써 이미터에서 많은 전자가 베이스로 주입된다. 이 전자는 대부분 얇은 베이스 영역을 통과해 컬렉터 접합의 공핍영역까지 확산하며, 공핍영역의 전계에 의해 컬렉터로 들어감으로써 컬렉터 전류가 흐르게 된다. 이것을 등가회로에서 보면 빛의 조사에 의한 포토다이오드의 광전류가 트랜지스터의 베이스 전류를 형성하게 되며, 결국 트랜지스터의 증폭작용에 의해 β만큼 증폭된 컬렉터 전류가 흐르게 된다. 여기서 β는 I_c/I_B로서 전류 증폭률이라 한다. 결국 컬렉터 전류를 검출함으로써 광전류보다 훨씬 증폭된 신호를 검출할 수 있다.

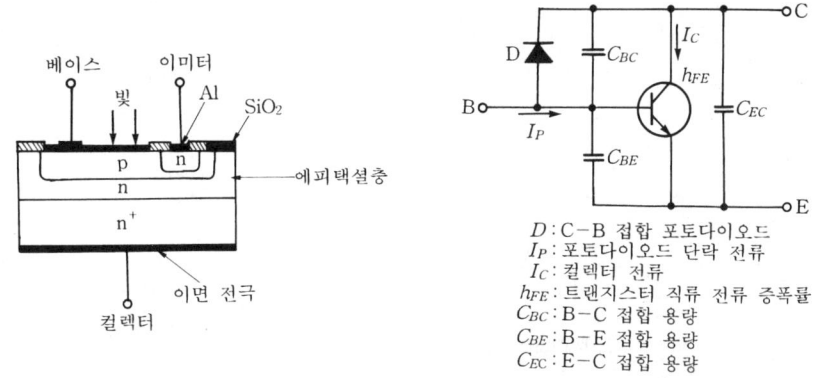

그림 4-66 포토트랜지스터의 구조

(5) 포토사이리스터

포토사이리스터는 빛에 의해 개방된 두 단자 사이를 도통시킬 수 있어 전류의 온-오프 제어에 쓰이는 소자이다. n-p-n-p의 4층 구조를 하고 있으며, 게이트 단자가 개방되어 있는 상태에서 빛을 조사하면 중간의 n-p접합의 포토다이오드처럼 작용하여 게이트 전류를 공급하게 되므로 애노드와 캐소드간이 도통된다. 게이트 단자에 전류를 조절함으로써 외부에서 제어할 수도 있다.

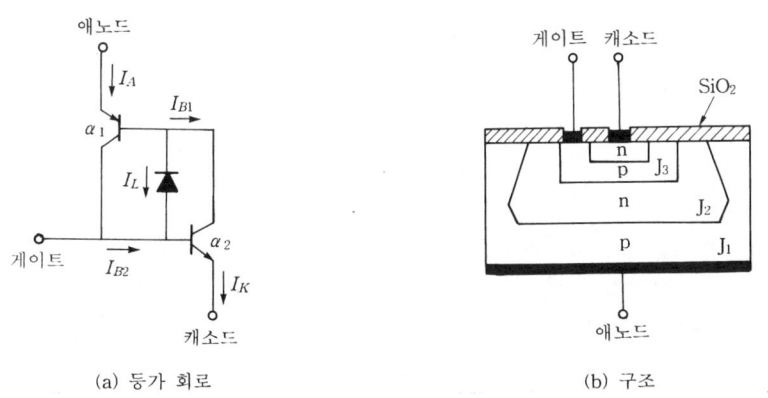

그림 4-67 포토사이리스터의 구조와 그 등가회로

(6) 컬러 센서

앞서 설명한 광 센서들은 일정범위 파장대에서의 빛의 밝기, 즉 세기를 측정하는 소자였다. 이에 비해 컬러 센서는 색, 즉 빛의 파장을 측정하는 소자로서 다층형 센서와 집적형 센서가 있으며, 파장이 짧은 빛일수록 반도체의 표면에서, 파장이 긴 빛일수록 반도체의 깊은 곳에서 흡수된다. 이 원리를 이용하여 두 개의 다이오드를 세로로 형성한 다층형 컬러센서의 예를 그림 4-68에 나타냈는데 위쪽의 p-n접합은 단파장대의 감도가 크고, 아래쪽의 p-n접합은 장파장대의 감도가 크다. 그림 4-69 (a)에는 그 분광감도특성을 나타냈는데 이 두 포토다이오드의 단락전류의 비를 측정하여 측정광의 파장, 즉 색깔을 알 수 있고, 그림 4-69 (b)에는 빛의 파장에 대한 단락전류의 비를 나타내었다.

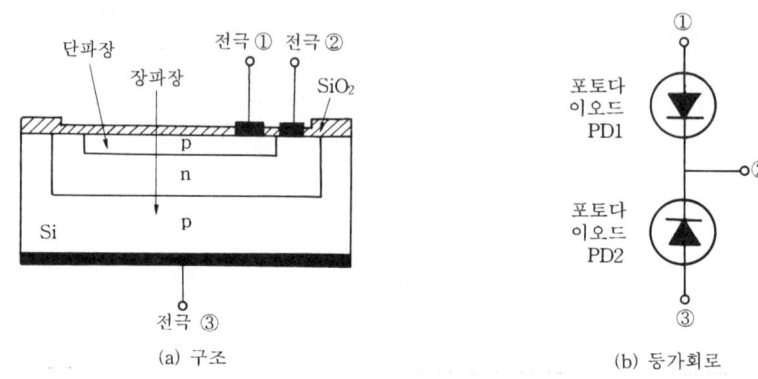

그림 4-68 다층형 컬러센서의 예

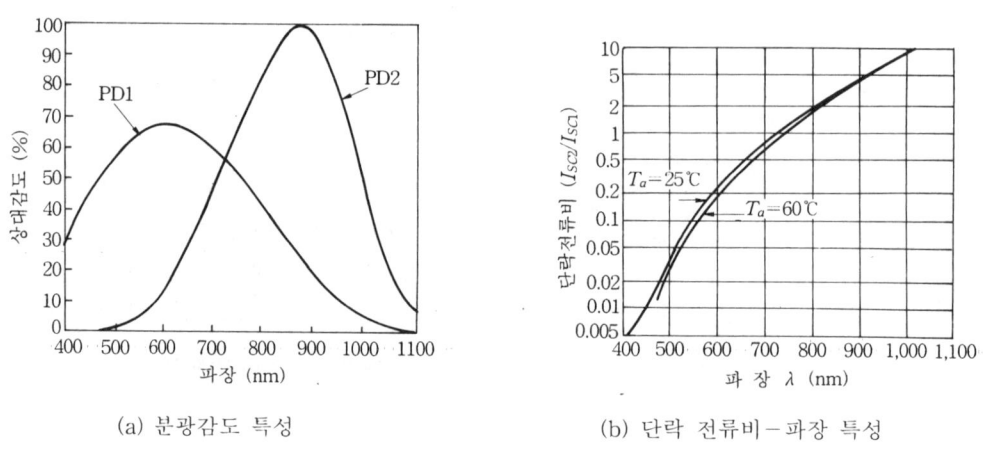

(a) 분광감도 특성   (b) 단락 전류비-파장 특성

그림 4-69

그림 4-70은 집적형 컬러센서의 구조를 나타낸 것으로 Si 포토다이오드 앞면에 특정한 색만 투과시키는 색필터가 부착되어 있다. 빛이 조사되면 R, G, B필터는 각각 빛의 3원색인 적색, 녹색, 청색 파장대의 빛만을 투과시켜 유리와 투명전극을 통해 비정질 실리콘의 포토다이오드에 도달하므로 각 포토다이오드의 단락전류를 측정하여 비교함으로써 색을 식별할 수 있다.

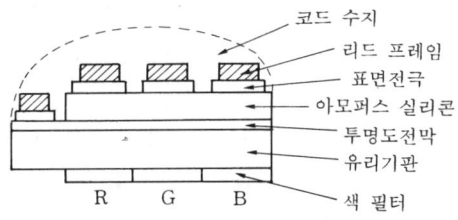

그림 4-70 집적형 컬러센서의 구조

(7) 반도체 광위치 검출기

반도체 광위치 검출기(position sensitive device)는 조사된 광의 위치를 검출하는 소자로서 보통 PSD라 불린다. 그림 4-71에 한개의 pin 다이오드로서 구성된 일차원 PSD의 구조를 나타내었다. 어떤 위치에 광이 조사되면 그 위치에서 전자-정공쌍의 발생에 의해 광전류가 흐르게 되며 이 광전류는 전극 A와 B에 분할된다. 전극 A, 전극 B의 거리를 L, 그 사이의 저항을 R_L이라 하고 전극 A로부터 광의 입사 위치까지의 거리를 X, 그 부분의 저항을 R_X라 하면, 광의 입사 위치에서 발생한 광생성 전류 I_{SC}는 각각의 전극까지의 저항값에 역비례하여 분할되므로 전류 I_A와 I_B는 다음과 같다.

$$I_A = I_{SC}(R_L - R_X)/R_L = I_{SC}(L-X)/L \quad \cdots (4-51)$$
$$I_B = I_{SC}R_X/R_L = I_{SC}X/L \quad \cdots (4-52)$$

두 전류 I_A, I_B를 측정함으로써 위의 두 식에서 거리 X를 구할 수 있다. PSD는 광강도 및 그 변화에 관계없이 위치를 구할 수 있으나 그 분해능은 광강도에 다소 의존한다. PSD는 구조나 제작법이 간단하고, 전극의 위치나 숫자를 증가시켜 2차원 위치검출도 가능하며, 또한 소자상의 불감부분이 없고 퍼져있는 광이라도 그 중심 검출이 가능하며, 주변회로장치도 간단하므로 광학장치의 위치나 각도검출 등에 응용되고 있다.

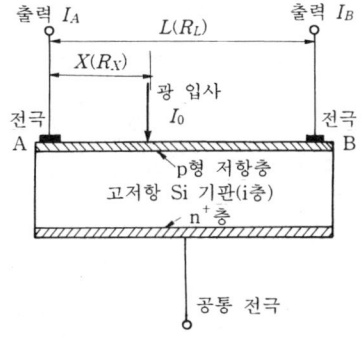

그림 4-71 반도체 광위치 검출기의 구조

3-5 복합광 소자

수광소자와 발광소자를 광학적으로 결합한 복합형의 소자를 복합광 소자라 하며, 그 대표적인 것에 포토인터럽터가 있다. 포토인터럽터는 발광소자와 수광소자를 케이스에 장착한 소자로서 발광소자로는 발광다이오드(LED ; light emitting diode)가, 수광소자는 포토트랜지스터가 주로 사용된다. 포토인터럽터에는 투과형과 반사형 두 종류가 있으며, 그 구조를 그림 4-72에 나타내었다.

투과형은 발광소자와 수광소자를 마주 향하게 한 것으로 그 사이의 공간을 통과하는 물체를 검출하는 것이다. 예를 들면, LED를 발광시키고 포토트랜지스터를 수광상태로 둔 상태에서 물체가 그 사이를 통과하면 빛을 가로막게 되므로 포토트랜지스터의 출력이 변화함으로써 물체의 통과를 알 수 있다. 반사형은 빛을 쏘아서 물체에 의해 반사된 빛을 검출하는 것으로 투과형과는 반대로 물체가 존재할 때 수광소자가 빛을 받을 수 있다. 반사형은 물체의 존재 유무뿐만 아니라 반사광의 정도로써 검정색과 흰색을 구별할 수도 있다.

포토인터럽터는 각종 물체의 존재여부, 위치의 검출 등 그 활용성이 매우 우수해 여러가지 형태의 것들이 사용되고 있다. 또한 사용자가 사용하기 쉽도록 하기 위해 정전압 회로, 증폭 회로, 파형정형 회로 등을 일체화한 것들도 많이 상품화되어 있다. 포토인터럽터를 사용시에는 그 제품의 응답속도, 광량에 대한 직선성 등을 고려해야 하며, 반사형 인터럽터 경우는 물체와 인터럽터 사이의 거리에 의한 특성의존성 등을 염두에 두어야 한다.

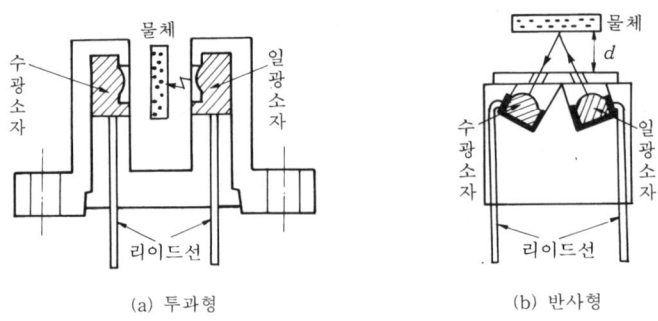

그림 4-72 포토인터럽터의 구조

4. 방사선 센서

　방사선 센서 분야에서 관측 대상이 되는 방사선은 물질을 통과하면서 상호작용에 의해 전리현상을 일으키는 전리방사선(ionizing radiation)을 말한다. 전리방사선에는 직접 전리방사선과 간접 전리방사선으로 구분되며 α-선, β-선, 양자선 등과 같은 전하를 띠고 있는 방사선은 물질을 직접적으로 전리하기 때문에 직접 전리방사선이라 하며, 중성자선과 전자기파인 X-선, γ-선 등과 같은 방사선은 전하를 갖고 있지 않아 직접적인 전리능력은 없고 물질과 상호작용한 결과로 발생되는 하전 입자에 의해 전리능력이 부여되므로 간접 전리방사선이라 한다. 직접 전리방사선과 간접 전리방사선은 방사선 센서의 특성에 많은 영향을 미친다.
　방사선의 측정은 방사선과 물질과의 상호작용을 통하여 발생되는 전리나 발광현상에서 발생되는 전하나 빛을 측정하는 방법을 이용한다. 방사선 센서는 방사선을 전하나 빛과 같은 측정가능한 물리량으로 변환하여 주는 방사선 검출기이다. 전하나 빛은 계측장비를 통하여 전기신호로 바뀌게 되며 이를 계수기에 의해 방사선량을 측정하거나 신호의 크기에 따라 방사선의 에너지 정보를 얻게 된다.
　방사선 센서는 1896년 H. Becquerel에 의해 방사능이 발견된 이래 이의 측정도구로 꾸준히 발전되어 왔으며, 특히 60년대초 반도체 방사선 센서의 등장으로 급속히 발전되었다. 방사선 측정 방법의 끊임없는 연구는 방사선을 전기적 신호로 바꿔주는 새로운 변환 mechanism의 개발과 더불어 보다 우수한 감도와 정밀도를 가진 새로운 변환물질의 개발, 즉 신소재 개발에 초점을 두어왔다.
　현재 방사선 센서는 원자핵 물리나 소립자 물리실험 및 원자력발전소의 운전에서 필수적인 도구로 이용되고 있을 뿐만 아니라 공업계측, 비파괴 검사, 유전자 연구, 방사선치료 등 방사성 동위원소의 사용이 날로 증가함에 따라 방사선 방호를 위해 방사선 계측의 중요성이 높아지고 있다. 현재 이용되고 있는 방사선 센서는 방사선의 종류, 에너지, 강도 등 측정하려고 하는 물리량에 따라 매우 다양하게 개발되어 있다. 따라서 측정 목적에 가장 잘 부합되는 방사선 센서를 선택하기 위해서는 실용화된 다양한 방사선 센서들의 주요특성을 잘 파악하여 비교할 수 있어야 한다.
　여기에서는 방사선을 검출하는 기본 원리를 이해하기 위해 방사선, 센서 매질, 상호작용, 매질에서의 기본적인 에너지 손실기구(mechanism)를 살펴 보고 아울러 현재까지 실용화된 방사선 센서들의 종류 및 이용분야 등에 대해서 간단하게 설명하도록 한다.

4-1 방사선과 물질과의 상호작용

　방사선 센서의 동작은 감지해야할 방사선과 센서 매질을 구성하고 있는 물질과 어떤 상호작용을 하는가에 관계된다. 따라서 방사선 센서의 응답특성을 이해하기 위해서는 방사선이 그 물질과 어떻게 상호작용을 하고, 또한 방사선이 자신의 에너지를 어떠한 방법을 통하여 물질내에 전달하는가에 관한 기본적인 과정을 정확하게 파악하는 것이 무엇보다도 중요하다.

방사선 센서는 일반적으로 입사방사선에 의한 센서 매질의 전리 및 들뜸현상을 이용하게 된다. 하전입자인 직접 전리방사선은 센서 매질을 통과하면서 주로 궤도전자와의 쿨롱력에 의해서 상호작용을 한다. 하전입자가 궤도전자와의 접근정도에 따라 원자가 들뜸상태(excite state)가 되든지 전리(ionization)된다. 여기서 전리현상이란 방사선에너지가 원자에 주어져 궤도전자가 원자로부터 떨어지고 중성의 원자가 이온화되는 현상을 말하며, 들뜸상태란 입사방사선이 바닥상태에 있는 원자 또는 분자에 전달한 에너지가 전리될 만큼 충분하지 못하여 단지 보다 높은 에너지 상태로 된 것을 말한다.

들뜸상태의 원자들은 $10^{-10} \sim 10^{-11}$ sec 정도의 극히 짧은 시간내에 바닥상태로 되돌아 오면서 들뜸에너지를 적외선, 가시광선, 자외선 등과 같은 빛을 방출한다. 이때 방출된 빛은 방사선의 감지를 위한 변환방법으로 이용된다. 전리작용에서 하나의 전자-이온쌍을 만드는데 필요한 평균에너지(W)는 흡수물질, 즉 방사선센서 매질의 종류에 관계된다. 기체의 W값은 20~40 eV 정도이다.

방사선 센서 매질이 반도체와 같은 결정체인 경우 전리작용에 의해서 원자가 띠(valence band)에서 전도 띠(conduction band)로 전자가 전이되어 자유전자화 되고 동시에 원자가 띠에 양공(hole)이 생성된다. 이때 한쌍의 전자-양공을 만드는데 필요한 에너지는 기체 매질의 W값에 대응하는 것이고 ε값이라 한다. 이 값은 기체의 경우 (약 30 eV)에 비해서 1/10 정도의 매우 적은 값을 가지므로 동일한 방사선 에너지에 대해서 생성된 전자-양공의 수가 많아지게 된다. 따라서 반도체 방사선 센서가 기체 방사선 센서보다 통계적인 정밀도가 높고 결과적으로 에너지분해능이 우수하게 된다. 이상과 같이 하전입자에 의한 전리작용이나 들뜸작용은 방사선을 감지할 때 기본이 되는 변환기능이고, 대부분 방사선센서의 감지원리는 이들 작용을 기초로 하고 있다.

X-선 및 γ-선과 같은 간접 전리성 방사선과 물질의 상호작용은 주로 광전효과, Compton 산란, 전자쌍 생성 등의 과정을 통하여 매질에 자신의 에너지를 전달하고 결과적으로 전자를 발생시킨다. 이와 같이 발생된 고속의 전자는 매질내의 원자를 전리 또는 들뜸상태로 만들면서 자신의 에너지를 잃는다.

(1) 광전효과 (Photoelectric Effect)

광전효과는 γ-선과 같은 광자와 원자의 상호작용으로 그림 4-73과 같이 입사광자가 원자에 흡수되면서 원자의 내각전자를 방출하는 현상을 광전효과라 한다. 이때 튀어나온 전자를 광전자라 하며, 궤도전자가 원자 밖으로 튀어나온 광전자의 운동에너지(E_p)는 입사광자의 에너지($h\nu$)와 궤도전자의 결합에너지(E_b)의 차로 주어진다. 광전효과에 의한 상호작용이 일어난 후, 원자는 들뜸상태가 되고 궤도전자가 튀어나간 빈 자리에는 이웃 궤도로부터 전자의 보충이 이루어지며, 이때 특성 X-선 또는 Auger 전자가 방출된다.

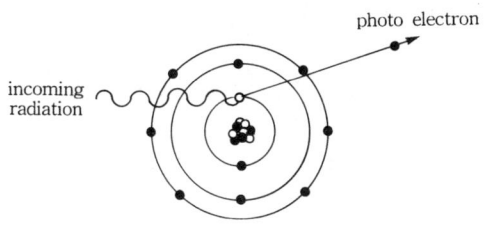

그림 4-73 광전효과

(2) Compton 산란

Compton 산란은 그림 4-74와 같이 입사광자가 매질내의 자유전자나 결합에너지가 매우 작은 외각전자와 충돌하여 입사광자 에너지 ($h\nu$)의 일부가 전자에 전달되어 튀고, 입사광자는 에너지가 감소된 광자 ($h\nu'$)로 산란되는 현상을 말한다. 입사 에너지를 받아 원자 밖으로 튀어 나온 전자를 Compton 전자라 하며, 이 전자는 매질을 통과하는 도중에 많은 전리를 생성하면서 그 운동에너지를 소비한다.

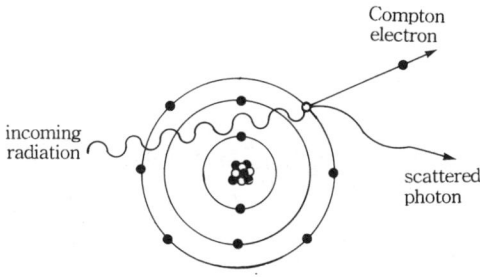

그림 4-74 Compton 산란

(3) 전자쌍 생성 (Pair Production)

전자쌍 생성은 그림 4-75와 같이 입사광자가 매질 원자핵의 Coulomb장내에 흡수되면서 전자와 양전자의 쌍이 생성되는 현상이다. 입사광자가 전자와 양전자를 생성하기 위해서는 적어도 전자의 정지 질량에너지의 2배인 1.02MeV 이상의 에너지가 되어야 한다. 이때 생성된 전자와 양전자의 운동에너지를 각각 E_p^-, E_p^+라 하면 $E_p^- + E_p^+ = h\nu - 2m_0c^2$가 된다. 그러므로 양전자는 매질을 통과하면서 자신의 에너지를 모두 잃게 되면 인접한 자유전자와 결합하여 소멸하고 0.511MeV의 광자 2개를 발생시킨다.

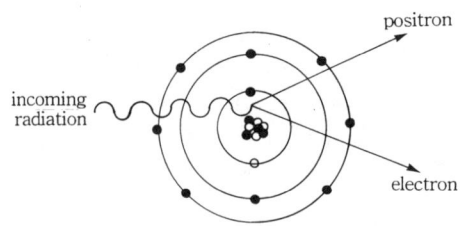

그림 4-75 전자쌍 생성

한편 중성자 또한 비전리성 방사선으로 그 자체로는 센서 매질의 원자를 들뜨게 하거나 전리시킬 수는 없다. 그러므로 중성자는 외관상의 전리작용을 가지는 것은 원자핵과의 산란(탄성 및 비탄성), 중성자포획, 핵변환 등과 같은 과정으로 하전입자를 유도하기 때문이다.

4-2 방사선 센서의 종류와 주요특성

방사선이 발견된 이후부터 많은 측정법이 연구 개발되어 왔으며, 또한 새로운 원리를 기초로 개발된 방사선 센서는 전자회로의 급속한 발전과 더불어 측정영역의 확대, 정밀도 향상에 크게 기여하였다. 방사선 측정에 있어서 얻고자하는 정보는 주로 방사선의 종류, 방사선의 강도, 방사선의 에너지 분포, 방사선의 공간 분포, 물질의 단위질량당 흡수에너지 등이다. 방사선 감지의 측정원리는 방사선과 물질과의 상호작용에서 매질의 전리작용을 이용한 방법, 들뜸 및 형광작용을 이용한 방법, 화학적 변화를 이용하는 방법, 열적변환을 이용하는 방법 등이 주로 이용된다. 지금까지 실용화된 방사선 센서에 대해 표 4-5에 정리하였다.

4-3 기체 전리형 방사선 센서

그림 4-76은 방사선이 기체속을 통과할 때 형성된 이온쌍이 정전기장에 의해서 어떻게 전기적으로 분리 및 수집되는가를 보여준다. 금속으로 된 원통벽에 (−)전압을, 중심양극선에 (+)전압을 인가하면 방사선의 통과에 의해서 형성된 전자이온은 (+)의 양극선쪽으로, 양이온은 (−)의 원통벽쪽으로 이동하게 된다. 일반적으로 전자의 속도는 양이온에 비해서 훨씬 빠르기 때문에 이 속도의 차이로 인해서 양극에는 Q만큼의 전하가 모이게 되며, 결과적으로 전위는 Q/C_D만큼 변하게 된다. 이때 부하저항 R_L에 전압강하가 일어나며, 이것은 곧 전기적인 펄스신호가 된다. 다시 말하면 방사선이 센서 매질속을 지날 때 펄스신호가 발생한다. 이때 두 전극에 수집되는 전하량은 인가한 전압에 의존한다. 일반적으로 인가한 전압과 신호 크기의 관계는 그림 4-77과 같다.

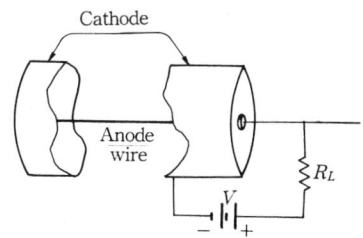

그림 4-76 기체 전리형 방사선 센서의 기본 구성도

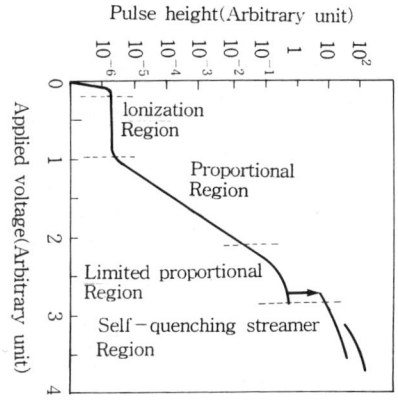

그림 4-77 인가전압에 따른 개략적인 기체 증폭 특성

    그림 4-77에서 곡선은 재결합 영역, 전리함 영역, 비례 영역, 제한비례 영역, G-M 영역, 연속방전 영역으로 크게 구분할 수 있다.
    낮은 전압에서 양이온과 전자들은 매우 천천히 이동하므로 그들이 전극에 수집되기 전에 대부분 재결합된다. 그러므로 수집되는 전하는 전압에 따라 증가함을 보여주는데 이 영역을 재결합 영역이라 한다.

142 제4장 센 서

표 4-5 방사선 센서의 종류와 특징

방사선 센서 분류	명 칭	검출 입자	기 능 입자에너지/ 해측측정	동작원리/동작조건 동작에 따른 형태	전형적 구조 동작조건과 출력	특 징	형 식	입자선측정	용 도 원자력시설/ 환경 monitor	공업계측분야
기체전리형	전리함	α P 중 ion γ, X	가능 출력에 비례	전극간봉입기체 내에서 전리이온·전자생성의 무중폭 집전 이온화영역포화전류 특성동작 봉입기체: Ar	용량~50pF 전하수집 시간~1μs 전리에너지 ~30eV	내환경성 양호 증배율~1 조사선량 측정가능	-충전식 -pulse 검출식 -방전식	-γ선 방출핵종의 방사능 정밀측정	-γ선 area monitor -γ, X선 조사선량 절대측정 (RI 교정기) -선량율계	-β선두께계측 -γ선두께계측 (투과형) -전공도계측 -매연감지기
	BF$_3$ 비례 계수관	n	가능 출력에 비례	비례계수관에 BF$_3$ 기체를 첨가(고순도 ^{10}B 을 함유한 BF$_3$를 사용)		중성자 검출		-중성자측정	-중성자속 area monitor -중성자 surveymeter (고속n, 열n)	-중성자수분계
	비례 계수관	α β X, γ p, n 중 ion	가능 출력에 비례	전극간봉입기체 내에 발생이온의 2차전리에 의한 증폭(비례영역동작)	기체봉입형 기체flow형	시간분해능 대(大), 고속 계수가능 pulse 파고 에너지에 비례	기체봉입형 기체flow형	-우주선검출 -소립자실험 -입자비행 시간측정 -방사광응용 -X선 분광	-α, β, X선 spectrometer -hand/foot monitor -표면오염 monitor	
	GM 계수관	β γ X	불가능 계수만 가능	전극간봉입기체(Ar) 내의 전리, 증폭에 의해 발생되는 신호 측정	출력: 0.5~50V 전리증폭기 불필요 측정불감시간: 10~300μs	제작용이 사용간편 일정수명 에너지 분해능무	내부 소멸형 외부 소멸형		-Pocket 선량계 -surveymeter -γ선 area monitor -hand/foot monitor	-밀도계 -Level계 (β선 후방산란형) -선량계

4. 방사선 센서

방사선 센서 분류	명 칭	검출입자	기 능	동작원리/동작조건 동작에 따른 형태	전형적 구조 동작조건과 출력	특 징	형 식	입자선측정	용 도 원자력시설/환경 monitor	공업계측분야
고체전리형	반도체검출기 (SSD)	α β γ	입자에너지 해종 측정에 비례	반도체공핍층내에 생성된 전자·정공쌍이 전계에 의한 수집광 전효과 Compton효과 쌍생성(고에너지)	p-n접합형 표면장벽형 화산접합형 hetero접합형 Li drift형 고순도 Ge형	저전압동작이 가능 에너지분해능 우수 소형 고효율 해중 구별	표준형 dE/dx형 위치민감형	중이온 우주선 검출 (위성탑재용) 방사광/소립자 실험용 고에너지 실험	-Pocket 선량계 -α, β, γ, X 선 spectrometer	-X선 회절계 -X선 에너지 분석계 -의료용 CT
	Scintillation 계수관	α β γ	입자에너지 출력에 비례	입사방사선에 의해 섬광체가 여기되어 발광 광을 발생하고 광전증배관으로 수집증폭되어 신호측정	무기섬광체: NaI(Tl), CsI(Tl), ZnS(Ag), BGO 등 유기섬광체: $C_{14}H_{10}$, $C_{14}H_{12}$ 등	출력: 수mV ~수백mV 분해시간: 1~5μs 검출효율이 좋음 에너지분해능 낮음	α입자: ZnS β입자: plastics γ선: NaI(Tl)	-고에너지 물리실험 (SSC) -심해수에 의한 우주선검출 (DUMAND)	-surveymeter -^{3}H수 monitor -β spectrometer -gas monitor -dust monitor	-의료용 화상진단장치 -Level계 -γ선두께측정 (투과형, 반사형)
여기발광형	열형광선량계	γ n	불가능	이온결정에 방사선이 조사되면 격자에 생긴 여기자가 결함에 포획되고 이것을 가열하면 발광하는 이 glow곡선의 peak치를 reader로 측정	γ선용: $CaSO_4$, CaF_2 등 γ/n용: LiF, $Li_2B_4O_7$	측정에 reader가 필요 가열로 기억상실 annealing 필요			-Pocket 선량계 -환경 monitor	

전압이 증가함에 따라서 전자와 양이온은 전극으로 더 빨리 이동함으로써 재결합의 기회가 줄어들게 되며, 따라서 전극에 수집되는 전하가 증가하게 된다. 그러므로 일정한 전압 이상이 되면 양이온과 전자는 대단히 빨리 이동하여 재결합은 사실상 없고, 방사선에 의해서 생성된 이온은 모두 전극에 도달하게 된다. 따라서 전압이 증가하여도 수집된 이온쌍의 수는 증가하지 않게 된다. 이 영역을 전리함 영역이라 한다. 이 영역에서 수집된 전하량은 방사선에 의해서 생성된 이온쌍의 총전하와 동일하다.

전리함 영역 이상의 전압을 인가하게 되면 새로운 현상이 나타난다. 즉, 어떤 주어진 양의 방사선에 대해서 수집된 전하량은 이온화에 의한 원래의 전하량보다 크게 된다. 그러나 이들 양 사이에는 비례관계가 성립하므로 이 부분을 특히 비례영역이라 부르고, 이 영역에서는 전압 기울기가 크기 때문에 2차 전자들의 이동속도는 더욱 빨라지며, 그 주위의 기체분자들과 충돌하여 2차 이온화를 일으킨다. 이렇게 해서 생성된 2차 전자들은 또 다른 이온화를 생기게 한다. 즉, 연쇄적인 이온화가 계속되어 이온화사태(ionization avalanche)가 일어난다. 따라서 비례영역에서 전극에 수집된 전하량은 1차 이온쌍에 의해서 운반된 전하량보다 훨씬 크다. 한 개의 1차 이온쌍에 의해서 연쇄적으로 생성된 이온쌍의 총수를 기체 증폭도(gas multiplication factor)라 한다. 기체 증폭도는 전리함 영역에서는 1이 되고, 비례영역에서는 10^4 혹은 그 이상이 된다.

전압을 비례영역 이상으로 계속 증가시키면 또 다른 현상이 일어난다. 즉 이 영역에서는 기체증폭도가 어떤 한계점까지 계속 증가한다. 이 한계점을 넘어서면 양극선 주위에 있는 양이온들이 공간전하를 이루어 전기장의 세기가 감소하게 된다. 따라서 이 영역에서 수집된 전하량은 1차 이온쌍의 수에 비례하지 않게 되는데, 이 영역을 제한 비례영역이라 한다.

한편 어떤 인가전압 이상이 되면 지금까지 양극선의 한점이나 작은 부분에서 국한되어 일어났던 전자사태가 양극선 전체 길이에 걸쳐 넓게 퍼져 일어나게 되는데 이 영역을 G-M 영역이라 한다. 이 영역에서는 인가전압에 따라 수집된 전하량은 증가하나 그 증가량은 초기 이온화를 만든 방사선의 성질이나 에너지에 무관하다.

마지막으로 전압을 G-M 영역 이상으로 증가시키면 수집된 전하량은 급격히 증가한다. 이 영역은 방사선의 측정이나 검출에 사용하지 못한다. 이 영역을 연속 방전영역이라 한다.

(1) 전리함 (Ionization Chamber)

기체 전리형 방사선 센서로서 가장 기본적인 전리함은 기체의 전리에 의해서 생성된 전자와 양이온을 전장에 의해서 수집하여 방사선을 감지하는 센서이다. 공기를 포함한 대부분의 기체가 전리함의 센서매질로 사용 가능하며 Ar, Kr, Xe 등의 불활성 기체가 흔히 사용된다.

전리함은 방사선에 의해서 전리함내에 만들어진 이온쌍의 전하를 방사선의 강도에 비례하는 평균 전류로써 정보를 얻는 전류형(적분형)과 각각의 방사선에 대한 펄스신호로써 정보를 얻는 펄스형 전리함이 있다.

전류형 전리함은 X, γ-선의 조사선량 및 흡수선량 측정에 이용되며, 자유공기 전리함은 X, γ-선의 조사선량 절대 측정으로 RI(방사성 동위원소) 교정기로 이용된다. 또한 두께 측정, 진공도 측정, 매연감지기 등의 공업 계측분야에서도 이용되고 있으며, 전리함은 동작원리가 비교적 단순하므로 평행 평판형, 동축 원통형 및 구형 등 여러가지 형태가 제작되고 있으며 제작상 중요한 것은 누설 전류(leakage current)를 가능한 줄이는 것이다.

일반적으로 전류형 전리함은 전리로 생성된 전자나 양이온이 전극간을 이동하는 과정에서 재결합할 확률이 증가하면 포화특성이 나쁘게 된다. 그리고 펄스형 전리함내에서 출력 펄스의 상승시간을 빠르게 하기 위해서 불활성기체에 다원자 분자의 기체를 혼합하여 사용하기도 한다.

(2) 비례계수관 (Proportional Counter)

비례계수관은 10^6V/m 이상의 강한 전기장에 의한 기체증폭 특성을 이용하여 방사선에 의해서 생성된 이온쌍의 수에 비례하는 2차 이온쌍을 형성하며, 동일한 방사선의 에너지에 대해 전리함보다도 훨씬 큰 신호를 얻을 수 있는 방사선 센서이다. 비례계수관의 기체 증폭률은 10^4 정도이므로 방사선에 의해서 생성된 1차 이온쌍의 수는 2차 이온쌍의 수에 비해서 대단히 적다. 이 결과 전리함에서 볼 수 있는 방사선의 입사위치로 인한 신호크기의 통계적 변동은 무시할 수 있다. 비례 계수관의 신호는 위에서 설명한 전하를 이용하는 것이 많지만, 들뜸원자가 바닥상태로 되돌아 갈 때 빛을 내는 섬광현상을 이용하는 기체 섬광형(scintillation) 비례계수관도 있다. 또한 기체의 공급방법에 따라 밀봉형과 기체 유입형으로 구분되며, 비례계수관의 구조에는 평행 평판형과 동축 원통형이 있으나 방사선의 에너지 측정에는 동축 원통형이 주로 사용된다.

기체센서 매질은 고순도의 불활성 기체에 소량의 다원자기체(CH_4, CO_2, Alcohol 등)를 첨가한 혼합기체를 매질로 사용하며, 비교적 저렴한 가격에서 좋은 검출 특성을 나타내는 Ar 90% + CH_4 10%를 혼합한 P-10기체가 가장 많이 사용된다. 따라서 비례계수관은 검출감도가 좋으며 여러 형태의 시료측정이 가능하고, 신호의 크기는 입사한 방사선에너지에 비례하므로 에너지 스펙트럼 측정이 가능하다. 주로 α, β-방출핵종의 방사능 측정, X-선 분광, 열중성자계수 및 고속 중성자분광에 많이 이용된다.

(3) 위치 비례계수관 (Position Sensitive Proportional Counter ; PSPC)

위치 비례계수관은 방사선의 입사위치를 측정하는 방사선센서로서 방사선의 종류나 실험목적에 따라 여러가지 형태로 개발되고 있다. 비례계수관 내에서 발생한 전자사태는 양극선 근처의 일부에 국한되어 일어난다. 이 범위는 기체의 1차 전리에서 생성된 광전자나 Auger전자의 비정과 거의 일치하게 된다. 이때 전자사태 정점의 위치를 결정하면 방사선의 입사위치를 알 수 있으며, 이러한 위치검출 방법으로는 상승시간법, 전하분할법, 지연선법, 계산법 등이 있다. 한편 전극의 배열방향을 서로 직교하도록 하여 2차원적인 위치좌표를 결정할 수 있는 2차원 비례 계수관도 있다.

원자핵의 연구나 소립자 물리실험에서는 PSPC(position sensitive proportional counter), MWPC(multiwire proportional chamber), drift chamber 등 기체 유입형 위치 방사선센서가

많이 이용되고 있다. 이것의 특징은 실험목적과 응용분야에 따라 대면적 위치 방사선센서의 제작이 가능한 반면에 반도체 위치 방사선센서에 비해 위치 분해능이 떨어지는 단점이 있다. PSPC는 원통형 비례계수관을 응용하여 입사된 방사선의 위치를 감지하기 위해 방사선센서의 동심축에 양극선으로 저항선을 사용하며, 안전성이 좋고 검출기가 단순하므로 X-선 및 열중성자의 위치검출과 고에너지 입자의 검출에 널리 이용되고 있다.

한편 MWPC는 PSPC에 비해 계수율 특성과 분해시간 등의 특성이 우수하고 강한 자장 내에서도 동작이 가능하므로 방사광을 이용한 분자나 결정구조의 연구, X-선 천문학 등에 활용되고 있다. 최근 연구가 시작된 PPAC (parallel plate avalanche chamber)는 MWPC보다 위치 분해능이 우수하고, 고계수 영역에서 증폭률의 저하는 일어나지 않지만, 전계가 균일하지 않으면 일양한 감도를 얻을 수 없고, 또한 실용화에 어려움이 있다. 현재 소립자 실험에서 가장 우수한 3차원 영상검출기로 TPC (time projection chamber), MDC (multidrift chamber)를 이용하고 있으며, 지난 몇 년 동안 많은 실험과 측정이 수행되고 있다. 그리고 저기체압 MWPC는 고계수율, 고위치 분해능의 중이온용 투과형 시간정보 검출기로써 사용되고 있다.

(4) Geiger-Müller 계수관

기체 방사선 센서에 있어서 인가전압을 매우 크게 하면 전자사태로 생성된 들뜸원자 및 분자에서 방출된 자외선이 관내를 통과하면서 다른 위치에서의 전리작용으로 연쇄적으로 전자사태를 유발시킨다. 비례영역에서 이온화사태가 1차 이온화의 바로 근방에서 일어나지만 G-M 영역에서는 1차 이온화 근방에만 국한하지 않고 양극선 전체 길이에 걸쳐 일어난다. G-M 계수관에서 출력펄스의 크기는 1차 이온쌍의 수에 무관하므로 어떤 종류의 방사선이 검출되었는지 식별할 수 없다. 그러나 출력신호가 크고, 이에 따른 신호처리 및 사용방법도 간단하기 때문에 널리 이용되고 있으며, 일반적으로 원통형 전극 하단에 얇은 mica 등의 창이 있는 단창형이 사용되고 있다.

한편 양이온들이 음극표면에 도달하면, 음극의 금속표면으로부터 전자를 끌어들여 중성분자를 이루는 과정에서 자외선을 방출하게 된다. 이 자외선은 음극 표면으로부터 광전자를 방출시키기에 충분한 에너지를 가지고 있다. 이 광전자들은 또다시 기체분자들과 충돌하여 이온사태를 반복한다. 이와 같이 방전이 반복되므로 영구히 계속되어 소멸(quenching)시키지 않는 한 방사선 센서로 사용할 수 없게 된다. 따라서 G-M 계수관의 기체는 소멸작용이 있어야 하며, 일반적으로 불활성기체에 유기기체 (에틸알콜, 의산에틸, 부탄 등)나 할로겐 (질소, 염소)기체를 수 % 정도 첨가하여 사용한다.

G-M 계수관은 전리능이 대단히 낮은 방사선도 감지할 수 있으며, 수 V에 달하는 큰 출력신호를 얻는 우수한 특성을 가진 반면에 불감시간 (dead time)이 약 10^{-4}sec로 비교적 길다. 즉 G-M 관의 경우 분해시간이 비교적 길게 되고 (수백 μm 정도) 계수율이 떨어진다. G-M 계수관이나 비례계수관은 전극간에 입사한 하전입자를 거의 100% 검출효율을 가지고 있으나, γ, X-선의 경우 이들 방사선이 계수기의 전극이나 기체와 상호작용한 결과 생긴 전자에 대하여 반응하기 때문에 방사선의 에너지, 전극의 재질, 구조에 따라 다르지만 그 계수효율은 상당히 낮아진다.

주요용도는 β-방출핵종의 방사능 측정과 방사선 안전관리, surveymeter로 주로 이용된다.

4-4 액체 전리형 방사선 센서

액체 전리형 방사선 센서로서 가장 연구가 활발히 진행되고 있는 검출매질은 불활성기체를 액화시킨 것이다. 액체 Xe은 전자의 이동도가 크고, 전자증폭이나 비례성이 Xe기체와 동일하다는 것이 확인되었다. 액체 Xe과 NaI(Tl)은 유효 원자번호와 밀도가 거의 같기 때문에 γ-선 검출효율 역시 비슷하다. 전자-이온쌍을 생성하는데 소모되는 평균에너지(W)는 15.6 eV 정도이며, Fano인자의 이론값은 0.041~0.059로서 에너지 분해능은 Ge 반도체 센서와 거의 같은 것으로 보고되고 있다.

액체 Xe은 pulse전리함, 비례계수관, 섬광 비례계수관으로서의 동작이 가능하다는 것이 확인되었고, 액체이므로 다양한 모양으로 제작이 가능하며, 단결정을 사용하는 고체 방사선 센서보다 방사선 손상에 대한 내성이 강하므로 매력적인 방사선 센서라 할 수 있다. 현재 안정된 동작을 위한 용기의 outgas를 줄이는 것과 고순도 기체 액화제조법 등의 기술적인 문제가 남아 있다.

액체 He내에서의 진공자외선을 검출하기 위하여 액체 He 속에 고순도 Ge 광다이오드를 넣어 검출하는 방법도 시도되고 있는데, 이 경우는 파장변이재(wavelength shifter), 광파이프, 광전증배관이 필요없기 때문에 장래가 기대된다.

액체 섬광형 방사선 센서에는 NE-213이 중성자와 γ-선의 혼합장에서 중성자와 γ-선을 구별해서 측정할 수 있기 때문에 중성자 에너지 스펙트럼의 측정에 많이 이용되고 있다. 또한 고에너지 물리실험용 calorimeter로서 섬광 또는 Cerenkov광을 일으키는 중(重)액체의 연구가 진행중이다.

4-5 반도체 방사선 센서

반도체 방사선 센서는 정류기 구조로서 역방향 전압을 인가하면 운반자(carrier)가 제거된 그림 4-78과 같은 공핍층(depletion layer)이 생기고, 이 공핍층이 방사선에 대해서 감응층(sensitive layer)이 된다. 이 공핍층의 두께는 (비저항 $\times$ 전압)$^{1/2}$에 비례하기 때문에 일반적으로 높은 비저항(고순도)의 소재가 사용된다.

반도체 방사선 센서의 동작원리는 공핍층 내에서 전하의 발생과 수집과정으로 이루어진다. 공핍층 내로 입사한 하전 입자나 X, γ-선으로 인한 전리작용에 의해서 원자가 띠에서 전도띠로 전자가 전이되고 동시에 원자가 띠에 양공(hole)이 생성된다.

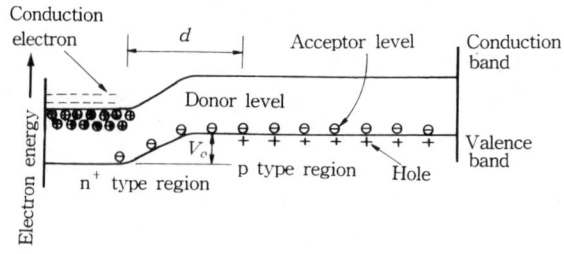

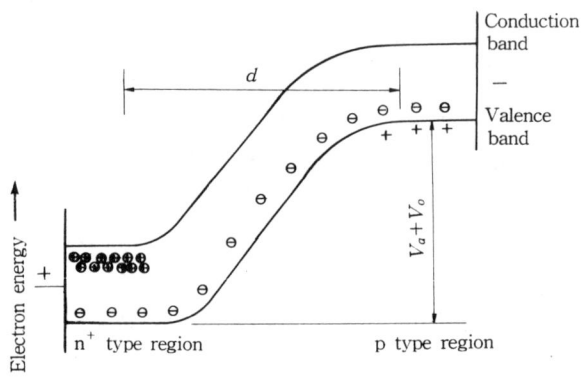

그림 4-78 p-n접합형 반도체 방사선 센서의 감응층

반도체의 경우 1쌍의 전자-양공을 만드는데 필요한 에너지 ε는 표 4-6에서 보는 바와 같이 기체(약 30 eV)에 비해서 1/10 정도이므로 생성된 전하수의 통계적 정밀도가 좋아지므로 에너지 분해능이 향상된다. 여기서 전자와 양공은 전위차에 의해서 각각의 전극에 수집되며, 수집된 전하신호를 증폭·정형하여 파고 분석기로써 에너지를 분석한다. 이때 생성된 모든 전하를 주어진 시간내에 수집할 수 있다면 정확한 에너지 측정이 가능하지만 전하의 포획(trapping)이나 재결합(recombination)에 의해 전하의 손실이 일어나므로 출력파고가 감쇄된다. 이때 포획은 불순물이나 결정의 결함에 기인된 것으로써 포획에 의한 파고결손 비율은 방사선 센서의 감응층 두께 d와 전하의 포획에 대한 수명 τ의 함수인 $d/(2\mu\tau E)$로 주어진다.

특히 반도체 방사선 센서는 $\mu\tau E \gg d$의 조건을 만족할 필요가 있지만 화합물반도체 방사선 센서에서는 필수적인 조건이 되어 역전류에 의해 생기는 잡음이 문제가 되지 않는 범위내에서 가능한 높은 전압을 인가하게 된다. 이 경우 에너지 분해능은 나빠지고, 전하의 수집시간으로 결정하는 시간 분해능은 좋아지게 된다. 이는 역기전력에 의한 전기장에 의해 운반자의 이동도가 커져서 수집시간은 짧아지지만, 강한 역전계에 의한 역전류가 증가하여 고분해능을 얻고자 할 때는 냉각해서 사용하게 된다.

반도체 소자를 이용한 방사선 감지의 가능성에 대한 연구가 약 50여년 전에 시도되었으며, 실제적인 첫 응용은 단결정 게르마늄(Ge) 편위에 금(Au) 표면장벽형으로 제작한 방사선 센서로서 α-입자와 핵분열편의 에너지 측정과 입자수를 계수하는데 사용한 것이다. 오늘날 대부분의 반도체 방사선 센서는 Si과 Ge 반도체 센서로 환경방사능의 측정에 주로 이용되고 있다. 이러한 분야의 이용에 있어서 요구되는 점은 검출효율을 최대로 하기 위해서 대면적이어야 하고, 배경(background) 계수율을 최소로 하기 위해서 소체적이어야 하고, 배경계수 보정을 용이하게 하기 위해서는 적당한 분해능을 가지고 있어야 하며, 얇은 입사창과 실온에서 동작 가능해야 한다.

반도체 방사선 센서는 전하의 이동도가 높아 전하 수집시간이 빠르고, 또한 재포획될 확률이 적다. 비록 Ge이 실온에서는 동작이 거의 불가능하지만 가장 순수한 고체로서, 그리고 γ, X-선의 고분해능 방사선 센서로서 액체질소 온도로 냉각시켜 오랫동안 사용해 왔다.

광전효과는 Z^5 (Z : atomic number)에 비례하므로 고에너지광자의 흡수에서 분명히 Si보다 우수하고, 또한 대면적의 Ge 단결정을 제작할 수가 있다. Ge 방사선센서는 고분해능과 고효율이 필요로 하는 경우에 사용되는데, 예를 들면 핵폐기물, 의료용 방사성 동위원소, 환경시료 등 복잡한 γ-선 스펙트럼 분석에 이용된다.

표 4-6은 여러가지 반도체 방사선 센서 소자의 특성을 나타낸 것으로 위의 5가지 기준에서 보면 GaAs 반도체 소자가 가장 우수하지만 대면적의 단결정 제작이 현재까지 쉽지는 않다. 다음으로 선택할 수 있는 소자는 Si로 현재 대체적, 고순도 Si 반도체 소자가 제작되고 있다.

오늘날 방사선의 검출 및 측정에 사용되고 있는 반도체 방사선 센서는 대부분 Si 또는 Ge 단결정을 이용하여 제작한 것으로 현재까지 어떤 방사선 센서보다 에너지 분해능이 우수하다.

표 4-6 여러가지 반도체 소자의 물리적 특성

센서재료	원자번호 (Z)	밀도 (g/cm³)	동작온도 (K)	Band gap E_g(eV)	평균 에너지 (eV) (ε/e-h pair)	이동도 μ(cm²/V·s) 전자(e)	정공(h)	평균자유시간 τ(s) 전자(e)	정공(h)	$\mu\tau$ (cm²·V) 전자(e)	정공(h)	평균자유행로 $\mu\tau$F(cm) 전자(e)	정공(h)
Si	14	2.33	77	1.16	3.76	2.1×10⁴	1.1×10⁴	2×10⁻⁵	2×10⁻⁵	0.42	0.22	200	200
			300	1.12	3.61	1350	480						
Ge	32	5.32	77	0.74	2.98	3.6×10⁴	4.2×10⁴	2×10⁻⁵	n2×10⁻⁵	0.72	0.84	200	200
GaAs	31.33	5.36	130	1.4	4.51	8600	400	10⁻⁸	10⁻⁸	9×10⁻⁶	4×10⁻⁷	8.6×10⁻²	4×10⁻³
			300		4.2			~10⁻⁹	~10⁻⁹	9×10⁻⁵	4×10⁻⁶	8.6×10⁻¹	4×10⁻²
GaSe	31.34	4.55	300	2.03	6.3	60	215	2×10⁻⁹	5×10⁻¹⁰	10⁻⁷	10⁻⁷	6×10⁻⁴	6×10⁻⁴
								3×10⁻⁸	7×10⁻⁸	2×10⁻⁶	2×10⁻⁶	9×10⁻³	9×10⁻³
CdTe	48.52	6.06	300	1.47	4.43	1100	100	10⁻⁶		10⁻³	5×10⁻⁵	0.5	0.025
HgI₂	80.53	6.40	300	2.13	4.2	100	4	10⁻⁶	2.5×10⁻⁶	10⁻⁴	10⁻⁵	1	0.1
SiC	14.6	3.12	300	2.2									
Diamond(C)	6		300	5.4	13.25	2000	1600	10⁻⁸	10⁻⁸	2×10	2×10⁻⁶	0.4	0.3
								10⁻⁹	10⁻⁹	2×10		0.04	0.03
ZnTe	30.52		300	2.26		340	100	4×10⁻⁹	7×10⁻⁷		7×10⁻⁷		
Bi₂S₃	83.16	6.73	300	1.3		200	1100	10⁻¹⁰	10⁻⁹		10⁻⁷		
PbI₂	82.53	6.16	300	2.6	7.68	8	2	3×10⁻⁹	10⁻⁸	10⁻⁶	10⁻⁶		
AlSb	13.51	4.26	300	1.62	5.055	1200	700	3×10⁻⁹	1.3×10⁻⁹				

이러한 우수한 특성은 Si나 Ge 내에 한 쌍의 전자와 양공을 만드는 에너지는 약 3 eV로서 기체의 W치나 섬광체(scintillator)의 W치의 약 1/10 정도로 낮은 데서 기인된다.

1960년초에 Si에 금을 증착한 표면장벽형 방사선센서가 α-입자 검출에 사용된 이래로 두꺼운 감응층을 얻게 됨으로써 고저항 Si에 높은 전압을 인가할 수 있는 기술의 개발, Li drift법에 의한 Si(Li) 방사선 센서의 제작이 이루어지고, 최근에는 이온 주입에 의한 얇은창 방사선 센서, epitaxial 기술에 의한 ΔE 검출기, planar 기술에 의한 저누설 전류 방사선 센서의 제작기술이 끊임없이 발전되고 있다.

반도체 방사선 센서는 1970년대 초기에 접합형이 실용화되었으며, 그후 Ge(Li)이나 고순도 Ge 방사선 센서가 개발되었다. 동시에 전치 증폭기의 저잡음화가 이루어진 결과 그 특성은 비약적으로 향상되었다. 현재 반도체 방사선 센서는 200 eV 정도의 연 X-선으로부터 수 MeV의 γ-선까지 넓은 범위의 광자 측정에 사용되고 있다. 형광 X-선 원소분석의 발전은 반도체 방사선 센서에 힘입은 바가 크다. 따라서 반도체 방사선 센서는 p-n접합을 만드는 방법에 따라 표 4-7와 같이 구별한다.

표 4-7 제작방법에 따른 반도체 방사선 센서의 특성

제작형태	구조	감응층 두께	반도체소자	특 징
확산 접합형	$n^+ - p$ $p^+ - n$	< 5 mm	Si	
표면 장벽형	$p^+ - n$	< 5 mm	Si	제작이 용이 (n형 Si표면을 산화) 열처리를 하지 않기 때문에 고에너지 분해능 표면 불감층이 얇음 (0.1 μm)
Li drift형	$n^+ - i - p$	< 15~20 mm	Si(Li) Ge(Li)	상시 냉각이 필요 고에너지 분해능 30 keV 이하의 X-선에 최적
고순도 Ge 단결정형	$p^+ - i - n^+$		Ge 단결정	사용시만 냉각 대체적 (~200 cm^3)도 제작 고에너지 X, γ-선에 최적 가반형 제작가능

현재 고순도 p형 Si 단결정으로 두께 13mm 이상의 표면장벽형 전감응층 p형 Si 방사선 센서의 제작기술이 개발되고, 원자로 조사에 의한 ^{30}Si(n, γ)^{31}Si 반응을 이용해서 균일한 p를 도입한, 소위 중성자 doping n형 Si 단결정을 이용한 고순도 n형 표면장벽형 방사선 센서의 개발, epitaxial성장 기술을 이용한 3~20 μm 두께의 얇은 전감응층 ΔE 검출기, 입사위치 방사선 센서, 일원화된 ΔE-E 검출기, 무바이어스(bias) 전압 표면장벽형 방사선 센서의 X-선 CT 등의 응용, planar 기술로 만든 p-n접합형 방사선 센서의 γ-선 선량계 응용 등이 수행되고 있다.

(1) Si 방사선 센서

현재 Si 방사선 센서의 이용은 표면 장벽형에 의한 중이온 측정과 Si(Li)에 의한 X-선 측정 등에 이용되고 있으며, 중이온 측정은 저출력 파고가 관측되므로 신호파고 결손의 문제가 있다. 이것은 표면의 불감층, 비정이 끝나는 부근에서 일어나는 Si 원자핵과의 탄성충돌, 전하의 재결합 등이 원인이 되고 있다. 방사선 센서 자체의 문제로서는 중이온용 Si 반도체 소자의 비저항 등의 최적 조건과 불감층을 얇게 하는 전극표면처리 기술을 개발하는 것이다.

(2) Si(Li), Ge(Li) 방사선 센서

Si(Li) 방사선 센서는 전기적인 잡음 반치폭이 100 eV 정도인 측정회로장치와 연결해서 탄소보다 원자번호가 큰 원소분석이 가능한 분산형 X-선 분광기로서 환경 시료분석 등에 이용되고 있다. Si 반도체 방사선 센서의 약점으로서 방사선의 종류와 에너지에 따라서는 Si와 핵반응을 일으켜 센서 매질 내부에 방사성 핵종이 남을 수 있다. Ge(Li) 방사선 센서는 고순도 Ge 방사선 센서와 동일한 용도로 사용되나, 항상 냉각된 상태로 보관 및 운전하여야 하는 단점때문에 고순도 Ge 방사선 센서로 거의 대치되고 있는 실정이다.

(3) 고순도 Ge 방사선 센서

고순도 Ge 방사선 센서는 온도 cycle이 가능하여, 측정할 때에만 냉각하면 되므로 소형의 저온장치를 부착한 가반형 방사선 감지시스템이 시판되고 있다. 이것은 핵종분석뿐만 아니라 환경 γ-선 측정 등 많은 분야에 이용되고 있으며, 또한 액체질소를 사용하지 않는 냉각법, 예를 들면 폐cycle 냉동기의 사용이 일반화되고 있다. 고순도 Ge 방사선 센서를 사용한 2차원 γ-선 입사위치 측정장치는 γ-카메라에 대한 응용성과 소멸 γ-선의 각분포 측정의 가능성을 실험하고 있다.

(4) 화합물 반도체 방사선 센서

화합물 반도체 방사선 센서로는 GaAs, CdTe 및 HgI_2 등이 있으며, 이들 중 GaAs 센서는 처음으로 실온에서도 좋은 에너지 분해능을 나타내는 합금형 반도체 방사선 센서로서 개발되어 실용화 단계에 있다. CdTe 센서도 현재 핵의학용 probe, 대기권 재돌입시의 rocket선단의 마모측정, 원자로 배관의 γ-선 측정, pocket 선량률계, 완시계식 선량률계, γ-카메라 등 제한된 범위에서 실용화되었으며, 저저항형과 고저항형이 있다.

또한 1971년에 출현한 HgI_2 방사선 센서는 유효 원자번호와 밀도가 높지만 $\mu\tau$곱이 적고, 특히 양공의 이동도가 $4cm^2/(Vs)$로 지극히 낮다는 것이 단점이다. 그러나 고전압을 인가할 수 있기 때문에 전하수집 특성은 약간 개선될 수 있다. 특히 이것은 형광 X-선 측정에 이용되고 있다. HgI_2 방사선 센서에 있어서 고순도 소자를 화학합성에 의해 만드는 법, 온도진동 증기수송법이나 용액법 등 결정을 성장시키는 각종의 방법이 연구되고 있으며, CT용 섬광체외 수광소자인 광다이오드로서 발전할 가능성이 있다.

그 외 화합물 반도체 방사선 센서로서 GaSe, SiC, Diamond, ZnTe, Bi_2S_3, PbI_2, AlSb 등이 연구되고 있으며, Armantrout 등은 원자번호 50 이상의 2원 합금반도체의 이론적 예측에 의해 AlSb (방사선 센서 소자로서 가장 적당), InP, ZnTe, CdTe, WSe_3, $CdSe_2$, BiI_3, Cs_3SI, HgI_2의 순으로 방사선 센서로서의 적당한 성질을 나타내고 있다고 발표했다.

일반적으로 화합물 반도체는 Si나 Ge보다 양질의 단결정을 얻기가 어렵고, 불순물이나 격자결함의 농도가 높기 때문에 방사선 센서에 필요한 두께의 감응층을 쉽게 만들 수 없으며, 운반자의 수명도 짧다. 따라서 방사선 센서 특성의 개선은 결정성장 기술의 금후 진보에 의존하고 있다.

4-6 섬광형 (Scintillation) 방사선 센서

1940년대 말에 R. Hofstadter는 NaI (Tl) 섬광체를 이용한 섬광형 방사선 센서로 γ-선 에너지 스펙트럼의 측정에 성공하였다. 그 전까지의 γ-선 에너지의 측정은 내부 전환전자 또는 타깃에 의한 γ-선을 조사했을 때 발생하는 2차 전자의 에너지를 자기장에 의해서 측정하는 자기장 분광계, 또는 납 (Pb) 등에 의한 흡수계수의 측정으로 에너지를 구하는 방법이 이용되었다. 그러나 전자는 정밀도와 에너지 분해능이 높지만 고가이고, 후자는 정밀도가 떨어지는 단점을 지니고 있다. NaI (Tl) 섬광형 방사선 센서는 정밀도가 높고 간편하기 때문에 Ge (Li) 반도체 방사선 센서가 출현하기 전까지 γ-선 에너지 스펙트럼의 측정에 가장 많이 사용되었다.

(1) 섬광형 방사선 센서의 구조

섬광형 방사선 센서는 그림 4-79와 같이 방사선의 에너지를 광으로 변환하는 섬광체와 빛을 전기적인 신호로 변환하는 광전증배관 (photo-multiplier tube ; PMT) 또는 광다이오드 (photodiode ; PD)로 구성된다.

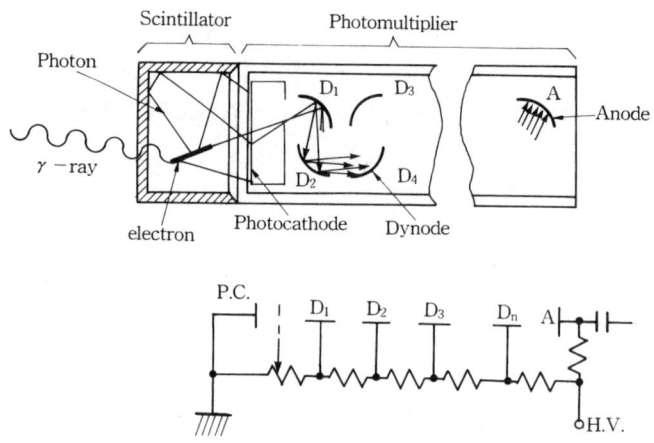

그림 4-79 섬광형 방사선 센서의 구조

　섬광체와 광센서 사이는 빛의 반사에 의한 손실을 줄이기 위하여 실리콘 오일 등으로 직접 밀착하거나 경우에 따라서는 석영유리, 아크릴수지 등으로 제작한 광도파관을 넣어 수광하기도 한다. 방사선이 섬광체내에 입사하여 에너지를 잃게 되면 대부분 이 에너지에 비례하는 양의 빛을 방출하며, 방출된 빛은 광전증배관의 광전면에서 섬광량에 비례하는 수의 전자로 변환되어 광전증배관 내의 dynode에 의해 $10^5 \sim 10^6$배 증배되고 방사선이 잃은 에너지에 비례하는 출력 신호를 얻게 된다. 그림 4-79는 위의 과정을 구조적으로 나타낸 것으로 출력 신호를 증폭·정형한 후 파고치를 분석하면 입사 방사선의 에너지에 대한 정보를 얻을 수 있다.

　섬광형 방사선 센서는 α, β, γ-선 등의 감지 및 스펙트럼 측정 등에 널리 사용되고 있으며, 또한 섬광체의 종류가 많고, 크기와 형태를 다양하게 제작할 수 있기 때문에 방사선의 종류, 에너지 등 목적에 적합하게 사용 가능한 것이 큰 장점이다.

　섬광체는 무기(주로 무기결정)와 유기(결정, 액체 및 플라스틱) 소자가 있다. γ-선 에너지 측정에는 광전효과의 확률이 큰 고원자번호인 NaI (Tl), BGO ($Bi_4Ge_3O_{12}$), CsI 등의 무기결정 섬광체가 주로 사용되고 있다. 한편 β-선 에너지 측정에는 산란이 적은 저원자번호의 유기결정 및 플라스틱 섬광체가 많이 사용되고 있다.

　특히 입사 방사선이 γ-선인 경우 섬광체 내에서 compton효과, 광전효과, 쌍생성 등의 상호작용 중 대부분 광전효과에 의해 입사 γ-선의 에너지에 비례하는 광 출력을 얻기 때문에 원자번호가 큰 NaI (Tl) 등이 많이 사용되며, β-선용 섬광체로는 오히려 원자번호가 낮은 것이 유리하다. 이는 원자번호가 높으면 β-선의 후방산란이 커지게 되고 입사한 β-입자가 전체 에너지를 잃기 전에 섬광체 밖으로 도망갈 확률이 커지게 된다. 따라서 β-선의 측정에는 안트라센이나 스틸벤 등의 유기결정이나 플라스틱 내에 섬광물질을 용해한 플라스틱 섬광체 등이 주로 사용된다. 또한 중성자는 섬광체 내에서 양성자의 되튐이나 중성자의 포획 반응 등의 과정을 거쳐서 검출된다. 섬광형 방사선 센서의 광전증배관은 미약한 광을 CsSb과 같은 광전면을 이용하여 전자로 변환하여 이것을 dynode로 몇 회 증배하고 전기적인 신호를 얻는 장치이다.

표 4-8은 최근 개발중인 섬광체를 포함해서 에너지 측정에 흔히 사용되는 섬광체의 특성을 나타낸 것이다.

표 4-8 여러가지 섬광체 특성

	섬광체 소자	밀도 (g/cm³)	섬광파장 (nm)	(감쇠기간)	상대적 섬광효율 (%)	조해성
무기	NaI (Tl)	3.67	410	230	100	유 (강)
	CsI (Tl)	4.51	565	900	45	유
	CsI (Na)	4.51	420	630	85	유
	BGO	7.13	480	300	8	무
	CsF	−	390	1.85	5	유 (강)
	BaF$_2$	4.89	320	0.6	10	무
	BaF$_2$ (Ce)	4.89	365	50	−	무
	CaF$_2$ (Eu)	3.18	435	900	50	무
유기	안트라센 (C$_{14}$H$_{10}$)	1.25	440	30	48	무
	스틸벤 (C$_{14}$H$_{14}$N$_2$)	1.16	385,410	3~8	24	무

(2) 유기 섬광체의 섬광 mechanism

유기 섬광체의 섬광 mechanism은 분자들의 불연속적인 들뜸상태간의 천이에 의해서 설명되고 있다. 유기 섬광체는 benzene핵을 가진 방향족 탄소화합물로서 탄소의 4개의 가전자 중 3개는 σ-궤도라고 부르는 이종궤도(hybridized orbitals) 내에 있으며, 이것은 서로 강하게 속박되어 있다. 한편 소위 π-궤도라고 하는 궤도내에 있는 나머지 1개의 전자가 느슨하게 결합하고 있으면서 이 전자가 섬광을 방출하는데 기여한다.

유기 섬광체에 방사선을 조사하게 되면 입사방사선은 섬광체를 구성하고 있는 분자들과 상호작용을 일으킨다. 이때 각 상호작용마다 수 eV의 에너지를 잃으면서 분자를 들뜨게 하며, 들뜨게 된 전자는 Franck-Condon의 원리에 의해서 정해진 천이를 하게 된다. 이때 들뜸 전자상태 내의 가장 낮은 진동상태로 약 1PS 정도의 빠른 붕괴를 하며, 동시에 바닥전자상태 내의 진동상태 중 한 상태로 10ns 정도로 빠르게 다시 붕괴한다. 이와 같이 전자가 들뜸상태로부터 바닥상태로 천이할 때 섬광을 방출한다.

표준상태 섬광체 분자들은 모두 바닥전자상태에 있는 가장 낮은 진동상태에 존재한다고 볼 수 있으며, 그 이유는 실온에서의 열에너지 kT는 0.025 eV이므로 진동상태간의 에너지 간격보다 작기 때문이다. 즉 방출되는 광자는 어떤 에너지의 흡수에 기인한 것으로 생각할 수 있고, 동일한 섬광체에서의 섬광 스펙트럼은 흡수 스펙트럼에 비해서 파장이 길기 때문에 자체의 흡수는 거의 일어나지 않는다. 이것이 바로 섬광체 자신의 섬광파장에 대해 투명

(transparent)한 이유이다.

유기 섬광체는 여러가지 형태와 종류가 있으며, 용도에 따라서 만들어지고 있다. 중성자의 검출에서는 유기 섬광체에 포함된 수소와 고속중성자의 상호작용 결과 생기는 되튐 양성자 (recoil proton)가 섬광체를 섬광시키고 있다.

안트라센과 스틸벤은 무기 섬광체에 비하면 밀도가 매우 작다. 따라서 γ-선의 에너지 측정에는 적합하지 못하다. 그러므로 유효 원자번호가 작기 때문에 전자의 산란은 적고 플라스틱 섬광체와 함께 β-선의 에너지 측정에 사용된다. 유기 섬광체의 특징은 형광의 감쇄시간이 짧다는 점이다. 이러한 이유로 빠른 시간정보가 필요한 경우(예를 들면, 비행시간법에 의한 에너지측정)의 섬광체로써 유기 섬광체가 사용된다.

(3) 무기 섬광체의 섬광 mechanism

알칼리 금속과 할로겐화합물인 Alkali Halide (NaI, CsI 등)의 결정을 사용한 섬광체가 가장 많이 사용되고 있다. 이 섬광체의 형광 mechanism은 유기 섬광체와 상당히 다르다.

대부분의 무기 섬광체는 이온결정으로 섬광 mechanism은 에너지 띠(band) 구조를 이용해서 설명된다. 즉 원자가 띠의 전자는 방사선에 의해 전도 띠로 전이되어, 전도 띠의 전자가 탈들뜸상태가 될 때에 섬광한다. 만약 섬광체에 약간의 불순물(activator)을 첨가하면 활성제의 에너지 준위는 전도띠의 바로 아래에 있게 되고 불순물 준위에 따른 고유의 섬광 스펙트럼이 됨과 동시에 섬광효율이 커지게 된다.

Li을 포함한 섬광체 LiI(Eu)에서는 Li과 중성자와의 핵반응 Li(n, α)H에 의해서 섬광체를 섬광시키고 있다.

NaI(Tl)은 가장 오래전부터 사용되어 왔으며, 현재에도 널리 사용되고 있는 대표적인 무기 결정 섬광체이다. 활성제로서 Tl을 0.1mol% 정도 첨가함으로써 형광 파장이 길어지고, 동시에 형광효율도 증가한다. NaI(Tl)은 최근 개발된 섬광체를 포함해서 현재까지 알려진 섬광체 중에서 가장 형광효율이 높다. NaI(Tl) 섬광체의 섬광 감쇄시간은 0.23μsec 정도이기 때문에 빠른 동시계수 또는 고계수율에는 적합하지 못하다. 결정의 크기는 $\phi 76.2 \times 76.2$mm ($3'' \times 3''$)가 가장 많이 사용되지만 $\phi 254$mm를 넘는 결정도 제작되고 있다. NaI(Tl) 섬광체는 조해성이 있기 때문에 용기로 밀봉해야 한다.

CsI(Tl), CsI(Na)은 밀도 및 평균 원자번호가 NaI(Tl)보다 크기 때문에 계수효율(특히 광전peak)이 높고, 섬광효율은 NaI(Tl)에 비해서 작기 때문에 에너지분해능이 떨어진다. 또한 섬광 감쇄시간이 NaI(Tl)에 비해서 길기 때문에 광전증배관의 시정수를 크게 해야 한다. 그리고 파장이 길기 때문에 광전증배관의 선택에 주의가 필요하다.

$Bi_4Ge_3O_{12}$ (BGO)는 현재까지 알려진 섬광체 중에서 가장 밀도가 높고, 고원자번호의 Bi가 포함되어 있기 때문에 광전효과의 효율이 크다. 따라서 작은 체적으로 고계수 효율이 요구되는 X-선 CT용의 센서로써 사용되고 있다. 또한 Ge 반도체 방사선 센서의 compton scattering을 줄이는 anticompton spectromer의 외부 방사선 센서로서 NaI(Tl)과 함께 사용된다. BGO의 섬광효율은 NaI(Tl)의 8% 정도이며, 에너지 분해능은 나쁜 편이다.

BaF_2, CsF는 최근에 개발된 섬광체로서, 유기 섬광체의 섬광 감쇄시간에 필적하는 짧은 감쇄시간을 지닌 섬광체로서 주목되고 있다. 섬광파장이 자외선 영역에 있기 때문에 자외선 영역의 감도를 가진 광전증배관을 사용하거나 파장변이재 (shifter)를 이용해서 자외선 영역의 섬광을 장파장측으로 변환해야 한다. 그러나 후자의 방법은 시간분해능이 떨어지는 단점이 있다.

(4) 광전증배관 (Photomultiplier Tube ; PMT) 및 광다이오드

광전증배관은 광전관의 일종으로 광을 전류로 변환하는 광전면 (photocathode)과 미약한 전류를 증폭하는 2차 전자증배관으로 구성되어 있다. 섬광형 방사선 센서는 S/N비가 좋은 광전증배관의 출현에 의해 실용화되었다.

광전증배관 음극의 재료에는 많은 종류가 있지만 섬광형 방사선 센서에는 섬광체의 섬광스펙트럼에 잘 일치하는 분광감도를 지닌 S-11이 주로 사용되고 있다. 즉, S-11은 파장이 600nm로부터 350nm 사이의 감도를 가지고 있으며, 400nm부근에서 최고감도를 가지고 있다. 광전관의 용기재질로 유리를 사용한 경우에는 파장 350nm는 유리의 광흡수에 의한 한계이며, 석영유리를 사용하게 되면 약간 더 짧은 파장까지 감도를 지니게 된다. 또한 음극의 재료는 S-11의 분광감도와 대등하고, 암전류가 적은 K_2CsSb과 같은 bialkali의 반투명한 증착막이 이용되고 있다. diode에는 MgO, Cs_3Sb가 이용되고, 전류 증배율은 10 이하이다.

최근에 Zn을 도핑한 GaP와 같은 음전자 친화력이 좋은 재료가 개발되어 전류 증배율은 입사전자의 에너지에 비례하는 범위에서 최고 50배의 증배율을 지니고 있는 것도 있다. 이와 같은 diode를 이용하게 되면 단수를 작게 할 수 있으므로 2차 전자증배관에 있어서 신호의 시간에 대한 요동을 작게 할 수 있다. 광전증배관에서는 비교적 저에너지의 전자가 긴 경로를 통해서 양극에 도달하기 때문에 약간의 외부 자기장에 의해서도 영향을 받기가 쉽다. 따라서 투자율이 높은 재료로 광전증배관을 자기 차폐해야 하며, 광전증배관 사용시 문제가 되는 것이 잡음이다. 특히 저에너지 방사선을 측정할 경우에 더욱 더 문제가 되는데 잡음의 원인으로서는 절연물을 통한 누설전류, 음극, 맨 앞단 dynode로부터의 열전자방출, 잔류기체의 이온화 등이 있다.

누설전류는 전극구조에 따라 다르지만, 필요 이상의 고전압을 인가하지 않음으로써 줄일 수 있다. 열전자 방출은 음극 및 dynode의 재질, 온도 등에 따라 변한다. 잔류기체의 이온화는 전자의 에너지가 높으면 문제가 되지만 크게 영향을 주지는 않는다.

광전변환 소자로서 광전증배관 이외에 최근에 잡음이 적은 광다이오드가 개발되었다. 광전증배관과 비교해서 광다이오드는 소형, 저전압, 외부 자기장의 영향을 받지 않는 등 장점을 가지고 있다. 잡음 level, 신호의 상승시간, 분광감도가 좋은 PIN 실리콘 광다이오드, 실리콘 avalanche 광다이오드 등이 섬광형 방사선 센서의 수광소자로써 이용되고 있다. 현재 시판되고 있는 광다이오드는 섬광체의 섬광 스펙트럼인 근자외선 영역에서 감도가 작고, 유감면적이 작은 것 등 개선의 여지가 많이 있다. PIN 광다이오드는 단순히 수광소자로 사용되는 이외에 α-선의 에너지 측정에도 사용되고 있다.

이상에서 설명한 방사선 센서 외에 열형광 선량계 (TLD), Exo전자 선량계, 고분자필름 선량계, 형광유리 선량계, 화학 선량계, 열량계, Cerenkov 계수관 등 다양한 방사선 센서가 오늘날 개발되어 사용되고 있다.

5. 음향 센서

5-1 음파센서

각종의 음향 계측에는 음향에너지를 전기에너지로 변환하는 음향센서가 필요하며, 그것은 대개 마이크로폰이라고 한다. 전기 음향 변환기의 변환 원리에는 여러 가지가 있는데 그 중에서 마이크로폰에 응용되고 있는 것은 대개 동전형, 정전형, 압전형, 접촉저항형(탄소형) 중 어느 한 가지이다. 일반적인 음향계측용 마이크로폰에 요구되고 있는 조건을 생각하면 다음과 같다.

① 주파수 응답이 거의 평탄하며, 사용 주파수 범위가 넓다.
② 특성이 온도, 습도, 기압 등 외부 환경의 변화 및 기계적인 충격에 대하여 안정되어 있으며 경사 변화가 작다.
③ 감도가 높고 소형화로 할 수 있다.
④ 측정할 수 있는 음압의 범위(다이내믹 레인지)가 넓다.

이들의 조건을 비교적 쉽게 만족시킬 수 있는 점으로 보아 현재 음향 계측용으로 사용되고 있는 마이크로폰은 대부분이 직류 바이어스 방식의 정전형이며, 일부에서 초저주파음 또는 초고음압을 계측하는데 세라믹 소자를 사용한 압전형이 사용되고 있다. 최근에 안정되고 수명이 긴 일렉트레트 막이 출현하게 되었으며, 일렉트레트 방식의 정전형 마이크로폰도 음향 계측에 사용되기 시작했다. 앞으로도 음향계측에서는 정전형 마이크로폰이 주류를 이루게 되나 새로운 재료(압전 고분자 필름) 또는 새로운 방식(빛의 응용)에 의한 마이크로폰의 실용화가 예상된다.

여기서는 간단한 용어를 설명한 뒤에 정전형 및 압전형 마이크로폰의 동작원리, 특징, 사용 방법 등에 대하여 설명한다.

(1) 용어의 설명

① 감도와 감도 레벨 : 마이크로폰에 음압 p[Pa]가 작용하고 그의 출력단자 사이에 개회로 전압 E[V]가 발생할 때에 이의 비 $S=E/p$를 감도라고 한다. 다만 마이크로폰의 감도라고 할 때에는 1,000Hz의 감도를 말한다. 기준 음압 1Pa에 대하여 1V의 출력이 생길 때를 0 dB로 한 감도의 데시벨 표시 L을 감도 레벨이라고 하는데, 일반적으로 감도와 감도 레벨을 특별히 구별하지 않고 모두 감도라고 하는 일이 많다.

$$L = 20 \log_{10} \frac{S}{S_0} \text{[dB]} \quad \left(\text{단}, \ S_0 = \frac{1\text{V}}{1\text{Pa}}\right) \quad \cdots\cdots\cdots\cdots\cdots\cdots (4-53)$$

우리 나라에서는 기준 음압으로 $1\,\mu\text{bar}\,(=0.1\text{Pa})$도 사용하고 있는데 그 경우에 감도 레벨의 값은 1Pa를 기준 음압으로 한 경우에 비하여 20dB가 작은 값으로 표시된다. 현재로는 이 두 종류의 기준 음압이 함께 사용되고 있으므로 마이크로폰을 사용할 때에 그 감도레벨이 어떤 기준 음압에 의하여 표기되어 있는가에 대해 주의하지 않으면 안 된다. 가까운 장래에는 기준 음압이 1Pa로 통일될 것으로 본다.

마이크로폰에 작용하는 음압 p의 값으로서 마이크로폰의 진동막면상에 실제로 사용하는 음압의 값을 사용한 경우의 감도를 음압 감도라고 한다. 어떤 음장(공간)에 마이크로폰을 설치하는 경우를 생각해 보면, 음파의 파장이 마이크로폰의 치수에 비하여 충분히 길다고 간주되지 않는 주파수 범위에서는 마이크로폰에 의한 반사(회절 효과), 진동막 앞면에 있는 공기층에 의한 공진(전와 효과, 그릇 효과)에 따라 진동막면상에 가해지는 음압은 마이크로폰이 설치되어 있지 않은 경우인 음장의 수음점 음압과는 다른 값으로 된다.

그리하여 마이크로폰에 작용하는 음압 p의 값으로서 마이크로폰이 없는 경우의 값을 사용한 경우의 감도를 음장 감도라 하며, 착안하는 음장의 종류에 따라 자유 음장 감도와 확장 음장 감도 등이 있다. 단순히 음장 감도라고 할 때에는 자유 음장 감도를 말한다.

② 주파수응답 : 감도 레벨의 주파수 변화에 대한 특성을 주파수응답(주파수 리스폰스)이라고 한다. 음압 감도 레벨의 주파수 응답을 평탄하게 한 것을 음압형 마이크로폰이라 하고 커플러를 사용한 음향 계측에 사용된다. 자유 음장에서 정면 입사(일반적으로 진동막에 수직인 방향에서 음파가 입사하는 경우) 감도레벨의 주파수 응답을 평탄하게 한 것을 음장형 마이크로폰이라 하고, 소음계를 비롯하여 음장에서 음향계측에 사용되는 마이크로폰은 일반적으로 음장형이다. 주파수 리스폰스가 거의 평탄한 주파수 범위를 사용 주파수 범위라 한다.

③ 수음방식과 지향특성 : 마이크로폰의 수음 방식에는 진동막의 한쪽 면에만 음압이 가해지는 압력 수음 방식과 진동막의 양쪽 면에 음압이 가해지고 그 음압 차이에 따라 동작하는 압력 경로 수음 방식이 있으며, 전자는 원리적으로 전지향성(단, 높은 주파수에서는 회절 효과, 전와 효과의 영향에 따라 지향성을 갖는다)이며 후자는 원리적으로 양지향성이다.

소음계에 사용하는 마이크로폰은 압력 수음 방식인 것이 정해져 있으며, 음향 계측에 사용하는 마이크로폰은 대부분이 압력 수음 방식이다. 계측에서 지향성이 필요한 경우에는 여러 개의 마이크로폰에 의하여 마이크로폰 시스템을 구성하는 것이 보통이다(마이크로폰 어레이(마이크로폰 배열) 인텐시티 마이크로폰).

④ 잡음과 잡음의 등가음압 레벨 : 마이크로폰의 잡음에는 전치 증폭기를 포함하여 마이크로폰 내부에 기인하는 전기계, 진동계 잡음(자기 잡음)과 바람이나 진동 등 외적인 환경 또는 조건에 따라 발생하는 잡음이 있다. 이들의 잡음은 식 (4-54)로 구해지는 등가 음

압 레벨 P_N으로 표시된다.

$$P_N = 94 - L - 20 \log_{10} E_N \, [\text{dB}] \quad\quad\quad\quad (4-54)$$

단, L은 마이크로폰의 감도 레벨, E_N은 마이크로폰의 출력 단자 사이에 발생하는 잡음 전압이며, 일반적으로 소음계의 규격으로 정해진 특성의 주파수를 보정한다.

잡음의 등가 음압 레벨은 등가 잡음 레벨이라고도 하며, 잡음 전압을 그것과 같은 출력 전압이 발생될 수 있는 음압 레벨로 환산한 것이다. 측정할 수 있는 최소 음압 레벨은 잡음의 등가 잡음 레벨로 결정된다.

(2) 정전형 마이크로폰

① **직류 바이어스 방식**: 정전형 마이크로폰은 그림 4-80과 같이 음압에 따라 진동변위하는 가동 전극(진동막)과 대단히 좁은 간격으로 대항하는 고정전극(배극)으로 평행판 콘덴서를 구성하고 음압에 따라 진동막이 변위하면 이의 정전 용량이 약간 변화한다. 이러한 정전 용량 변화를 전기신호로 검출하는 방법으로 양쪽 전극 사이에 직류 바이어스 전압을 가하는 방법이 있는데 가장 일반적인 방법이다(직류 바이어스 방식).

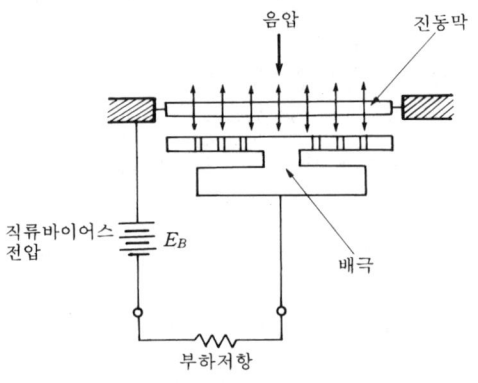

그림 4-80 정전형 마이크로폰의 기본원리

정전형 마이크로폰의 출력전압은 진동막의 진동변위에 비례하므로 진동계는 주파수에 관계없이 일정한 크기의 구동력에 대하여 일정한 진동 변위가 생기도록 설계하지 않으면 안된다(이것을 탄성 제어한다고 말한다). 탄성제어의 진동계에서는 주파수 응답을 평탄하게 해서 사용되는 주파수 범위가 공진을 진동계의 저항성분으로 적당히 제동을 걸었을 때에 진동계의 스티프니스와 실효 질량으로 결정되는 공진 주파수 근처 이하의 주파수 범위로 된다.

계측용 마이크로폰에 요구되는 여러 조건 중 안정성과 함께 가장 중요한 것에 감도가 높고 주파수 범위가 넓다는 조건이 있다. 이 조건을 충족시키는 방법을 생각해 보기로 한다. 우선 정전형 마이크로폰의 공진 주파수보다 낮은 주파수의 감도 S_L 은 직류 바이어스 전압을 E_B, 진동계의 스티프니스를 s, 진동막의 실효면적을 S_e, 진동막과 배극 사이의 공극 길이를 d라고 하면 이 사이에는 식 (4-55)의 관계가 성립한다.

$$S_L \propto \frac{E_N \cdot S_e}{s \cdot d} \quad \cdots\cdots\cdots\cdots\cdots\cdots\cdots\cdots\cdots\cdots\cdots\cdots\cdots\cdots\cdots\cdots\cdots\cdots\cdots\cdots\cdots\cdots\cdots\cdots (4-55)$$

감도를 높이기 위해서는 다음과 같이 한다.
(개) 직류 바이어스 전압 E_N를 높게
(나) 진동막의 유효면적 S_e를 크게
(대) 진동계의 스티프니스 s를 작게
(래) 전극 사이의 공극 길이 d를 작게

한편 사용 주파수 범위를 넓힌다는 것은 진동계의 공진 주파수를 올리는 것이며, 공진 주파수 f_o는 진동계의 스티프니스와 실효 질량을 각각 s, m이라고 하면 다음의 관계가 있다.

$$f_o = \frac{1}{2\pi}\sqrt{\frac{s}{m}} \quad \cdots\cdots\cdots\cdots\cdots\cdots\cdots\cdots\cdots\cdots\cdots\cdots\cdots\cdots\cdots\cdots\cdots\cdots\cdots\cdots\cdots\cdots\cdots (4-56)$$

진동계의 공진 주파수 f_o을 높이기 위해서는 다음과 같이 한다.
(마) 진동계의 스티프니스 s를 크게
(바) 진동계의 실효 질량 m을 작게

(대)와 (마)는 명백히 정반대의 요구이며, (마)의 구체적인 수단은 진동막 면적을 작게 또한 장력을 크게, 배기실을 작게 하는 것으로 (나)와 (마)의 요구를 동시에 만족시키는 것은 곤란하다. 또한 (개)와 (래)의 요구에 대해서는 정전파괴를 일으키지 않도록 바이어스 전압 E_B의 상한, 전극간 공극 길이 d는 하한이 결정된다.

공극 길이 d는 어떤 범위보다 작아지면 급격히 진동계의 실효질량을 증가시키고, (바)의 요구에 반발하게 되며 공극 길이 d는 작게 하는 한도가 있다. 이것으로 아는 바와 같이 감도를 높이는 것과 사용 주파수 범위를 넓히는 것을 동시에 만족시키는 것은 어려우며, 일반적으로 감도가 높은 마이크로폰은 사용 주파수 범위가 좁고, 주파수 범위가 넓은 마이크로폰은 감도가 낮다. 또한 직류 바이어스 전압은 200V, 전극 사이의 공극 길이는 수십 μm로 설정하고 있는 것이 보통인데 직류바이어스 전압은 전원 공급의 면으로 말하면 낮은 것이 바람직하며, 소음계로 사용되는 것에서는 30V 정도로 된 것도 사용되고 있다. 정전형 마이크로폰의 기본구조를 그림 4-81에 나타내고 있다.

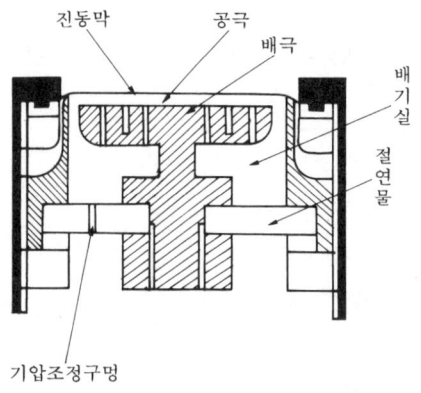

그림 4-81 정전형 마이크로폰의 기본구조

　진동막에는 얇고, 항장력이 크며, 특성이 경시변화나 열화되지 않는 재료가 바람직하고, 티탄, 티탄합금, 니켈합금, 스테인리스강 등의 금속박막이 사용되며, 일부에서는 폴리에스테르 등의 고분자 필름에 금속을 증착한 것을 사용하고 있으나 금속박막에 비하여 온·습도에 의한 특성의 변화가 크기 쉽다. 어느 것이나 막의 두께는 $2 \sim 5 \mu m$ 정도이다. 배극이나 본체의 재료는 온도에 의한 특성변화를 작게 하기 위하여 대개 진동막과 동일한 재료를 사용한다. 절연물은 높은 직류 바이어스가 가해지고 또한 전극 사이의 공극길이를 결정하는 한 개의 기준면을 만들고 있기 때문에 절연저항이 높고($10^{11} \Omega$ 이상) 단단해야 하며, 열팽창률이 배극이나 본체의 재료와 동일한 정도의 재료가 바람직하고 광학 유리나 자기 등이 사용되고 있다. 고습도 환경하에서는 절연물의 표면저항이 저하되기 쉽고, 자기 잡음 레벨이 상승하거나 때로는 직류 바이어스의 방전으로 측정할 수 없는 일이 있다. 이러한 현상의 대책으로서 절연물에 테플론 코팅 또는 실리콘 함침 처리를 한 것도 있다.

　진동막과 배극 사이의 공극은 그곳을 움직이는 공기의 점성저항이 진동계의 저항 성분으로서 작동하고 진동계의 공진에 제동을 거는 중요한 역할을 하고 있다. 공진 근처의 음압감도 레벨을 낮은 주파수의 음압감도 레벨과 같은 정도가 되도록 제동을 걸면 그 마이크로폰은 음압형이 되며, 다시 제동을 걸고 앞서 말한 회절효과 등에 의하여 음장에서 마이크로폰의 진동막면상에 가해지는 음압의 상승분만큼 음압감도 레벨을 내리면 그 마이크로폰은 음장형이 된다. 이 제동의 양은 전극사이의 공극 길이로 조정되는데 공극길이가 가장 적합한 값은 어느 정도 정해져 있으며, 배극에 링 모양의 홈이나 관통 또는 관통하지 않은 가는 구멍을 만들어서 제동량을 조정한다.

　마이크로폰을 압력 수음 방식으로 하는 데는 진동막의 배극측으로 음압이 가해지지 않도록 배기실을 밀폐해야 한다. 그러나 배기실을 완전히 밀폐하면 대기압의 변화나 급격한 온도 변화 등에 따라 진동막의 양면 쪽에 걸리는 정압이 불평형하게 되며, 마이크로폰의 특성 변화만이 아니고 진동막이 파손될 염려가 있다. 그렇기 때문에 배기실에는 음향 저항이 높은 기압조정 구멍이 뚫려 있고, 정압변화에 대하여 1초 정도에서 정압의 평형상태를 유지하도록 되어 있다.

한편 이 기압 조정 구멍은 대단히 낮은 주파수의 소리에 대해서는 진동막의 양쪽면에 거의 동일한 상태로 음압을 가하게 되며 감도는 내려가고 마이크로폰의 하한 사용 주파수를 결정하게 된다. 가청 주파수 이하의 초저주파음을 측정하는 마이크로폰의 기압조정 구멍은 대단히 음향저항이 높고 정압이 평형이 될 때까지 시간이 오래 걸리므로 피스톤 폰에 마이크로폰을 탈착하려는 경우에는 커플러 내의 압력이 급격히 변화하기 쉬우므로 취급하는 데는 세심한 주의가 필요하다.

정전형 마이크로폰의 정전용량은 큰 것이라도 약 60pF 정도이며 전기 임피던스는 대단히 높고 출력을 직접 코드로 연장하면 외부 잡음의 유도를 받거나 출력전압이 저하된다. 따라서 FET나 IC를 사용한 임피던스 변환기(전치 증폭기)를 마이크로폰에 가능한 한 근접시켜서 사용하는 것이 일반적이며, 마이크로폰과 임피던스 변환기를 한 개의 본체 안에 수용시킨 것도 있다. 임피던스 변환기의 입력 임피던스는 대개 1012~1013Ω 정도이다.

이 입력 임피던스는 대단히 높다고는 하나 한정되어 있고, 마이크로폰의 출력 임피던스가 용량성이기 때문에 이 두 가지 관계에서 전기적으로 마이크로폰의 사용 하한 주파수가 결정된다. 정전 용량이 비교적 큰 마이크로폰의 사용 하한 주파수는 기압 조정 구멍이 음향적인 것으로 결정되는 요소가 강하고, 정전 용량이 적은 마이크로폰에서는 전기적인 것으로 결정되는 요소가 강하다.

표 4-9 일본 Ryon제 마이크로폰의 사양

형 식	UC-7	UC-30	UC-31	UC-29	UC-32P	UC-33P
주파수 응답	음장형				음압형	
공칭 외경	1인치형	1/2인치형		1/4인치형	1인치형	1/2인치형
바이어스 전압 (V)	200					
감도 레벨 (dB/Pa)	-26	-27	-36	-47	-26	-36
사용 주파수 범위 (Hz)	5~12,500	10~20,000	10~30,000	20~70,000	5~10,000	10~20,000
최대 입력 음압 (dBSPL)	149	155	155	164	149	155
등가자기잡음레벨 (dBSPL(A))	12	17	26	42	12	17
정전 용량 (pF)	56	18	18	8	52	20
온도계수 (dB/ ℃)	-0.005	-0.007	-0.007	-0.01	-0.005	-0.007
치수 (mm)	ϕ23.77×21.0	ϕ13.2×14.5	ϕ13.2×13.0	ϕ7.0×10.0	ϕ23.77×21.0	ϕ13.2×13.0
전치 증폭기	NH-06	NH-04	NH-04	NH-05	NH-06	NH-04

정전형 마이크로폰에 한정되지 않고 계측용 마이크로폰의 치수는 음향 표준에 사용되는 마이크로폰에 맞추며 공칭 외경 1인치로 된 것이 많고 이것을 기준으로 하여 다시 1/2인치, 1/4

인치로 된 것을 만든다. 일반적인 경향으로서 동일한 공칭 외경의 마이크로폰에는 공통으로 사용되는 임피던스 변환기, 음향 교정기, 각종 커플러 등이 준비되어 있다.

최근까지는 감도가 높고 사용 주파수 범위가 가청주파수 범위를 커버하고 있으므로 1인치를 많이 사용하였으나 음향계측의 정밀화, 다양화에 따라 사용 주파수 범위가 넓고 고음압을 측정할 수 있으며, 음장을 흩어지게 하는 정도가 보다 소구경으로 된 것을 많이 사용하게 되었고, 현재 주류는 1/2인치 마이크로폰으로 되는 경향이다.

정전형 마이크로폰의 예를 표 4-9에 나타내고 있다. 표 4-9의 사용 주파수 범위, 등가 잡음 레벨은 표에 있는 전치 증폭기를 사용한 경우의 수치이다. 정전형 마이크로폰의 장점은 주파수 응답이 대단히 좋고 감도가 높은 것이며 또한 무엇보다도 안정성이 좋고 음향 표준으로 사용되고 있는 MR-103이나 WE640AA(Western Electric 제품) 또는 4132 (Brüel & Kjaer 제품) 등은 모두 정전형이다. 단점으로는 직류 바이어스 전압이 필요하며, 고습도하에서 안정하게 측정되지 않는다. 또한 기계적인 충격에 대하여 약하며 보관이나 취급상에 특히 주의할 필요가 있다.

② 일렉트릿 방법 : 일렉트릿이란 축전된 전하를 반영구적으로 그대로 보존하는 절연체를 의미한다. 일렉트릿을 정전형 마이크로폰의 한쪽 전극에 사용하면 직류 바이어스 전원이 필요하지 않으며, 그대로 전기신호를 얻을 수 있는 것이 특징이다. 일렉트릿을 진동막에 사용하는 방식을 막일렉트릿 방식, 배극에 사용하는 방식을 배극 일렉트릿 방식이라 한다. 전자는 일반용 마이크로폰에 많이 사용되고 있으나 일렉트릿막은 적어도 십 수 μm 이상의 막두께가 필요하므로 계측용 마이크로폰에는 적합하지 않다. 따라서 계측용에는 배극 일렉트릿 방식이 사용된다.

일렉트릿 방식에서 문제가 되는 것은 전하 보존의 안정성이다. 일렉트릿의 제조방법은 기업 비밀에 속하는 것도 되며, 성능과 함께 상세한 것은 명백하지 않으나 음향 표준형으로는 어떻든 간에 일반 계측용으로는 충분한 안정성은 있다고 생각된다. 일반적으로 일렉트릿은 고습도 환경하에서는 전하의 감쇠가 빠르다고 하며, 고습도 환경하에서 극단적으로 장시간 피하는 것이 좋다.

③ 기타방법 : 정전형 마이크로폰을 발진기의 공진 회로에 삽입하고 이의 정전 밀량 변화를 주파수 변조 신호로 하여 인출하는 방법이 있다. 이 방법에는 하한 사용 주파수가 전기적으로 직류까지 신장되어 있으므로 초저주파음을 측정하는 데는 유효한 방법이다. 또한 소음감시용의 와이어리스 마이크로폰으로 이용하는 것도 고려하고 있다.

(3) 압전형 마이크로폰

물질은 외력에 의하여 변형이 생기면 그 변형에 비례한 전하가 생겨서 전압을 발생하는 것이 있는데 이러한 현상을 압전 효과라고 한다. 어떤 종류의 결정이나 자기 또는 고분자 필름 속에는 압전 효과가 대단히 큰 것이 발견되고 있으며 여러 가지 용도로 응용하고 있다. 마이크로폰에는 지르콘지탄산연 등의 자기에 의한 소자를 사용하고 있다 (세라믹 마이크로폰).

세라믹 마이크로폰의 기본 구조를 그림 4-82에 나타내고 있다. 세라믹 소자는 바이모르프라고 하는 구조를 취하며, 굽힘 응력에 대하여 전하를 발생하도록 되어 있다. 세라믹 소자는 기계 임피던스가 높으므로 임피던스가 낮은 공기와 정합을 취하기 위하여 성형된 진동판과 로드를 통해서 소자에 외력을 가하는 구조로 되어 있다.

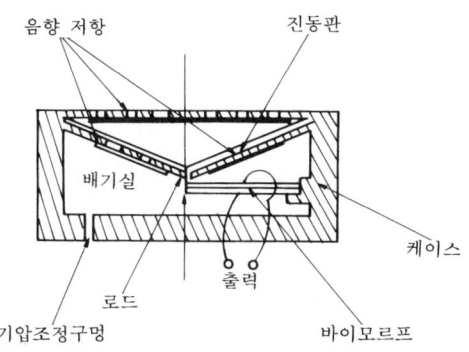

그림 4-82 세라믹 마이크로폰의 기본구조

세라믹 마이크로폰도 정전형과 같이 그 출력 전압은 진동판의 진동 변위에 비례하기 때문에 진동계는 탄성제어가 되도록 설계하고, 사용주파수 범위는 진동계의 공진 주파수 근처보다 낮은 주파수 범위이다. 또한 전기 임피던스도 정전형과 같이 용량성이 높은 임피던스이며, 일반적으로 임피던스 변환기를 통하여 출력 전압을 인출한다.

세라믹 마이크로폰은 소형이고 경량이며 값이 싸다는 장점이 있으나, 진동계의 공진에 제동을 거는 것이 비교적 곤란하다는 단점이 있다. 일반 계측용으로 한때는 세라믹 마이크로폰을 사용하였으나 현재는 별로 사용하지 않고 있다. 그러나 마이크로폰에 사용되는 세라믹 소자의 정전전용량은 수백 pF로 정전형에 비해 크기 때문에 전치 증폭기의 입력 임피던스와 관계되어서 결정하는 하한 주파수를 내릴 수 있으므로 초저주파음을 측정하는 데 이용되며, 또한 소자의 기계 임피던스가 높으므로 소자를 그대로 수음 소자로 하여 초고음압을 측정하는데 이용된다. 초저주파음과 초고음압을 측정할 때에는 진동 가속도를 동시에 측정하는 일이 가끔 있으며, 가속도계에 사용하는 전하 증폭기가 사용되는 것도 세라믹 마이크로폰의 한가지 장점이라고 할 수 있다.

폴리불화비닐리덴 등의 압전 고분자 재료는 결정이나 자기에 비하여 전혀 성질이 다르며 가공성이 좋고 가용성이 있으며, 자유로이 변형되어서 필름모양으로 하기 쉬운 특징이 있다. 실용하는 면에서는 일반적으로 사용하는 마이크로폰, 스피커, 헤드폰의 응용, ME 계측용, 진동 계측용 트랜스듀서의 응용은 진행되고 있으나 음향 계측용 센서에 실용화하는 데는 아직도 시간을 요할 것이다.

(4) 사용상의 유의점

음향을 계측하는 경우에 항상 이상적인 조건하에서 이루어지는 일은 드문 일이며, 오히려 목적하는 소리를 정확히 측정하기 위하여 어떠한 점에 유의해야 되는가에 대해서 간단히 설명한다.

옥외 또는 옥내에서도 공기 조화가 되어 있는 장소에서는 바람에 의하여 마이크로폰의 진동막이 진동하고 잡음 전압이 발생한다. 이와 같은 환경하에서는 음향적인 성능을 손상시키지 않고 바람의 영향을 저감하는 윈드 스크린을 준비해야 한다. 풍동과 같이 정상공기류가 있는 장소에서 측정하는 데는 노우즈 코운이 사용된다.

마이크로폰을 설치하는 경우에 스탠드나 삼각대 등을 사용하는 일이 많은데 설치 장소가 진동하고 있으면 당연히 마이크로폰도 진동하고 진동막의 관성에 의하여 진동 잡음이 발생한다. 이것을 방지하기 위해서는 방진을 해야 하는데 진동방향과 진동막의 방향에 따라 진동잡음은 크게 변하므로 설치하는 방향도 중요하다.

정전형이나 압전형 마이크로폰은 실드만 확실히 하면 누설자계에 의한 유도 잡음은 발생하지 않으나 증폭기와 코드는 유도를 받을 가능성이 있다. 또한 코드를 수십 m 이상 연장하는 경우에 코드의 정전용량이나 직류저항에 의하여 감도의 저하, 주파수 응답의 변화 등 마이크로폰의 외관상 성능이 저하되는 일이 있다.

음장에 대한 계측에서는 마이크로폰 이외의 것을 음장에 설치하지 않으면 안될 경우가 많다. 그러한 경우에는 측정 대상의 음장을 혼란시키므로 그 영향에 대해서 충분히 고려해야 된다.

5-2 초음파 센서

초음파란 성인이 들을 수 있는 범위(20kHz) 이상의 높은 주파수의 소리를 일컫는다. 가청영역 이상의 모든 소리를 일컬으므로 그 주파수 대역이 매우 넓고 중심주파수의 크기에 따라 각각 다른 응용이 가능하다. 초음파의 예로는 박쥐나 돌고래 등이 통신이나 거리감지를 위해 발생시키는 것이나 산부인과에서 태아의 건강상태를 검사하기 위해 사용하는 의료진단기 등을 들 수 있다. 이러한 초음파는 알게 모르게 우리 주위에 널리 사용이 되고 있는데, 최근의 급격한 기계, 전자공학의 발달로 인해 그 응용범위 또한 날로 넓어지고 있다. 초음파의 발생기구는 크게 트랜스듀서(electromechanical transducer)와 고주파 전원(high frequency power supply)으로 구성이 된다. 트랜스듀서는 여러 가지 형태의 것이 있으나 주로 전왜, 자왜 재료를 사용한 것과 PZT같은 압전재료를 사용한 것이 많다. 이들 재료는 공급되는 전자기장의 크기에 의해 발생되는 초음파의 형태 및 크기를 쉽게 조절할 수 있다는 장점이 있다.

(1) 초음파 센서의 기본 구조

초음파 센서의 기본 구조는 그림 4-83과 같고 각각의 기능은 다음과 같다. 그림에서 압전 물질은 두께 방향 진동자로 동작되며, 1~3개의 정합층을 거쳐 그림에서 Zl로 표시된 물체 내부를 향해 초음파가 방사된다.

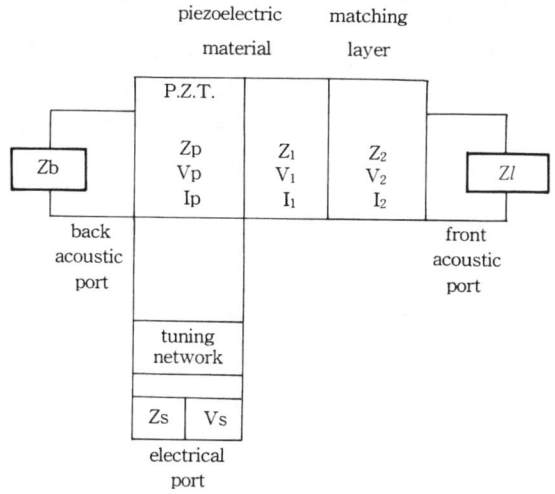

그림 4-83 초음파 센서의 구성 요소

① 압전 진동자 : 센서에서 가장 중요한 요소는 초음파를 발생하고 수신하는 능동 소자이며, 보통 압전 물질을 능동 소자로 사용한다. 센서의 감도와 해상도는 압전 진동자의 전기적, 기계적 특성과 밀접한 관계가 있다. 현재 보통 사용되고 있는 압전물질은 전기-기계 결합계수가 큰 PZT 계열의 압전 세라믹이다. 그러나 압전 세라믹은 음향 임피던스가 매우 커서 임피던스 부정합(mismatching)으로 인한 어려움이 있다. 이러한 음향 임피던스 부정합은 압전 세라믹과 물체 사이의 정합층을 사용하여 해소하고 있다.

근래에 음향 임피던스가 압전 세라믹보다 훨씬 낮아서 물체와의 임피던스 정합면에서 훨씬 유리한 PVDF 등의 압전 폴리머가 사용되기도 한다. 압전 폴리머는 음향 임피던스 뿐만 아니라 원하는 형태로의 가공이 쉽고 기계적 충격에 강하며 내부손실이 커서 광대역의 특성을 갖고 있다는 장점이 있다. 그러나 PVDF는 송신 감도가 좋지 않아서 아직까지는 펄스-에코용으로 그다지 좋은 특성을 얻지 못하고 있으며, 주로 수신용으로 사용되고 있다. 이러한 단점을 극복하기 위해 P(VDF-TrFE)와 같은 co-polymer 압전 물질도 등장하고 세라믹과 폴리머의 단점이 보완된 복합 재료도 활발히 연구되고 있다.

복합 재료는 제조 공정이 까다로운 단점이 있으나, 전기-기계 결합계수가 크고 음향 임피던스가 작아 초음파 진단 장치용에 적합하여 앞으로 많이 응용될 가능성이 있다. 센서를 설계하는데 있어 압전 물질의 상수를 아는 것이 매우 중요하다. 압전 물질 상수는 압전 물질 제작자로부터 얻을 수 있으나 압전 세라믹은 순수한 단결정이 아니므로 물질 상수의 값이 일정하지 않은 경우가 많다. 이런 경우에는 직접 압전 물질을 측정하여 설계에 사용하는 것이 바람직하다. 압전 물질의 측정은 IEEE규격 등을 사용하여 각종 물질 상수를 측정할 수 있으며, vector impedance analyzer를 이용하여 주파수에 따른 전기적 임피던스의 궤적을 측정하여 여러 가지 유용한 상수를 계산할 수 있다.

② 음향 정합층 : 압전 진동자의 음향 임피던스는 약 30~40Mrayl이고 물의 음향 임피던스는 약 1.5Mrayl이므로 대부분의 초음파는 그 경계면에서 투과하지 않고 반사하게 된다. 따라서 진동자와 물 사이에 정합층(matching layer)을 두어서 초음파가 잘 전달되도록 해야 한다. 정합층이 한 개인 경우 음파의 완전 투과 조건을 위한 정합층의 음향 임피던스 Z_m과 두께 Zl은 다음 식 4-57과 같다.

$$Z_m = (Z_p \, Zl)1/2$$
$$l = \lambda/4 \quad\quad\quad\quad\quad\quad\quad\quad\quad\quad\quad\quad\quad\quad (4-57)$$

최근에는 정합층을 2개 이상 사용하는 다층 정합 방법이 많이 연구되고 있다. De Silets 등은 두 개의 정합층을 갖는 경우 최대로 평탄한 주파수 특성을 얻기 위한 정합층 임피던스를 식 4-58과 같이 제시하고 있으며, Goll 등은 일차원 전송선 모델을 이용하여 식 4-59를 제안하고 있다.

$$Z_1 = \sqrt[7]{Z_c^1 \, Zl^6}$$
$$Z_2 = \sqrt[7]{Z_c \, Zl^6} \quad\quad\quad\quad\quad\quad\quad\quad\quad\quad\quad (4-58)$$
$$Z_1 = \sqrt[4]{Z_c^3 \, Zl}$$
$$Z_2 = \sqrt[4]{Z_c \, Zl^3} \quad\quad\quad\quad\quad\quad\quad\quad\quad\quad\quad (4-59)$$

정합층의 재료는 감쇠가 적으면서 원하는 음향 임피던스를 얻을 수 있어야 한다. 보통은 에폭시에 적당한 분말을 혼합하여 제작한다.

③ 후면층(backing) : 압전 진동자 전면에는 정합층을 부착하여 음향 임피던스를 물체에 정합시키는 반면에, 진동자 후면에는 후면층을 부착하여 후방으로 방사된 초음파를 흡수함으로써 초음파 펄스의 길이를 줄이는 역할을 한다. 후면층의 음향 임피던스는 진동자의 음향 임피던스와 같아질수록 그 경계면에서 반사가 적어 펄스의 지속시간이 적어지므로 축방향 해상도가 좋아지게 되며 이상적인 경우 짧은 양극성(bipolar)의 초음파 펄스를 얻을 수 있다. 그러나 진동자의 후면층에 의한 흡음 손실이 커짐에 따라 센서의 감도가 저하되므로 감도와 펄스길이 사이의 절충이 불가피하다. 압전 진동자의 후면층으로는 보통 에폭시에 텅스텐 분말을 혼합하여 경화시킨 재료가 많이 사용된다.

④ Tuning : 압전 진동자는 전기적 유전체로서 정전 용량을 갖고 있다. 이 정전 용량은 센서가 초음파를 발생시키는 송신기로 사용될 때 초음파의 rise time을 증가시키며, 또 신호원을 shunt시켜 필요한 전류량을 증가시킨다. 또한 수신기로 동작할 때는 센서의 부하로 작용하여 전기적 출력을 감소시키므로 이를 상쇄시키기 위한 전기적 tuning이 필요하다. Inductance에 의한 series tuning은 중심 주파수 대역에서 정전 용량을 간단히 줄일 수 있어 많이 사용된다.

⑤ 음향 렌즈 : 초음파를 집속시키기 위해서는 여러 센서 소자를 시간차를 두어 동작시키는 electronic focusing 또는 음향 렌즈가 이용된다. Electronic focusing은 쉽게 초점을 바꿀 수 있는 반면에 음향 렌즈는 고정된 초점을 갖게 된다. 의료용 초음파 영상 진단기에서

는 배열 센서(linear transducer) 및 이와 유사한 센서의 경우 상을 얻고자 하는 단면(x-y평면)에서의 집속을 위해서는 여러 개의 소자를 electronic focusing 방법을 사용하고, 이에 수직한 평면인 y-z평면에서의 집속을 위해서는 고정된 음향렌즈를 사용하는 것이 보통이다. 음향렌즈의 곡률은 원 또는 포물선이며, 렌즈의 음속이 매질보다 클 때는 오목형이 되고, 작을 때는 볼록형이 된다. 그리고 렌즈의 재료로는 음향 손실이 적은 에폭시가 사용되며, 볼록형일 때는 고무 종류를 사용한다.

(2) 초음파 센서의 종류

초음파 센서장치의 기본 원리는 펄스-에코법에서 출발한다. 즉, 어느 방향으로 발사한 초음파가 그 방향에 놓인 작은 표적(target)들에 의해 반사되어 돌아온 초음파 신호로 그 표적들의 위치를 기록할 수 있으며, 방향을 여러 곳으로 바꾸어 이런 과정을 되풀이하면 평면적인 상을 얻을 수 있어 물체의 단면 구조에 해당하는 영상을 얻게 되는 것이다. 이런 영상 방법을 B-mode(brightness-mode)라 부르며, 초음파 영상 진단기에서 보통 사용되는 방법이다. 실시간 초음파 영상진단 장치에서 B-mode 영상을 얻기 위해 사용하는 주사 방법은 그림 4-84에 보인 바와 같다.

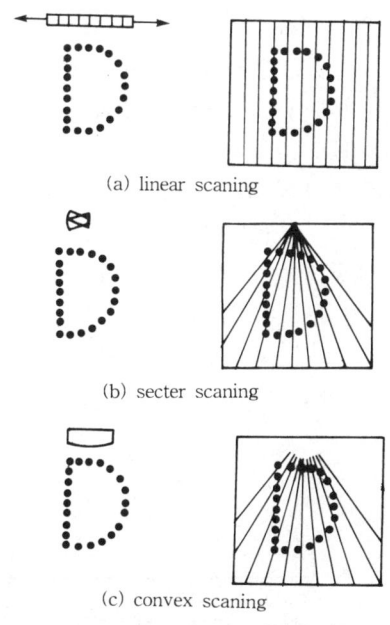

(a) linear scaning

(b) secter scaning

(c) convex scaning

그림 4-84 여러 가지 주사 방법의 특징

① sector 주사용 센서 : Sector주사는 인체 표면의 한 점에서 부채꼴처럼 여러 방향으로 주사하는 것으로, 주사각도를 자유롭게 바꿀 수 있고 심부에서의 시야가 넓은 특징을 가지고 있다. 또한 주사 속도를 30 frame/초까지 올릴 수 있어서 같이 움직임이 빠른 대상물

에 대해서도 실시간의 영상을 얻을 수 있다. 기계적 sector 주사용 센서의 구조는 그림 4-85에서 보이는 바와 같이 센서 부분과 이를 구동하는 모터로 구성되며, 압전 세라믹 앞에는 물이나 기름 등의 액체를 채워 초음파 전달이 용이하도록 한다. 센서 부분은 압전 진동자의 전면에 정합층을 부착하고 후방에는 후면층을 부착하여 광대역 센서의 기본적인 구조를 갖도록 한다.

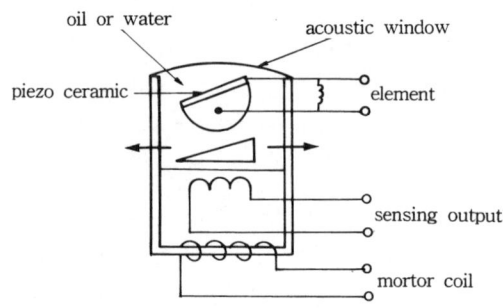

그림 4-85 sector 주사용 센서의 구조

② 선형 배열 센서 : 선형 배열 센서는 센서가 여러 개의 가늘고 긴 미소 진동자 군으로 되어 있으며, 그림 4-86에 그 간단한 구조를 나타내었다. 압전 진동자는 다른 경우와 마찬가지로 PZT-5계열을 사용하며 그 두께는 중심주파수에서 파장의 1/2이다. 사용되는 주파수는 보통 3.5MHz, 5MHz, 7.5MHz이다.

여기서 보인 센서는 64개의 소자로 가늘게 잘라 16개 또는 15개씩 동시에 구동시킨다. 즉 처음에는 1~16번의 소자를 구동시키고, 다음에는 2~16번, 2~17번, 3~18번… 순으로 구동시켜, 한 프레임의 화면을 얻는다. 물론 이때 16개 또는 15개의 소자는 전자적 집속을 행하게 되며 한 방향에 대해서도 여러 개의 거리에서 초점을 갖게 하는 소위 "dynamic focusing"법을 사용한다. 각 소자는 4~8개의 더 가느다란 부소자로 나뉘어 전극에 연결되는데 이렇게 함으로써 두께 방향 이외의 다른 형태의 진동을 억제시킬 수 있다.

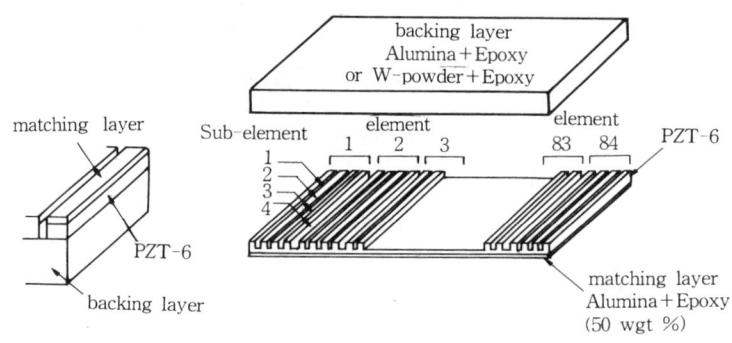

그림 4-86 선형 배열 센서의 구조

③ 컨벡스 프로브(convex probe, currved linear array) : 컨벡스 프로브는 선형 배열 센서와 비슷하나 압전 진동자의 표면을 곡면으로 볼록한 형태가 되도록 배열시킨 것으로 여러 가지 유리한 점이 있다.

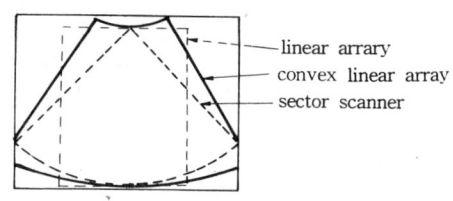

그림 4-87 각종 프로브의 시야 비교

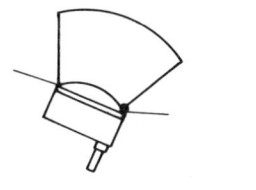 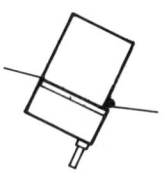

(a) 선형배열 프로브   (b) 컨벡스 프로브

그림 4-88 선형 배열 프로브와 컨벡스 프로브의 비교

첫째, 물체와 접촉하는 면이 볼록하기 때문에 물체와의 밀착도가 좋게 된다. 둘째, 그림 4-87에서 보는 바와 같이 선형배열 센서에 비해 근거리에서 해상도가 좋고 원거리에서는 보다 넓은 시야를 갖는 장점이 있다. 셋째, 그림 4-88에서 보는 바와 같이 선형 배열 센서에서는 물체에 의해 가려진 뒷부분을 관찰할 수 없으나 컨벡스 프로브는 둥근 곡면으로 인해 가려진 뒷부분의 영역도 관찰할 수 있다. 넷째, 둥근 곡면으로 압박을 할 수 있어서 장내의 가스를 밀어내어 초음파의 차폐나 감쇠를 막을 수 있다.

④ 동심환 배열 센서 : 초음파 진단기에 사용되는 변환기에서 센서의 길이 방향으로는 보통 전자적 집속을 하고 폭 방향으로는 음향 렌즈나 오목형 형태를 만들어 집속하게 된다. 2차원적으로 자유로운 집속을 하기 위해서는 2차원 배열 센서를 사용하여야 하는데 2차원 배열 센서는 제작도 어려울 뿐더러 요소의 수가 많아지므로 시스템이 매우 복잡하게 되며 실시간 영상을 얻는데 어려움이 많다.

동심환 배열 센서는 원판형의 압전 소자를 고리 모양으로 나눈 적은 수의 요소를 사용하여 2차원적으로 집속을 하여 그림 4-89와 같이 축방향으로 원하는 곳에 쉽게 초점을 만들 수 있다. 이것을 다시 sector 주사형으로 동작시키면 동적인 초점 조절(dynamic focusing) 기능을 갖는 sector 주사형 시스템이 된다. 각 요소의 시간차 또는 위상차는 보통의 전자적 경우와 같으며, 그림 4-90에 그 원리를 보이고 있다.

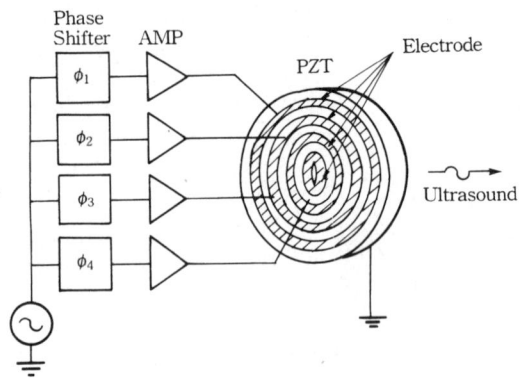

그림 4-89 동심환 배열 센서 시스템

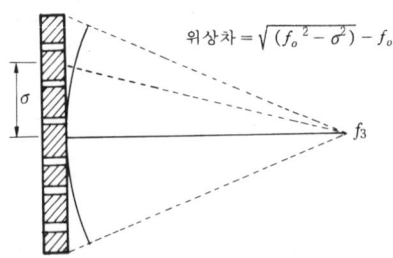

그림 4-90 동심환 배열 센서의 위상차

(3) 초음파 센서의 응용

초음파는 전파하는 매질에 따라서 그 성질이 바뀐다. 즉, 고체속에서는 한 개의 종파와 두 개의 횡파가 존재하지만, 유체속에서는 단지 한 개의 종파만이 존재한다. 또, 각 매질에 따라 전파속도와 감쇠정도가 달라지고, 같은 매질이라도 이방성 재료일 경우 각 전파방향에 따라 그 특성이 모두 달리 나타나며, 서로 다른 매질들의 경계면에서는 반사와 투과현상이 나타나고, 둘 이상의 초음파 성분이 만나면 서로 동적결합(dynamic coupling)을 한다. 나아가 발생점으로부터의 거리에 따라, 즉 fresnel zone 내부이냐, 외부이냐에 따라 파형의 형태 또한 달라진다.

이러한 성질들은 앞에서 언급한 것처럼 측정용으로 쉽게 이용될 수 있는데, 예를 들어서 횡파가 전파를 하다가 더이상 전파를 못하는 부분이 나타나서 전반사가 되면 유체층이 있다는 것을 알 수가 있을 것이고, 매질에 따라 초음파의 특성이 변한다면 역으로 초음파의 특성을 측정하여 전파매질의 물성을 알아내는 비파괴시험을 할 수 있을 것이다. 동적결합 특성을 이용한다면 유속이나 이동중인 물체의 속도측정에 이용될 수 있다. 이렇게 초음파의 전파매질에서의 특성변화를 면밀히 관찰하면 측정, 시험, 제어용으로 적절히 이용할 수 있는데, 이러한 응용은 큰 파워를 필요치 않고 따라서 저출력 초음파의 응용분야로 분류된다. 사용되는 초음파의 특성으로는 주로 전파속도와 감쇄계수가 이용된다.

위상변화와 중심주파수 변화 등도 이용되나 이들은 속도와 감쇄계수의 변화에서 추론할 수 있는 것들이다. 대표적인 응용 예와 그 작동원리들을 정리하면 아래와 같다.

표 4-10 초음파 센서의 응용분야

측정 대상	측정 원리
flowmetry	유속과의 동적결합에 의한 속도 변화
thermometry	온도에 따른 매질 물성변화에 의한 속도 변화
density, porosity	매질 밀도변화에 의한 속도 변화
pressure	압력에 따른 매질 물성변화에 의한 속도 변화
dynamicforce, vibration, acceleration	외부 진동에 의해 진동자에 발생되는 전하
displacement	기준점에서 변위점까지의 비행시간 변화
viscosityinfluids	점성변화에 의한 속도, 감쇄도 변화
level	기준점에서 수면까지의 비행시간 변화
location	기준점에서 목표점까지의 비행시간 변화
humidity, gas	가스농도 변화에 따른 속도, 감쇄도 변화
phase, microstructure	매질 물성변화에 의한 속도, 감쇄도 변화
thickness	두께변화에 따른 비행시간 변화
composition	매질 조성변화에 따른 속도 변화
anisotropy, texture	매질 이방성, 조직에 따른 속도, 감쇄도 변화
nondestructivetesting	매질 내부 구조에 따른 진폭, 속도 변화
stressandstrain	매질 물성변화에 의한 속도, 감쇄도 변화
acousticemission	매질 내부상태에 따른 신호의 크기, 빈도
imaging, holography	대상체 형상에 따른 진폭, 위상 변화
elasticproperties	매질 물성에 따른 속도, 감쇄도 변화
burglardetection	대상체의 존재 유무에 따른 비행시간 변화
rotationangle, angularvelocity	회전운동 성분과의 동적결합
medicalinspection	대상체 위치, 물성에 따른 비행시간, 진폭변화

초음파를 측정, 시험용으로 이용하는데 있어 가장 큰 장점은 비교적 사용원리가 간단하다는 점과 동일한 센서로 필요에 따라 여러 가지 변수의 측정이 가능하다는 점이다. 앞의 표에 열거된 것들은 이미 실용화가 잘 이루어진 대표적인 응용 사례들이며, 이 외에도 대상 측정물의 특성에 따라 얼마든지 새로운 방법의 적용이 가능하다.

① 향후 전망 및 고찰 : 초음파에 관한 기초적 연구 및 응용은 이미 오래 전부터 이루어져 왔고, 본문에서 알아보았듯이 매우 넓은 범위에서 실용화가 되었다. 그러나 이상에서 열거한 응용분야는 앞으로의 응용가능 범위에 비하면 여전히 일부분에 불과하다. 최근 산업구조가 고도화함에 따라 기기, 소자 가공에서 보다 높은 정밀도가 요구되고, 자동화가

불가피해지고 있다. 고출력 초음파의 응용 필요성이 그만큼 높아지고 있다. 저출력 초음파의 경우 자동화 및 정밀 제어를 위한 측정, 분석에의 필요성은 물론 정보, 통신사회를 지향하는 요즈음 초음파를 이용한 resonator, oscillator, filter, correlator 등의 통신소자와 정밀 센서, 액추에이터의 개발, 응용의 필요성은 더 언급할 필요가 없을 정도이다.

최근 음향공학의 발달과 함께 초음파의 발진에 필요한 진동자의 재료로도 우수한 신소재들이 속속 개발되고 있고, 관련 전자공학, 기계공학 등의 기술도 하루가 다르게 발달하고 있어서 향후 연구과제나 실용분야는 무척 많은 편이다. 이러한 요구들에 부응하기 위해 해결해야 할 과제들로서는 기존 초음파 기기들의 고성능화와 기기의 수명연장 즉, 진동자의 시효현상 제거, 초음파 transducer 제작의 자동화 그리고 아직도 잘 이루어지지 않은 기기의 표준화 등을 들 수 있다.

6. 열학 센서

온도센서는 여러 가지 현상에 관계하는 것으로부터 알 수 있는 것같이 직접온도계측에 사용될 뿐 아니라 많은 물리량의 측정에도 사용되고 있다. 따라서 온도 센서의 종류는 많지만, 크게 나누면 접촉형과 비접촉형으로 된다. 여기에서는 주로 가장 널리 사용되고 있는 접촉형에 대해 설명하고 비접촉형의 일부는 광 sensor의 항에서 설명하겠다.

6-1 측온저항소자

금속과 반도체의 전기저항의 온도의존성을 이용하고 있다. 금속의 온도계수는 정, 즉 온도가 높아지면 그것의 저항치가 증대한다. 한편 반도체의 저항치는 온도계수가 부이기 때문에 감소한다. 금속을 이용한 대표적인 온도계는 백금(Pt)을 저항체로서 하며, 그것을 저항온도계라 부르고 있다. 저항온도계에는 stem형, capsule형, 공업용 등 예를 들면 십자형권침에 저항선을 감은 것이 강화 glass에 봉입되어 있다. Pt을 사용한 경우의 측정 온도 범위는 stem형에서 90~903K, capsule형에서 실온 이하 14K까지이다. 이 저항 온도계는 전류를 흘린 상태에서 측정하기 때문에 자기가열이 있고 이 영향을 감안하여 전류치를 설정하여야만 한다.

6-2 서미스터 (thermistor)

서미스터는 열에 민감한 저항체(thermally sensitive resistor)라는 의미이며, 주로 Mn, Ni, Co 등의 금속 산화물의 분말을 bead선과 더불어 소결하여 있고, 그림 4-91에 각 형상의 서미스터를 나타낸다. 또 그림 4-92에는 각종 서미스터의 온도 특성을 나타낸다.

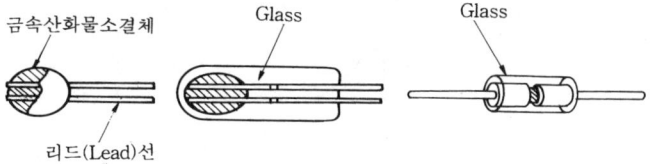

그림 4-91 각종 형태의 서미스터 구조

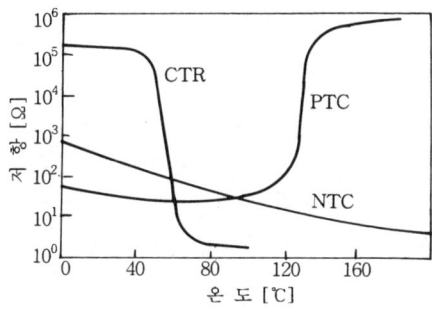

그림 4-92 서미스터의 온도 특성

서미스터를 특성으로 분류하면 온도 상승과 더불어 전기저항이 지수함수적으로 감소하는 부특성 서미스터 (NTC), 반대로 저항이 이상하게 크게 되면 정특성 서미스터 (PTC), 또 NTC와 같지만 어떤 온도에서 급격히 감소하는 급변 서미스터 (CTR)가 있다.

NTC 서미스터의 전기저항 R과 온도 T와의 관계는 다음 식으로 나타낸다.

$$\rho = \rho_\infty \exp\left(\frac{\Delta E}{2kT}\right) \quad \cdots \cdots (4-60)$$

여기서, ρ, ρ_∞ : 온도 T 및 무한대에 있어서 서미스터의 저항률
ΔE : 활성화 energy, k : Boltzmann 정수

윗 식의 관계로부터 전기저항 R은 다음과 같이 된다.

$$R = R_\infty \exp\left(\frac{B}{T}\right) = R_a \exp\left(\frac{B}{T} - \frac{B}{T_a}\right) \quad \cdots \cdots (4-61)$$

여기서, R, R_a는 서미스터의 임의 온도 T[K] 및 기준 온도(초기 온도) T_a[K]에 있어서 전기저항을 나타내고 있다. 또 $B = \Delta E/2\,k$는 감도를 나타내며, 서미스터 정수로 불리고 있고 그 값은 재료 조성과 소결조건 등에 영향을 받는다.

식 (4-61)을 온도 T에서 미분하면 저항 온도계수 α가 구해진다.

$$\alpha = \frac{1}{R}\frac{dR}{dT} = -\frac{B}{T^2} \quad \cdots \cdots (4-62)$$

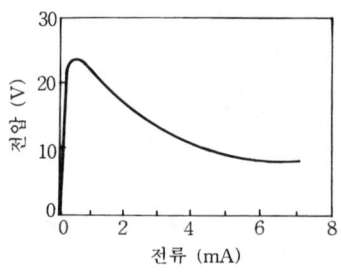

그림 4-93 서미스터 (NTC)의 전압-전류 특성

그림 4-93에 NTC의 주위 온도를 일정하게 한 때의 전압-전류 특성을 나타낸다. 전류가 작은 영역에서는 옴법칙에 따라 직선성을 나타내고 있지만, 큰 전류 영역에서는 자기가열에 의해 전기저항이 감소하고 부성저항을 나타내는 강하특성을 갖도록 된다. 이 특성은 같은 서미스터에서는 열 방산상태에 따라 변한다. NTC의 도전기구는 그의 재료가 spinel 구조의 magnetite (Fe_3O_4)형에 가까운 것으로부터 Fe_3O_4형이 주체로 되어 있다고 생각되고, Fe^{2+}와 Fe^{3+}의 사이에서 전자의 교환이 있기 때문에 도전성이 있다.

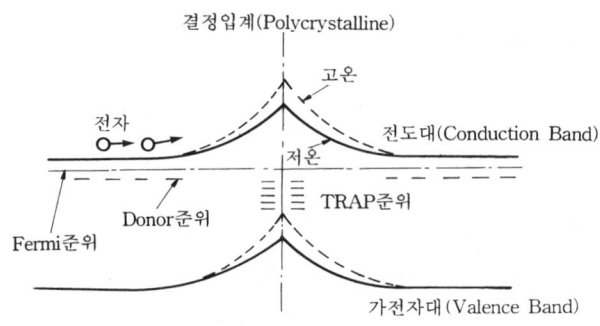

그림 4-94 서미스터 (PTC)의 전도기구

PTC에 $BaTiO_3$은 그림 4-94와 같이 결정입계에서의 trap준위가 가까운 carrier를 포착하기 위한 전위장벽이 형성되고 그 장벽이 온도에 의해 변화하는 것이 도전성에 관계하고 있다. CTR은 V, Ba, Sr, P 등의 산화물의 혼합 소결로부터 되고 반 glass형 반도체이다. 이 물성이 급변하고 있는 온도인 곳에서 반도체-금속의 상변위를 일으키고 있다. 또 급변온도는 Ge, Ni, W, Mo 등이 산화물을 첨가하는 것으로써 변화한다.

6-3 p-n 접합 온도 센서

다이오드의 순방향 전압 및 트랜지스터의 collector-emitter 사이에 일정한 전류를 흘릴 때의 base-emitter 사이 전압은 온도에 따라 직선적으로 변화하므로 이 특성을 온도 센서로써 이용한다. 특히 트랜지스터는 3단자이기 때문에 특성의 편차를 외부 회로에서 보정할 수 있고, 또 센서 전체를 IC화하는 것에 의해 이것이 쉽게 된다.

수정 발진자 주파수의 온도변화와 보정하기 위한 IC내장 온도 센서는 CMOS IC에 내장된 n-p-n transistor의 base-emitter 사이 전압 V_{be}의 온도특성에 착안하고 있다. 실제에는 V_{be}의 온도감도 부족을 보완하기 위하여, 그림 4-95와 같이 2개 이상의 transistor의 V_{be}가 가산될 수 있는 접속이 채용되고 있다 (darlington 접속회로).

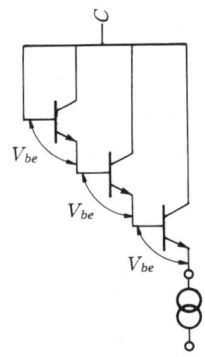

그림 4-95 darlington 접속회로

서미스터와 이 IC 내장 온도센서의 비교를 표 4-11에 나타내었다. 서미스터에 비해 감온부가 작고 호환성이나 회로 구성을 하기 쉽다.

표 4-11 내장 온도 센서와 서미스터의 비교

종류 측정항목	IC 내장 온도 센서			서미스터
	1 트랜지스터	2 트랜지스터	3 트랜지스터	
온도감도	3	6	11	6 ~ 15
감도분포 [mV/℃]	< 0.002	< 0.006	< 0.02	< 0.4
출력전압분포 [mV]	< 0.6 ± 1.0	< 1 ± 2.2	< 5 ± 13	± 50

6-4 열전대

열전대는 2종류의 금속을 접속한 양단에 온도차를 주면 열 기전력이 발생하는 seebeck 효과를 이용하고 있고, 공업적으로 가장 많이 사용되고 있는 온도 센서이다. 사용되는 재료는 큰 것이 선택되어, 예를 들면 귀금속인 Pt, Rh-Pt, 비금속인 Ni-Cr, Cu-Ni 등의 재료가 사용되고 있다.

열전대의 구조는 두 가닥의 소선을 접속한 것이 기본으로 되어 있고, 그것에 절연성을 갖게 하기 위해 소선이 절연관을 통하게 하고, 또 분위기의 영향 및 파손을 피하기 위하여 이것을 보호관 주에 삽입하여 사용한다. 그리고 열전대는 온도차가 측정되기 때문에 기준온도를 정할 필요가 있다. 따라서 일반적으로 기준 접점을 0℃로 유지하여 측정한다. 이때 열전대의 판자와 기준 접점과의 사이는 열전대의 단자온도에 상하는 열기전력을 보상한다. 그림 4-96에 열전대와 그것에 의한 빙점식 온도 측정을 나타내고 있다.

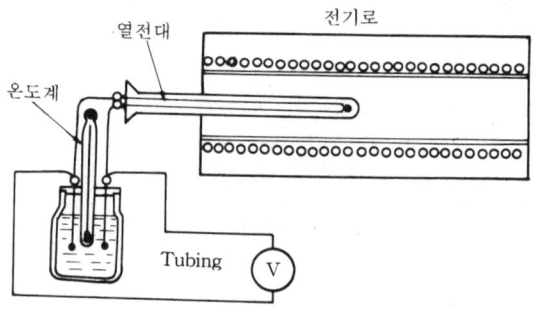

그림 4-96 열전대에 의한 온도측정

고온 측정에 사용하는 열전대로서는 열전대, 절연관, 보호관 등 일체 구조로 이루어져 있는 sheath 금속의 소관중에 열전대의 소선이 삽입되고 절연재 분말을 이것들 사이에 채워 넣고 있다.

그림 4-97은 sheath 열전대의 구조를 나타내고 있으며, 열전대에는 이 외에도 여러 가지가 있지만 열전대를 직렬로 접속하여 큰 열기전력이 얻어지는 열전주도 그 하나이다.

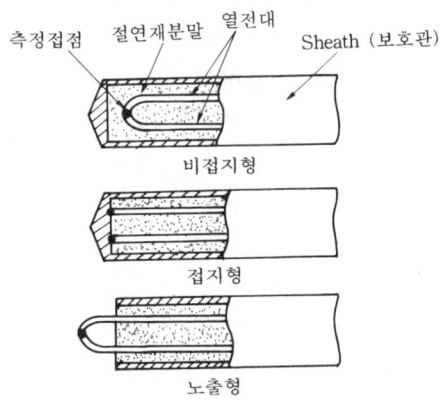

그림 4-97 sheath 열전대의 구조

6-5 초전형 온도 센서

초전체는 정상상태에 있어서 그림 4-98에 나타난 것같이 그 내부에 자발분극을 갖고 있고 표면에 정과 부의 전하가 발생해 있지만, 대기중의 부유전하를 포획하여 전기적 중화를 유지하고 있다. 측정물로부터 발생하는 적외선을 이 초전체에 입사하면 초전체의 온도가 상승하고 자발분극의 크기가 변화한다. 이때 표면 전하는 자발분극의 변화만큼 빨리 온도변화에 대응할 수 없기 때문에 초전체 표면에는 자발분극의 변화분만큼 전하에 과부족이 생기고 단시간에서 있지만 전하를 관측할 수 있다. 따라서 상대하는 면에 전극을 설계하고 전극간을 결선하면 전류가 얻어지고 이때 발생하는 초전류 또는 전압을 검출하여 온도를 측정하는 것이 초전형 온도센서이다.

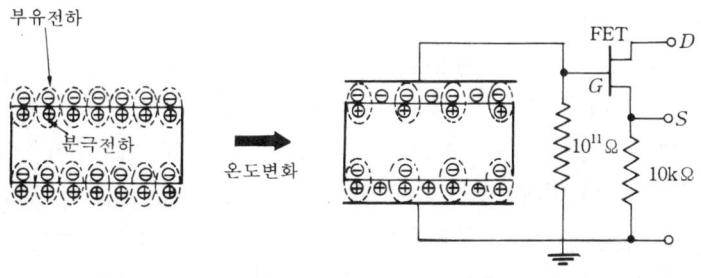

그림 4-98 초전형 온도 센서의 온도변화에 의한 표면전하의 변화와 구성

이 센서는 과도적인 온도변화를 검출하기 위하여 초전체의 온도가 안정상태로 되면 출력을 검출할 수 없다. 연속하여 출력을 얻기 위해서는 적외선을 단속시켜 초전체에 온도변화를 주

는 chopper 기구가 필요하고 이 chopping 주파수(10~100Hz)에 의해서 검출 감도가 변화한다. 또 실제로는 적외선의 흡수를 잘하기 위하여 흡수체로서 초전체 표면을 검게 하고, 전계효과 트랜지스터(FET)와 조합하여 사용하고 있다.

일반적으로 초전형 센서는 다른 열적 센서에 비하여 응답속도가 빠르다. 이 센서재료의 선택기준은 초전계수가 크고 그의 온도변화, 또 유전율 및 그 온도변화, 열용량이 함께 작고 소자정전용량이 크고, $\tan\delta$가 작은 것 등이다.

초전성을 나타내는 재료는 많이 있지만 대표적인 것은 TGS, PZT, $LiTaO_3$, $PbTiO_3$ 등의 강유전체 ceramics이다. 이 중에서도 $LiTaO_3$는 curie온도가 높고 분위기 온도 $-20 \sim +100$°C의 범위에서 일정의 감도가 얻어진다. curie온도가 보다 높은 초전체를 사용하는 경우에는 초전계수의 온도변화에 문제는 많지만 조합한 FET의 온도 특성 변화에 의해 제약될 가능성이 있다.

7. 화학 센서

7-1 가스센서

가스센서는 인간의 오감 중 후각에 해당하는 기능을 갖는 소자로서 지금까지 공기중의 각종가스를 검지·정량하는데 이용되어 온 화학센서의 일종이다. 가스센서의 용도는 자동차용, 의료용, 국방용, 환경 측정용 등으로 다양하며, 이와 같은 용도와 사용목적 및 검지대상에 따라 다양한 형태와 기능을 갖는 가스센서가 개발되고 있다. 가스센서는 기체와 물질(주로 고체) 사이의 상호작용을 이용하는 것으로 여러 가지 검지방식이 채택되고 있으며, 이를 크게 나누면 반도체식, 고체 전해질식, 전기화학식 및 접촉연소식 등이 있다.

(1) 반도체식 가스센서

반도체식 가스센서는 전기저항식과 비전기 저항식으로 나누어진다. 전기저항식은 반도체 소자의 전기저항이 기체성분과 그 표면과의 접촉에 의해 변화하는 원리를 이용하는 것으로서 SnO_2 또는 ZnO을 모물질로 하는 소자가 그 대표적인 예이다. 이들 산화물 반도체 소자는 주로 표면부에서 전자의 수수(授受)가 일어나 그 저항변화를 일으키게 되므로 이를 표면 제어형이라 부른다. 그리고 Fe_2O_3, CoO 및 TiO_2 등은 환원성가스와 접촉할 때 벌크에까지 반도체적 성질의 변화를 일으키므로 이들 물질로 된 소자를 벌크 제어형이라고 한다. 비전기 저항식 반도체 가스센서는 다이오드나 MOSFET형의 기체 감지소자를 지칭하는 것으로서 감지게이트 물질을 사용함으로써 그 용량-전압 특성이나 전류-전압 특성의 변화를 이용하는 것이다.

① 전기저항식 가스센서 : 기체성분이 반도체 표면에 흡착하여 화학반응을 일으킴으로써 전기저항이 변화하는 것으로서 주로 가연성 가스를 감지하는 소자에 이 타입이 많다. 그러나 흡착력이 강한 NO_2 등의 산화성가스의 감지에도 사용될 수 있다. 전기저항적 가스센

서의 재료로는 SnO_2나 ZnO 등과 같이 환원되기 어려운 산화물이 주류를 이룬다. 그 외 WO_3과 In_2O_3 등과 프탈로시아닌 등 유기 반도체가 이용되고 있다. 이 타입의 센서는 미량의 귀금속을 첨가함으로써 감도를 크게 높이며 아울러 선택성 부여가 비교적 용이하다는 점 등의 장점이 있어 가장 일반적인 가스센서로 상용화되고 있다.

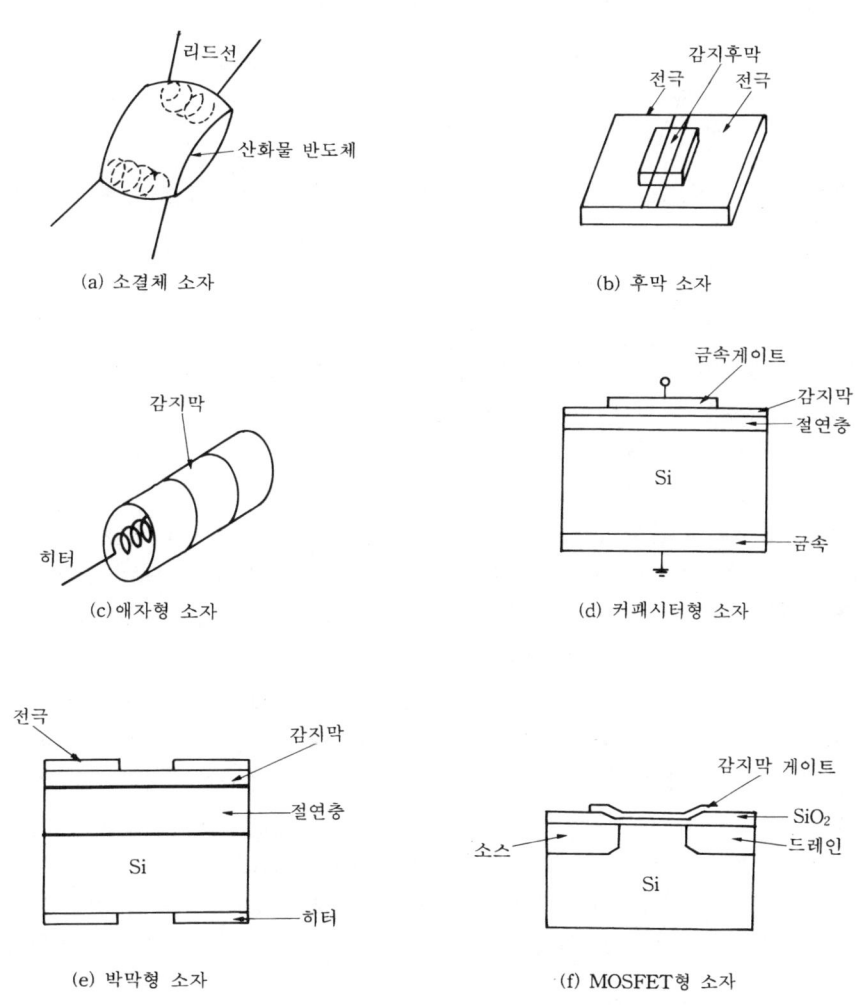

그림 4-99 여러가지 반도체 가스 센서

산화물 반도체의 형성방법에 따라 그림 4-99에 보인 바와 같이 여러 가지 형태로 센서를 제작할 수 있다. 즉 소결체형, 애자형, 후막형, 커패시터형, 박막형 및 MOSFET형 등의 소자형태가 있다.

그림 4-99의 (a), (b), (c), (e)는 전기저항식 가스센서의 구조이다. 그러므로 소자의 전기저항을 부하저항과 직렬로 연결한 회로에 일정한 전원전압을 인가하여 가스흡착에 따른 부하저항 양단의 전압을 측정함으로써 구할 수가 있다. 이 때 감도는 다음의 식으로 정의된다.

$$S = \frac{R_0 - R}{R_0} \quad \cdots \cdots \cdots \cdots \cdots \cdots \cdots \cdots \cdots \cdots \cdots \cdots \cdots \cdots \cdots \cdots \cdots (4-63)$$

여기서, S는 감도, R_0는 공기중의 저항, R은 피검 가스 중에서의 저항을 각각 나타낸다. 그리고 다음의 식도 감도의 정의 식으로 많이 이용되고 있다.

$$S = \frac{R_0}{R} \quad \cdots \cdots \cdots \cdots \cdots \cdots \cdots \cdots \cdots \cdots \cdots \cdots \cdots \cdots \cdots \cdots \cdots \cdots \cdots (4-64)$$

㈎ SnO_2계 가스센서 : 그림 4-100은 전기저항식 가스센서의 대표적 센서인 SnO_2계 센서의 제조공정을 나타낸 것이다. 이는 소결체형 소자의 제조공정으로서 현재 상용화되고 있는 대부분의 소자가 이 방법으로 제조한 SnO_2계 소자이다.

SnO_2는 금지 대폭이 3.4~3.7eV정도로 비교적 넓은 n형 반도체로서 투명전극 재료로 오래 전부터 사용되어 왔으며, 동시에 대표적인 가스센서의 재료이다. SnO_2의 도너로서는 산소공공(空孔) 또는 격자간 Sn의 2가지가 가능하며 어느 것이 지배적인가는 아직 미결상태이다. SnO_2를 이용하여 다양한 가스의 검지가 가능하며 최근에는 소결체 이외에 후막 및 박막형의 소자도 많이 연구되고 있다.

후막소자는 SnO_2분말 및 첨가제의 혼합물을 페이스트로 만들고 이를 알루미나 기판 상에 프린팅한 후 소결함으로써 제조된다. SnO_2분말 및 첨가제의 혼합물을 페이스트로 만들고 이를 알루미나 기판 상에 프린팅한 후 소결함으로써 제조된다. SnO_2에 ThO_2를 첨가하여 얻은 후막소자는 CO가스에 대해 선택적으로 응답하는 성질이 있다. 또한 Pt을 첨가한 SnO_2 후막소자는 실온에서도 CO가스검지가 가능하다는 흥미로운 결과가 나오고 있다. 그리고 소결체, 후막 및 박막의 3가지 형태를 결합하면 이소부탄, 에탄올 및 CO 등을 분리 측정할 수가 있다.

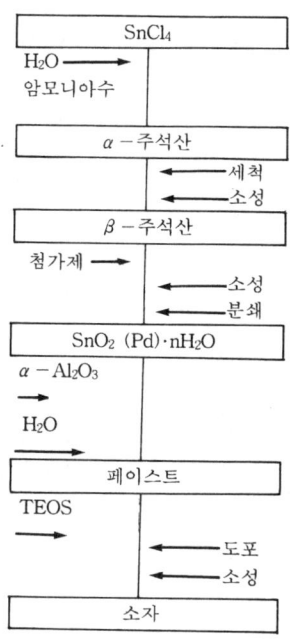

그림 4-100 상용 SnO_2계 소결체 소자의 제조공정

SnO_2 박막형 소자는 금속주석을 진공증착하여 산화하는 방법, SnO_2 소결제를 스퍼터링하는 방법, 유기 주석화합물의 용액을 분무하여 열분해하는 방법, 화학증착법 등에 의해 얻어진다. 막의 제조 조건, 열처리 조건에 따라 막의 조성과 구조가 달라진다. 이 형태의 소자는 집적화 가스센서를 구현할 수가 있고 저전력화가 가능하기 때문에 최근 흥미를 끌고 있다.

(나) ZnO 가스센서 : ZnO는 금지대폭이 약 3.4 eV 정도의 n형 반도체로서 격자간 Zn이 도너로 작용한다. SnO_2에 비해 화학적인 활성은 떨어지나 센서 재료로 대표적인 물질로 인정되고 있다. ZnO에 Ga_2O_3 및 Pt을 혼합하여 부탄, 프로판에 민감한 소자를 얻을 수 있으며 후막형과 박막형도 환원성 가스 검지용 소자로 사용 가능하다. 그리고 ZnO 단결정 소자가 H_2, CO가스에 대한 감응성이 뛰어나다는 보고가 있다.

(다) 기타 산화물계 가스센서 : SnO_2, ZnO 이외에 WO_3, In_2O_3, TiO_2, CoO, V_2O_5-Ag 등을 이용한 센서가 최근 검토되고 있다. 그리고 프탈로시아닌, β-카로틴, 안드라센 등의 유기반도체의 응용이 시도되고 있다. 특히 프탈로시아닌은 NO_2에 대한 선택성이 높아 안정도 개선이 이루어지면 유망한 물질로 주목되고 있다.

전기 저항식에는 SnO_2, ZnO 등과 같은 표면 제어형 이외에 벌크제어형 센서가 있다. 벌크제어형 센서의 재료로는 γ-Fe_2O_3, α-Fe_2O_3, 페로브스카이트, CoO, TiO_2 등이 있다. 이 중 γ-Fe_2O_3는 LPG 용으로 개발되어 있으며, 450℃정도 이상에서는 α-Fe_2O_3로 변한다. $\alpha\text{-}Fe_2O_3$는 가스에 대한 감도는 낮으나 SO_4^{2-}이온의 첨가로 도시가스에 대한 감도를 증진시킬 수가 있다.

② 비전기 저항 가스센서 : 그림 4-99 (f)에서와 같이 MOSFET형으로 된 센서 또는 다이오드형의 센서를 비전기 저항식 가스센서라 부른다. 이는 검지 방식이 전기저항의 변화를 이용하는 것이 아니라 트랜지스터의 문턱 전압값의 변화나 다이오드의 전압-전류 특성의 변화 등을 이용하는 것이다.

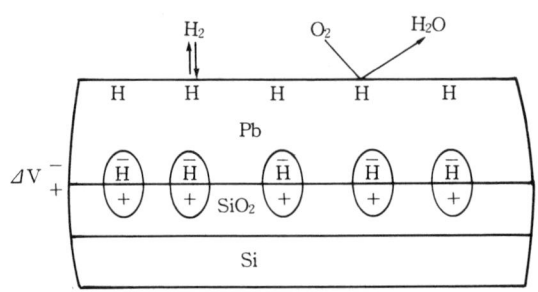

그림 4-101 Pd-MOSFET의 게이트 부분에서 수소의 거동

MOSFET형 가스센서의 게이트 감지 물질로는 Pd 또는 Pt막이 주로 이용되며, Pd-MOSFET는 수소가스에 민감한 감지소자로 잘 알려져 있다. Pd층 또는 Pt층의 두께는 100Å 정도로 얇은 막을 이용한다. 그리고 게이트의 Pd막에 직경 $2\mu m$정도의 작은 구멍을 형성함으로써 CO에 대해 좋은 감도를 갖는 MOSFET형 소자를 제조할 수 있다.

그림 4-101은 Pd-MOSFET 수소센서의 게이트 부분에서 수소의 거동을 나타낸 것이다. Pd막 표면에서 해리된 원자상 수소의 일부가 Pd막을 투과하여 SiO_2층과 Pd막의 계면에 흡착하여 쌍극자층을 형성함으로써 계면 금속의 일함수를 변화시키는 것으로 해석된다.

다이오드형 센서에는 Pd-CdS, Pd-TiO_2, Pd-ZnO 등이 있으며 금속 또는 반도체의 일함수 변화에 따라 다이오드 정류작용의 변화하는 것을 이용하는 것이다. 이 밖에 그림 4-99 (d)와 같이 MOS 커패시터형도 비전기 저항변화식 가스센서로써 이용되고 있다. 이는 가스농도변화에 따른 용량-전압 특성의 변화를 이용하는 것이다.

(2) 전기화학식 가스센서

전기화학식 가스센서는 검지 대상가스를 전기화학적으로 산화 또는 환원하여 그 때 외부회로에 흐르는 전류를 측정하는 장치이다. 그리고 전해질 용액중에 용해 또는 이온화한 가스상의 이온이 이온전극에 작용하여 생기는 기전력을 이용하는 것도 있다. 전자의 경우 즉, 센서의 출력을 전류로 한 경우의 것 중에서 정전위식 가스센서와 갈바니전지식 가스센서를 간단히 소개하기로 한다.

① 정전위 전해식 가스센서 : 정전위 전해식 센서는 전극과 전해질 용액의 계면을 일정한

전위로 유지하면서 전해를 행하는 것이다. 이때 설정전위를 바꿈으로써 표 4-12와 같이 특정가스를 선택적으로 정량화할 수 있다.

표 4-12 가스의 산화·환원 전위

가스명	반응식	산화·환원 전위
CO	$CO + H_2O \rightleftharpoons CO_2 + 2H^+ + 2e^-$	-0.12 V
SO_2	$SO_2 + 2H_2O \rightleftharpoons SO_4^{-2} + 4H^+ + 2e^-$	$+0.17$ V
NO_2	$NO_2 + H_2O \rightleftharpoons NO_3^- + 2H^+ + e^-$	$+0.80$ V
NO	$NO + H_2O \rightleftharpoons NO_2 + 2H^+ + 2e^-$	$+1.02$ V
O_2	$O_2 + 4H^+ + 4e^- \rightleftharpoons 2H_2O$	$+1.23$ V

전해에 의한 전류와 가스농도 사이의 관계는 다음 식으로 주어진다.

$$I = \frac{n \cdot F \cdot A \cdot D \cdot c}{d} \quad \cdots\cdots\cdots\cdots\cdots\cdots\cdots\cdots\cdots\cdots\cdots\cdots\cdots (4-65)$$

여기서, I : 전해 전류 [A], n : 가스 1mol당 발생하는 전자의 수
F : 패러데이 상수 (96,500 C/mol), A : 가스 확산면의 크기 [cm^2], D : 확산계수 [cm^2/s]
d : 확산층의 두께 [cm], c : 전해질 용액중에서 전해하는 가스의 농도 [mol/ml]

동일한 센서에서 n, F, A, D 및 d 가 일정하기 때문에 전해전류 I 는 가스농도 c 에 비례하게 된다.

그림 4-102는 정전위 전해식 센서의 구조를 나타낸 것이다.

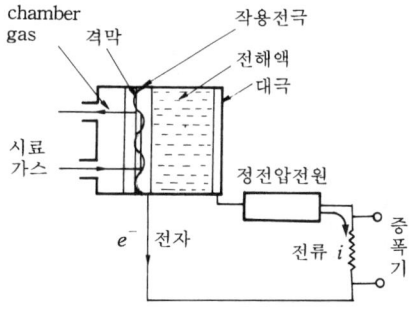

그림 4-102 정전위 전해식 센서의 구조

② 갈바니 전지식 가스센서 : 갈바니 전지식 가스센서는 정전위 전해식 가스센서와 마찬가지로 검지대상 가스의 전해에 의해 흐르는 전류로부터 가스농도를 측정하는 것이다. 지금까지 이 방식은 주로 산소의 검지에 이용되어 왔으며, 특히 산소결핍을 검지하는데 유용하다. 또한 독성가스나 가연성가스의 검지도 가능하다.

그림 4-103은 갈바니 전지식 센서의 구조를 나타낸 것이다. 플라스틱 용기의 한 면에 두께 $10 \sim 30 \mu m$의 테프론막 등 산소가스의 투과성이 좋은 막을 부착하고 그 내측에 밀착하여 음극(Pt, Au, Ag 등)을 형성한다. 부착되지 않은 용기의 내면 또는 용기내의 공간에 양극(Pb, Cd 등)을 형성한다. 전해질 용액으로서 수산화칼륨, 탄산수소칼슘 등이 사용된다. 이 방식의 센서는 산소가스 농도측정 이외에 포스핀(PH_3), 알신(AsH_3), 다이보렌(B_2H_6), 실렌(SiH_4) 등 유독가스의 농도를 수십 ppb에서 수 ppb 수준으로 검지정량하는데 사용가능하다.

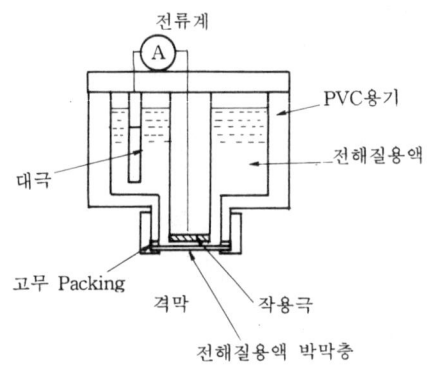

그림 4-103 갈바니 전지식 센서의 구조

(3) 고체 전해질식 가스센서

고체상태의 절연체 중에는 높은 온도(수 백도)에서 이온의 이동에 따른 도전성을 보이는 것이 있다. 이와 같은 물질을 이온전도체 또는 고체전해질이라 한다. 고체전해질을 센서에 응용한 최초의 실례가 자동차용 지르코니아 산소센서이다. 그림 4-104는 지르코니아 산소센서의 모델을 나타낸 것으로 한쪽이 밀폐된 원통형 구조를 하고 있다.

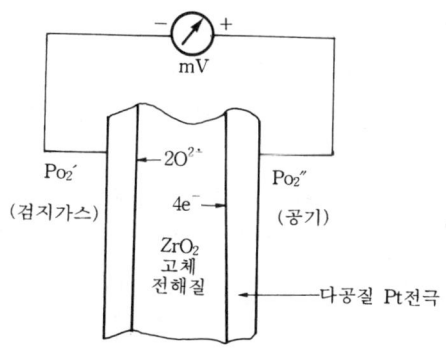

그림 4-104 지르코니아 산소센서의 모델

고체전해질 산소센서의 기전력특성은 산소농담전지와 원리가 같다. 응답특성의 안정화를 위해 안정화 지르코니아(YSZ)를 전해질로 사용하며, 보통 600~900℃ 정도의 온도범위에서 안정한 형석형 구조를 가지는 것이어야 한다. 산소분압이 높은 쪽이 양극, 낮은 쪽이 음극으로 되며 다음 식으로 나타낼 수 있다.

① 산소분압이 높은 쪽 (양극)

$$P_{O_2}'' : O_2 + 4e_2^- \rightleftharpoons 2O^{2-} \quad \cdots \cdots (4-66)$$

② 산소분압이 낮은 쪽 (음극)

$$P_{O_2}' : 2O_2^- \rightleftharpoons O_2 + 4e^-$$

P_{O_2}'와 P_{O_2}''간의 차 (산소분압의 농도차)에 의해 다음 식과 같은 Nernst방정식의 형태로 기전력이 얻어진다.

$$E\,[\text{mV}] = \frac{RT}{4F} \ln \frac{P_{O_2}''}{P_{O_2}'} \quad \cdots \cdots (4-67)$$

여기서, R : 기체상수
T : 절대온도
F : Faraday 상수

지르코니아 센서는 산소가스뿐 아니라 용융금속 중의 산소 또는 연소가스의 측정에도 이용된다. 그리고 지르코니아 펠릿을 이용하여 전압 출력식 CO센서도 가능하며, SO_2 센서 등 환경측정용 센서에도 응용되는 등 새로운 분야로 고체전해질 센서에도 지르코니아 센서 이외에 불화물 고체전해질 센서, 베타 알루미나 센서, NASICON 센서 및 LISICON 센서 등이 있으며 NASICON은 탄산가스 센서의 재료로 주목을 끌고 있다.

(4) 접촉연소식 가스센서

접촉연소식 가스센서는 가연성가스의 검지에 사용되는 것으로서 검지가스가 연소하는 열이 소자의 온도를 높임으로써 생기는 발열선(백금선)의 변화를 이용하는 가스감지소자이다. 이 소자의 구조는 그림 4-105와 같으며, 백금코일선은 산화에 대해 촉매 활성을 갖는 귀금속을 분산시킨 알루미나 담체로 피복시켜 소결함으로써 얻어진다. 백금 코일선에 전류를 흘려 200~400℃의 온도로 유지하고 이 주위에 가연성 가스가 접촉할 때 생기는 연소반응열이 소자의 온도를 상승시킨다. 접촉연소식 가스센서는 보통 보상소자와 함께 사용하게 되는데 이 소자는 가스에 대해 감도가 거의 없는 것을 사용해야 한다.

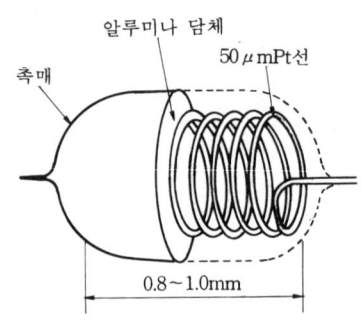

그림 4-105 접촉연소식 가스센서의 구조

표 4-13은 반도체와 접촉연소식 가연성 가스센서를 비교한 것으로서 접촉연소식은 선택성과 직선성이 반도체식보다 우수하다는 것을 대표적인 장점으로 들 수 있다.

표 4-13 반도체와 접촉연소식 가스센서의 비교

비교 항목	반도체식 가스센서	접촉연소식 가스센서
감도	매우 좋음	좋음
선택성	좋지 않음	좋음
응답속도	빠름	빠름
장기안정도	매우 좋음	좋음
직선성	나쁨	좋음
경제성	매우 좋음	매우 좋음
측정 범위	수 ppm	수십 ppm

7-2 이온센서

(1) 이온센서에 의한 측정

화학센서 중에서 전기 화학적인 측정법의 원리를 이용하고 있는 이온센서(ion sensor, 이온전극 ion electrode 또는 이온선택성 전극 ion-selective electrode)는 분석하고자 하는 용액 중의 특정한 이온에 대하여 선택적으로 감응하고, 특정한 이온의 농도(엄밀하게는 활동도)에 대하여 선형적인 전위를 발생시키는 전극이며, 그 대표적인 보기로 pH 측정에 쓰이는 유리전극 등이 있다. 이온의 농도를 전위차법적으로 측정할 때에 쓰는 이온전극은 특정한 이온에 대하여만 감응하는 막을 가진 일종의 막전극이며, 고체상/액체상 또는 액체상/액체상의 경계면에 발생하는 전위차를 계측하고, 그 전위차로부터 액체상 곧 시료용액 중의 이온의 농도를 구하는 것이다.

시료용액에 들어있는 특정한 이온의 농도를 구할 때에는 은/염화은 전극과 같은 적당한 기준전극을 이온선택성 전극과 함께 그림 4-106에 나타낸 것처럼 시료용액 속에 담그고, 이들 두 전극 사이의 전위차(또는 기전력 electromotive force, EMF) E를 측정한다. 이온선택성 전극중의 내부 기준전극 채우는 용액(internal filling solution)과 기준전극 전해질은 동일한 은/염화은 전극을 쓴다면 전해질 용액이 서로 같으며, (내부) 기준전극의 전극전위가 일정하도록 전해질의 농도가 비교적 높은 것을 쓰고 있다.

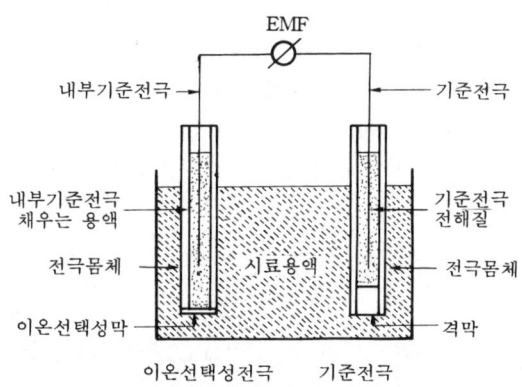

그림 4-106 이온선택성 전극과 기준전극 사이의 기전력 측정

이온선택성 전극의 전위를 E_I, 기준전극의 전위를 E_r, 기준전극과 시료용액의 접촉부분의 전위차(곧 액간접촉 전위차 liquid junction potential)를 E_j라고 하면 E는 다음과 같이 나타낼 수 있다.

$$E = E_I - E_r + E_j \quad \cdots\cdots\cdots\cdots\cdots\cdots\cdots\cdots\cdots\cdots\cdots\cdots\cdots\cdots\cdots\cdots\cdots (4-68)$$

여기서 E_j는 염다리 (보기를 들면 KCl염다리)를 써서 수 mV 이하까지 최소화시켜서 무시할 수 있다. 그림과 같이 격막으로서 다공성 ceramics를 쓴다면 internal filling solution이 ceramics의 빈 구멍에 채워지므로 염다리의 구실을 하게 된다. 기준전극의 전위 E_r도 보통 일정하므로 식 (4-68)의 $E_j - E_r$은 상수로 둘 수 있다. 분석하고자 하는 이온을 i라 하고, i 이온의 활동도를 A_i라고 하면, i 이온에 대한 E 곧 E_i와 A_i 사이에는 다음과 같은 Nernst식이 성립한다.

$$E_i = E_i^0 + \frac{2.303RT}{n_i F} \log A_i \quad \cdots\cdots\cdots\cdots\cdots\cdots\cdots\cdots\cdots\cdots\cdots\cdots\cdots\cdots\cdots (4-69)$$

여기서 E_i^0는 전극의 구성 (내부용액의 유무 및 그 종류, 감응막으로부터 외부로의 전기적 접속방법 등)에 따라서 정해지는 상수, R는 기체상수, T는 절대온도, F는 Faraday상수, n_i는 i 이온의 하전수이다. $2.303RT/n_i F$는 Nernst계수라고 불리는 것이며, $n_i = 1$이고 $T = 298K$ (25℃)일 때에는 0.05916V의 값을 가진다.

윗 식의 관계로부터 E_i를 측정하여 A_i를 구할 수 있다. 또 A_i와 몰농도 C_i 사이에는 $A_i = f_i C_i$의 관계가 있으며, f_i의 값이 일정하다면 A_i를 구하여 C_i를 계산할 수 있다. f_i를 구하려면 시료용액과 농도기지인 표준용액의 이온강도를 같도록 하여 비교하거나, Debye-Hückel의 이론 식을 써서 f_i값을 계산한다. 이러한 이온전극은 전극이 원래 응답하지 않는 많은 이온에 대하여 간접적으로 분석할 수 있으므로 그 응용범위가 넓다. 위의 식은 i이온 이온전극의 전위에 영향을 미치는 같은 부호의 전하를 가진 이온이 시료용액 속에 존재하지 않을 때에 성립하는 식이다. 그러나 방해이온이 존재할 때 이온전극의 전위는 다음과 같이 표시된다.

$$E_i = E_i^0 + s \log \{A_i + \Sigma k_{ij}^{pot} \cdot A_j^{n i/nj}\} \quad \cdots\cdots\cdots\cdots\cdots\cdots\cdots\cdots\cdots\cdots (4-70)$$

이 식은 Nichosky식 또는 Nicolsky-Eiserman식으로 불리고 있다. s는 Nernst계수이며, A_j는 공존하는 같은 부호의 전하를 가진 j이온의 활동도, k_{ij}^{pot}는 이온선택성 전극에 대한 j이온의 영향을 나타내는 값으로 선택계수(selectivity coefficient)라고 불린다. 선택계수의 값이 작을수록 이온전극은 i 이온에 대하여 선택성이 좋다는 뜻이 된다. 그러나 j이온에 다른 부호를 가진 이온도 전극막과 반응하거나 막속으로 녹아 들어가기 때문에 측정을 방해할 수도 있다.

(2) 이온센서의 종류

이온센서는 이미 30여 종류가 시판되고 있으며, 이들은 의료계측, 공업공정, 식품공업, 환경계측, 기초연구 등의 여러 분야에 걸쳐서 광범위하게 이용되고 있다. 이온센서는 이온 선택성을 나타내는 막재료의 성질에 따라서 다음과 같이 6가지로 분류하여 설명한다. 이온센서의 구조를 개략적으로 나타내면 그림 4-107과 같다.

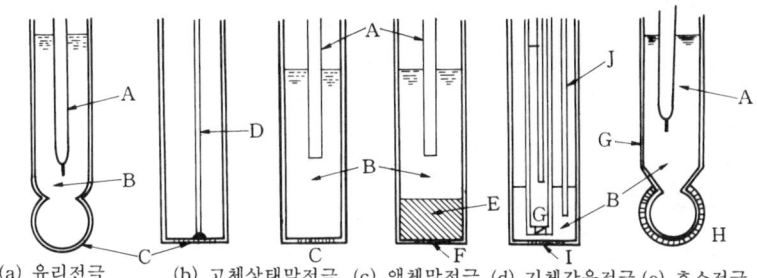

(a) 유리전극   (b) 고체상태막전극   (c) 액체막전극   (d) 기체감응전극   (e) 효소전극

A : 내부전극, B : 내부전해질용액, C : 감응막, D : lead선, E : 이온교환액,
F : 다공성막, G : 내부이온선택성전극, H : 효소를 포함한 막, I : 기체투과막, J : 기준전극

그림 4-107 이온센서의 개략적인 구조

① 유리막 전극(glass membrane electrode) : 막 재료는 Na_2O 또는 Li_2O, Al_2O_3 및 SiO_2로 이루어져 있거나 다성분 유리로 이루어져 있으며, 유리막 전극은 간단히 유리전극이라고도 한다. 유리전극은 그림에 나타낸 바와 같이 공모양의 얇은 유리막(두께 0.05~0.5mm)으로 이루어져 있고, 내부에는 pH를 아는 완충용액(pH 7.0의 KCl-인산염 완충용액 또는 0.1M의 염산용액)과 내부 기준전극(은/염화은 전극 또는 칼로멜 전극)을 봉하여 넣어 놓았다.

　복합 pH전극은 이 유리전극의 몸체에 다른 기준전극이 들어있는 전극이며, 두 전극 사이의 기전력 E_i만 측정하면 수용액의 pH를 알 수 있게 된다. pH미터의 기전력과 pH 사이에는 $E_i = k + 0.0592 pH$ (25℃에서)의 관계가 성립한다. 이 식의 k는 유리전극에 따라서 다르므로 pH값이 정확하게 알려져 있는 프탈산수소칼륨이나 인산염표준 완충용액을 써서 k값을 구할 수도 있으나, 보통 pH미터로써 이 식이 성립하도록 보정 조절하고 난 다음에 시료용액의 pH를 재고 있다. 표 4-14에는 여러 가지 유리전극의 조성, 응답범위, 선택계수 등을 나타내었다.

② 고체상태막 전극(solid-state membrane electrode) : 막의 재료는 여러 가지의 결정성 물질 곧 단결정, cast 또는 소결한 물질, 가압성형한 다결정성 pellet, 소수성 고분자 binder 속에 붙잡혀 있는 침전의 불균일 combination 등이다. 물에 녹기 어려운 무기염을 감응막으로 쓰는 고체상태막 전극의 대부분은 그림 (b)의 왼편과 같이 감응막에 은선 등의 금속선이 직접 접속되어 있다. 플루오르화 이온 전극은 그림 (b)의 오른편과 같은 구조이며, 내부 용액은 0.1M NaCl-NaF 등이다.

표 4-14 유리 전극의 보기

감응 이온	막조성 (몰 %)	응답범위 (몰농도)	방해성분 (선택계수)	비 고
H^+	$Na_2O\,(21.4)-CaO\,(6.4)-SiO_3\,(72.2)$ $Li_2O\,(28)-Cs_2O\,(3)-La_2O_3\,(4)$ $SiO_2\,(65)$	$0\sim10\,(pH)$ $0\sim14\,(pH)$	$Na^+\,(\sim10^{-15})$	Cornig 15 Perley의 연구 NAS 11-18
Na^+	$Na_2O\,(11)-Al_2O_3\,(18)-SiO\,(71)$	$1\sim10^{-8}$	$Ag^+\,(\sim500),\,H^+\,(300),\,K^+\,(10^{-3})$	NA 27-4
K^+	$Na_2O\,(27)-Al_2O_3\,(4)-SiO_2\,(69)$	$1\sim5\times10^{-6}$	$Na^+\,(0.1),\,NH_4^+\,(0.3),\,Rb^+\,(0.5)$	

고체상태막 전극의 대표적인 보기를 표 4-15에 나타내었다. 이때 전극막은 단결정 (LaF_3)막이나 난용성염의 가루를 가압성형 또는 반용융성형한 균일막과 실리콘 고무나 폴리아세트산 비닐 등의 고분자물질 속에 난용성염을 분산시킨 불균일막이다. 시판하는 상품에는 균일막형이 많다. 불균일막에서는 염의 가루가 서로 접촉하여서 막이 전도성을 잃지 않아야 한다. 이를 위해서는 염의 입자가 $5\sim10\,\mu m$이어야 하고, 또 polymer에 대하여 염의 비율이 50% 이상이어야 한다.

표 4-15 몇 가지의 난용성 무기염 고체상태막 전극

전극	막물질	측정범위 (몰농도)	주요한 방해 이온 (선택계수)
F^-	LaF_3	$1\sim10^{-6}$	$OH^-\,(\sim0.1)$
Cl^-	$AgCl,\,AgCl-Ag_2S$	$1\sim10^{-5}$	$^*S^{2-},\,I^-\,(2\sim10^6),\,CN^-\,(5\sim10^6),\,Br^-\,(3\sim10^2)$
CN^-	AgI	$10^{-2}\sim10^{-6}$	$^*S^{2-},\,I^-\,(10)$
Ag^+	Ag_2S	$1\sim10^{-7}$	$^*HG^{2+}$
Cu^{2+}	$CuS-Ag_2S$	$1\sim10^{-7}$	$^*Ag^+,\,^*Hg^{2+},\,Fe^{3+}\,(10)$

㈜ : *표시를 한 이온이 공존하면 안된다.

③ 액체 이온교환체막 전극 (liquid ion-exchanger membrane electrode) : 막은 물과 섞이지 않은 극성액체 유기상으로 이루어져 있고, 이 유기상 속에 소수성 산, 염기, 염 및 이온 회합체와 같은 이동성 이온 화합물 또는 이온 발생화합물 (ionogenic compound)이 들어 있다.

표 4-16 몇 가지의 시판하는 액체 이온교환체 막전극

전극	교환기	측정범위 (몰농도)	주요한 방해이온 (선택계수)
Cl^-	R_4N^*	$0.1 \sim 10^{-5}$	$ClO_4^-(32)$, $I^-(17)$, $NO_3^-(42)$, $Br^-(1.6)$, $OH^-(1.0)$, $OAc^-(0.32)$, $SO_4^{2-}(0.14)$, $F^-(0.10)$
ClO_4^-	FeL_3^{2+**}	$0.1 \sim 10^{-5}$	$OH^-(1.0)$, $I^-(0.012)$, $NO_3^-(1.5 \times 10^{-3})$, $Br^-(.6 \times 10^{-4})$ $Cl^-(2.2 \times 10^{-4})$, $SO_4^{2-}(1.6 \times 10^{-4})$
NO_3^-	NiL_3^{2+**}	$0.1 \sim 10^{-5}$	$ClO_4^-(10^3)$, $I^-(20)$, $ClO_3^-(2)$, $Br^-(0.9)$, $S_2^-(0.57)$ $NO_2^-(0.06)$, $CN^-(0.02)$, Cl^-, $CO_3^{2-}(0.006)$
Ca_2^+	$(RO)_2PO^{-***}$	$0.1 \sim 10^{-5}$	$Zn^{2+}(3.2)$, $Fe^{2+}(0.8)$, $Mg^{2+}(0.12 \sim 0.14)$, $Ba^{2+}(0.01)$ $Na^+(0.015 \sim 0.0003)$, $H^+(72 \sim 10^5)$

㈜ * Aliquat 336s (methyltrioctylammonium)등, **L : ortho-phenathroline 유도체
*** didecylphosphate 등

시판되고 있는 주요한 액체 이온교환체막 전극을 표 4-16에 나타내었다. 감응막은 표에 나타낸 교환기와 측정이온의 이온쌍을 전극막 용매(유기 용매)에 녹인 것이다. 용매로서는 n-octyl-2-nitrophenylether (NO_3^- 전극), p-nitrocimene (NO_3^-, ClO_4^- 전극), di-(n-octhyl-phenyl)phosphate (Ca^{2+} 전극), nitrobenzene, 1,2-dichloroethane, chloroform, o-dichlirobenzene 등이 쓰인다. 이온교환체는 유기용매막 속에 잘 녹는 것이어야 한다.

④ 중성 운반체액체막 전극(neutral carrier liquid membrane electrode) : 막은 보통 전기적으로 중성이고, 어떤 이온과 특이하게 착이온을 만드는 시약 곧, 이온운반체(ion carrier or ionophore)로 이루어져 있고 이것이 비활성인 고분자 matrix 속에 붙잡혀 있다. 최근에 이르러 액체막형 전극의 막으로서 위에서 설명한 액체 이온교환체를 유기용매에 녹인 막보다는 PVC, 폴리아세트산비닐, 실리콘고무 등의 polymer에 중성 운반체를 가소제와 함께 용해 고정화한 막이 많이 쓰인다.

보기를 들면, 칼륨과 암모늄의 중성 운반체로써 쓰이는 valinomycin과 nonactin의 구조는 거대로리를 가지고 있으며, K^+과 NH_4^+을 중심에 두고 둘러싼 형태로서 액체막 용액속에 녹아있다. 이들 중성 운반체를 쓴 막전극의 선택계수를 표 4-17에 나타내었다.

표 4-17 K^+과 NH_4^+에 감응하는 중성 운반체막 전극

전극	막용매	중성운반체	선택 계수
K^+	디페닐에테르	valinomycin (0.92 M)	$Li^+(2 \times 10^{-4})$, $NH_4^+(10^{-2})$, $Na^+(2.5 \times 10^{-4})$, $H^+(5 \times 10^{-5})$, $Mg^{2+}(2 \times 10^{-4})$, $Ca^{2+}(2.5 \times 10^{-4})$
NH_4^+	트리스(2-에틸헥실)인산	nonactin(72%) monactin(28%)	$Li^-(4.2 \times 10^{-3})$, $Na^+(2.0 \times 10^{-3})$, $Ca^{2+}(1.7 \times 10^{-4})$, $K^+(0.12)$

⑤ 특수 전극으로서 기체감응 전극(gas sensing electrode)과 효소 전극(enzyme electrode) : 특수 전극의 검출 전극은 ①~④항의 이온센서가 그대로 쓰인다. 가스 감응전극의 내부에는 유리전극 등의 이온전극이 들어 있고, 그 감응면을 소수성인 다공질막으로 입혀 놓

았다. 이 전극을 시료용액에 담그면 시료가스가 소수성막(다공성도 60%, 테플론, 막두께 10^{-2}cm, 세공지름 1.5 μm 이하) 세공을 통하여 얇은 내부용액층(유리 전극면과 다공질 막 사이의 10^{-3}cm도의 얇은 용액층)으로 녹아 들어가서 용액의 pH가 변하게 된다. 보기를 들면 NH_3 감응 전극에서는 세공을 통과하여 들어온 NH_3가스가 내부용액의 pH를 증가시키게 된다. 이러한 전극에서 내부용액과 시료용액이 서로 섞이지 않으므로 시료용액 중의 공존이온의 영향을 전혀 받지 않게 된다. 표 4-18에는 대표적인 가스감응 전극의 성능을 나타내었다.

표 4-18 몇 가지의 가스 감응전극의 성능

기체전극	내장된 이온전극	내부 용액	검출한계 (M)	기울기	용액 조건	방해 물질
CO_2	H^+	0.1M $NaHCO_3$	~10^{-5}	-60	< pH 4	
NH_2	H^+	0.01M NH_4Cl	~10^{-6}	-60	> pH 11	휘발성산
HCN	Ag^+	$KAg(CN)_2$	~10^{-7}	-120	< pH7	H_2S (Pb^{2+} 첨가)
H_2S	S^{2-}	시트르산염 완충용액(pH 5)	~10^{-8}	-30	< pH5	O_2 (아스코르브산 첨가)

㈜ * M은 몰농도의 뜻이다.

효소 전극은 유리전극 등을 내장전극으로 쓰고, 그 전극표면에 효소를 고정화시킨 전극이다. 시료용액 중의 측정하고자 하는 기질(글루코오스, 요소 등)은 효소막 속의 효소에 의하여 선택적으로 분해되고, 분해된 화학종이 내장전극 쪽으로 들어오면 전위차법 또는 전류법으로 검출하여 시료용액 속의 기질을 간접적으로 분석한다. 보기를 들면 요소는 효소 urease의 작용으로 NH_4^+와 HCO_3^-로 분해되므로 NH_4^+를 유리전극이나 암모니아가스감응 전극 또는 HCO_3^-를 탄산가스감응 전극으로 검출하면 결국 요소가 정량된다. 효소는 특정한 기질에 대하여서만 특이적으로 반응하므로 선택성이 매우 높게 된다.

⑥ 이온 선택 성장효과 트랜지스터(ion-selective field effect transistor ; ISFET) : ISFET은 전계효과를 이용한 반도체 이온센서이며, MOSFET 구조의 금속 gate 대신에 이온감응막(ion sensitive membrane)과 시료용액 및 기준전극을 쓴 센서이다. ISFET은 1970년 Bergveld가 제안하고 Janata 등이 발전시킨 것이다. 현대까지 ISFET을 써서 연구한 것은 주로 pH센서에 대한 것이 많으나 Na^+, K^+, Cl^- 등의 이온 센서로서 또 효소반응의 결과로서 H^+이 생성될 때에는 효소 센서로 응용하는 것에 대하여 활발히 연구되고 있다. ISFET의 구조를 그림 4-108에 나타내었으며, 몇 가지의 pH ISFET의 특성을 표 4-19에 비교하여 나타내었다.

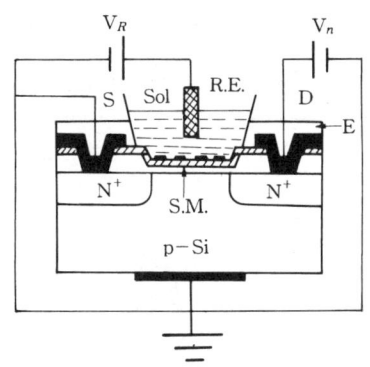

그림 4-108 ISFET의 구조

표 4-19 여러 가지 pH ISFET의 특성 비교

gate 표면 재료		SiO_2	Si_3N_4	Al_2O_3	Ta_2O_5
pH 측정범위		4~10	1~13	1~13	1~13
pH 감도[mV/pH]		25~35, >pH7	46~56	53~57	56~57
감도*[mV]	Na^+	37~48, <pH 7			
	K^+	20~30	5~20	2	<1
응답시간	95%, sec	30~50	5~25	2	<1
	98%, min	1	<0.1	<0.1	<0.1
장시간 drift[mV/hr] (pH 7, 103분 후)		불안정	4~10	2	1
hysteresis[mV]**		불안정	1.0	0.1~0.2	0.1~0.2

㈜ * pH 7, 1M의 NaCl 또는 KCl용액 속에 담그었을 때의 출력전압의 변화
** pH 7 → 4 → 7, pH 7 → 10 → 7로 변화시킨 뒤 1시간 뒤의 출력전압의 변화

7-3 습도센서

 습도센서는 공공안전용, 의료용, 농업용, 공업용 및 각종 특정용 등 광범위한 응용 분야를 갖고 있는 화학센서의 일종이다. 이와같이 다양한 응용분야에 대응하기 위한 여러가지 습도 센서가 개발되고 있으며, 이 중 건구와 습구의 온도차로부터 습도를 측정하는 건습구 습도계와 모발 길이의 변화로서 측정하는 모발습도계는 오래전부터 상용화되어 왔음은 주지의 사실이다. 이들은 출력으로서 전기적 신호를 얻는 것이 아니고 다른 물리적 양의 변화를 이용하는 것이므로 전자기기의 구성부품으로 이용하기에는 적합하지 않다. 현재는 시스템화로 인해 습도를 전기신호로 검지하는 것이 필요하여 임피던스 또는 전기용량 등 전기적 양의 변화를 이용하는 센서가 주로 개발되고 있다.
 현재, 전자부품으로서 이용되고 있는 습도센서는 열전도식(서미스터식)과 금속산화물 세라믹계 등을 이용한 흡착식이 대부분이다. 습도센서를 재료에 따라 분류하면 전해질계센서, 유기고분자계센서, 세라믹계센서, 마이크로파 수분센서, 방사선센서 등으로 나눌 수 있다.

표 4-20 습도센서의 종류와 동작온도

종 류	습도의 검출범위 [%RH]	동작 온도[℃]
세라믹센서	1~100	0~150
고분자센서	1~100	-10~60
전해질 센서	10~90	0~90
열전도식 센서	0~100	10~250
마이크로파 수분센서	0.3~70	0~35
방사선 센서	8~99.9	-20~50

(1) 세라믹 습도센서

 세라믹스는 물리적, 화학적 및 열적으로 안정한 재질이기 때문에 습도센서 재료로 적합하다. 감습기구는 다공질 세라믹인 금속산화물, 예를 들면 Al_2O_3의 미립자 표면에 수증기가 흡탈착함에 따라 세라믹의 전기저항이 변화하는 것으로 설명된다. 습도 검출방식에는 2종류가 있어 그 하나는 가열 크리닝을 필요로 하는 것으로서 이는 고온저습에도 검출 가능하나 습도를 연속적으로 검출하기 어렵다. 다른 하나는 가열 크리닝을 하지 않으며, 연속측정이 가능한 방식의 것이다.

 그림 4-109는 세라믹 습도센서의 구조를 나타낸 것으로 가열 크리닝용 히터를 부착한 것이다. 감습세라믹을 500℃ 이상에서 수초간 가열하여 세라믹스의 오염물질을 제거하여 재생시킬 수 있게 하는 것이다.

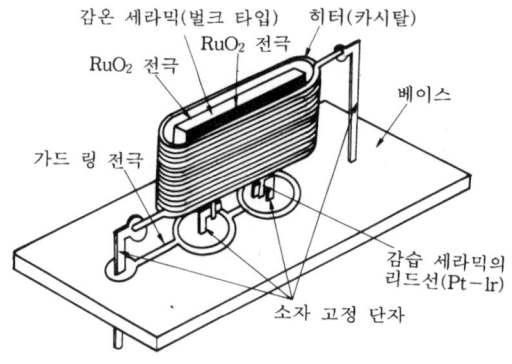

그림 4-109 세라믹 습도센서의 구조

 여기서 주로 사용하는 세라믹 물질은 마그네슘 스피넬인 $MgCr_2O_4$-TiO_2계의 다공질세라믹(MCT)이다. MCT계는 200℃까지 저항의 온도의존성이 작고 그 이상의 온도에서는 통상의 서미스터 특성을 나타낸다. 그림에서 센서를 지지하는 베이스는 센서 세라믹과 마찬가지로 더러워지기 쉽다. 베이스에 전해질이 부착될 경우 센서 단자간에 전기적 누설이 생길 가능성이 있다. 이 리크를 방지하기 위해 베이스에 가드링을 설치한다.

그림 4-110는 대표적인 감습 특성을 나타낸 것이다.

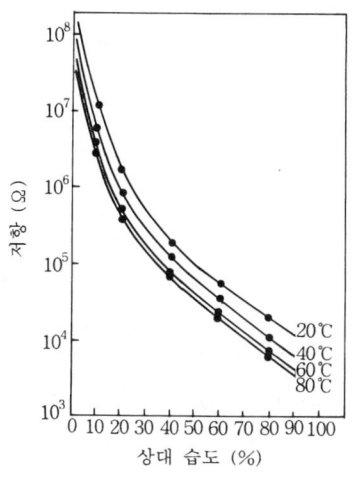

그림 4-110 감습 특성

이 세라믹 습도센서는 1%의 RH (상대습도)에서 100%의 RH까지 거의 전역을 검출할 수 있다. 검출할 수 있는 온도도 150℃까지 확대되어 있다. 그리고 MCT계 세라믹센서는 소형, 고감도이며 넓은 동작온도 범위와 빠른 응답속도를 갖는다는 장점이 있다. 세라믹습도 센서의 응용예로서 전자레인지가 있다.

한편 가열 크리닝이 필요하지 않는 비가열형 습도센서는 원판 모양의 감습세라믹의 양면에 다공질의 산화물전극을 인쇄·소부시켜 얻는 것으로서 10%RH에서 90%RH의 습도를 측정할 수 있다. 이 타입의 센서는 상대 습도가 증가함에 따라 저항이 지수함수적으로 감소하게 된다.

(2) 고분자 습도센서

유기 고분자계의 흡습성을 이용한 다수의 습도센서가 출현하고 있다. 이 센서는 오염에 대한 내구성이 비교적 강하고 사용온도는 60℃ 이하이다. 고분자계 습도센서에는 저항형과 용량형이 있으며, 전자는 제4급 암모늄염 폴리머나 폴리스틸렌 술폰산염이 이용되며 후자는 셀룰로오스를 베이스로 하고 있다.

습도가 증가함에 따라 물질의 전기저항이 감소하여 20%RH로부터 80%RH (25℃)로 습도가 변화할 때 1000배 정도로 전기저항이 변화하고 장기 안정성이 우수하다.

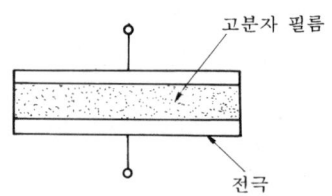

그림 4-111 용량형 습도 센서

물의 유전율(25℃에서 78)은 고분자 재료의 유전율(건조시 약 3 정도)에 비해 크기 때문에 그림 4-111과 같은 콘덴서를 만들면 습도센서가 된다. 고분자 필름에 흡착하는 물분자의 양에 따라 정전용량이 변한다. 용량형 습도센서의 특징은 측정범위가 넓어(0~100%RH) 상대습도에 대해 직선적인 출력을 얻을 수 있다. 저항형 습도센서도 직선적인 출력을 보이지만 지수에 대해 직선성을 나타내기 때문에 그 분해능이 용량형에 비해 나쁘다. 특히 저습도 영역의 측정은 어렵다. 용량형 습도센서는 주로 셀룰로오스계를 모제로 사용하며 고분자의 필름 두께 약 20μm를 100Å의 다공질 금전극에 형성하고 있는 것이 특징이다.

(3) 전해질 습도센서

습도센서로서 가장 오래된 것이 염화리튬을 이용한 것으로서 1938년 Dunmore가 발표한 것을 시작으로 특성 개선을 위한 연구가 계속되어 오늘에 이르고 있다.

염화리튬은 전해질이기 때문에 흡습성염의 농도가 차차 엷어져서 수명이 길지 않다. 이를 개선하기 위해 식물섬유, 다공성 실리카유리, 유리테이프 등을 이용하는 방법이 검토되어 왔다. 이 중 실용화되고 있는 것이 식물섬유를 사용하는 것이다. 길이 10mm, 폭 4mm, 두께 0.2mm의 식물의 속부분(髓) 박편에 적당한 농도의 염화리튬용액을 베어들게 해서 건조시킨 것을 백금전극 사이에 놓은 것이다. 전극간의 거리는 약 1mm이다.

염화리튬계 습도센서의 또 하나의 응용으로서 노점 습도계가 있다. 이 센서의 원리는 물의 증기압이 염화리튬의 존재하에서 감소하는 관계를 이용하는 것이다. 공기중의 수증기가 용해성의 염에서 응축되면 염의 표면상에 포화층이 생긴다. 포화층은 주위공기의 수증기압보다 저증기압이 된다. 염이 가열되면 증기압은 주위공기의 수증기압과 대등하게 되고 또 증발-응축의 과정이 평행에 도달할 때까지 증가하는데 그 평형온도가 노점이다.

(4) 초음파 습도센서

최근 초음파를 이용한 고속도 습도측정이 보고되고 있다. 이는 초음파 기온계와 저항온도계의 조합에 의한 것으로 초음파의 전달속도가 기온에 의해 변화하는 것을 이용한다. 이때 측정결과가 습도의 영향을 받는 것에 착안하여 온도계와 병용함으로써 습도에 관한 정보를 끌어내는 것이다.

건조공기 속의 음소 V_d 및 수증기를 함유한 공기중의 음속 V_h는 각각 다음 식으로 된다.

$$V_d = 20.067\, T^{1/2}\ [\text{m/s}] \quad\quad (4-71)$$

$$V_h = 20.067\, [\, T(1+0.3192e/p)\,]^{1/2}\ [\text{m/s}] \quad\quad (4-72)$$

여기서, T는 기온(°K), e는 수증기 분압, p는 대기의 정압이며 이 식으로부터 수증기압에 의한 음속의 변화 ΔV와 수증기분압 e를 구할 수 있다.

$$\Delta V = V_h - V_d \fallingdotseq 20.067\, T^{1/2} \times 0.1596 e/p\ [\text{m/s}] \quad\quad (4-73)$$

$$e \cong 6.266 p(V_h - V_d)/V_d \quad\quad (4-74)$$

V_h를 초음파 기온계로, V_d를 저항온도계로 측정하면 절대습도, 상대습도를 구할 수 있다.

(5) 열전도 습도센서

열전도라고 하는 물리적 현상을 이용한 절대 습도센서가 실용화되고 있다. 이 타입의 센서는 2개의 서미스터를 사용하는데 1개는 건조공기를 밀봉하고 1개는 분위기에 노출시킨다. 2개의 서미스터와 저항 2개로 브리지회로를 구성한다.(그림 4-112) 건조공기 중에서 평형을 유지시키고 서미스터에 전류를 흘려 약 200℃로 가열한다. 이 상태에서 수증기를 함유한 분위기에 누출시키면 건조공기와 수증기의 열전도도차에 의해 불평형 전압이 발생한다.

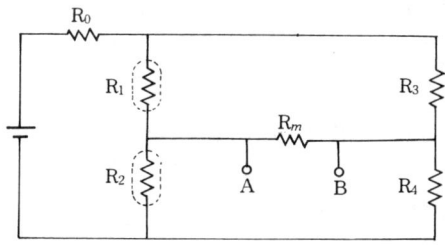

그림 4-112 습도 검출회로

이 센서의 특징은 출력신호로부터 절대습도가 검지될 수 있다는 것, 습도의 증가와 감소에 대하여 90%까지 12~13초에 응답하고 히스테레시스가 전혀 없으며, 0~100%RH의 전영역에 정확히 반응하는 것 등이다. 그러나 기체의 종류에 대한 선택성이 없으므로 표준공기와 수증기 이외의 기체가 혼입되어 있을 때에는 지시값이 영향을 받고, 또한 압력의 영향을 받는다는 점에 유의할 필요가 있다.

8. 바이오 센서

　수소이온농도 센서인 유리전극이 1906년 Cremer에 의하여 발표되었는데 이것이 화학 센서의 창시이다. 이 화학센서는 그동안 반도체, 세라믹스, 고체전해질 등을 써서 이온선택성전극, 습도센서, 가스센서 등 다양하고 신속하게 발전해 왔다. 그러나 초기의 상당한 기간동안 화학센서의 측정대상의 대부분이 무기화학물질에 한정되어 있었기에 자연히 유기화학물질을 선택적으로 측정할 수 있는 센서의·출현이 요청되었다. 예로서 특히 의료분야에서 체액중의 저분자에서 고분자에 이르기까지 생체 관련물질의 측정이 진단과 치료에 불가피하게 되었다. 이 목적으로 1940년대부터 효소가 진단시약으로 쓰여져 왔는데 그 이유는 효소가 특정의 분자를 식별해서 이들의 반응을 촉매하기 때문이다.

　Clark 등은 이 효소의 특이성에 착안하여 이것을 전극과 결부시켜 효소의 기질을 계측하는 원리를 1962년 처음으로 제안하였다. 이런 전극은 1967년 Updike 등이 고정화 효소를 적용함으로써 새로운 단계에 접어들게 되었고, 처음에는 단일 혹은 복수의 효소가 단일분자 식별소자로 쓰였으나, 차츰 다양한 효소를 써서 복합적 분자식별소자로 발전하게 되었다. 다시말하면 생체 내에서는 서로 친화성이 있는 물질, 예를들면 효소-기질, 효소-조효소, 항체-항원, 호르몬-리셉터(receptor) 등이 존재하고 있어 이들의 어느 한편을 막에 고정화해서 분자식별소자로 쓰면 상대편을 선택적으로 계측할 수가 있다. 더 나아가서 세포소기관(organelle), 미생물, 세포, 조직 등이능을 이용한 여러 가지 센서들의 출현이 기대되고 있다. 이러한 생체관련물질을 선택적으로 계측하는 센서들을 총칭하여 바이오센서(biosensor)라 한다. 바이오센서는 생체내의 화학물질 계측에 있어서 의료진단에는 필수불가결하게 되고 있다. 바이오센싱을 필요로 하는 것은 의료분야 뿐만 아니라 바이오산업의 공정, 환경 및 기초 과학 분야에서도 필수이다. 여기서는 바이오센서의 원리를 개략적으로 설명하고, 여러가지로 분류할 수 있는 바이오센서들을 생체관련물질(수용성물질)에 따라 분류하여 개괄적으로 소개한다.

8-1 바이오센서의 원리

　그림 4-113에 바이오센서의 원리를 나타내었다. 바이오센서는 기능적으로 측정대상인 생체관련 물질에 대한 선택감지기능(식별기능)과 전기적 신호로 변환하는 변환기능(트랜스듀서기능)으로 구성된다. 생체 내에서 친화성을 가진 물질의 한편을 고정화하여 그 상대를 식별할 수 있게 한 막을 생물기능성막이라고 하는데, 이 생물기능성막이 곧 바이오센서의 선택감지기능부이다.

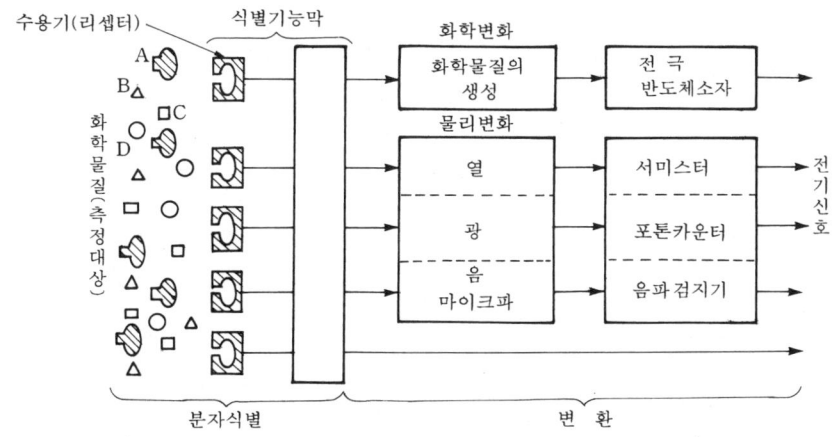

그림 4-113 바이오센서의 원리

    화학정보를 전기신호로 변환하는 트랜스듀서(변환기)로는 이온이나 가스 감지전극이 가장 많이 이용되는데, 이들 전극에서 얻어진 전기신호는 전류값이거나 전압값 중의 하나가 된다. 전류값으로 측정되고, 요소반응에 관여한 이온이나 가스들의 농도는 이들에 선택적으로 감응하는 막에 생긴 막전위로써 측정된다. 그러므로 이들 전류값 또는 전압값의 측정을 위한 각종 전극들이 연구되어지고 있다. 전류측정형(amperometric)으로는 O_2전극, H_2O_2전극, H_2전극 등이 있고 전압측정형(potentiometric)으로는 H^+전극, CO_2전극, NH_3전극 등이 있다. 또 바이오센서의 변환기능에는 생체신호를 직접적으로 전기신호로 변환하는 직접변환기능 즉 생전변환(生電變換)기능이 있고, 동시에 간접변환기능 즉 생화전(生化電)변환기능, 생열전(生熱電)변환기능 및 생광전(生光電) 변환기능이 있다. 그러므로 바이오센서의 변환기는 전기측정(전류측정 및 전압측정)기능, 광측정기능 또는 열측정기능을 가진다.

    바이오센서의 응답속도, 감도, 수명 등의 특성은 분자식별 기능재료인 효소와 미생물 등을 고정화한 막상(膜狀) 구조와 그것의 제조방법에 의존한다. 따라서 고정화 막두께, 고정화량, 기질투과성(基質透過性), 트랜스듀서의 특성 등이 활발하게 검토·연구되고 있다.

8-2 바이오센서의 종류

    바이오센서는 크게 3가지인 반응식, 수용물질, 변환기(트랜스듀서)에 따라 분류되어진다. 여기에서는 생체관련물질 즉 수용물질에 따라 바이오센서를 분류하여 설명한다. 또한 생화학반응의 결과로 생성되는 화학 물질, 열, 광 등을 계측하는 소자의 종류에 따라 전극형, 열측정형, 광측정형 등으로 구분되어지는 바이오센서들 중에서 전극형 바이오센서를 중심으로 설명한다. 표 4-21에 수용물질에 따라 분류된 대표적인 바이오센서를 나타냈다. 실용화되어 있는 글루코오스 센서는 혈청 또는 전혈(全血)을 측정 대상으로 수천회의 검체(檢體) 측정을 연속적으로 행할 수 있다. 또 대부분의 센서는 효소막을 간단히 변환할 수 있도록 되어 있다.

표 4-21 대표적인 바이오센서

종류	고정화막	트랜스듀서	측정 대상
효소센서	효소막	산소 전극 과산화수소 전극 pH 전극 탄산가스 전극 암모니아가스 전극	글루코오스, 요산 콜레스테롤, 글루코스, 요산 중정 지질 등 아미노산 등 요소, 크레아치닌
미생물센서	미생물막	산소 전극 수소가스 전극 탄산 가스 전극	자당 등 생물화학적 산소 소비량 등 글루타민산 등
오르가넬리센서	미토콘드리아 전자전달입자막	O_2투과막/Pt : 음극/Ag (Pb) : 양극	니코틴산 조효소 등
조직	조직막	동물조직 : 소의 간장/요소전극, 돼지신장/암모니아 가스전극 식물조직 : 화분/탄산가스전극, 감 자조직절편/산소전극	글루타민산, 아르기닌 등
면역센서	항원 또는 항체막	Ag/AgCl 전극	혈액형 등

(1) 효소센서

바이오센서의 선구로서 등장한 것이 효소센서이다. 효소센서는 리셉터부에 효소막, 트랜스듀서부에 각종 막전극이 사용되고 있다. 효소센서의 기본 구성을 그림 4-114에 나타내었다. 앞에서 설명한 바와 같이 효소막에서 유기되는 물질변화는 O_2, H_2O_2, H^+, NH_3, CO_2 등이 있고, 이들 물질은 트랜스듀서부의 가스 투과막 등에 도달하고, 각각 전기신호로 변환된다. 효소바이오센서의 기본 동작원리를 요약하면 대체로 다음과 같다.

① 기질이 효소가 고정되어 있는 생체기능성막속으로 확산된다.
② 기질이 효소의 촉매작용으로 반응하고 분해된다.
③ 반응생성물이 변화기의 감지막 표면까지 확산된다.
④ 변환기는 이 생성물을 감지하여 대응되는 전기신호를 발생한다.

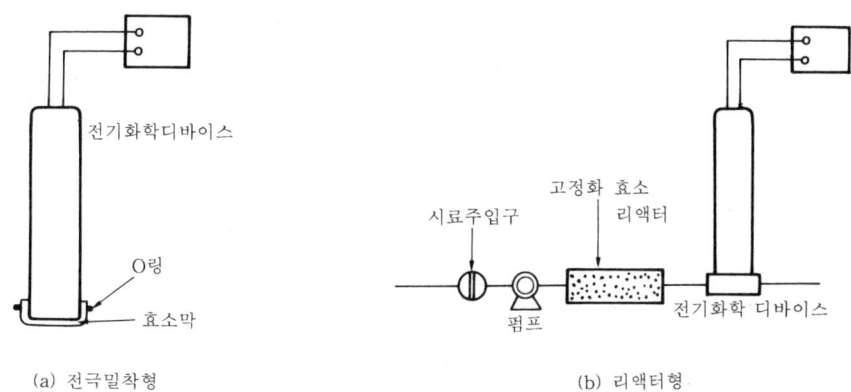

그림 4-114 효소센서의 기본 구성

효소센서는 주로 임상 화학 분석에 사용된다. 이미 실용화가 진행되고 있는 효소 바이오센서를 표 4-22에 나타내었고 그 중 글루코오스센서를 예로하여 설명한다. 글루코오스(포도당)는 인간의 혈액 중에 60~120mg/dl 존재하고 생체에 있어 에너지원의 하나로 되는 중요한 단당류이다. 이 양이 지나치게 많으면 소변 중에도 나오는, 이른바 당뇨병으로서 잘 알려져 있다. 과거에는 당농도를 비색법(比色法)으로 측정하였으나, 현재는 전혈(全血; 분리하지 않은 혈액) 그대로 신속한 측정이 효소센서에 의해 실용화되고 있다. 효소 글루코오스 옥시다제(GOD)의 작용에 의해 글루코오스는 다음식과 같이 산화되고, 유기산(글루코놀락톤)과 과산화수소를 발생한다.

$$C_6H_{12}O_6 + O_2 \xrightarrow{GOD} C_6H_{10}O_6 + H_2O_2$$

따라서 과산화수소와 글루코놀락톤의 발생량 또는 산소 소비량에 의해 글루코오스 농도를 측정할 수 있다. 이 경우 글루코놀락톤에 의한 pH 변화는 미세하기 때문에 pH 전극은 사용하지 않고, 보통 과산화수소 전극이 사용된다.

표 4-22 측정대상으로 분류한 효소바이오센서와 그 반응식

센서명	효소	반응식
글 루 코 오 스	글루코오스옥시다제	글루코스+O_2→글루콘산+H_2O_2
요 소	우레아제	요소+$2H_2O$+H^+→$2NH_4$+HCO_3
중 성 지 질	리파제	중성지질→지방산+글리세린
요 산	우리카제	요산+$2H_2O$+O_2→아란도인+H_2O_2+CO_2
유 산	유산옥시다제	유산+O_2→피루빈산+H_2O_2

(2) 미생물센서

효소센서는 고감도 고선택성이지만 자체가 단백질이기 때문에 불안하고 활성을 나타내기 위하여 조효소 등이 필요한 경우가 적지않다. 따라서 효소대신 복합 효소계라 불리는 다수의 효소가 계통적으로 배열하고, 특정 반응을 촉매하는 것으로 알려져 있는 살아있는 미생물이나 오르가넬라 등을 전극에 붙인 센서가 고안되었다. 이들 원리는 기본적으로는 효소센서와 유사하다.

미생물세포에는 각종 효소가 들어있으며, 에너지재생계, 보효소재생계, 호흡·대사 등의 생리기능이 집약되어 있다. 세포내 효소는 안정하므로 미생물센서는 효소센서보다 수명이 길지만 여러가지 효소가 미생물속에 포함되어 있으므로 선택성의 신뢰도가 떨어지는 단점이 있다.

미생물센서는 효소센서에 비해 장기간 안정하여 발효공업공정계측으로서 포도당, 자화당, 아세트산, 암모니아, 메탄올 등 발효원료를 측정하는 센서와 에탄올, 항생물질, 비타민, 아미노산, 유기산 등의 발효대사물을 측정하는 센서가 개발되어 있다. 또한 환경계측에 관련되는 BOD(생물학적 산소요구량), 폐수 중 암모니아, 아세트산이온 메탄가스를 계측하는 미생물센서가 개발되어 있다.

미생물은 효소 등에 비하면 값이 싼 이점이 있으며 그 기능은 아주 복잡하고 교묘하기 때문에 이러한 기능을 이용한 새로운 원리에 의한 센서가 개발될 것이 기대되어진다.

(3) 오르가넬라센서

세포안에 있는 오르가넬라(소포기관)는 효소의 집합체로서 고도의 기능이 집약되어 있어 이를 이용하여 센서를 제작하면 종래의 단일 또는 복합효소로 측정불가능한 물질들을 측정할 수 있다. 그 예로서 호흡기능을 가진 미토콘드리아의 전자전달 입자고정화막을 이용한 조효소 NADH의 측정용센서, 고정화 간 미크로솜(microsome)을 이용한 SOx센서, 클로로플러스트(엽록체)를 이용한 인산이온센서 등이 연구·보고되어져 있다.

(4) 조직센서

효소활성을 가진 동식물 조직의 절편을 기능소자로 이용할 수 있다. 소의 간조직을 암모니아 전극에 고정화한 arginine센서, 돼지의 지라조직과 암모니아전극으로 된 글루타민센서, 개구리 상피조직을 이용한 sodium이온센서, 쥐의 신장조직과 암모니아전극으로 구성된 글루타민센서, 무궁화꽃의 씨방조직과 암모니아전극으로 구성된 arginine센서, 감조조직절편과 산소전극을 조합한 인산, 불소이온센서 등이 개발·보고되었다. 그러나 이들은 고도의 조직배양 기술이 요구된다.

(5) 면역센서

생체를 여러가지 이물로부터 보호한다는 면역반응은 우리 신체의 방어 능력으로써 아주 중요하며, 이물(항원)과 림프구에서 만들어진 항체와의 특이적 복합체의 형성이 특징적이다. 앞에서 설명한 효소, 오르가넬라, 미생물센서는 주로 저분자 유기 화합물을 측정대상으로 하고 있다. 단백질 등의 고분자의 미소 구조의 상이(相異)를 구별하는 센서가 면역센서이다.

면역센서는 항체 분자 식별기능을 이용하여 항원 또는 항체를 검지한다. 즉 고분자막 등의 고체 표면에 결합한 항체를 사용하고, 막표면에서 항원항체 반응을 행한다. 그림 4-115에 면역센서의 여러 종류의 형태를 나타내었다. 표식제(標識劑)를 필요로 하는 센서(a)와, 그것을 필요로 하지 않는 센서(b)가 있다. 면역센서의 기본은 앞에서 설명한 항체에 있어 항원항체 반응이지만, 항체막의 표면에 형성된 항원항체 복합체에 의해 막전위와 막전극 전위가 변동하는 것을 직접 측정하거나, 화학 증폭 기능을 갖는 표식제를 사용하여 측정한다. 그림 (a)의 경우는 초미량 측정이 가능하다. 한편, 그림 (b)는 아주 간단한 계(系)로서 측정할 수 있지만 감도는 낮다.

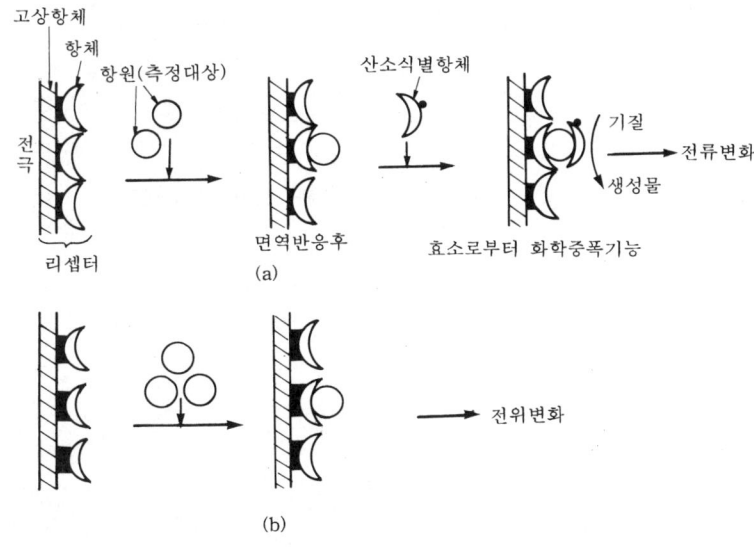

그림 4-115 표식(샌드위치방식) 및 비표식 면역센서의 원리

(6) 반도체형 바이오센서

FET센서는 대체로 반도체 집적회로제조공정기법을 이용하여 제조하므로, 대단히 정교하여 극소형 및 초경량으로 일시에 대량생산이 가능하다. 그리고 전장효과를 이용하므로 감지소자

의 입력임피던스는 대단히 크고, 출력임피던스는 비교적 작은 장점을 가지고 있으며, 매우 작고, 정교하며, 감지반응이 빨라서 생체내와 생체외 측정에 대단히 유리한 조건을 갖추고 있다.

그림 4-116에 ISFET를 나타내었다. ISFET는 수용액 중에 담궈서 사용하며, 수용액 중의 이온 농도의 변화에 대해 이온 감응막의 계면 전위가 변화하고, 이 값을 FET로 검출함으로써 이온 농도를 측정할 수 있다. 이 경우 전압은 참조 전극을 거쳐 인가되어 있다. 또 이러한 FET센서에는 기체, 이온, 압력, 습도, 온도 등을 감지하는 센서뿐만 아니라 포도당, 요소 등 중요한 생체물질을 감지하는 ENFET(enzyme based FET)와 면역반응을 검지하는 IMFET(immunological FET)가 있다. 이들은 ISFET(ion sensitive FET)형 전기화학적 소자의 감지막위에 효소 또는 항원(항체) 고정화막을 형성시킨 것으로 이런 소자의 동작원리는 효소센서와 유사하다.

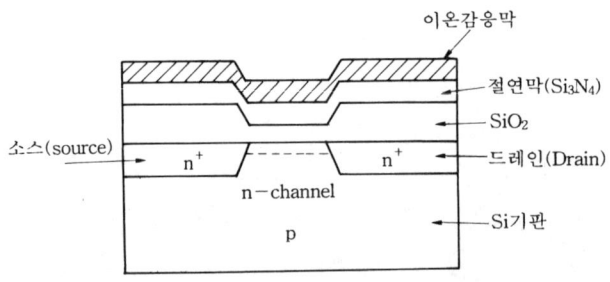

그림 4-116 반도체 이온센서 (ISFET)

제 5 장 특수 센서 기술

1. 광섬유 센서

최근 새로운 원리에 바탕을 둔 센서로서 광섬유를 이용한 센서(광섬유 센서)가 주목받게 되어 여러가지 물리량·화학량의 계측이 시도되고, 수많은 광섬유 센서가 발표되고 있다. 원래 광섬유는 광통신용 전송로로서 정보의 전달에 사용되고 있는 것으로, 금속 전송로에 비해 무유도(無誘導), 대용량, 저손실, 경량 등 많은 특징을 갖고 있다. 이 광섬유가 통신용 전송로로서 뿐만 아니라 센서 재료로서 받아지도록 되어 오고 있지만, 광섬유 센서 특유의 성질을 발휘시키면 넓은 범위의 계측에 적용할 수 있는 것으로 기대되고 있다.

광섬유 센서의 특징으로서는 고내 전자유도성(高耐 電磁誘導性), 절연성, 소형·경량, 고정도(高精度), 고감도 등을 들 수 있다.

그러면 발표되어 있는 것 중에서 대표적인 광섬유 센서를 예를 들어 설명하기로 한다.

광섬유센서는 계측대상에 따라 물리량 계측용과 화학량 계측용으로 구분되어진다. 여기서는 물리량 계측용을 중심으로 설명하고, 그 종류가 너무나 많은 화학량 계측용은 광섬유 가스센서와 이온센서만을 대표하여 소개·설명하고자 한다.

1-1 광섬유의 종류

광섬유의 기본 구조를 그림 5-1에 나타내었다. 광섬유의 도파 구조는 굴절률이 높은 glass로 이루어진 core부와 그것보다도 굴절률이 낮은 glass로 이루어진 clad부로 구성되어 있지만, core부의 특징에 의해 그림 5-2와 같이 크게 3종류로 나누어진다. 그림 (a)는 core직경이 작고 굴절률의 차(差)를 작게 한 단일 모드형, 그림 (b)는 core부의 굴절률이 같은 다모드 계단형, 그림 (c)는 core의 굴절률이 방사선상에 분포를 갖는 다모드 경사형이다. 단일 모드 광섬유는 고속 대용량 전송 방식에 사용되지만, core직경이 수 μm로 아주 작으므로 광섬유를 접속하는 것이 어렵다. 이것에 비해 다모드 광섬유의 core직경은 수십 μm이므로 상호 접속은 쉽다.

제 5 장 특수 센서 기술

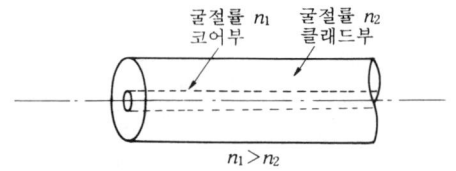

그림 5-1 광섬유의 기본 구조

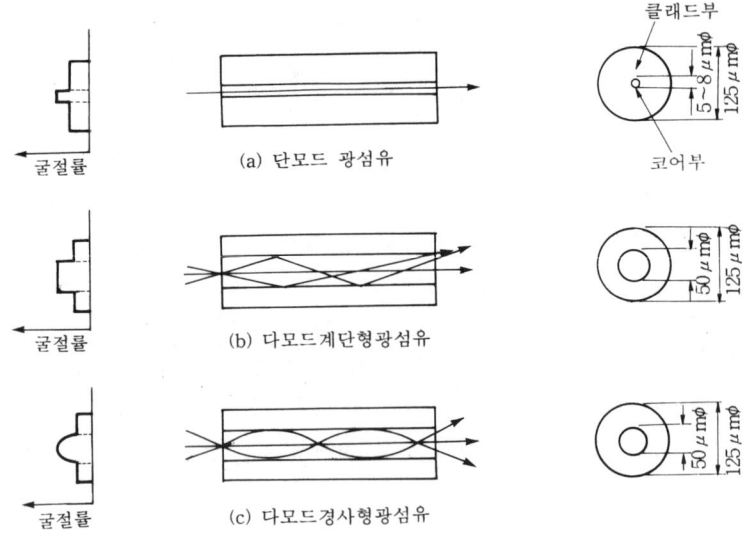

그림 5-2 광섬유의 도파 구조

1-2 광섬유 센서의 형태

광섬유 센서의 기본 형태는 그림 5-3에 나타낸 것같이 2종류로 크게 나누어진다.
- 광섬유 기능형 : 광섬유 자체가 갖는 성질이 측정 대상으로 되는 물리량에 의해 변화하는 것을 이용하는 경우
- 광섬유 전송로형 : 광섬유를 단순한 광의 전송로 로써 사용한 경우

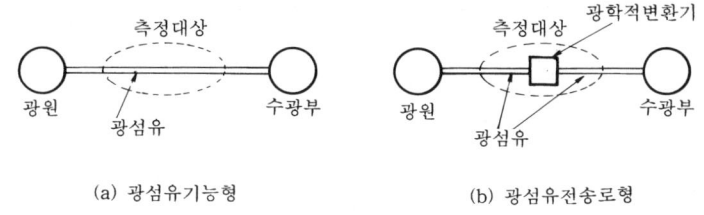

그림 5-3 광섬유 센서의 형태

(1) 광섬유 기능형 센서

광섬유 기능형 센서가 갖는 굴절률·파장이 계측 대상인 온도, 압력, 변형 등의 물리량에 의해 변화하는 것을 이용하고, 광섬유를 전파하는 광의 위상, 진폭, 편파 등의 변화를 검출하는 방식으로 FF(functional fiber) 방식이라도 한다. 광의 위상, 편파 등의 정보를 취하기 위해서는 다모드 광섬유가 사용된다.

(2) 광섬유 전송로형 센서

① 광섬유 단면에 계측 대상에 감응하는 센서 등을 장치하는 방식이다.
② 송수광용 광섬유 사이에 계측 대상에 감응하는 센서를 두고 광전송로를 차단, 접속하거나 변화시키는 등의 방식에 의해 광섬유를 강도가 변조된 광의 전송로로써 사용하는 방식의 2종류로 분류된다. 이들을 NF(nonfunctional fiber) 방식이라고도 한다.

광섬유 전송로형 센서에서는 전송량이 많은 다모드 광섬유가 주로 사용된다.

1-3 광섬유 센서의 종류

현재까지 시도되고 있는 광섬유 센서에 의해 측정 가능한 양, 기본 구성, 측정 원리, 측정 형태를 설명하여 표 5-1에 나타내었으며, 이것으로부터 알 수 있는 것처럼 거의 모든 물리·화학량을 광섬유 센서에 의해 측정할 수 있다. 아래에 다양한 광섬유 센서 중에서 온도 센서, 압력 센서, 전류 센서, 각속도 센서를 들어 그 동작 원리, 기본 구성 등에 대해 설명한다.

표 5-1 광섬유 센서의 측정 예

측정량		구성 요소	측정 원리	측정형태
열량	온도	단모드 광섬유, Ne-He 레이저	광로길이변화, 굴절률변화	FF
		바이메탈, 광섬유	바이메탈의 휨 정도	NF
		GaAs (CdSe), 광섬유	반도체 흡수단의 온도 변화	NF
		광섬유 (적외선용)	적외선 방사	NF
		형광체, 광섬유	형광 방사	NF
전기량	전압(전계)	LiNbO3 (LiTaO3), 광섬유	피에조 효과	NF
	전류(자계)	단모드 광섬유, 자성박막	패러데이 효과, 자계 효과	FF
기계량	압력	단모드 광섬유, Ne-He 레이저	광로길이 변화	FF
	변형	단모드 광섬유, Ne-He 레이저	광로길이 변화, 굴절률변화	FF
음향량	음파	단모드 광섬유, Ar 레이저	광로길이 변화, 굴절률변화	FF
일반 역학량	각속도	단모드 광섬유, Ne-He 레이저	사냑 (Sagnac) 효과	FF
	유속	광섬유, Ne-He 레이저	도플러 효과	FF
화학량	가스	광섬유, Ne-He 레이저	광흡수	NF
	혈액중 가스	광섬유, Ne-He 레이저	분광 특성	NF
	이온	광섬유, 광원 (레이저, LED, 램프 등)	광흡수, 발광	FF

1-4 광섬유 온도센서

광섬유를 사용한 온도센서에는 온도 측정방법 면에서 보면 반도체 필터형, 적외선 방사 검출형, 광로 차단형, 형광 강도 검출형, 마하젠더(Mach-Zender) 간섭계형, 패브리페로 (Fabry-Pérot) 간섭계형 등이 있다. 앞의 네 가지는 형태면에서 보면 광섬유 전송로형에 속하고 뒤의 두 가지는 광섬유 기능형에 속한다. 여기에서는 주로 광섬유 온도 센서에 대해 설명하겠다.

(1) 광섬유 전송로형 온도 센서

① 반도체 필터형 : GaAs, CdTe 등의 반도체 결정 에너지 갭은 온도의 상승과 함께 감소하고 (E_g : 에너지 갭, E_{go} : 0°K에서의 에너지 갭, β : 정수, T : 절대 온도라고 하면, $E_g = E_{go} - \beta T$), 그 흡수단 파장은 그림 5-4 (a)에 나타낸 것같이 장파장측으로 이동한다. 이 특성을 이용하여 광섬유 중간 위치에 반도체를 삽입하고, 반도체를 투과한 광의 흡수량에 의해 온도를 검출하는 것이다 (그림 5-4 (b)).

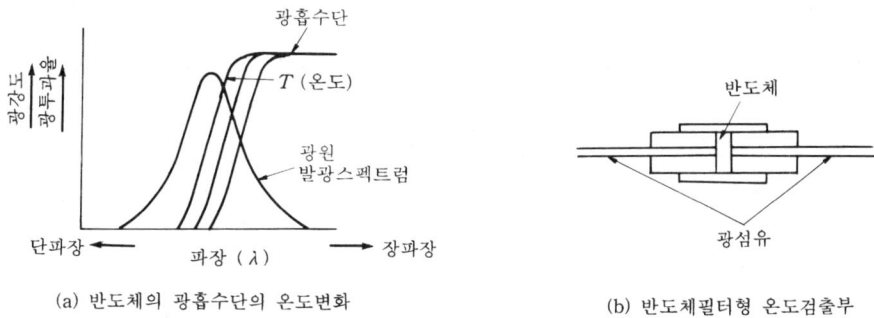

(a) 반도체의 광흡수단의 온도변화   (b) 반도체필터형 온도검출부

그림 5-4 반도체 필터형 온도 센서

② 적외선 방사 검출형 : 측정 대상으로부터의 에너지(적외선)를 다모드 광섬유에 의해 검출기로 유도하고, 그 강도로부터 물체의 온도를 측정하며 프로브형으로 고온 물체의 원격 측정에 널리 이용하고 있다.

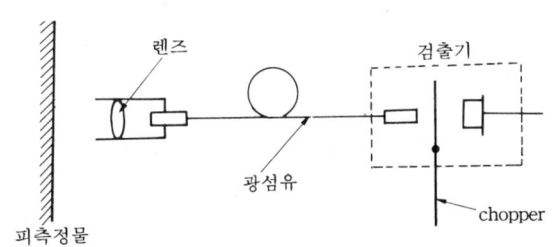

그림 5-5 적외선 방사 검출형 온도 센서

③ 광로 차단형 : 송수광용 다모드 광섬유 중간에 바이메탈, 자기 페라이트 등의 온도센서를 삽입하고, 광로 차단에 의해 광의 강도를 변화시켜 온도를 검출한다.

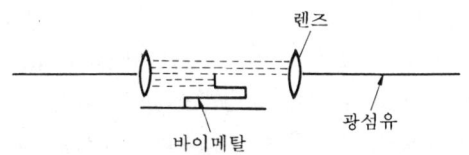

그림 5-6 광섬유 차단형 온도 센서

(2) 광섬유 기능형 온도센서

① 마하젠더(Mach-Zender)형 : 두 개의 단일 모드 광섬유를 사용하고 마하젠더 간섭계를 구성하며, 한 개의 광원으로부터 나온 빛을 두 개의 광섬유로 나누어 전파시킨다. 그 중 한쪽의 측정용 광섬유의 온도가 변화하면 굴절률이 변화하고, 다른 쪽의 광섬유를 전파하는 광파의 사이에 위상차가 생김에 따라 출력단에 있어서 간섭 무늬가 이동한다. 그 이동량에 의해 온도를 알 수 있다.

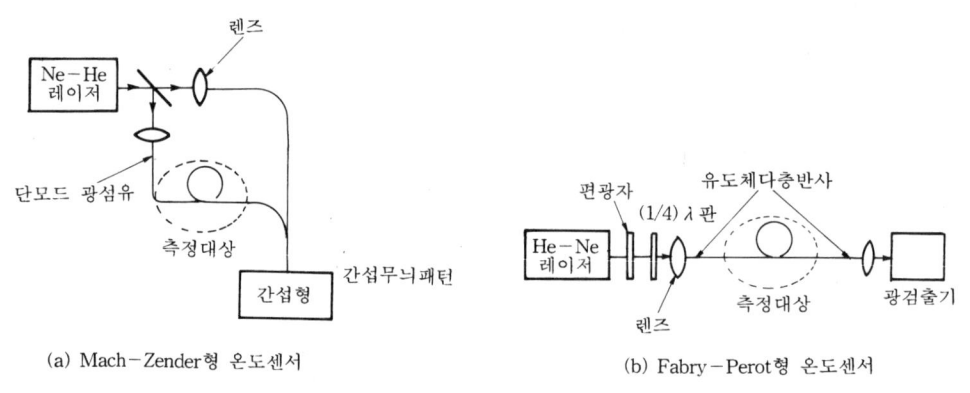

(a) Mach-Zender형 온도센서   (b) Fabry-Perot형 온도센서

그림 5-7 간섭형 광섬유 온도 센서

② 패브리페로(Fabry-Pérot)형 : 양단에 유도체 다층 반사막을 coat한 단일 모드 광섬유의 광학적 길이가 $(1/2)\lambda$만큼 변화함에 따라 광펄스(pulse)가 나타나는데 이것을 카운터함으로써 온도측정이 가능하다.

1-5 광섬유 전압(전계) 센서

니오브산리튬($LiNbO_3$), 탄탈산리튬($LiTaO_3$) 등의 전기광학 효과 소자에 외부로부터 전계를 가하면 굴절률이 변화한다. 이 현상을 전기광학 효과라고 하며, 주굴절률의 변화가 전계의 1승에 비례하는 경우를 1차 전기광학 효과 또는 포켈스 효과(Pokels effect)라 하고 2승에 비례하는 경우를 2차 전기광학 효과 또는 커 효과(Kerr effect)라고 부른다. $LiNbO_3$, $LiTaO_3$는 1차 전기광학 효과를 나타내지만, 2차의 효과를 나타내는 결정에는 KDP(KH_2PO_4), $Bi_{12}SiO_{20}$, $Bi_{12}GeO_2$ 등이 알려져 있다.

광섬유 전압(전계) 센서의 다수는 이 전기광학 효과를 이용하여 전압(전계)의 검출을 행한다. 즉, 그림 5-8에 나타낸 것같이 송·수신용 광섬유의 중간 위치에 편광자, 전기광학 효과 소자, 검광자 등을 삽입하고 광의 편광 상태의 변화를 광강도로 변환함으로써 전압을 측정한다. 이 외에 전계 효과를 이용한 광섬유 전압(전계) 센서도 있다.

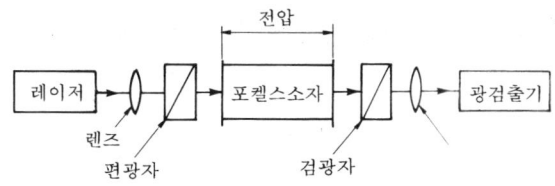

그림 5-8 전압(전계) 센서(포켈스 효과형)

1-6 광섬유 전류(자계) 센서

전류(자계)의 측정에는 자기광학 효과(패러데이 효과) 또는 자계 효과가 이용되고 있다. 납유리와 같은 투명 물질을 자장 내에 삽입하고, 자장의 방향을 따라 평행하게 진행하는 직선 편광의 광을 통과시키면 그 편광면이 회전한다. 이것이 자기광학 효과로 일반적으로 편광면의 회전각(θ)은 자계의 강도(H)에 비례하고, $\theta = V_d \cdot H \cdot l$로 나타난다(여기에서 V_d는 패러데이 상수, l은 자계중의 광섬유 길이). 한편 자계 효과는 Fe, Ni와 같은 강자성체를 자계 중에 넣으면 변형이 생기고, 그 치수가 변화하는 현상이다.

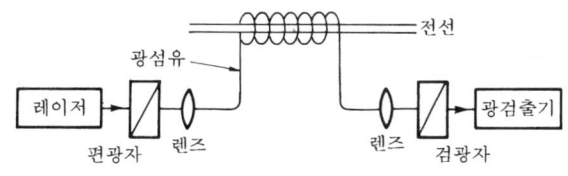

(a) 패러데이 효과형 광섬유 전류센서

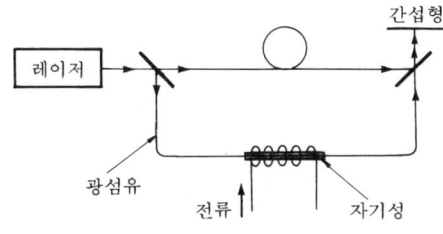

(b) 자왜(磁歪)형 광섬유 전류센서

그림 5-9 전류(자계) 센서

그림 5-9 (a)는 패러데이 효과를 이용한 광섬유 전류(자계) 센서의 구조이다. 전류에 의해 발생한 자계와 동일 방향으로 직선 편광의 광을 통과시키고, 패러데이 효과에 의해 생긴

편광면의 회전각 크기에 의해 전류(자계)의 강도를 구한다.

그림 5-9 (b)는 자계 효과를 이용한 광섬유 전류(자계) 센서의 구조이다. 주위에 자성체를 부착시킨 단일 모드 광섬유는 자계의 강도에 의해 변형하며, 그 축방향의 길이를 바꾼다. 이 광섬유 중을 전파하는 광의 위상 변화가 일어나며, 참조광과의 사이에 간섭이 생기는 것을 이용하여 전류(자계)의 강도를 구한다.

1-7 광섬유 자이로

광섬유를 이용하여 회전 각도의 검출을 수행하는 광섬유 자이로(fiber-optic gyro ; FOG)는 종래의 자이로에 비해 가동 부분이 없이 긴 수명, 간단한 구조, 저가격, 고정도의 측정을 할 수 있는 등의 이점이 있어 주목되고 있다.

FOG는 그 검출 방식에 따라 간섭형과 링공진형으로 분류된다.

간섭계의 구성은 그림 5-10에 나타낸 것과 같이 반경 R의 링상에 감겨진 길이 L의 단일 모드 광섬유 코일의 양단으로부터 광을 유도하고, 한 개의 광섬유 중을 서로 역방향으로 광을 통과시킨 후에 출사광을 간섭시킨다. 코일을 드럼의 회전에 따라 각도 ω로 회전시키면, 광섬유 안을 서로 역방향으로 회전하는 광이 출구에 도달하는 시간에 차가 생기고 그 결과 출사광의 간섭 무늬가 이동한다. 이 간섭 무늬의 이동을 사냑(Sagnac) 효과라고 부르며, 이동량 ΔZ는 다음 식과 같다.

$$\Delta Z = 2\omega \frac{LR}{\lambda C}$$

여기서 λ : 광의 파장, C : 광 속도

따라서, 간섭 무늬 이동량 ΔZ를 측정하면 물체의 각속도 ω를 구할 수 있고, 여기에 길이 L을 크게 하는 것이 가능하기 때문에 고정도·고감도의 측정이 가능하다.

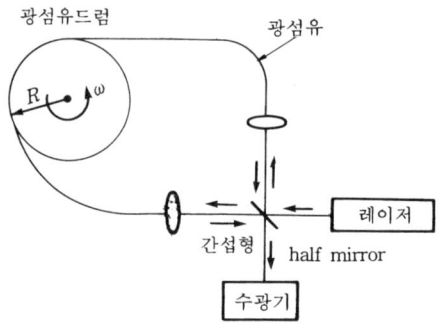

그림 5-10 광섬유 자이로의 원리

1-8 광섬유 가스센서

광섬유를 사용하여 가스의 농도, 종류를 검출하기 위해서는 가스의 광 흡수에 의한 투과 광량의 변화를 이용하기도 하고, 분광 측정을 행하여 그 스펙트럼으로 판정하기도 한다.

그림 5-11은 광섬유 흡수분광 측정법에 의한 가스 센서를 나타낸 것으로 광송신부(레이저 등), 가스 흡수 셀, 광수신부(간섭 필터 등)로 이루어져 있다. 레이저로부터의 출사광은 광섬유를 통과하여 흡수 셀에 입사되며, 흡수 셀 중에서 가스 농도에 따라 흡수된다.

이 종류의 광섬유 가스 센서는 가연성 가스, 유해 가스의 원격 감시에 이용되고 있다.

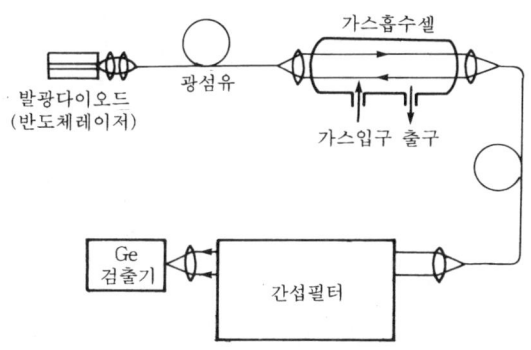

그림 5-11 광섬유 가스 센서

1-9 광섬유 이온센서

광섬유 이온센서는 pH 센서를 중심으로 연구개발이 진행되어 왔다. 광섬유 pH 센서에 이용되는 분광법은 주로 흡광법과 형광법에 의한 것이며 형광법을 이용한 것이 주류를 이루고 있다. 형광변화를 이용하는 pH 센서에는 산과 염기를 가진 약전해질의 형광색소를 광섬유에 고정한 것으로 시약의 종류나 측광방식에 따라 여러종류의 센서가 사용되고 있다. 실례로 폴리아크릴아미드의 미소구에 Phenol Red를 공유결합한 것을 광섬유에 고정한 흡광형과 셀룰로오스막에 프롤레센아민을 공유결합한 형광형 pH 센서가 있다. 그림 5-12는 흡광형 pH센서이다. 이 센서는 종래부터 이용되고 있는 색소반응 지시약(Phenol Red)의 광학적 특성을 이용하고 있는 것으로, Phenol Red와 이것을 일정농도로 유지하기 위한 겔상의 폴리아크릴아미드 미소구 및 광산란체의 미소구를 침투성이 있는 외피튜브 내에 받아들여 2개의 플라스틱 광섬유(코어 직경 150μm)의 선단에 장착한 구조이다.

1개의 광섬유를 통하여 텅스텐 램프로부터의 백색광을 센서부로 보내어 여기서 흡수, 반사,

산란된 광을 다른 쪽의 광섬유로 수광한다. Phenol Red는 약간 이온화한 산성의 색소로서 2종류의 형태 즉, 녹색광을 흡수하는 기본형태와 청색광을 흡수하는 산성형태가 있다. 이런 것들의 비율은 주위환경의 pH에 의하여 변하기 때문에 센서부에서 수광한 신호광 내에 pH에 의존하는 녹색광 강도와 의존하지 않는 적색광 강도의 비를 측정함으로써, pH를 정밀도 양호하게 측정할 수 있다. 이 강도비 η은 정수 C, x를 사용하여,

$$\eta = x10^{(C+10-\Delta)} \quad \cdots\cdots\cdots\cdots\cdots\cdots\cdots\cdots\cdots\cdots\cdots\cdots\cdots\cdots\cdots\cdots\cdots (5-1)$$

$$\Delta = pH - pK \quad \cdots\cdots\cdots\cdots\cdots\cdots\cdots\cdots\cdots\cdots\cdots\cdots\cdots\cdots\cdots\cdots\cdots\cdots (5-2)$$

로 표시되며 Δ에 대한 η의 계산예를 그림 5-12에 표시한다. 실험 보고예에 의하면 이 pH 센서의 측정범위는 7~7.4, 측정정도는 0.001pH이다.

이외에 이 pH 센서와 같은 원리를 이용한 광섬유 pO_2센서, pCO_2센서 등도 보고되어 있다.

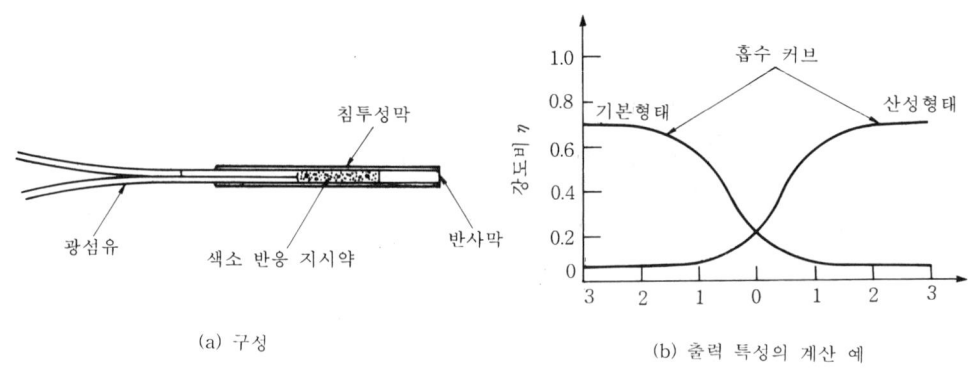

그림 5-12 광섬유 pH센서의 구성과 원리 (흡수형)

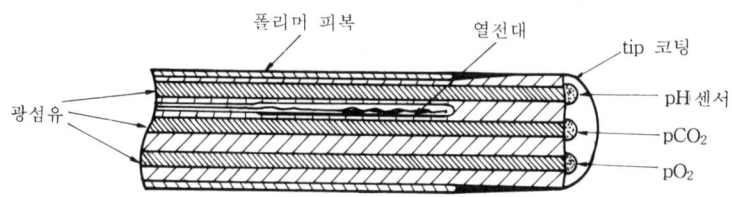

그림 5-13 혈액의 pH, pO_2, pCO_2, 온도 동시측정용 광섬유센서

Saari 등이 개발한 형광형 pH 센서는 pH가 증대하면 산형의 고정화색소가 염기형으로 변하

여 형광강도가 증대한다. 이러한 pH 센서는 단일파장에 대한 형광강도의 증감을 측정하는 방식이다. 2파장에 대한 형광강도의 비를 측정하는 방식의 optode형 pH 센서도 있다. HOPSA (하이드록시피렌계 산)은 염기·산형이 강한 형광을 나타내는데 여기상태에도 deprotonation을 하여 pH 1에서 7의 범위에도 형광을 나타낸다. 염기형의 여기 피크는 470nm, 형광 피크는 510nm이며 산성형의 여기 피크는 405nm이므로 이 여기광에 대한 510nm의 형광강도비를 측정한다. HOPSA는 수용성색소로 음이온 교환수지에 정전흡착하기 때문에 이 색소를 사용하여 혈중 pH 측정용 pH 센서도 개발 보고되었다. 또다른 혈액측정용으로는 pH, pO2, pCO2를 여러개의 광섬유를 1본으로 집적한 센서가 보고되었다. (그림 5-13 참조)

이상의 광섬유 pH 감응성 형광색소를 고체에 고정화시켜야 되기 때문에 색소의 안정성이 가장 큰 문제이다. 이를 해결하기 위해 Aizawa 등은 그림 5-14에서 나타낸 것과 같이 가시광선이 흡수 및 형광특성이 변하는 성질을 갖는 광선영역에서 폴리아닐린박막을 광섬유 표면에 형성한 pH 센서를 제안하였다.

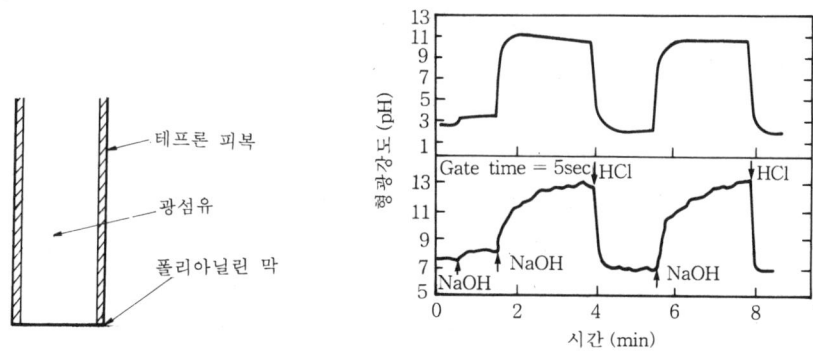

그림 5-14 폴리아닐린을 이용한 광섬유 pH센서와 응답특성

이 센서는 응답속도가 빠르며 고분자막을 이용함으로써 감음표면적이 넓은 특징을 갖고 있어 새로운 응용이 기대된다.

pH 센서 외에 양이온 센서와 할로겐화물이온 등의 음이온 센서의 개발연구가 진행되어 왔다. 이들 연구는 착제형성 등으로부터 형광체의 형광강도 변화를 측정하는 경우가 대부분이다. 최근 중성 ionophore와 chromoionophore를 이용한 양이온 센서들이 스위스의 Simon 그룹에 의해 개발 보고되었다. 또 일본의 Suzuki 등은 chromoionophore 대신 지용성 음이온색소 (LAD)를 합성하여 중성 ionophore와 함께 이용한 양이노 optode를 개발하였다. 이들 센서는 모두 흡광형으로서 고감도, dynamic range의 측정이 가능하며, ISE의 대체품으로 실용화 단계에 가깝다.

2. 센서의 미세가공 기술

사진식각 (photolithography)기술을 기본으로 한 미세가공 기술은 집적회로 제작에 많이 이용되고 있지만 여기서는 센서 등의 제작에도 응용할 수 있다. 이 경우에는 입체적인 가공 기술이 필요하다. 그리고, 결정축 이방성 식각과 같은 특수한 식각 기술에 의한 가공을 이용한 증착 기술 (deposition) 중의 하나인 화학진공 증착 (CVD), 이온주입 등의 가공이 행해지고 있다. 종래의 기계 가공법과 다른 점은 사진식각 기술에 의해서 일괄된 미세한 패턴을 형성할 수 있다는 점이다. 이는 집적회로의 경우와 마찬가지로 동일한 형태의 센서를 대량 생산함과 동시에 미세한 형태로 만들 수 있다는 점이 특징이다. 또 낮은 가격의 센서를 제작함에 있어서도 미세가공 기술이 필요하다. 표 5-2에서는 마이크로머시닝 기술의 특징을 나타내었다.

표 5-2 마이크로머시닝 (micro-machining)

특 징	비 고
소형·경량, 정교	고속응답, 구동용이, 고감도
batch process	가공비용이 저렴
집적회로 내장	cable수가 적다. 잡음이 적다. (driver, amplifier, decoder 내장)
	히스테리시스가 작다. (결함이 적은 단결정이다)
감도가 크다	저열용량, 고속응답, 고감도,
	열절연, 구동용이
박막, 초박막이 가능	압저항 효과, 전계 효과 등
	다기능의 복합화
기능성	system이 소형화된다.
일체화	사용장소의 제약이 작아서 도움이 된다.
	내부의 무효체적이 작다. (제어기기 등)
	위치관계가 정확 (광학기기 등)

이러한 센서 개발의 새로운 기술들은 아직 연구 단계에 머물러 있다. 하지만, 이들은 현재 사용되고 있는 것들보다 훨씬 저렴하고 대량생산이 가능한 biosensor와 다른 여러 종류의 센서를 개발할 수 있는 가능성을 제시하고 있다. 이 기술들은 signal processing electronics와 아주 쉽게 접목시킬 수 있다.

2-1 미세가공 기술

최근 집적회로를 위한 미세 구조의 제작 기술이 많이 개발되고 있다. 표 5-2에서는 사용되고 있는 미세가공 기술의 목록을 보인 것이다. 이미 밀리미터 (mm) 크기의 모터가 연구실 단위로 개발되고 있다. 이 기술은 벌크 미세가공 (bulk micromachining)과 표면 미세가공 (surface micro-machining)으로 크게 두 가지의 범주로 나눌 수 있다. 벌크 미세가공은 실리콘 기판을 식각하여 3차원의 구조를 만드는 것으로서 1950년대에 비등방성 (anisotropic) 식각 용액을 개발하면서부터 시작되었고, 접합 기술도 포함한다. 표면 미세가공은 기판 위에 도포된 박막층을 이용하여 구조를 제작하는 기술로서 빔(beam), 베어링(bearing), 회전자(rotor) 등을 형성한다. 여기서는 표 5-3에서 나타낸 기술 중 센서를 3차원 구조로 만드는데 가장 중요한 식각 기술과 실리콘 박막을 원하는 두께로 식각을 하기 위한 식각중지 기술, 그리고 제작된 센서의 패키징을 위한 접합 기술에 관해서 살펴 본다.

표 5-3 미세가공 기술

가공기술	분	류
사진식각	UV (Ultra-Violet) lithography E-beam lithography X-ray lithography deep UV lithography ion-beam lithography	
doping	열 확산, 이온 주입 NTD (Neutron Translation Doping)	
deposition	화학진공증착 (CVD)	NPCVD (Normal Pressure CVD) LPCVD (Low Pressure CVD) PECVD (Plasma Enhanced CVD) MOCVD (Metal Organic CVD) PCCVD (Photo Chemical CVD)
	진공증착 sputtering	저항가열증착, E-beam 증착 유도가열증착, 직류 sputtering RF sputtering, magnetron sputtering
	ion plating, electroplating, 열성장 MBE (molecular beam epitaxy) LPE (liquid phase epitaxy)	
식각	습식식각 건식식각	화학적 식각 : 이방성, 등방성, 식각중지 전기화학적 식각 : polishing, 식각중지 sputtering 식각 이온 빔 식각 (ion milling) 플라즈마 (화학적) 식각 반응 이온 식각 (RIE), 반응 이온 빔 식각 spark erosion
접합	저온 용융 접합, 에폭시 접합, 폴리이미드 접합 non-uniform press bonding thermocompression metallic bonding 상온 compression metallic bonding ultrasonic welding, seam welding laser welding, 정전접합 저융점 유리접합	금속 또는 반도체 ↔ 유리 금속 ↔ 세라믹 실리콘 ↔ 실리콘 + 유리필름
feedthrough와 holes	anisotropic etched back contact plasma etched holes, laser drilled holes spark eroded holes	

2-2 식각 기술

미세 구조의 개발에 가장 중요하고 광범위하게 사용되는 것이 식각 기술이다. 식각은 크게 습식식각과 건식식각 두 가지로 나눌 수 있다. 이 중 실리콘 박막의 형성을 위한 습식식각 (wet etching)에 대해서 기술하고자 한다. 습식식각은 다시 화학용액만을 사용하는 화학적 식각과 전기를 같이 이용하는 전기 화학적 식각으로 분류된다.

(1) 습식식각

실리콘에 사용되는 식각용액은 등방성 (isotropic)과 이방성 (anisotropic)으로 나눌 수 있고, 불순물의 농도와 식각용액의 온도에 따라서 식각률이 변화한다. 따라서 적절한 차폐막을 선정하여야 한다. 표 5-4는 주로 사용되는 실리콘 식각용액의 특성을 보인 것이며, 반도체의 식각 기술을 이용하여 박막을 형성하려면 원하는 두께로 식각을 중지시킬 수 있어야 한다. 연구개발된 여러가지 식각중지 방법들과 그 특성의 비교는 표 5-4와 같다.

표 5-4 식각용액과 차폐막

식각용액	성분	온도 [°C]	식각률 [μm/min]	(100)/(111) 이방식각비	차폐막 (식각률)
HF HNO_3 (water, CH_3COOH)	10ml 30ml 80ml	22	0.7~3.0	1:1	SiO_2 (300Å/min)
	25ml 50ml 25ml	22	40	1:1	Si_3N_4
	9ml 75ml 30ml	22	7.0	1:1	SiO_2 (700Å/min)
EPW	750ml 120gr 100ml	115	0.75	35:1	SiO_2 (2Å/min) Si_3N_4 (1Å/min) Au, Cr, Ag, Cu, Ta
	750ml 120gr 240ml	115	1.25	35:1	

KOH (water, IPA)	44gr 100ml	85	1.4	400:1	Si_3N_4 SiO_2 (14Å/min)
	50gr 100ml	50	1.0	400:1	
H_2N_4 (water, IPA)	100ml 100ml	100	2.0		SiO_2 Al
NaOH	10gr 100ml	65	0.25~1.0		Si_3N_4 SiO_2 (7Å/min)

① 화학적 식각

(가) 등방성 : 결정축의 면에 관계없이 어느 면으로도 동일한 속도로 식각되므로 그림 5-12에서와 같이 SiO_2 마스크 아래쪽으로도 식각이 이루어진다. 이러한 성질을 가진 식각용액으로는 표 5-4에서 (100)와 (111)면의 식각비가 1:1인 HNA (HF, HNO_3, CH_3COOH)가 있다. 이 용액은 식각률의 변화가 심하고 불순물의 농도에 따라서도 식각의 특성이 변화하기 때문에 복잡한 식각 체계를 가지고 있다. 흔들어서 식각하였을 경우 (with agitation)와 흔들지 않고 식각하였을 경우의 식각단면이 그림 5-15의 (a), (b)에 나타나 있다. 이 용액에 대한 차폐막으로는 SiO_2는 이 용액의 어떤 혼합비에서도 식각이 되기 때문에 비교적 짧은 시간의 식각에 이용되고 장시간의 경우에는 Si_3N_4나 금 (Au)을 사용한다.

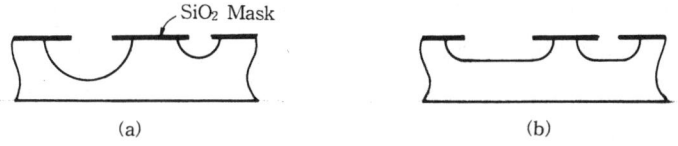

그림 5-15 등방성 식각의 단면

(나) 이방성 : 결정면에 따라 식각속도가 달라지므로 미세 구조의 형성에 유리한 장점을 가진다. 이러한 성질을 가지는 용액으로는 EPW ($NH_2(CH_2)NH_2$, $C_6H_4(OH)_2$, H_2O), KOH와 물의 혼합물 등이 있다. 먼저 EPW에는 미세가공에서 필수적인 3가지 특성이 있다. 첫째, 이방성이어서 독특한 형태의 제작이 가능하다. 둘째, 선택적 식각이 가능하고 SiO_2, Si_3N_4, Cr, Au 등의 여러가지 물질을 차폐막으로 사용할 수 있다. 셋째, 불순물 농도에 따라 식각률이 다르다.

KOH와 물의 화합물도 역시 결정면에 따라 식각속도가 달라지고 (110)/(111)의 식각비는 EPW의 경우보다 훨씬 크다는 이유로 이 용액은 (110) wafer에 groove식각을 할 때 매우 유용하게 쓰인다. 이 용액의 단점은 SiO_2가 용액 내에서 여러가지 응용에 사용되지 못할 정도의 속도로 식각된다는 점이다. 그래서 이 용액으로 장시간 식각할 경우에는 Si_3N_4를 차폐막으로 많이 사용한다. 그림 5-16의 (a)는 (100)을 이방식각한 단면이고 (b)는 (110)을 이방식각한 단면이다.

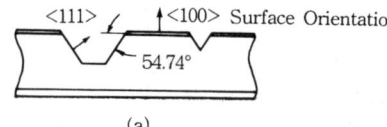 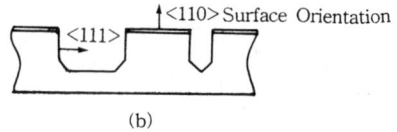

그림 5-16 이방식각의 단면

② 전기화학적 식각 : 이상의 화학적 식각으로는 식각률과 시간의 계수만으로 박막의 두께를 제어할 수 밖에 없다. 따라서 일정한 두께에서의 식각중지를 위하여 p형 실리콘을 선택 식각후 n형 epitaxial layer의 실리콘을 박막으로 남기는 전기화학적 방법을 이용한다. 그 단계는 다음과 같다.

㉮ 1단계 : p-n접합에 역방향 전압을 걸어주면 양극으로부터 작은 역방향 전류가 일정하게 흐르면서 p형 실리콘은 화학적인 반응에 의해 식각이 이루어진다.

㉯ 2단계 : p형이 완전히 식각되어 n형만 남게 되면 전위장벽이 없어지게 되므로, 전류가 증가되면서 양극으로부터 노출된 n형 실리콘 표면으로 직접 흐르게 된다.

㉰ 3단계 : n형 실리콘의 표면에 전류가 흐르게 되면 전기화학적인 양극 산화반응이 일어나 산화막이 표면에 형성된다.

㉱ 4단계 : 산화막은 전기 절연체이고, 식각 마스킹 재료이므로 흐르던 전류는 0으로 감소하게 되고 식각은 중지되고 epitaxial layer 두께의 박막이 형성된다. 정확한 식각의 중지는 양극산화 반응에 의한 산화막 성장률이 실리콘의 식각률보다 커지기 시작하는 그 순간에 이루어진다. 식각률은 식각 용액내의 OH^- 이온의 반응속도에 비례하고 양극 전압의 인가는 p형 실리콘에서의 전류를 증진시킨다. 그러므로 식각률은 인가된 역전압에 비례하게 되고 p-n접합은 반드시 역방향으로 바이어스되어야 한다.

2-3 식각중지 기술

이상에서는 실리콘을 식각하는 방법 중 습식 식각법에 대해서 알아보았고, 이러한 식각들을 이용해 실리콘 다이어프램을 형성하는 기술에 대해서 몇 가지 소개하고자 한다. 실리콘 다이어프램은 형성하기 까다로운 미세 구조 중 하나로서 두께는 약 $5 \sim 30 \mu m$ 정도이고 표면은 균일하여야 한다. 이를 위해서는 차폐막을 씌운 실리콘을 식각용액에 담가두어 식각을 계속하다가 원하는 두께로 식각되는 시기를 시간이나 다른 몇 가지 방법으로 조절하는 방법들이 사용된다.

식각중지 기술은 다이어프램의 두께를 정확히 조절할 수 있는 가장 좋은 방법이다. 식각중지기술에는 p^+ 식각중지(p^+ etch-stop)와 전기화학적 식각중지(electrochemical etch-stop)의 두 가지 기술이 있다. 그림 5-17 (a)와 같이 n-type 실리콘층에 도핑된 붕소층은 (KOH

에서는 Na>10^{20}/cm^2, EPW에서는 Na>7×10^{19}/cm^3) 식각중지 (etch-stop) 매개체로 이용될 수 있다. 식각이 이 p^{+c}층에 도달하면 식각률은 거의 0으로 떨어질 것이다. 이 방법은 확산된 박막두께를 정확하게 조절할 수 있지만 고농도 도핑에 의한 박막 위의 전자소자의 제조 가능성을 배제시키는 단점을 가지고 있다. 고감도의 박막을 얻기 위해서 그림 5-17(b)와 같이 에피택시얼층 아래에 p$^+$층의 구조를 식각중지 매개체로 쓸 수 있다. 붕소 도핑 레벨이 너무 낮으면 식각이 중지되지 않는다. 그러나 붕소 농도가 너무 높다면 out diffusion이 buried layer를 넘어서 이루어지기 때문에 좋은 에피택시얼층을 유지할 수 없다. 그림 5-17(c)에서와 같이 식각중지를 위해 p-n접합 양단에 전압을 인가하는 전기화학적 식각중지 기술은 저농도 도핑 박막이 필요한 붕소 식각 중지를 위한 다른 방법을 제공한다. 표 5-5는 반도체 박막의 형성을 위한 습식식각 중지의 특성을 비교한 것이다.

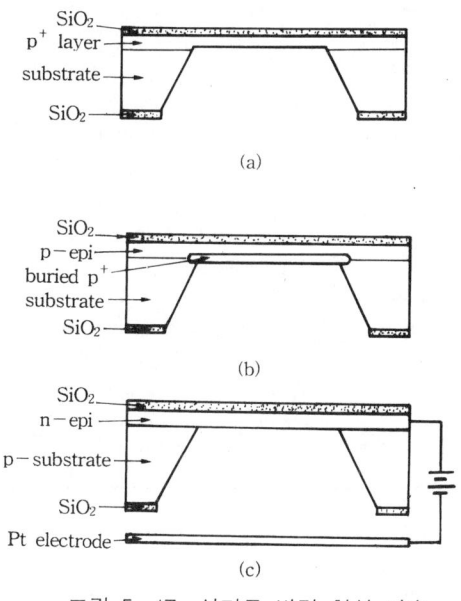

그림 5-17 실리콘 박막 형성 기술

표 5-5 반도체 박막의 형성을 위한 습식식각 중지의 특성비교

방법	식각 방식	박막 물질	박막 두께	장 점	단 점	응 용
Heavily doped stop layers	이방성 화학적	Si	10~20μm	박막이 크고 두께가 균일하다. (직경: 3인치)	높은 불순물농도로 인하여 결정에 결점이 있다.	전자기계 소자 재료연구용
Lightly doped stop layers	등방성 화학적	Si	<1μm	다루기 쉽고 박막에 결점이 없다	박막의 두께가 균일하지 않다.	전기소자, 전자기계 소자
GaAs/AlGaAs stop layers	등방성 화학적	GaAs: Ⅲ-Ⅴs	≤100nm	heterojunction을 가지는 박막 이외의 기판제거 가능	양질의 epi재료를 요구하고 몇 단계의 식각필요	전자광학 소자 재료연구용
Implanted stop layers	등방성, 이방성 화학적	Si	100nm~수μm	유전절연에 유용하게 사용됨	잔류응력의 제거가 까다로움	전자기계 소자 회로의 유전절연, 재료연구용
Junction limited etching	등방성 전기화학적	Si, Fe, Ⅲ-Ⅴs	≤100nm~ ≥10μm	bias의 변화로 박막의 두께를 조절가능	접합에의 전기적 접촉이 힘듦	전자소자, 전자기계 소자
Resistivity gradient limited etching	등방성 전기화학적	Si, Ge, Ⅲ-Ⅴs, 화합물 반도체	≤1μm~ ≥50μm	박막의 순도가 높고 여러가지 반도체에 적용 가능	얇은 두께의 박막 제조가 힘듦	전자광학 소자 유전절연
Damage limited etching	등방성 전기화학적	Si, Ge, Ⅲ-Ⅴs	≤10nm~1μm	가장 얇은 두께의 박막 제조 가능	이온에 의한 충격을 배제하기 힘듦	전자광학 소자 전자기계 소자 재료연구용
Etch voltage	등방성 전기화학적	Si, GaAs	<100nm~ ≥1μm	일정한 전기적 박막 두께를 제조 가능	박막 두께가 불균일함	전자광학 소자
Electrical passivation	이방성 화학적	Si	≤1~>50μm	flat하고 넓은 면적의 박막제조 가능	부식성 용액에서 차폐막의 전기접속이 힘듦	전자광학 소자 전자기계 소자

2-4 접합 기술

접합방법에는 표 5-3에 나타낸 바와 같이 여러 방법이 있으나 여기서는 정전접합을 이용한 반도체와 유리(Pyrex glass) 사이의 본딩에 관해 그 원리와 방법을 알아본다. 그림 5-18는 정전접합의 원리를 나타낸 것이다.

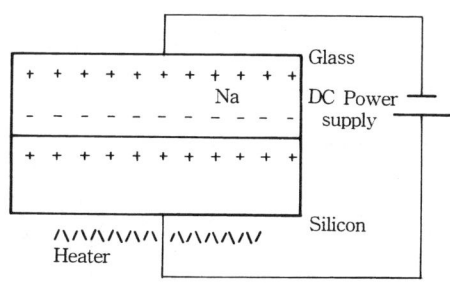

그림 5-18 정전접합

    Pyrex glass를 실리콘 기판 위에 위치시키고, 인가전압의 음전압인 cathode전극을 Pyrex glass의 바깥표면에 위치시키고 인가전압의 양전압을 anode전압인 Hot plate에 인가하면서 plate를 가열한다. 각 전극 사이에 인가되는 전압은 직류로 약 200~1000 V이고, 전체온도는 약 450℃ 정도이다. 온도를 점차적으로 상승시키면 Pyrex glass속에서 이온화가 발생한다. 이 온화된 양(+)의 Sodium ion은 Pyrex glass 표면에 인가된 음(-)의 cathode전극으로 끌려가 전자를 받아서 중화된다. 그리고 Pyrex glass의 아랫부분의 음이온들이 차츰 공간에 쌓여서 실리콘 표면 가까이에 위치한 Pyrex glass 속에서 공간 전하층을 형성한다. 따라서 모든 전계는 이 실리콘 표면과 이웃한 Pyrex glass 표면 사이에 걸리게 된다. 이 두 웨이퍼 사이의 gap은 병렬평판 capacitor로 생각할 수 있고, 수 μm 정도의 gap에 대부분의 전압이 걸리고 고온인 상태에서 두 표면이 접합하게 된다.

    그림 5-19에 정전접합의 온도, 인가전압, 전류밀도에 대한 값을 나타내었다. 접합이 진행되는 동안 일정온도와 일정전압이 유지되고, 전압이 turn on 되는 순간 전류가 pulse적으로 흐르게 된다. 이는 Pyrex glass 내부에 있는 양이온이 음전극에 끌려 중화되기 때문이다. 실제 실험에 있어서 접합이 완료되면 전압은 온도가 상온으로 떨어질 때까지 일정하게 유지되며, 실내 온도로 떨어지면 turn off한다.

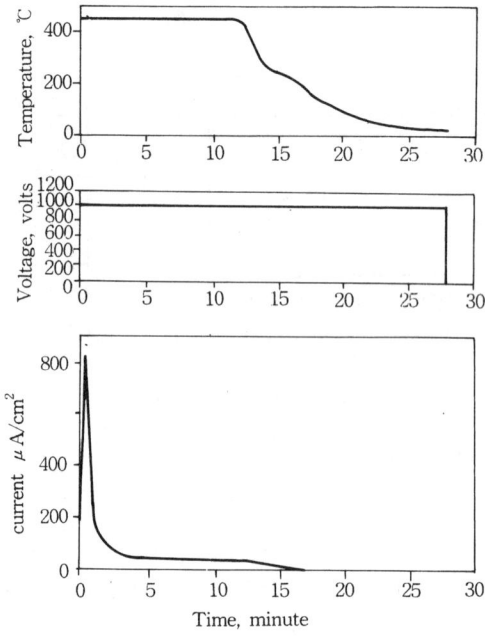

그림 5-19 정전접합의 온도, 인가전압, 전류밀도에 대한 값

3. 고기능 센서

마이크로 프로세서의 고성능화, 저가격화가 현저히 진행함에 따라 각종 전자 장치에 마이크로 프로세서가 탑재되어 장치의 고성능화와 지능화가 달성되었다. 이와 같은 전자 장치의 지능화는 센서의 고기능화를 강력히 요구하게 되어 센서의 집적화, 다기능화, 지능화가 추진되고 있다.

집적화는 반도체 기능재료를 사용한 센서를 중심으로 전개되고 있으며, 센서 소자와 전자 회로를 반도체 칩에 일체화하는 구성을 중심으로 트랜지스터 온도센서, Si 압력센서, 포토 인터럽터, CCD 이미지 센서, 적외선 CCD, 자기 센서, 습도센서, 가스 센서, 바이오 센서 등 대부분의 센서에 집적화 기술이 채택되어 있다.

다기능화 기술은 한개의 센서로 복수의 물리현상, 화학현상을 검지할 수 있도록 복수의 기능 재료를 조합시키고, 복수의 센서 기초 효과를 조합시키는 것 등에 따라 다기능 센서의 제작에 이용되고 있다.

Si 기판 위에 압력센서로서 피에조 저항효과 소자를, 온도센서로서 트랜지스터나 다이오드를 형성하여 압력과 온도를 동시에 검지가능한 압력/온도 센서, 다른 종류의 세라믹 기능 재료를 사용한 습도/가스 센서, 복수의 이온을 각각 선택·검지할 수 있는 재료를 하이브리드로 구성한 다기능 이온 센서 등이 다기능화 센서의 예이다.

센서의 지능화는 컴퓨터 기술(주로 마이컴 기술)을 센서 기술과 결합하는 것에 따라서 실현되고 있다. 마이컴이 갖는 우수한 정보처리 능력을 활용한 고도로 지능화된 센서로, 스마트 (smart) 센서라고도 불리고 있다.

스마트 센서의 구체적인 예로서는 마이크로 프로세서를 탑재한 압력·차압 전송기, 복수의 가스센서로 구성되는 많은 센서, 지연선(遲延線)을 갖춘 3×3 요소의 컨벌버를 갖는 CCD 이미지 센서, 원 칩(one chip) 인텔리전트 이미지 프로세서 등이 있다.

새로운 센서 기능 재료의 개발, 센서 제조 프로세스의 다양화, 고속화에 수반하여 센서는 고밀도화, 소형·경량화, 고신뢰화가 진행할 것으로 기대되고 있다.

센서의 구조도 평면 구조에서 3차원 입체구조 센서로 진행되고 있다.

3-1 집적화 기술

센서의 고기능화 기술의 하나로서 집적화 기술이 센서의 제작에 이용되고 있다. 포토 트랜지스터, 서미스터, 홀소자라고 하는 단기능 개별 센서는 외계의 변화에 센서 자신으로는 대응할 수 없으며, 외부에 결합된 증폭기나 온도 보상회로의 도움이 필요하다.

예를 들면, 홀소자는 자속밀도의 변화를 전기신호로 변환하는 기능밖에는 갖고 있지 않다. 그러므로 홀소자가 놓여진 주위 분위기 온도가 변하면 센서의 출력 특성도 변동한다. 따라서 센서는 전혀 지능화되어 있지 않은 상태에 있는 것으로 된다.

이와 같은 비지능화 센서에 증폭기나 온도 보상 회로 등을 부가해서 전자회로를 포함 1개의 센서를 구성하여 센서의 고기능화를 도모하는 기술이 집적화 기술이며, 이것은 하이브리드형과 모놀리식형 집적화 기술로 대별할 수 있다.

3-2 다기능화 기술

다른 기능의 복합화, 또는 다른 센서 소자의 집적화에 의해 센서에 고기능화·지능화를 꾀하는 기술을 다기능화(복합화) 기술이라고 부른다. 센서를 탑재하여 전자장치의 고기능화를 꾀하는 경우에 다기능화 센서가 위력을 발휘한다. 그림 5-20은 초미립자 가스 센서와 온도 센서를 Si 기판위에 집적화한 다기능 센서이다. 일반 가스 센서는 가스 감응부를 수백도 이상으로 가열하지 않으면 가스감도를 얻을 수 없다. 이 때문에 Si처럼 반도체 기판을 이용한 집적화 가스 센서가 만들어지지 못했다.

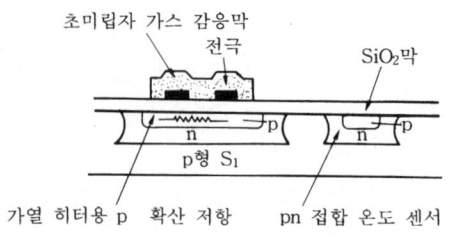

그림 5-20 초미립자 가스 센서의 구조

그림 5-20에 나타낸 초미립자 가스 감응막은 백수십도의 저온에서 가스감응 특성을 갖게 되어, 집적화에 의한 가스 센서의 다기능화가 가능하게 되었다. 초미립자막은 감압(減壓)한 산소 분위기 안에서 평균 입경이 수에서 수십 Å라고 하는 초미립자 SnO_2막이다.

센서의 가열은 Si 기판 위에 형성한 확산 저항에 전류를 흘리는 것으로 이루어지고 있다. 온도센서도 Si 기판 위에 pn 접합 다이오드를 형성하는 것으로 공을 많이 들여 만든 것이며, 이 센서를 이용한다면 가스검지와 동시에 온도도 측정할 수 있다.

그림 5-21은 다기능화 화학센서의 예로, 수산 아파타이트 감습센서와 ZnO 후막 가스 센서를 복합화한 것에 따라 알콜에 대하여 고감도, 고선택성, 고속 응답 특성을 가지며 동시에 감습 특성을 갖는 센서의 구조를 나타낸다. 그림에서 제시하는 바와 같이, 다공질 수산 아파타이트 기판에 RuO_2 전극, ZnO 후막을 스크린 인쇄기술을 이용해서 도포한 다음에, 800℃로 10분간의 소결공정을 실시하고 있다. 감(感)가스 특성은 그림 중 A, B간의 저항 변화로부터 구해지며, 100ppm의 에탄올에서 60배의 저항 변화를 나타낸다. 그러므로 감습 특성은 A+B 와 C간의 저항 변화로부터 검출하는 것으로 될 수 있다.

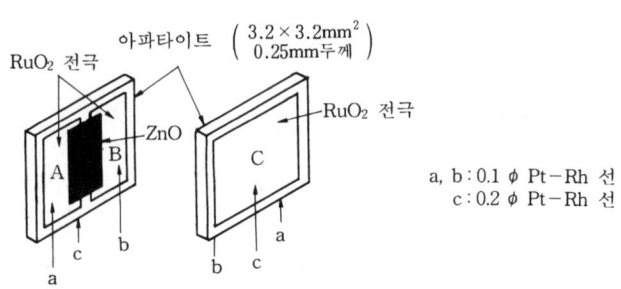

그림 5-21 다기능화 화학센서 (습도·가스 센서)

가스센서는 H_2CO, CH_4 등의 가연성센서에는 감도가 없고, 에탄올만이 고감도로 0.1ppm까지 검출가능하다. 응답속도는 1~4초로 약간 빠르며, 센서의 기능 재료로서의 유기 재료는 반도체나 세라믹 재료 외의 대부분이 센서에 사용되고 있지 않다. 그러나 바이오 센서와 같이 무기 재료에서는 이행하지 못하는 기능을 갖고 있으므로 새로운 센서로서 주목되기 시작하고 있다. 바이오 센서는 리셉터(분자 식별 기능)를 교묘하게 사용하고 있는 센서로 최근에 특히 주목되고 있는 집적화 기술을 사용한 케미컬 FET 센서의 구조로 그림 5-22에 나타내었다.

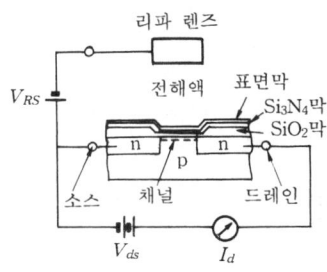

그림 5-22 이온센서의 원리

바이오 FET 센서는 그림에서도 명확한 것처럼 트랜스듀서부분이 MOSFET이며, 게이트 전극에 리셉터가 형성되어 있다. 리셉터는 검지 대상물(이온이나 효소 등)과 특이적으로 결합하는 물질을 고정하여 놓는다. 검지 대상물이 선택적으로 리셉터에 흡착하여 특정한 반응이 발생하면 반응 생성물에 의해 게이트 막전위가 모듈레이트되어, 드레인(drain) 전류의 변화로써 신호를 끄집어낼 수 있다.

바이오 센서의 성능을 크게 좌우하는 인자는 생체물질의 고정화와 FET의 안정성이다. 이온, 효소 센서는 이미 실용화되고 있으며, 앞으로는 항체/항원 등을 이용한 센서 등의 개발이 기대되고 있다. 그림 5-23은 여러 종류의 리셉터를 집적화한 다기능화 바이오 FET 센서의 구조이다. 그리고 이온, 효소 센서도 다기능화·집적화의 방향에서 기술개발이 진행되고 있다.

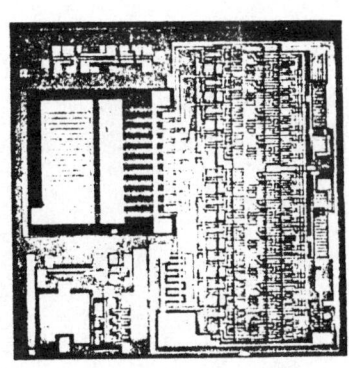

그림 5-23 직접·다기능화 이온센서의 칩 사진

3-3 지능화 기술 (스마트 센서)

컴퓨터 기술과의 결합에 의해서 센서 기능을 대폭으로 향상시킨 스마트 센서라고 불리는 센서가 주목되어, 그 개발이 추진되고 있다. 스마트란 "영리하다"라고 하는 의미이며, 스마트 센서란 두뇌를 소유하여 고도로 지능화된 센서를 의미한다.

3-4 스마트 센서의 기술 동향

스마트 센서를 실현하기 위하여는 센서 기술, 컴퓨터 기술에 관련된 각종의 요소 기술의 개발과 이것을 시스템 업하는 종합 기술이 필요하다. 표 5-6에 스마트 센서의 개발에 필요한 주요한 요소 기술을 나타내었다. 스마트 센서는 센서 기술과 컴퓨터 정보처리 기술과의 결합 위에 성립되어 있으므로, 당연한 일이지만 초 LSI 기술의 발달에 의해서 비약적으로 소형·고밀도화, 고속화된 마이컴 기술에의 의존도가 높다.

표 5-6 스마트 센서 개발에 필요한 요소기술

① 마이크로 프로세서 이용 기술	② 아날로그 전하전송 디바이스 기술
③ 탄성 표면파 디바이스 기술	④ 광 IC 디바이스 기술
⑤ 적외선 전하전송 디바이스 기술	⑥ GaAs 고속 디바이스 기술
⑦ 어레이 검출기의 교정·보상 기술	

3-5 스마트 센서의 형태

현재 실용화되고 있는 스마트 센서는 센서 기술과 마이컴 기술을 하이브리드(종합)적으로 조합시킨 것으로 센서의 지능화를 추진해 나갈 경우, 센서와 컴퓨터를 어떻게 결합해 나가는 가에 따라서 센서는 여러가지 형태를 얻게 된다. 그림 5-24는 센서 지능화의 발전 과정을 단계적으로 나타낸 것이다.

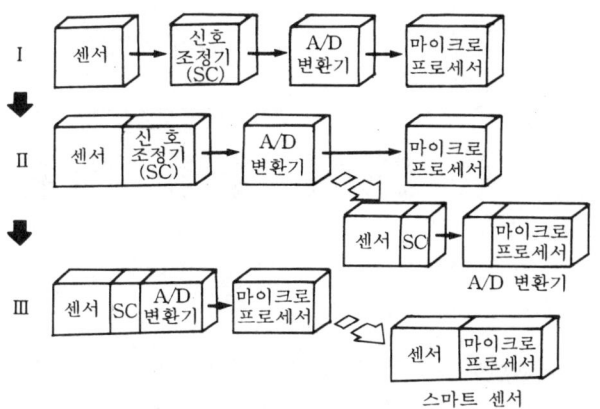

그림 5-24 지능화 센서의 발전과정

　지능화 센서의 기본구성은 그림 Ⅰ의 구성에서 센서, 신호조정기, 아날로그/디지털 변환기 (A/D 변환기), 마이크로 프로세서를 각각 독립적으로 만들어, 이것을 배선 결합한 것이다. 그러므로 개개 요소의 선택도는 극히 크게 되어 IC 회로가 구성되지 않는 세라믹스 등의 기능 재료로 만들어진 센서가 쓰여지는 등의 장점을 갖는다.

　그림 Ⅱ의 과정은 센서와 신호조정기를 일체화한 것으로 센서의 고성능화, 고기능화가 꾀하여진 경우이다. A/D변환기는 마이크로 프로세서측에 포함시키는 경우가 늘어나고 있다. 센서의 지능화가 다시 진행하여 그림 Ⅲ의 과정으로 되면, 센서, 신호조정기, A/D변환기가 일체화되어 마이크로 프로세서와 센서의 결합은 다시 용이하게 된다.

　이와 같이 센서의 지능화가 적극적이라면 최후에는 센서와 마이크로 프로세서가 일체화된 원 칩 스마트 센서가 탄생된다. 탄생된 원 칩 스마트는 초 LSI 기술의 기여가 극히 큰 것으로 판단되고 있다.

센서 응용 기술

　센서 응용 기술은 센서의 궁극적인 완성 기술인 동시에 센서의 고부가가치를 실현하는 관건 기술이라고 할 수 있다. 특성이 우수한 센서를 가지고 있다고 하더라도 센서 그 자체만으로는 하나의 부품일 뿐이며, 각 센서들에 알맞는 응용 기술을 사용하여 적절하게 시스템화시켰을 때 비로소 센서로서의 기능이 발휘될 수 있는 것이다. 이 센서 응용 기술은 대단히 광범위하며 그 응용 방식이 센서마다 다르기 때문에 본 장에서는 센서 이용에 기본이 될 수 있는 주요한 기초 응용 기술에 대하여 먼저 서술한 다음 각 분야별로 나누어 구체적인 센서 응용 기술의 예를 설명한다.

　센서를 응용 분야별로 다루기 위하여 그 응용 성격에 따라 분류해 보면 크게 민수 응용, 공공 응용, 산업 응용 및 특수 응용 등의 4가지 분야로 나눌 수 있다. 민수 응용에는 홈 오토메이션, 방범, 방재, 주택 설비, 육아 및 경로 등이 있으며, 공공 응용으로는 의료 보건, 교통, 환경 관리, 체신 및 금융 등이 있으며, 산업 응용 기술에는 프로세서 산업, 전자 산업, 공장 자동화, 정보 산업 및 로봇 응용 기술이 있으며, 특수응용 기술로서는 천문우주관련응용, 해양 탐사 시스템 및 군사 분야에서의 응용 등을 들 수 있다. 본 장에서는 이러한 주요 분야에 대해서 대표적인 응용 예를 중심으로 센서가 어떻게 응용되고 있는가를 서술한다.

1. 센서 응용 기술의 기초

1-1 기초 응용 기술의 개요

　센서를 응용한 시스템은 주로 미지의 물리량 혹은 화학량을 측정하기 위한 계측 시스템(instrumentation system)과 온도, 속도, 위치 및 변위 등을 제어하기 위한 제어 시스템(control system)으로 크게 나눌 수 있다.

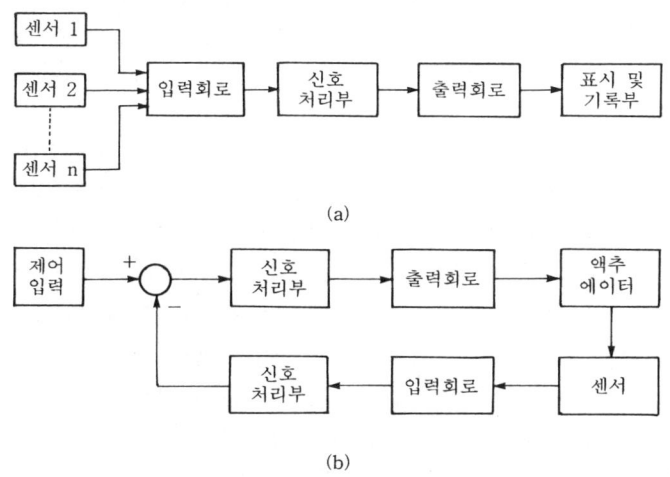

그림 6-1 센서를 이용한 계측 시스템과 제어 시스템

　센서가 응용되는 계측 시스템과 제어 시스템의 간단한 구성 예를 그림 6-1에 나타내었다. 계측 시스템일 경우 (a)와 같이 센서, 입력 회로, 신호 처리부, 출력 회로 및 표시와 기록을 관장하는 부분으로 구성되고, 제어 시스템일 경우 (b)와 같이 액추에이터의 상태를 측정한 신호와 제어 입력신호를 비교하여 오차 신호를 얻은 다음 원하는 전달함수를 얻을 수 있도록 신호처리를 하기 위한 일련의 귀환회로가 있다. 제어 시스템에서 액추에이터의 활동 상태를 측정하는 부분의 구성은 계측 시스템에서의 구성과 동일함을 알 수 있다. 실제의 복잡한 센서응용시스템에서는 이러한 계측시스템과 제어시스템이 복합적으로 함께 사용되고 있다. 그림 (a)에서 센서 입력 회로는 일반적으로 센서를 여기시키기 위한 직류 및 교류의 정전압 혹은 정전류를 공급하기 위한 기능, 사용자나 회로를 보호하기 위한 아이솔레이션(isolation) 기능, 과도한 입력 전압에 대하여 보호하는 기능 및 전치 증폭 기능 등을 가진다.

　한편 신호 처리부에서는 필터링, 선형화, 파형정형, A/D, D/A, 미적분 및 주파수 영역 처리 등의 과정을 수행한다. 또한 출력 회로에서는 표시기나 액추에이터를 구동하기 위한 드라이브 회로로서의 기능 및 전압 스케일러 등의 기능을 수행한다. 이와 같이 각 블록별 기능을 살펴볼 때 센서를 주축으로 하여 각종 신호를 이끌어내고 처리하기 위한 주변 회로 기술이 중요한 것임을 알 수 있다. 이와 더불어 센서의 출력 신호가 미약할 경우에 대비하기 위한 잡음 처리 기술 및 측정 지점이 분산되거나 떨어져 있을 경우에는 적절한 전송 기술이 필요하며 디지털 신호 처리 기술도 빼놓을 수 없는 주요한 기초 응용 기술이다. 여기서는 이들 기초 응용 기술에 대하여 간략하게 설명한다.

1-2 주변 회로 기술

(1) 계측용 증폭 회로

센서 신호 증폭을 위해서 사용될 수 있는 증폭기는 트랜지스터, FET 및 연산 증폭기 등 여러가지가 있으나 트랜지스터나 FET를 사용할 경우에는 바이어스 저항 등을 계산해 주어야 하고 다단 증폭기를 구현할 때에 증폭기간의 결합이 쉽지 않은 등의 번거로움이 따른다. 그러므로 수십 MHz 이상의 고주파 증폭 등 특별한 경우를 제외하고서는 사용이 간편한 연산 증폭기가 주로 응용되고 있다. 그림 6-2는 센서 신호 증폭에 널리 이용되며, 공통상 잡음을 제거시키고 차동 신호 성분을 효과적으로 증폭할 수 있는 연산 증폭기를 이용한 계측용 증폭기 (instrumentation amplifier)이다. 이 증폭기는 입력저항이 대단히 크고, 이들을 손쉽게 조절할 수 있는 전압증폭기이므로 전압형태의 출력을 발생하는 센서들의 신호를 증폭하는데 널리 사용되고 있다.

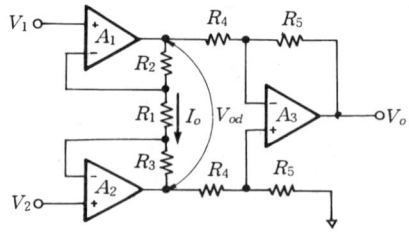

그림 6-2 계측용 증폭기

이 증폭기의 동작을 간단히 설명하면 다음과 같다. 먼저 연산 증폭기 A_1, A_2 각각의 입력 단자간 전압은 0에 가깝게 되므로 R_1에 발생하는 전압 $I_o R_1$은 $V_1 - V_2$와 같다. A_1, A_2의 출력 전압의 전압차 V_{od}는 $I_o(R_1+R_2+R_3)$이므로 다음과 같다.

$$V_{od} = (V_1 - V_2)(R_1+R_2+R_3)/R_1 \quad \cdots\cdots (6-1)$$

V_{od}가 후단 차동 증폭 회로의 입력이 되므로 입출력 관계식은 다음과 같다.

$$V_o = -\frac{R_5}{R_4}\left(1+\frac{R_2+R_3}{R_1}\right)(V_1-V_2) \quad \cdots\cdots (6-2)$$

Burr Brown사 등의 반도체 회사들은 사용하기 편리한 단일 IC로 된 계측용 증폭기들을 발매하고 있으며, 이들은 일반적으로 연산 증폭기 3개와 R_1 이외의 저항을 내장시켜 R_1만을 외부에서 부착할 수 있도록 하는 아날로그 IC형식으로 되어 있다.

(2) 미적분 회로

그림 6-3의 (a)는 이상적인 미분회로로서 이 역시 연산증폭기의 가상 접지 (virtual ground) 현상을 이용하면 입력 전류 i_i는 $C\,(dv_i/dt)$로 주어진다. 따라서 출력 전압 v_o는 다음과 같다.

$$v_o = -RC\frac{dv_i}{dt} \quad \cdots\cdots\cdots\cdots\cdots\cdots\cdots\cdots\cdots\cdots\cdots\cdots\cdots\cdots\cdots \quad (6-3)$$

이는 출력 전압 v_o가 입력 전압 v_i의 미분치에다 R을 곱한 값임을 알 수 있다. 그림 (b)는 실제적인 미분기로서 사용 대역 이상의 주파수 성분이 들어와서 미분됨으로 인한 파형의 왜곡을 방지할 수 있는 회로이다. 즉, C와 직렬로 연결된 R_i가 f_i ($f_i = 1/2\pi R_i$) 이상의 주파수 성분을 감쇠시키는 역할을 담당한다.

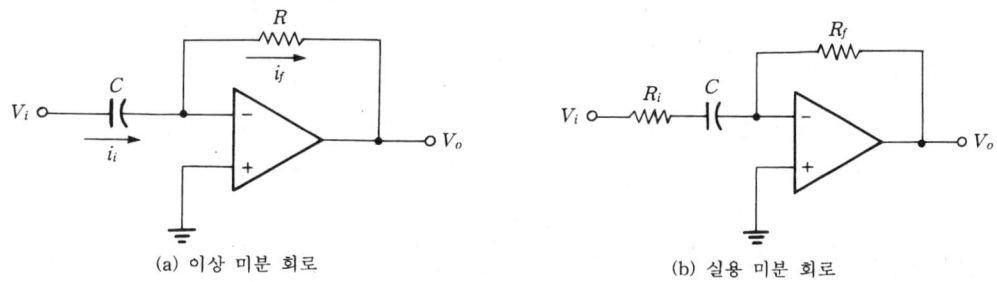

(a) 이상 미분 회로 (b) 실용 미분 회로

그림 6-3 미분 회로

그림 6-4는 이상적인 적분 회로를 나타낸다. 입력 전압 V_i에 의한 전류 I_i는 연산 증폭기 입력단의 가상접지에 의하여 V_i/R로 주어진다. 이 전류는 I_f와 같으며, 이는 적분 콘덴서 C의 충전 전류가 되므로 출력 전압 V_o는 다음과 같다.

$$V_o = -\frac{1}{C}\int I_i\,dt = -\frac{1}{CR}\int V_i\,dt \quad \cdots\cdots\cdots\cdots\cdots\cdots\cdots \quad (6-4)$$

이 회로에 스텝 전압을 인가하면 출력 $V_o = -(V_i/CR)t$ 가 되며, 시간의 경과에 따라 직선 적으로 하강한다.

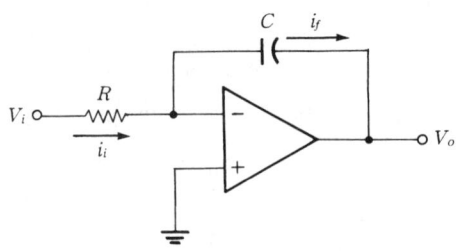

그림 6-4 이상적인 적분 회로

그러나 실제적인 적분회로에서는 연산 증폭기의 바이어스 전류나 오프셋 전압 등이 계속적으로 C를 충전함에 따른 출력 전압의 드리프트가 나타나므로, 이를 방지하기 위해 C와 병렬로 놓은 저항을 달아주거나 일정시간마다 C를 스위치로 방전시키는 조치가 필요하다.

(3) 전류/전압 변환 회로 및 대수 증폭기

방사선 측정을 위한 전리 상자나 광전 변환 소자 등의 신호는 전류/전압 변환, 또는 넓은 다이내믹 레인지에 대한 압축, 확대를 위한 대수(對數) 증폭이 필요한 경우가 많다. 그림 6-5는 전류/전압 변환 회로를 나타낸다. 전류가 전압으로 변환되는 이유는 연산증폭기의 반전입력 단자가 가상접지이고 입력저항이 무한대이므로 전류 I_1이 모두 R_f로만 흘러 전압 강하를 일으키기 때문이다. 출력 전압은 $V=I_1 R_f$로 결정되나, 미소 입력 전류인 $10^{-6} \sim 10^{-10}$A정도의 증폭에서는 귀환 저항 R_f는 수 MΩ에서 수천 MΩ이 되어야 하기 때문에 위상 보정(位相補正)을 위해 입력 용량과 입력 바이어스 전류가 작은 MOSFET에 의한 연산 증폭기가 필요하다. 그림 6-6은 다이오드에 의한 대수 증폭기의 기본 구성을 나타낸다. 다이오드의 순방향 전압과 전류 특성은 다음과 같다. (단, I_f : 순방향 전류, I_s : 역방향 포화 전류, q : 전자의 전하(1.6×10^{-19}C), k : 볼츠만 정수(1.38×10^{-23}J/deg), T : 절대온도(°K)이다.)

$$I_f = I_s \left(\exp \frac{qV_f}{kT} - 1 \right) \quad \cdots \cdots (6-5)$$

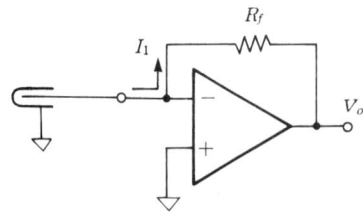
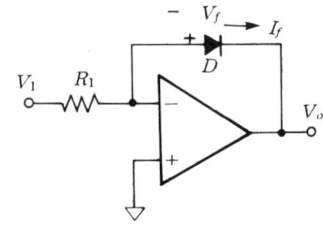

그림 6-5 전류/전압　　　　　　　그림 6-6 다이오드에 의한 대수 증폭 회로

여기서 $(q/kT)V_f \gg 1$일 때 식 (6-5)의 오른쪽 제2항은 무시되며 양변의 대수를 취하면 다음과 같다.

$$V_f = \frac{kT}{q}(\ln I_f - \ln I_s) = \frac{kT}{q}\ln\frac{I_f}{I_s} \quad \cdots\cdots\cdots\cdots\cdots\cdots\cdots\cdots (6-6)$$

다이오드 전압은 I_f의 대수에 비례하는 것을 알 수 있다. $I_f = V_1/R_1$, $V_o = -V_f$를 대입하면 다음 식과 같다.

$$V_o = -2.3\frac{kT}{q}(\ln V_1 - \ln R_1 I_s) \quad \cdots\cdots\cdots\cdots\cdots\cdots\cdots\cdots (6-7)$$

(4) 선형화 회로

센서 중에서는 열전대 등과 같이 입력량에 대하여 출력 신호가 선형적으로 변화하는 것도 있지만 특정 범위에서 포화되거나 감도가 변화하는 비선형적인 특성을 지닌 센서가 대부분이다. 즉 대부분의 센서 특성들은 좁은 범위에서는 직선적인 특성을 얻을 수 있으나 넓은 범위에서 직선성을 얻으려면 선형화(linearize)가 필요하다. 선형화의 방법은 아날로그 방식과 디지털 방식으로 나눌 수 있다. 아날로그 방식에서는 수동회로와 연산 증폭기 등을 이용하는 능동회로가 있으며, 또한 디지털 방식에서는 A/D 변환기 혹은 개별 부품을 사용하는 방법 및 마이크로 프로세서 연산으로 하는 것이 있다. 저항 및 연산 증폭기를 사용하는 기본적인 선형화 회로에 대하여 설명한다.

① **저항 보정법**: 서미스터나 CdS와 같이 센서의 저항치가 변화하는 경우는 센서와 직렬 또는 병렬로 저항기를 접속해서 지수함수의 기울기를 감소시킴으로써 선형화가 된다. 서미스터를 예로 들어서 살펴보면 서미스터는 온도에 대해 지수함수적으로 저항치가 변화한다. 그러나 서미스터에 병렬로 저항기를 접속함으로써 직선과 3점에서 만나는 저항-온도 곡선으로 할 수 있다.

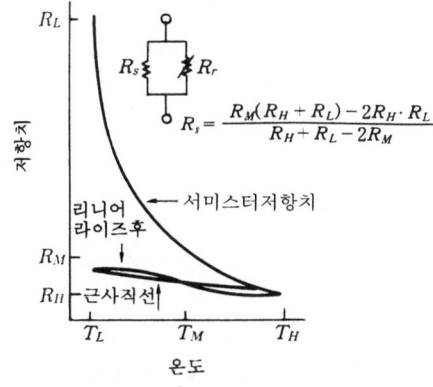

그림 6-7 서미스터의 저항기에 의한 선형화

그림 6-7은 서미스터 저항의 선형화 방법을 나타낸 것이며, 위쪽과 아래쪽의 곡선은 각각 선형화하기 전과 선형화된 후의 상태를 나타낸 것이다. 즉, 높은 온도인 T_H와 낮은 온도 T_r 및 이들의 중앙값 온도 T_M에서 각각 R_H, R_L 및 R_M의 저항값을 갖는 서미스터를 R_S라는 병렬저항을 이용하여 선형화시킨 결과이다. 선형화된 상태에서는 R_S와 R_H의 병렬저항값과 R_S와 R_L의 병렬저항값의 합은 R_S와 R_M 의 병렬저항값의 2배에 해당한다는 조건을 써서 선형화용 저항값 R_S를 구하면 다음과 같다.

$$R_s = \frac{R_M(R_H + R_L) - 2R_H R_L}{R_H + R_L - 2R_M} \quad\quad\quad\quad\quad (6-8)$$

같은 원리로 서미스터와 직렬로 저항을 연결하고 출력전압이 직선과 3점에서 교차하도록 선형화시키는 방법이 있다. 보정 저항치를 구하는 식은 병렬의 경우와 같다.

② 꺾은선 근사법 : 열전쌍 등의 출력을 선형화시키는 방법으로는 꺾은선 근사법이 이용된다. 이때 꺾은선 근사를 위해서는 입력을 몇 개의 전압 구간으로 나누고, 구간마다 증폭도를 바꾸어 증폭한다. 이 방법으로는 여러 가지가 있는데 꺾은선의 위치와 경사를 임의로 설정할 수 있는 다음의 회로가 흔히 사용된다.

이 회로는 반전 입력단자에 신호와 바이어스 전압을 인가하고 있으나 회로의 일부를 바꾸어 비반전 입력단자에 신호를 인가시켜도 된다. 그림 6-8의 회로에서는 입력 전압 V_{IN}이 $(R_{IN}/R_B) \cdot V_B$보다 작은 영역에서는 평탄부로서 이의 출력은 항상 0V이다. 한편 V_{IN}이 $(R_{IN}/R_B) \cdot V_B$보다 큰 경우에는 $-R_F/R_{IN}$의 기울기로 출력전압이 감소하는 형태의 특성 곡선이 된다. 실제로는 복수의 꺾은선 발생 기본 회로로부터 얻어진 출력을 합하여 임의의 꺾은선을 만든다. 이 외에도 선형화 방법으로는 멱급수에 의한 근사법, 대수변환법 및 테이블 보간법 등의 방법이 있다.

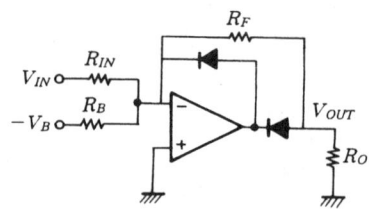

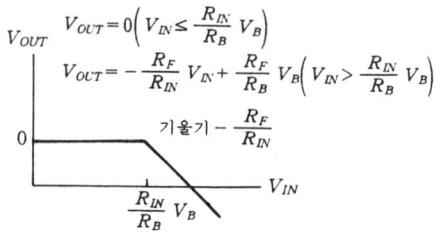

그림 6-8 반전 입력형의 꺾은선 발생의 기본회로

(5) 변환 회로

① 전압-주파수(voltage to frequency) 변환기 : 유량의 적산(積算)이나 신호의 승제산(乘除算) 때문에 전압의 주파수 변환 및 펄스폭 변환 회로가 사용된다. 그림 6-9는 전압-주파수 변환 회로와 타이밍 파형을 나타낸다. 적분 회로의 출력 전압이 전압 E_s를 R_2와 R_3로 분배한 기준 전압을 초과하면 콤퍼레이터(comparator) A_2가 작동하며, 스위치 S를 온(on)하여 적분 콘덴서의 전하를 방전한다. 방전이 완료되어 스위치 S가 오프(off)되면 다시 적분 동작을 반복한다. 입력 V_1의 전압의 크기에 따라 적분되는 속도가 달라지며, 따라서 콤퍼레이터 작동시에 출력되는 펄스의 주파수는 입력 전압의 크기에 비례하게 된다.

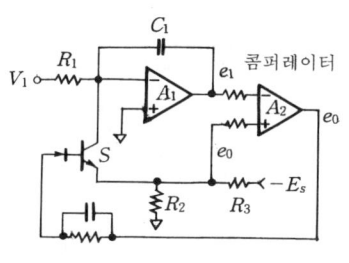 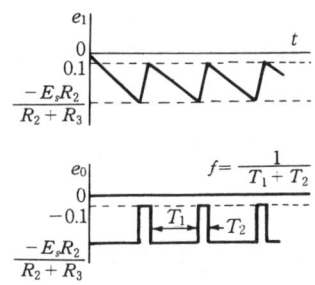

그림 6-9 전압-주파수 변환 회로와 파형

② A/D 변환 회로 : 자연계의 물리량을 센싱하기 위한 일반적인 시스템에서는 센서에서 출력되는 전기 신호를 계측, 처리, 전달 등의 작업을 실시하는 것이지만, 보다 넓은 다이내믹 레인지와 높은 신뢰성 및 S/N비를 갖도록 처리할 필요성이 요구되고 있다. 그러나 아날로그 기술에서는 이것들을 얻기가 곤란하다. 이 때문에 센서 출력인 아날로그 정보를 디지털로 변환할 필요가 생기게 되었다. 연속적인 아날로그 전압(전류)에서 불연속적인 디지털로 바꾸는 장치를 "부호화"라든가 "A/D 변환기(analog to digital converter)"라고 부른다. 여기에서는 여러 가지 A/D 변환기 중에서 이중 적분형 A/D 변환기와 전병렬 비교방식의 A/D 변환기에 대하여 설명한다.

이중 적분형 A/D 변환기는 응답속도는 낮으나 잡음에 강하고 정확도가 높은 특징 때문에 계측에 널리 응용되고 있다. 이 A/D 변환기의 변환 속도는 수 ms 내지 수백 ms 정도이며, 그 기본 회로를 그림 6-10에 나타낸다. 제어 신호에 따라 좌측의 스위치가 아래쪽, 즉 아날로그 입력 전압 V_i쪽으로 연결되면, 입력 아날로그 신호 V_i가 적분기(積分器)에 가해진다. 초기 상태에서 커패시터 내부에 충전된 전하와 카운터에 계수된 값은 모두 0이다. 변환 시작과 동시에 커패시터 C는 부방향으로 적분을 개시하고, V_i에 비례한 램프 출력을 발생하여 카운터가 계수를 시작한다. 그림 6-10 (b)는 적분기의 출력 전압을 나타낸 것이며 편의상 극성을 반전시켜 나타내었다. 클록(clock)펄스로 계측된 일정시간 T_1이 경과되면 카운터는 정지된다. 이번에는 좌측의 스위치가 위쪽으로 연결된 상태가 되면 기준 전원 V_r이 적분기에 가해진다. 적분기의 입력은 T_1일 때와 극성이 달라져 정방향으로 적분되고, 기준 전원으로 인해 일정한 경사로 상승되기 시작하며 카운터도 계측을 다시 개시한다. t_2후 0점을 옆으로 끊는 순간 비교기(比較器)의 출력이 반전하여 제어 회로에 전달되고 카운터의 계측은 정지된다. 이 기준 전원에서 적분되는 시간 t_2는 V_i가 작은 경우에 짧고 V_i가 클 경우는 반대로 길어진다. 이때의 입력 아날로그 전압 $V_i = V_r (t_2/T_1)$으로 나타낼 수 있다. 이러한 이중 적분법은 듀얼 슬롭 적분기(dual slope integrator)라고도 하며, 전압-시간 변환에서 2^n의 클록의 변환 시간을 필요로 한다.

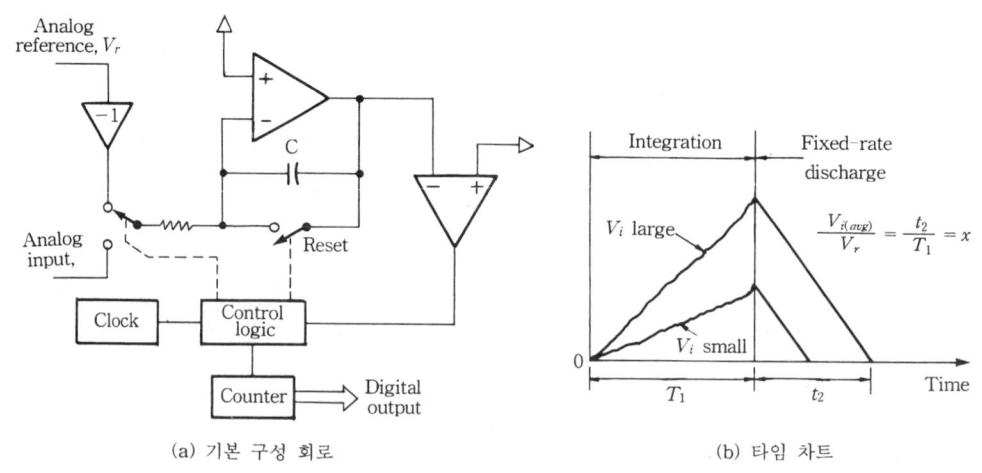

(a) 기본 구성 회로   (b) 타임 차트

그림 6-10 듀얼 슬롭 A/D 변환

그림 6-11은 전병렬 비교방식의 A/D 변환기이다. 이 변환기는 속도가 가장 빠른 A/D 변환기로서 10~100ns의 변환시간을 가지며 일명 플래시(flash) 변환기라고도 불린다.
이 방식에서는 n비트의 A/D 변환할 때 기준 전원 V_{ref}를 저항 래더(ladder)회로에서 2^n등분으로 분할하여 2^n-1개의 양자 스텝 및 각각의 스텝에 해당하는 기준전압을 갖는 비교기를 만들고, 이것과 입력 아날로그 신호 V_i를 병렬 연결시켜 아날로그 전압이 어느 레벨의 비교기와 일치하는가를 판정한 다음 엔코더를 통하여 순식간에 A/D 변환 출력을 얻을 수 있다.

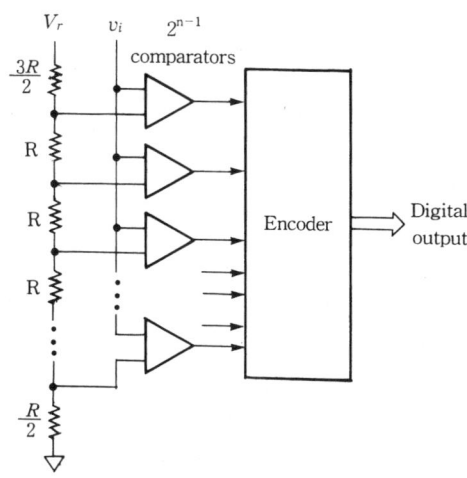

그림 6-11 전병렬 비교방식. A/D 변환

③ D/A 변환 회로 : D/A 변환은 래더 네트(ladder net)방식이 가장 널리 사용된다. 이 밖에도 MOS 커패시터방식 등이 있다. 여기에서는 래더 네트 D/A 변환기에 대하여 설명한다. 이것은 저항 R과 $2R$의 조합에 의해 구성된 사다리꼴 저항 회로망에 아날로그 스위치 S_1, S_2, …, S_n이 접속된 형태이다. 이들 스위치가 입력 디지털 신호인 자연 2진 코드들에 의해 제어된다. 각 단의 스위치가 동작할 때마다 각 마디의 전압 V_n은 V_{n-1}의 1/2에 해당되는 전압이 출력되도록 구성되어 있다. 이 저항망에 기준전압 V_{ref}가 가해지면 다음 식으로 표시되는 아날로그 전압 V_{out}가 출력된다.

$$V_{out} = \frac{2}{3} \cdot V_{ref}(S_1 \cdot 2^{-1} + S_2 \cdot 2^{-2} + \cdots\cdots + S_{n-1} \cdot 2^{-(n-1)} + S_n \cdot 2^{-n}) \cdots (6-9)$$

D/A 변환에서는 입력 디지털 신호가 변화하였을 때 전류 스위치의 타이밍 차이 등에서 출력 아날로그 전압에 세밀한 펄스 모양의 잡음이 발생하는데 이것을 글리치(glitch)라 부른다. 이것을 방지하는 데는 샘플·홀더 회로가 사용된다.

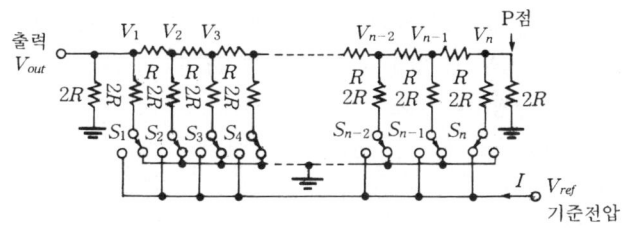

그림 6-12 래더 네트 D/A 변환

1-3 전송 기술

　센서 신호를 변환하여 이것을 원격으로 전달하는 것을 전송이라 한다. 전송 신호는 크게 둘로 나뉜다. 하나는 아날로그의 신호를 보내는 방식이며, 또 하나는 디지털 신호로 보내는 방식이다. 센서 신호는 아날로그 신호가 많으므로 보통 아날로그 신호를 디지털로 변환한 다음 보내게 되지만, 받아들인 측이 아날로그 신호를 필요로 할 때에는 디지털 전송의 경우에는 디지털 신호를 아날로그로 변환해 주지 않으면 안된다. 반대로 아날로그 전송을 실행하더라도 받아들이는 측이 디지털 신호를 필요로 할 때에는 받아들이는 측에서 A/D 변환을 하는 것이 필요하게 된다. 또한 전송은 개개의 전송마다 각각 신호선을 끌어당기는 방법도 있으나, 다중화(multiplexing)하는 수도 있다. 전송 채널 수가 많을 때는 다중화가 경제적이며, 이상의 각종 전송 방법을 그림 6-13에 나타낸다. 이를 살펴보면 센서에서 나온 신호가 실로 여러가지 전송방식에 의해서 다른 곳으로 전달될 수 있음을 이해할 수 있을 것이다. 현재는 센서의 원리 자체는 아날로그가 많으나, 센서 자체가 디지털이라면 A/D 변환이 불필요하게 되므로 디지털방식의 전송 선로가 많아질 미래에는 디지털 센서가 주목될 것이다.

　최근까지 주로 사용되고 있는 아날로그식 전송방식으로는 전송매체에 따라 공기압식, 전압식 및 전류식 전송으로 크게 나눌 수 있다. 공기압식 전송은 $0.2 \sim 1.0\,kg/cm \cdot f$ 가 주로 사용되며 공기 파이프를 쓰기 때문에 불편한 점이 있지만 잡음의 영향이 없고, 방폭성도 없으며 대환경성이 있는 등의 장점이 있다. 전압식 전송은 센서 자체가 전압출력을 원리로 하는 것이 많으므로 사용에 편리한 장점이 있으나 임피던스 정합에 유의하여야 하고 외부잡음에 의해 오차를 발생하는 문제점이 있다. 전류식 전송은 오차가 전압식 전송보다는 훨씬 작은 장점이 있다. 그 이유는 전압은 저항에 의한 전압 강하로 인하여 저하되지만 전류 전원은 전류를 흘릴 수 있으므로 저항에 무관하게 오차를 줄일 수 있는데 기인한다. 이때 전류 신호로서는 $4 \sim 20\,mA$가 주로 사용되며, 센서와 신호처리부 및 송·수신단의 거리가 상당히 떨어져 있을 때 저잡음 전송이 가능한 장점이 있다.

　디지털식 전송방식은 또한 유선식과 무선식으로 분류될 수 있으며, 유선식은 전선과 광파이버를 이용하는 것으로 나눌 수가 있다. 무선방식은 무선 전신, 공중을 통한 광 전송 및 초음파를 이용한 전송으로 나눌 수 있다. 전기식 전송은 역시 전압식과 전류식으로 구분될 수 있으며, 이들은 또한 직렬 전송(serial transmission)과 병렬 전송(parallel transmission)으로 나눌 수 있다. 직렬 전송 방식에는 동기식, 비동기식 및 HDLC방식 등이 있으며, 현재는 비동기 방식이 편리하기 때문에 가장 많이 쓰이고 있다.

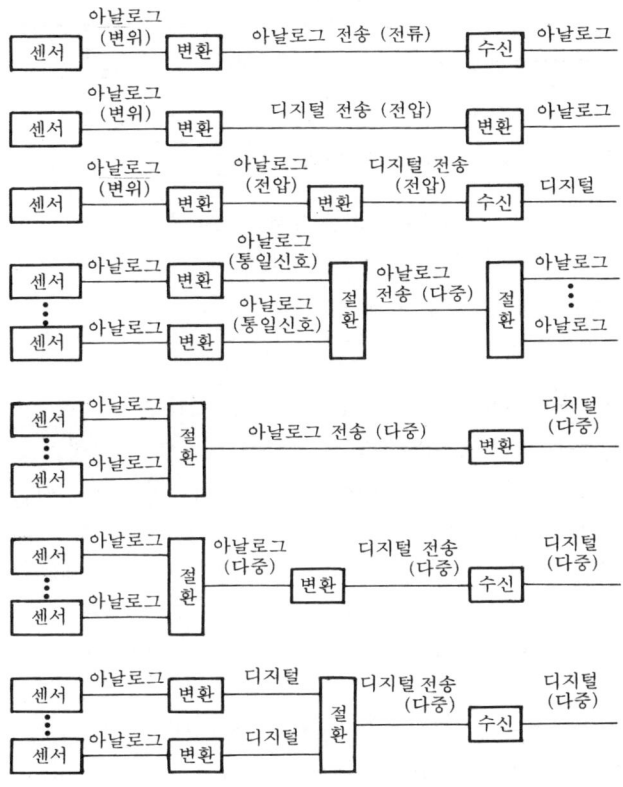

그림 6-13 여러 가지의 전송 방법

  비동기식 직렬전송방식으로는 RS232C 및 RS-422방식 등이 있다. 전송거리가 짧고 고속이 요구되는 경우에는 병렬 전송방식이 필요하다. 병렬 전송 중에서 센서와 관계깊은 것이 GPIB인데 GPIB는 계측용 인터페이스 버스라 부르며, 계측기와 레코드 또는 컴퓨터 사이의 전송에 많이 사용된다. 그림 6-14에서 GPIB를 이용한 측정 시스템의 예를 보였는데 접속이 매우 간편한 특징이 있다. 최근 측정기는 GPIB가 붙거나 또는 부착이 가능하도록 I/O카드가 장착된 것이 많다. GPIB를 이용하면 컴퓨터와 다른 디바이스(예를 들면, 프린터)와의 인터페이스 뿐만 아니라 계측기 상호간 및 레코더와도 임의로 연결이 될 수 있어 계측기의 제어는 물론 데이터의 공유와 저장과 기록에 매우 편리하다.

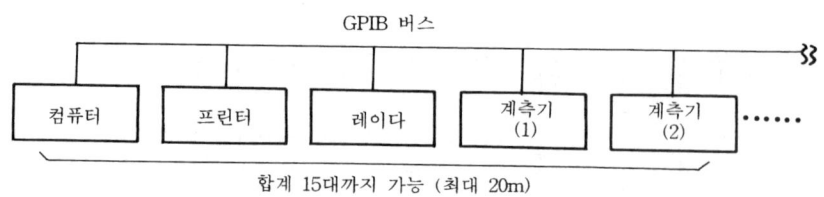

그림 6-14 GPIB에 의한 계측 시스템 구성의 예

1-4 잡음 처리 기술

센서를 사용하기 위한 주변회로 및 신호 처리 회로는 아날로그 회로이든지, 디지털 회로이든지 잡음의 영향을 받는다. 신호가 미약할수록 잡음에 대하여 철저하게 대비하여야 한다. IC의 집적도가 높을수록 단위소자당 전력소비를 엄격히 제한하게 되며, 이는 곧 잡음에 미약하게 된다는 것을 의미한다. 전자 기기의 잡음대책 기술을 크게 나누면 가해 방지 기술과 피해 방지 기술 2가지가 있다. 그러나 실제로 전자기(電磁器)는 상호 가역성(可逆性)이 있으므로 "다른 것에 방해를 주는 전자파가 외부에 새나가는 것을 막는 기술" 즉, 가해 방지 기술과 "밖에서 들어오는 유해한 전자파의 침입을 막는 기술" 즉, 피해 방지 기술은 대단히 유사하며 거의 같은 기술이라고 말할 수 있다.

잡음을 분류하면 번개나 고주파 용접기, 형광등에 의해서 생기는 외부 잡음과 주로 회로 소자의 스위칭이나 열 등에 의해서 생기는 내부 잡음으로 나눌 수 있다. 내부 잡음은 회로 설계를 할 때 특별히 주의를 기울임으로써 어느 정도 경감이 가능하지만, 반도체 소자 자체의 특성이나 열 등으로 인하여 발생하는 잡음은 제거하기가 매우 곤란하다. 그러므로 대부분 외부 잡음에 대한 잡음 방지 대책에 대하여 설명한다. 그림 6-15는 센서 신호 처리 회로에서 외부 잡음이 침입하는 경로를 나타낸 것이다. 그림에서 특히 유의할 것은 접지점이 상호 다를 경우 그라운드 루프가 형성되어 신호원에 영향을 미침으로써 잡음을 가져올 수 있는 원인이 될 수 있다는 것이다. 따라서, 접지점을 한곳에 모아서 1점 접지를 시키는 것이 바람직하다. 그림에서 ①, ② 등의 번호는 다음과 같은 방법으로 잡음이 유도되거나 결합될 수 있음을 뜻한다.

① 고압선로 기타 잡음원으로부터의 정전적 결합
② 대전류 회로로부터의 자기 결합
③ 복사된 전자파의 결합
④ 전원선을 통한 유도 결합
⑤ 입·출력 신호선을 통한 도전 결합
⑥ 공통 임피던스를 통한 결합

이들에 대한 대책은 다음과 같다.
① 잡음의 방해를 받는 쪽에서는 적절한 그라운딩과 차폐, 혹은 필터링 등을 실시한다.
② 발생원에서 원천적으로 잡음을 봉쇄할 수 있도록 시스템을 설계한다 (그러나 기존의 시설에 이러한 원천적 봉쇄는 사실상 어려울 때가 많다).
③ 그래도 방해 신호가 침입할 때는 적절한 신호 처리와 회로 설계에 의하여 그 효과를 감소시킨다.
④ 잡음의 영향을 줄일 수 있도록 신호원에서 특별한 변조를 하거나, 증폭, 보호화 등을 통해 전송하고 수신측에서 이를 다시 복원한다.
⑤ 전자 혹은 정전 결합을 배제시킬 수 있는 광전송 혹은 광결합 방식을 채용한다.

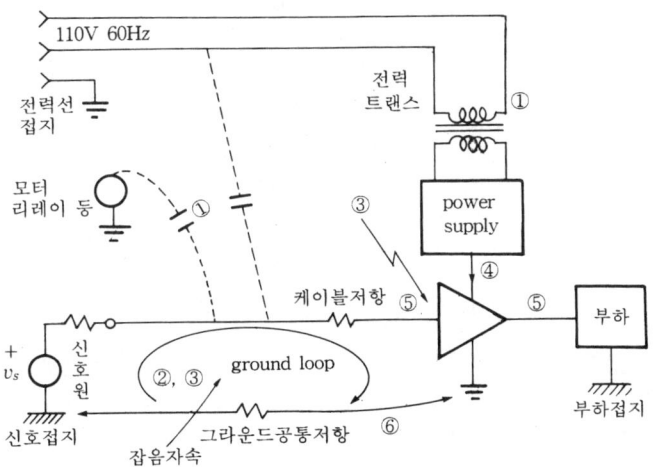

그림 6-15 외부 잡음 침입 경로

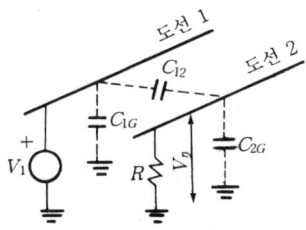

그림 6-16 두 도체간의 정전 결합

앞에서는 대부분 전자적인 결합에 의한 잡음 유입을 주로 설명한 것이라면 그림 6-16과 같이 정전적인 결합에 의한 잡음의 유입도 생각할 수가 있는데, 이들은 일반적으로 평행하는 두 도체가 가까이 있을수록 그 피해가 커진다. 그림에서 도선들은 도선 상호간의 정전용량을 가지고 있음을 보여준다. 전선 상호간의 영향을 줄이려면 도선을 서로 직각으로 배치하거나 실드선을 쓰는 것이 유리하다. 이들에 대한 대책을 요약하면 다음과 같다.

① 그림 6-17과 같이 정전 차폐(electrostatic shielding)를 한다.
② 잡음원으로부터 방해 장치를 멀리 띄워 설치한다.
③ 방해를 받는 회로의 입력 임피던스를 낮춘다.
④ 배선의 길이를 필요 이상 길게 하지 않는다.
⑤ 전기력선이 펼쳐지는 범위를 축소시키기 위해서 방해 신호원을 그라운드면 가까이 한다.

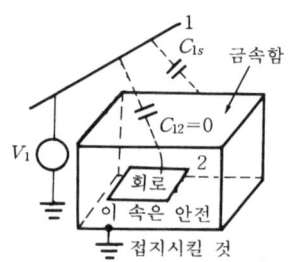

그림 6-17 정전 차폐의 효과

잡음 제어를 위한 요령은 이외에도 여러 가지가 있겠으나 접지 요령이 대단히 중요하므로 미약한 센서 신호를 증폭할 때 흔히 나타날 수 있는 바른 접지 요령을 설명한다. 그림 6-18은 낮은 신호 레벨을 갖는 초단 증폭기(D.A.)와 부하에 대전류를 공급하는 전력 증폭기(P.A.)가 같은 기기안에 들어 있을 때 접지 문제를 생각해 보기 위한 것이다. 그림 (a)는 바른 결선을 나타내고 있으며, 그림 (b)는 두 가지 특징점이 있다. 첫째는 고레벨 증폭기의 변동하는 부하 전류가 A-G 사이의 공통 임피던스를 흐르므로 여기서의 전류와 전압의 곱 RI 강하가 저레벨 증폭기의 공급 전압에 변동을 가져올 수 있다. 이 때문에 초단 증폭기의 PSRR이 매우 높지 않는 한 발진이 일어날 수도 있다. 둘째로 부하 전류의 그라운드를 통한 귀환 루프의 RI 강하가 케이스를 따라서 저레벨 증폭기 입력 단자의 전위(점 G를 기준으로 함)에 변동을 가져온다. 그림 (a)에서는 공급 전원 가까운 1점에서 모든 공급 전압의 리드선이 묶여 있고 또 다른 1점에 모든 그라운드 귀선들이 1점 접지로 묶여 있으므로 앞서 설명한 발진이나 변동 상황은 일어나지 않는다.

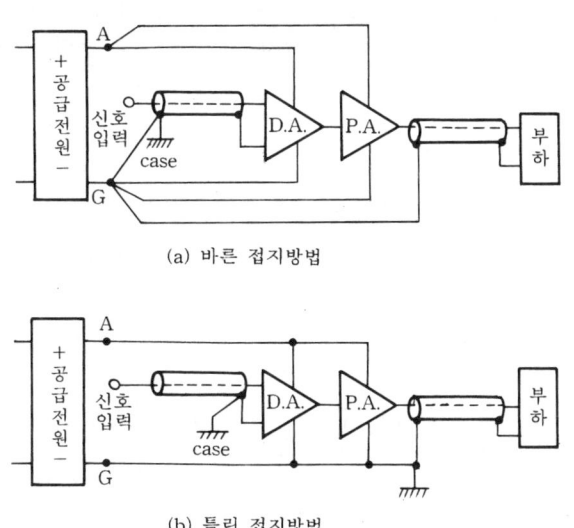

그림 6-18 공급 전원과 저레벨 및 고레벨 회로와의 연결

1-5 신호 및 영상처리 기술

 물리량이나 화학량 등은 센서에서 전기 신호로 변환되지만 표시나 기록, 제어 등에 이용할 수 있는 전기 신호로 하는 데는 증폭 이외에 각종 신호 처리가 필요하다. 이때 신호 처리의 주요한 기능을 들면 다음과 같다.
① S/N 향상 : 필터링, 차동 증폭 및 아이솔레이션 등
② 불필요한 파라미터의 제거 : 전원 변동 보정, 온도 변동 보정 및 열전대의 냉접점 보상 등
③ 리니어라이즈 : 변형 게이지, 열전대 등의 직선화, 전리 상자나 광전 소자의 대수 변환차 및 압류량계의 제곱근 연산 (開平演算) 등
④ 측정 레인지의 조정 : 제로점, 스팬 조정 및 교정회로
⑤ 이상 처리 : 번 아웃 (burn out) 및 로레벨 컷 (low level cut) 등
⑥ 복합 연산 : 가스 유량의 온도, 압력 보정, 칼로리, 전력량, 질량 및 유량 등 복수의 센서 신호에서 연산하여 측정값이 얻어지는 것
⑦ 신호의 종류 변환 : 전압/주파수 변환, 전압/펄스폭 변환 또는 이들의 역변환 등
 신호 처리는 크게 아날로그 신호처리와 디지털 신호처리 2가지로 나눌 수가 있으나, 처리에 따른 디지털 컴퓨터와의 호환성 때문에 대부분 디지털 방식의 신호 처리 및 화상 처리가 이루어지고 있다. 디지털 신호는 이산적인 시간에 대해서 정의되는 이산 시간 신호를 유한의 자리수 수치의 계열에 의해 근사적으로 표현한 것이다. 디지털 화상도 마찬가지로 이산적인 평면상의 점에 있어서 정의되는 이산 화상을 유한의 자리수 수치의 계열에 의해 근사적으로

표현한 것이다.

유한 자리수의 수치 계열의 디지털 신호·디지털 화상의 엄밀한 취급은 간단하지 않기 때문에 무한 자리수의 수치로 나타낸 경우에는 이산 시간 신호·이산 화상의 형태로 취급한다. 이산 시간 신호 $f(n)$이 연속 시간 신호 $f_A(t)$를 시간 간격 Δt로 표본화한 신호라면 다음과 같다.

$$f(n) = f_A(n\Delta t) \quad \cdots\cdots\cdots\cdots\cdots\cdots\cdots\cdots\cdots\cdots\cdots\cdots\cdots\cdots (6-10)$$

이산 화상 $f(m, n)$이 연속 화상 $f_A(x, y)$를 x, y방향으로 각각 Δx, Δy의 간격으로 표본화한 것이라면 다음과 같다.

$$f(m, n) = f_A(m\Delta x, n\Delta y) \quad \cdots\cdots\cdots\cdots\cdots\cdots\cdots\cdots\cdots (6-11)$$

이산 시간 신호로서 예를 들면 다음과 같다.

$$f(n) = e^{j\Omega n} \quad \cdots\cdots\cdots\cdots\cdots\cdots\cdots\cdots\cdots\cdots\cdots\cdots\cdots\cdots (6-12)$$

$$f(n) = u(n) = \{1(n \geq 0), \ 0(n < 0)\} \quad \cdots\cdots\cdots\cdots\cdots\cdots (6-13)$$

$$f(n) = \delta(n) = \{1(n = 0), \ 0(n \neq 0)\} \quad \cdots\cdots\cdots\cdots\cdots\cdots (6-14)$$

신호 $u(n)$은 단위 계단 함수, 신호 $\delta(n)$은 임펄스 함수 혹은 단위 샘플이라 부르고 있다. 간단한 이산 화상으로서 예를 들면 다음과 같다.

$$f(m, n) = e^{jUm} e^{jVn} \quad \cdots\cdots\cdots\cdots\cdots\cdots\cdots\cdots\cdots\cdots\cdots (6-15)$$

$$f(m, n) = u(m, n) = \{1(m \geq 0 \text{ 및 } n \geq 0), \ 0(m < 0 \text{ 또는 } n < 0)\} \cdots (6-16)$$

$$f(m, n) = \delta(m, n) = \{1(m = n = 0), \ 0(m \neq 0 \text{ 또는 } n \neq 0)\} \cdots\cdots (6-17)$$

2차원 신호의 경우도 1차원 신호의 경우와 마찬가지로 $u(m, n)$을 단위 계단 함수, $\delta(m, n)$을 임펄스 함수 혹은 단위 샘플이라 한다.

디지털 신호 처리에서는 이와 같이 표본화된 이산 신호를 z변환, 푸리에 변환 및 선형 필터링을 함으로써 원하는 신호를 추출하거나 복원 혹은 압축할 수가 있다. 또한 디지털 영상 처리에서는 Harr변환, 월시, 하다마드 및 경사변환 등을 통하여 화상 강조, 복원 압축 및 재구성 등의 처리를 할 수 있다. 1차원 신호를 출력하는 일반 센서 및 이차원 신호를 내는 CCD센서 등에서 나온 신호를 처리함으로써 원하는 계측이나 제어를 한층 더 고기능화시킬 수 있음은 말할 나위가 없다.

구체적인 신호처리 및 화상 처리 방법은 본 장의 범위를 벗어나므로 여기에서는 1차원 센서 신호처리 및 화상처리에 관련된 내용을 개괄적으로 요약한다.

(1) 1차원 센서 신호처리

대부분의 센서들은 입력량에 따라 1차원적인 신호를 발생한다. 필터링, 리니어라이즈, 증폭, V/F 변환 등의 아날로그 신호처리가 필요한 경우가 있으며 이러한 경우 앞서의 기초 응용 기술이 도움이 될 것이다. 한편 디지털 신호 처리가 필요한 경우에는 A/D 변화를 통하여 표본화 및 디지털 신호로 변환한 다음 컴퓨터로써 각종 신호처리를 하는 것이 일반적이다. 이러한 디지털 신호처리로는 필터링, 선형화, 보간 및 Fourier변환 등이 있으며 원하는 모든 것을 컴퓨터상에서 할 수 있는 장점이 있다. 그러나 센서를 효율적으로 응용해야 하는 측면에서 보면 시스템이 완성된 상태에서의 비용이 중요한 요소가 되는 경우가 많으므로 디지털 방식의 신호처리가 반드시 좋다고 말할 수는 없는 것이다. 따라서, 센서 응용 개소와 그 필요성에 따라 아날로그 혹은 디지털 방식을 잘 선택해 사용하여야 한다.

(2) 화상 처리

일반적으로 화상 처리는 화상의 전송, 기억, 복원, 첨예화, 강조 및 재구성을 위해 실행된다. 화상의 전송, 저장 및 처리를 정확하고 효율적으로 실행하기 위해서는 화상의 고능률 부호화가 필요한 한편, 복원과 첨예화를 시키는 데는 필터링이 필요하다. 또한 강조나 재구성의 실행은 푸리에 변환, 반켈(Wankel) 변환, 힐버트(Hilbert) 변환 및 월시-하다마드 변환 등의 선형 변환과 여러 가지의 비선형 변환 등을 이용하게 된다. 이 기술은 CCD 센서 등의 소자를 통하여 얻은 신호를 처리하는데 필수적으로 사용될 수 있으며, 인공위성 등에서의 원격 측정, 의료 영상처리 및 로봇 시각 등에서 광범위하게 응용될 수 있다.

2. 민수 응용 기술

센서의 민수 응용 기술은 인간이 풍족한 문화적 생활을 하기 위해 사용하는 각종 가정용 전기·전자기기 및 이들을 조합해서 생긴 시스템들에 대하여 센서를 응용하기 위한 기술의 총칭이라 할 수 있다. 그 범위는 가사 노동을 경감해서 여가를 만들어 내는 세탁기, 청소기 및 조리기, 여가를 살리고 교양, 오락에 유용한 TV, 비디오, 오디오 등의 영상 음향기기 등과 생활 환경을 편리하고 쾌적하게 하는 에어컨, 온방 및 급탕 등의 주택 설비기기, 생활에 안전을 주는 방범, 방재 및 홈 오토메이션과 경로, 육아 등 대단히 다양하다. 센서를 민수 제품에 응용하는 데는 편리함이나 쾌적함과 안전의 확보라는 장점 외에도 연소 기구 등에서 연소 제어, 세탁기, 식기 세척기 등에서와 같이 물이나 전기를 절약시키는 즉, 경제성을 높이는 측면과 신뢰도를 높이는 측면에서의 장점도 있다.

이 절에서는 취사 기구 및 냉장고 등 주방용 가전제품과 홈 오토메이션, 영상기기 및 음향기기 등으로 나누어 민수용 기구에 센서가 응용되고 있는 예를 설명한다.

2-1 주방용 가전기기

(1) 전자 밥통

맛있는 밥을 만드는 데는 쌀에 적당한 수분을 흡수시키는 것과 적절한 영양을 주는 것이 필수적이다. 최근의 전자 밥통에서는 대부분 센서와 마이크로컴퓨터를 조합하여 이상적인 취사를 가능하게 하고 있다. 그림 6-19에서 마이크로 프로세서 및 센서를 이용한 보온 전자 밥통의 시스템 블록도를 보였다.

여기에서 중앙 온도 소자(center thermal sensor)로서는 감열 페라이트를 사용하고 있고, 취사 서미스터와 보안 서미스터는 NTC 서미스터를 사용하며 이는 스프링형태로 되어 있다. 이들 센서들은 취사 냄비의 측면에 붙여져 있어, 냄비 온도를 측정함으로써 흡수 온도, 쌀의 양 및 보온 온도를 제어한다. 보안 서미스터는 취사 히터의 근방에 설치되어 만일의 이상 온도 상승에 의한 사고를 방지하는 일을 한다. 여기에 온도 퓨즈의 병용으로 이중 안전 구조를 형성하고 있다.

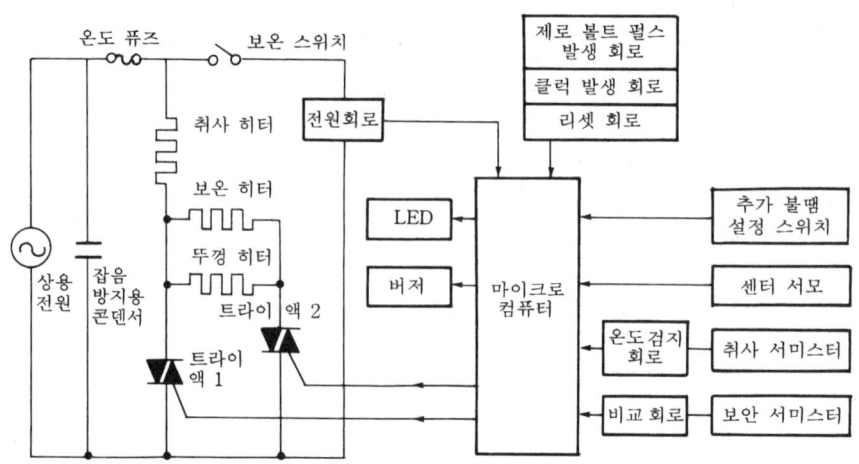

그림 6-19 보온 전자밥통의 시스템 블록도

쌀을 씻어서 밥통에 처음 넣어 취사를 시작할 때는 쌀의 물 흡수를 촉진시키기 위해서 35℃로 유지시킨다. 다음은 쌀의 양을 취사 가열 초기 온도 상승 속도로부터 계산해내어 내장된 마이크로프로세서가 자동적으로 최적의 열량을 가감하도록 한다. 그 후에는 미리 프로그램된 취사 소프트웨어에 의해서 취사가 진행된다.

(2) 자동 전자 레인지

센서와 마이크로프로세서를 사용하여 식품의 종류나 양에 관계없이 자동적으로 알맞는 조리를 할 수 있는 전자 레인지가 일반화되고 있다. 식품의 조리 정도는 가열되는 식품의 온도로써 알 수 있는데 이를 알기 위해서는 직접 서미스터를 식품에 삽입하는 방식과 비접촉식이 있다. 편리성에서 보면 비접촉식이 단연 유리하다. 이 방식에서는 조리과정에 식품에서 발생하는 증기나 가스를 습도 센서나 가스 센서로 감지하는 방법, 식품의 온도를 적외선 센서로 감지하는 방법이 개발되어 상품화되고 있다.

그림 6-20은 습도 센서를 사용한 전자동 전자 레인지의 동작 원리를 나타낸 것이다. 배기 구멍에 놓여진 습도 센서는 식품에서 발생하는 습도를 검출해서 식품의 가열 클리닝이 움직이게 한다. 센서 표면의 더러워짐을 제거하는 리프레시(refresh) 기구가 있기 때문에 조리 상태를 일정하게 유지할 수 있다. 전자 레인지의 조리 시작의 스위치를 넣으면 우선 가열 클리닝의 히터에 통전되어 센서의 리프레시가 행해진다. 그후 마그네트론이 움직이고, 마이크로파의 에너지로 식품의 가열을 개시한다. 동시에 레인지 안의 온도도 상승해서 상대 습도가 저하한다. 더욱더 가열해 나가면 식품에서 급격히 수증기가 나오기 시작하고, 레인지 안의 상대 습도도 높게 된다.

대부분의 식품이 그림 6-21에 보이는 수증기의 급격한 방출 후 조리가 완료된다는 특성을 나타낸다. 이 습도 검출은 식품의 비등 상태의 검출밖에 되지 않는다. 배기구의 상대습도(RH : Relative Humidity) 변화는 주위 조건에 따라 변화하고, 시간 T_1의 습도 변화는 수 % RH 에서 100 % RH 정도까지 걸친다. kT_1은 습도가 급격히 상승하고 식품이 적절하게 완성될 때까지의 시간이며, T_1은 식품의 종류나 양에 따라서 변하지만 k의 값은 식품의 종류가 정해지면 양과는 거의 무관하다. 따라서, 미리 여러 가지 식품에 대해서 조리 실험을 행하여 k값을 구하고 k의 값에 따라서 식품을 분류하여 각각의 조리를 프로그램 해 둔 다음 원하는 종류의 식품을 지정하여 스타트 버튼을 누름으로써 마이크로 컴퓨터에 의해 자동적으로 조리가 행해진다.

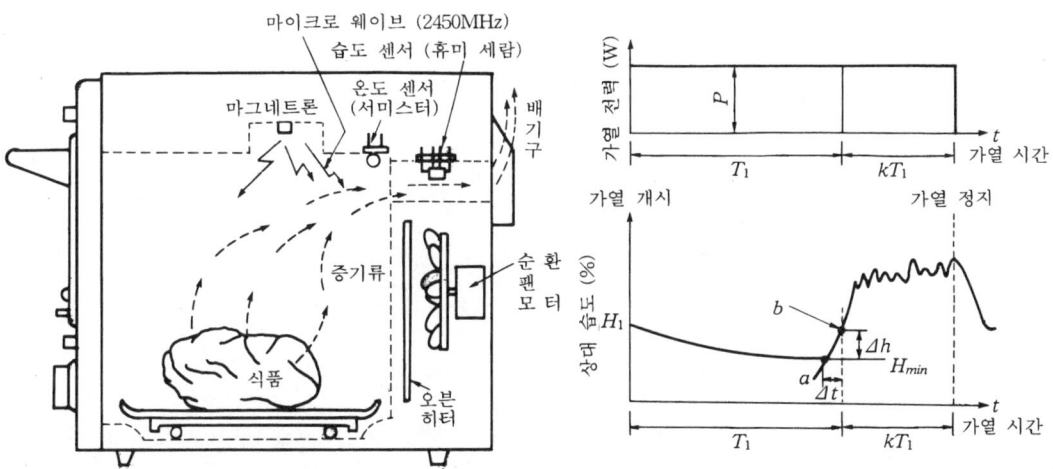

그림 6-20 습도 센서를 이용한 전자 레인지의 동작 원리

그림 6-21 조리중의 습도 변화

2-2 홈 오토메이션

홈 오토메이션(home automation ; HA)은 구미 각국에서는 홈 컨트롤(home control)이라는 말로도 통용되고 있으며, 이것의 기능을 크게 분류하면 그림 6-22와 같이 하우스 컨트롤, 홈 커뮤니케이션 등 8가지로 나누어질 수 있다. 지금까지 홈 오토메이션의 개념에 포함되는 기능은 주로 하우스 컨트롤과 홈 시큐리티와 에너지 관리 등에 국한된 것이다.

이들 중의 대부분은 정보나 제어의 주고받음이 가정 안에서 이루어졌으므로 HA는 "닫힌 HA 시스템"이었다. 그러나 최근에 와서는 ISDN망에 의한 멀티미디어 통신 및 고도 정보 통신 시스템이 각광을 받게 됨에 따라 "열린 HA 시스템"으로서의 홈 오토메이션도 HA의 중요한 기능이 되었다. 즉, 공중전화 회선이나 케이블 또는 가정 내의 정보 기기 등과 유기적으로 결합하면 그만큼 공공의 사회 시스템과 쉽게 정보 교환을 할 수 있다. 그리고 외부의 대형 컴퓨터가 각 가정에서도 활용될 수 있다.

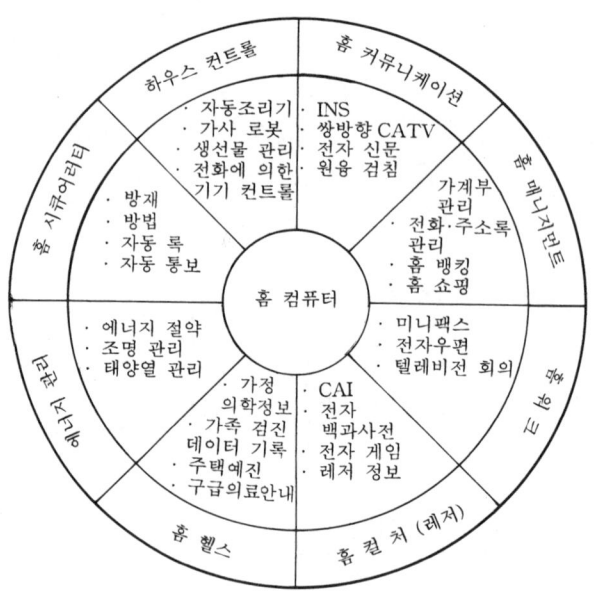

그림 6-22 홈 오토메이션의 기능

위에서 말한 기능을 가진 HA 시스템에서는 가정의 안과 밖의 정보 교환은 어떠한 방식으로 이루어지는가를 보이기 위하여 정보화 사회에서의 홈 오토메이션화된 가정의 한 예를 그림 6-23에 나타내었다. 즉, 가정 안에는 광섬유나 동축케이블 등의 정보선을 통하여 홈 베이스 또는 홈 네트워크가 설치되어 있다. 광섬유는 여기에 수용할 수 있는 정보량이 대단히 많기 때문에 그림 6-22의 홈 커뮤니케이션, 홈 컬쳐, 하우스컨트롤 등을 구현하는데 매우 효과적인 선로이다. 현재는 산업현장및 기업 등의 빌딩에 주로 채용되고 있지만 앞으로는 각 가정으로 파급될 것이다.

광섬유나 동축 케이블 외에 일반적인 평행 케이블이나 AC 100V계에 신호를 중첩하는 전력선 반송(搬送)방식 혹은 적외선이나 미약한 전파 등을 이용한 와이어리스화 방식도 고려될 수 있다. 가정내의 각 방에서 필요에 따라 홈 베이스와 결합할 수 있도록 각 방에는 일종의 "정보 콘센트"를 설치할 필요가 있다. 그림의 HA 시스템에서는 기본적으로는 홈 컴퓨터가 가정 내의 모든 데이터나 신호의 흐름을 제어한다. 따라서 홈 베이스와 홈 컴퓨터 사이는 물론 홈 베이스와 각종 기기나 어댑터 및 센서의 앞에는 무엇인가 인터페이스적인 역할을 하는 유니트가 필요해진다. 이와 같은 HA에 필요한 센서들은 가스 센서, 압력 센서, 온도 센서, 유량 센서 등 거의 모든 센서를 망라해야 할 정도로 다양하다. 이들 HA 시스템 등으로 특히 요구되는 센서의 성능으로서는 저가격, 고신뢰도, 긴 수명 및 저소비전력, 소형 등의 성질을 가져야 한다.

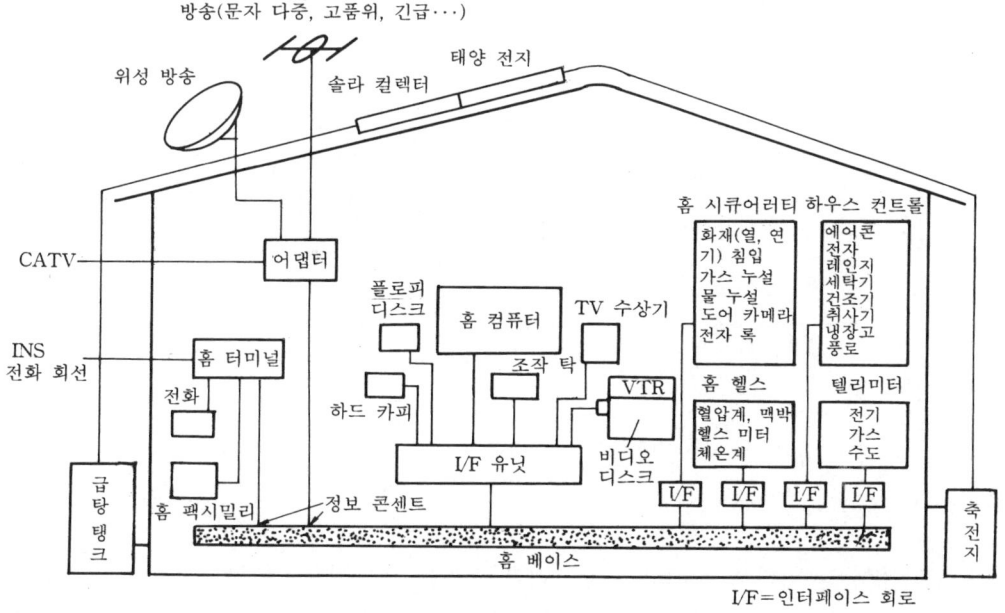

그림 6-23 가정내 정보 네트워크

2-3 가정 영상기기

가정에서 사용되고 있는 영상기기는 종래의 텔레비전뿐만 아니라 VCR, 비디오텍스, CATV 및 위성방송 및 비디오 디스크 등 뉴미디어라고 불리는 영상기기를 포함하여 여러 종류가 있다.

이들 기기 내부에서 센서는 대부분 마이크로프로세서 칩과 결합되어 있어 기기 사용의 편리는 물론 기기의 기능이나 성능을 높이는데 없어서는 안될 역할을 맡고 있다. 그러면 영상기기에서의 센서 응용에 대해서 몇 가지 예를 들어 설명한다.

(1) VCR

VCR에는 회전 헤드 및 테이프 주행계에 자기 센서나 광센서가 다수 사용되고 있다. 회전 헤드 구동 모터의 회전수 제어 및 회전 위치 제어를 위해 픽업 코일이나 홀소자 등의 자기 센서로 구성된 FG(frequency generator) 센서, PG(position generator) 센서가 모터의 회전 상태를 검출하고, 서보 회로에 의해서 정확한 트래킹 제어를 행하고 있다.

그림 6-24에 다이렉트 드라이브 모터에 의한 회전 헤드 서보 기구를 나타낸다. 회전 헤드는 직류 다이렉트 드라이브 모터에 직결되어, FG 센서에 의한 회전수 신호와 PG 센서에 의한 회전 위치 신호를 드럼 서보 회로에 넣고, 기준 발진기에서의 기준 신호와 대비시켜 그 오차가 최소가 되도록 서보 제어를 행한다. 한편 테이프 구동 캡스턴(capstan) 모터도 기준 신호와 테이프에 기록된 컨트롤 신호 및 FG 센서와 PG 센서 신호를 대비시켜, 캡스턴 서보 회로에서 테이프 주행을 제어한다.

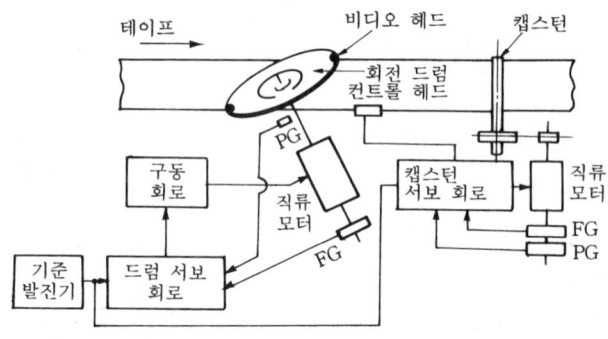

그림 6-24 다이렉트 드라이브 회전 헤드 서보 기구

(2) 비디오 카메라

가정용 포터블 칼라 비디오 카메라는 캠코더라는 이름으로 최근 가정에 널리 보급되고 있는데 이는 센서를 이용하여 소형 경향화, 저전력화, 고기능화를 이룬 대표적인 예라고 할 수 있다. 자동화의 예로서는 자동 광량 조정(automatic light control) 기능이나 자동적으로 색밸런스를 조정하는 자동 화이트 밸런스 조정(automatic white balance control) 기능 및 자동 초점 조정(auto focus control) 기능 등이 있다. 여기에서는 자동 초점 검출기능을 위한 센서 응용에 대하여 설명한다. 이에는 핀트 검출 방식, 삼각 측량 방식, 초음파 방식 등이 있다. 핀트 검출 방식은 카메라 렌즈의 초점 면에 미소한 플라이 아이(fly eye)렌즈를 설치한 2조의 CCD 리니어 어레이를 이용한다. 이는 그림 6-25의 (a)와 같은 구조로 되어 있으며, 그 원리는 2조의 CCD 어레이 출력의 위상 차로부터 전핀트, 후핀트 및 핀트 합치 정도를 검출하는 것이다. 그림 (b) 및 (c)에서는 핀트 위치와 CCD의 수광관계를 보여주고 있는데 이 방식은 렌즈를 통한 빛을 이용하므로 렌즈의 배율에 관계없이 핀트를 맞출 수 있는 특징이 있으나, 핀트 검출 센서에는 높은 정밀도의 가공이 요구된다.

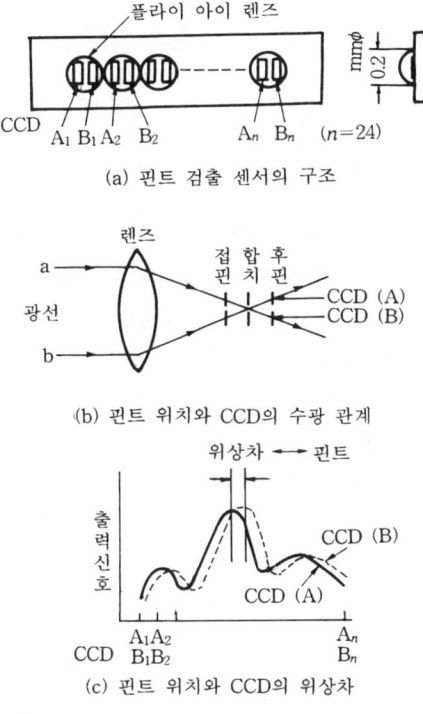

그림 6-25 위상 검출 방식의 동작 원리

삼각 측량 방식에서는 카메라 상의 그림에서 피사체를 보았을 때의 각도 차를 검출하는 것으로, 두 점이 양쪽 모두 수광 기능으로 동작하는 경우와 한쪽이 발광 기능으로, 다른 쪽이 수광 기능으로 동작하는 경우로 나누어진다. 전자를 2중상 합치 방식, 후자를 투광 방식이라고 부르는데 이미 실용화되고 있는 자동 초점 시스템의 대부분은 이 삼각 측량방식을 이용하고 있으며, 투광 방식의 실용 예를 그림 6-26에 나타낸다. 근래에 이르러 효율이 높은 적외선 LED가 이용되어 실용화가 진행되고 있다.

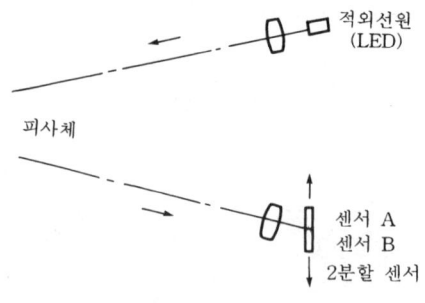

그림 6-26 투광 방식

그림에서 보면 렌즈의 상부에 설치된 적외선 LED에서 발사된 적외선 빔이 수광부로 들어가고, 수광부에 설치된 2분할 센서 A, B의 출력이 같게 되도록 상하로 움직인다. 이때 센서에 연동하고 있는 포커스 링이 움직여서 핀트 맞춤이 행해진다. 투광 방식의 특징은 주위의 밝기에 좌우되지 않아 빔을 극히 가늘게 조일 수 있으므로 특정 장소를 겨누어 핀트를 맞출 수 있는 이점 등이 있다. 그러나 적외선이 닿는 범위에서만 자동 초점이 효과가 있고, 피사체의 색이나 콘트라스트에 의해서 핀트가 맞는 쪽이 변화하는 등의 결점도 있다.

초음파 방식에서는 피사체를 향해 예미한 초음파를 발신하고, 피사체에서의 반사파를 수신하기까지의 시간을 측정해서 거리를 아는 방식이다. 이 방식은 피사체의 밝기나 콘트라스트에 관계없이 정확한 측거(測距)를 할 수 있고, 초음파의 전파 시간이 비교적 길기 때문에 정밀도의 확보가 쉽고, 가동 부분도 적어서 구조가 간단하고 신뢰성이 높다.

초음파 방식의 중요한 포인트는 어떻게 초음파의 지향성을 첨예하게 겨냥한 장소에 핀트를 맞추는가 하는 것과, 어떻게 초음파의 도달 거리를 늘리고 필요한 측거 가능 거리를 확보해 내느냐 하는 것에 달려 있다.

2-4 음향 기기

음향 기기에서는 광센서 및 감자성센서가 많이 사용되고 있다. 카세트 테이프덱의 속도 검출회로나 자동 정지 회로에서는 슬릿이 부착된 포토 커플러나 포토 트랜지스터가 자주 사용되고 있다. 레코드 플레이어에서 회전 상태를 정확히 센싱하기 위하여 턴테이블 외주부 또는 내측에 강자성체를 매우 균일하게 전 둘레에 걸쳐 도포하고 그 자극을 멀티캡 헤드로 재생해 내는 방식이다. 즉, 턴테이블의 회전에 따라 멀티캡 헤드에서 얻어지는 교류 신호를 증폭후 정류하여 턴테이블을 회전시키는 DC모터를 제어함으로써 정속도를 얻게 된다.

음향 기기에서 센서가 이용되는 예는 앰프나 스피커, 라디오 및 와이어리스 리모콘 등에서도 찾아볼 수 있다. 앰프에서는 장시간 사용이나 외부 온도가 지나치게 높을 때 출력부의 소자 파괴를 방지하기 위한 감열 센서를 들 수 있으며, 스피커에서는 보이스 코일의 진동을 감지하기 위한 가속도 센서가 있다. 이때 스피커 진동판의 떨림을 제어하여 다이내믹 레인지를 넓히기 위해 보이스 코일과 같은 위치에 검출 코일을 감아 두는 경우가 있는데 이 경우 라디오에서는 전파의 강약을 감지하여 뮤팅을 시켜 주는 회로 및 전파가 오는 방향으로 안테나의 지향성을 낮추는 시스템 등에서 센서의 응용을 들 수가 있으며, 와이어리스 리모콘에서는 적외선 발광소자 및 수광소자가 응용되고 있다.

마지막으로 디지털 오디오 시대의 총아로 불리는 콤팩트 디스크 플레이어에서 센서가 응용되고 있는 경우를 살펴보자. 그림 6-27은 CD 플레이어 광학계 블록의 일례를 나타낸다. 여기서는 센싱 기구에 대해서만 기술한다. CD의 트랙 피치는 1.6 μm로 극히 작아 스핀들 모터의 중심축과 디스크 트랙 센터가 일치하는 것은 기대할 수 없으며, 대부분의 경우 디스크의 트랙이 한쪽으로 치우쳐서 회전하는 것이다. 광빔이 신호를 바르게 픽업하기 위해 항상 트랙을 덧그리도록 컨트롤할 필요가 있는데 이것을 트래킹 서보라고 한다.

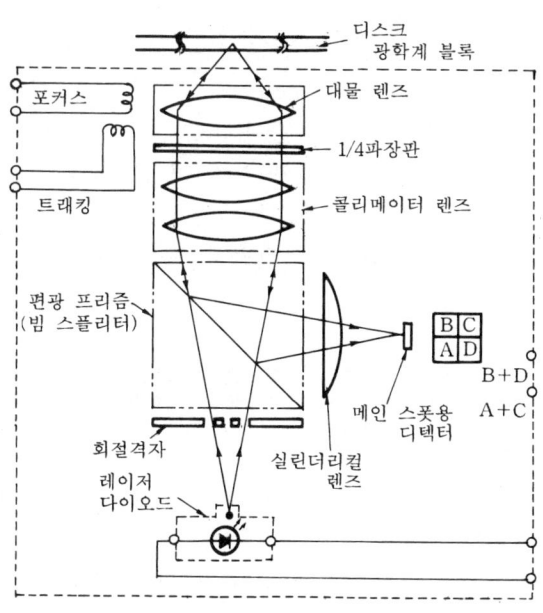

그림 6-27 CD 플레이어의 광학계 블록의 예

오차 신호를 꺼내려면 광학식 비디오 디스크에 사용되는 3빔법 등이 있으나 CD 플레이어에서는 광학계가 복잡하게 되는 것을 피하여 DPD(differential phase detection)법이라고 부르는 방법을 채용하고 있다.

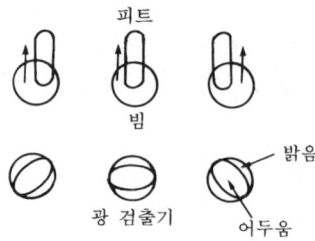

그림 6-28 DPD 법의 원리 (피트 길이 $\lambda/4$)

그림 6-28과 같이 피트 깊이가 $\lambda/4$ (λ는 빔의 파장)일 때 피트와 빔의 위치 관계에 의해 광검출기상의 패턴이 변화한다. 이때 광검출기를 A, B, C 및 D로 4분할해 놓으면 다음과 같다.

$$(A + C) - (B + D)$$

출력이 0으로 될 때 빔이 트랙의 센터에 있는 것을 나타내고 있다. 이 출력은 CD가 한편으로 치우쳐서 회전하여 빔이 트랙에서 엇갈려 이동하면 정현파 모양의 출력이 되고, 어긋난 방향에 의해 그 위상이 90℃씩 정, 부로 어긋난다. 따라서 그 출력의 위상을 검출하면 오차 신호를 얻을 수 있다. 이때 트래킹 서보는 이와 같이 해서 얻어진 오차 신호에 의해 픽업을 움직이게 해서 목적하는 위치로 이끌고 있다. 역시 피트의 깊이가 $\lambda/4$일 때 디스크의 피트가 없는 것과 피트가 있는 것에서 되돌아오는 광량의 차이가 최대로 된다.

3. 공공 응용 기술

국가나 사회 단체 등에서 국민 대중을 위하여 공익을 추구하는 분야인 의료나 보건, 환경 관리, 교통, 체신 및 금융 등의 영역에서도 센서 응용 기술이 깊이 침투해 있음은 주지의 사실이다. 예를 들어 의료 분야에서는 환자 진단을 위한 계측 및 진단 시스템과 임상 검체 검사 시스템 및 환자 감시 시스템에서 수많은 센서가 응용되고 있으며, 생명공학 전반에서 센서 응용은 아주 헤아리기가 힘들 정도이다. 또한 산업이 발달함에 따라 각종 폐·하수, 대기 오염 물질 등이 심각해져 가고 있으며 이를 방지하기 위한 환경 감시 분야 및 고속 전철이나 초고속 자기 부상 열차의 생산과 승용차 등의 고급화 및 도심의 차량 통제 등 교통이 전반에 관련하여 응용되는 센서 기술 또한 실로 다양한 실정이다. 그러므로 여기서는 의료, 안전 방제 및 교통과 환경에 관련된 센서 기술에 관하여 주로 서술한다.

3-1 의료에서의 센서 응용

의료 기기에서의 센서 응용을 분야별로 나누면 생체 계측, 임상 검체 검사, 의용 영상 시스템, 생체 기능 보조 및 치료용 의료 기기 분야로 나눌 수 있는데 여기에서는 생체 계측 분야와 임상 검체 검사 분야 및 생체 기능 보조 시스템 분야에서의 센서 응용에 대해서 주로 설명한다.

(1) 생체 계측 분야

생체 계측 분야는 심전도, 뇌전도 등 전기적인 생체 신호 측정기와 혈압, 혈류, 맥박, 심음 등의 비전기적인 물리량을 측정하는 측정기 분야로 나눌 수 있다.

① 생체 전기 신호의 측정 : 인체에서 발생되는 생체 전위(biopotential)는 일반적으로 수 μV~수십 mV 정도가 대부분이다. 심근이 활동할 때 발생되는 심전도(ECG)는 통상 1~3mV 정도이며, 뇌전도(EEG)는 1~10μV 정도이다. 그 외에 근전도(EMG) 및 망막 전도(ERG), 신경전도(ENG) 및 안구의 운동에 따른 EOG 등이 있으나 모두 10μV~100mV 이내의 미약한 전압들이다. 이들 전압을 측정하는 계측기들은 그림 6-29와 같이 일반적으로 신체에 부착하는 전극과 여러개의 전극 중에서 원하는 채널을 선택하기 위한 전극 스위치, 신호대 잡음비를 높일 수 있는 프리앰프, 인체의 전기 쇼크를 방지하기 위한 아이솔레이터 회로와 증폭, 필터링 및 A/D변환 등을 하기 위한 신호 처리 회로 등으로 구성된다.

그림 6-29 생체 전기 신호 측정기

이 중에서 생체 전기를 검출해 내기 위한 전극은 체표면에 부착하는 표면 전극(surface electrode)과 체내에 삽입하는 체내용 전극(internal electrode)으로 나눌 수 있다. 표면 전극은 양은이나 은 혹은 스테인리스강으로 된 접시 모양의 금속 전극, 은-염화은(Ag-AgCl)으로 된 Backmann전극, 은과 다공질 세라믹으로 된 세라믹 전극, 은박 또는 스냅의 철물과 페이스트가 들어 있는 일회용 디스포저(disposer) 전극 등이 있다. 금속 전극은 심전도 측정에 주로 사용되고 있으며, Backmann전극과 세라믹 전극은 운동중의 생체 전기 신호를 측정하는 전극으로도 널리 쓰이고 있으며, 디스포저 전극은 심전도나 뇌전도 측정을 통한 환자 감시 등 생체의 전기 현상 측정에 널리 이용되고 있다.

그림 6-30에서는 전극의 특성이 우수한 것으로 알려진 세라믹 전극의 구조를 나타내

었다. 이 전극은 분극 전압이 작음과 동시에 시간에 따라서 특성 변화가 타전극에 비하여 작은 성질이 있다. 세라믹 전극의 직경은 1cm 정도, 두께는 1mm 정도의 세라믹 판의 안쪽 면에 은을 증착하고 세라믹과 페이스트를 개재하여 생체에 접착시키게 되어 있다.

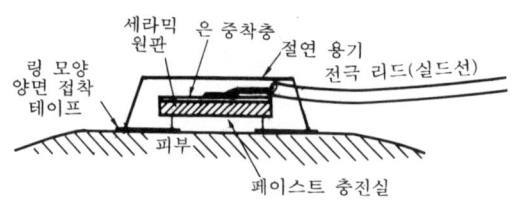

그림 6-30 세라믹 전극의 구조

체내에 삽입하는 전극으로서는 단심 또는 동축 형태의 스테인리스로 만든 금속침 전극과 금속 세선(細線)의 끝부분을 남기고 절연재료로 코팅한 금속선 전극 및 금속선을 꺾은 모양의 금속선 훅전극, 끝이 가는 유리관에 KCl 수용액을 넣고 백금선을 삽입한 유리 미소 전극 등이 있다. 금속침 전극은 주로 근전도나 심부 뇌파 등을 측정하는 데 사용되며, 금속선 전극 및 금속선 훅전극은 단일 신경 근육의 활동 전압의 측정, 신경의 전기 자극 등에 사용된다. 유리 미소 전극은 끝을 매우 가늘게 할 수 있기 때문에 단일 신경의 활동 전위 측정뿐만 아니라 세포내의 전압 측정에 주로 이용된다.

심전도(ECG), 근전도(EMG) 및 뇌전도(EEG)신호는 임상에서 널리 이용되고 있는 것으로, 이들은 각기 신체의 일정한 부위에 전극을 부착할 때 나타나는 미약한 생체 전위를 증폭함으로써 얻어진다. 이와 비슷하게 Backmann 전극이나 세라믹 전극 등의 표면 전극을 써서 눈의 안구 운동에 따른 전위 변화, 즉 EOG를 측정할 수 있으며, 이에 관한 측정장치를 그림 6-31에 보였다. 이때 EOG의 발생 원인은 안구의 앞과 뒤에 존재하는 일정한 전위차가 있기 때문이며, 안구의 움직임에 따라 외부에 설치해 둔 전극에 전위 변화가 감지되기 때문이다.

즉, 눈의 수직 및 수평 운동을 검출하기 위해 각각 안구의 상하 및 좌우에다 전극을 장치하여 각각의 증폭기로 눈의 움직임에 따른 전압을 증폭후 기록하게 되어 있는 형식이다.

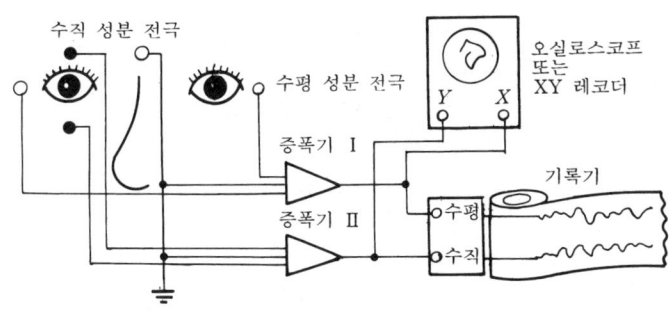

그림 6-31 안구 운동(EOG)의 도출법

전극은 생체 내부에서 발생하는 전위를 검출해 내기 위해서 쓰이는 외에 생체 바깥에서 내부로 고주파 전류를 흘려서 조직내의 상태나 혈류의 변화를 측정하는 목적으로도 사용된다. 그림 6-32에서는 50kHz의 고주파 정전류를 은박 전극을 통해 손가락 내부로 흘려준 후 맥파에 따른 혈류 흐름 변화가 생기면 조직내의 임피던스가 달라지는 것을 검출할 수 있도록 한 맥파계를 나타내고 있다. 상용주파수 보다 높은 주파수의 고주파 전류를 인가할 때 인체가 훨씬 안전하기 때문에 보통 50 kHz~500 kHz 정도의 전류전원을 사용하여 생체 임피던스를 측정하고 있다.

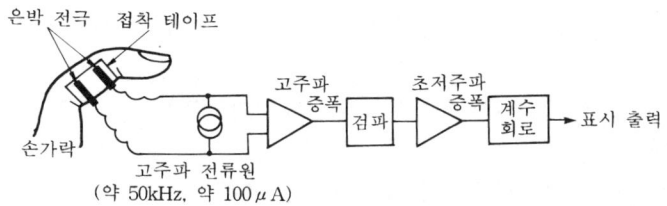

그림 6-32 임피던스 맥파계의 원리

② 그 밖의 생체 계측 : 생체에서 나타나는 현상을 직접 전기 신호 형태로 측정하는 외에도 센서를 이용하여 생체 계측을 할 수 있는 분야가 대단히 많다. 이에는 광을 이용한 측정, 생체 자기 측정, 음파나 초음파를 이용한 측정, 압력 측정, 진동 측정, 운동 및 유체 속도 측정 등 다양하다.

광을 이용한 측정으로는 그림 6-33과 같은 광전 맥파계 및 펄스 옥시미터(pulse oximeter)가 있으며 이 외에도 도플러 광학 혈류계, 비접촉식 안압계 등이 있다. 아래 그림의 맥파계는 심장박동에 따른 혈류변화가 조직에서 반사되는 광의 세기를 변화시키기 때문에 손가락 끝에서 반사하는 광을 측정하여 맥파를 얻고 있다.

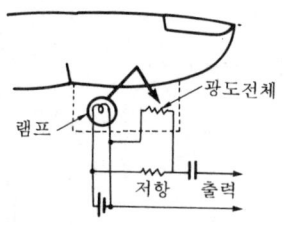

그림 6-33 광전 맥파계의 원리

생체 자기 측정법은 심장이나 뇌가 활동할 때 발생하는 미약한 자기장을 측정하는 것으로 각각 심자도 및 뇌자도라 부른다. 심자도의 세기는 10^{-12}T 정도이며, 뇌자도는 10^{-13}T 정도로 심자도보다 세기가 더욱 미약하다. 이를 측정하기 위하여 SQUID (super conducting quantum interference device)라 불리는 검출기를 사용한다. 음파나 초음파를 이용한 측정은 음향 센서를 이용한 심음 및 호흡음의 분석, 청력계나 도플러 혈류계 등을 예로 들 수 있다.

압력 센서를 이용하여 압력을 측정하는 것으로는 혈압, 항문압, 소화관 내압, 두개(頭蓋) 내압 및 안압 등이 있다. 생체에서 진동 측정이라 함은 심장의 박동에 따른 역학적 진동을 포함하여 골격근의 긴장에 따른 진동이나 수면 중의 체동을 의미한다. 이를 측정하는 데는 사지, 두부 등 신체의 각 부분에 가속도 센서나 진동 센서를 설치하여 측정한다. 특정한 장기나 기관의 운동을 계측하려고 하는 것에는 심장, 사지 근육 외에 위, 장 등 소화기계나 이의 맞물림, 턱, 혀, 인후(咽喉), 성대 등의 운동 또는 안구 운동 등이 있다. 음성학에서는 X선, 초음파 등으로 성도(聲道)의 움직임을 관측해서 화상 처리에 의한 정량화가 시도되고 있다.

또 발성 훈련을 위한 혀의 움직임을 가시화한 파레토그램이 만들어졌다. 이것은 턱 안에 작은 전극을 가득 채운 얇은 플라스틱 필름을 삽입하며, 혀끝이 전극에 닿거나 떨어지거나 하는 것에 따라 스위치를 움직이게 해서 표시판 위 대응 위치의 전구나 발광 다이오드를 점멸시키는 것이다. 또 치과 특히 보철과(補綴科)에서는 이나 턱에 걸리는 압력이나 힘을 연속 측정하는 요구가 있어, 상하 이의 맞물림 사이에 얇은 압력 센서를 끼우거나 의치에 초소형 압력 센서를 장치하는 따위가 고려되고 있다.

유체 속도나 유량을 측정하는 것으로는 혈류나 림프액의 흐름 및 호흡을 측정하는 것이 주가 되며 아래의 그림 6-34 및 6-35에서 각각 혈류를 측정하기 위한 전자 혈류계의 원리 및 호흡 상태를 측정하기 위한 뉴모타코그래프를 나타내었다. 그림 6-34의 전자 혈류계는 자장내에서 도전성을 가진 혈류가 운동하는 데 따른 수직 방향으로의 기전력 유기 현상을 이용한 것이다.

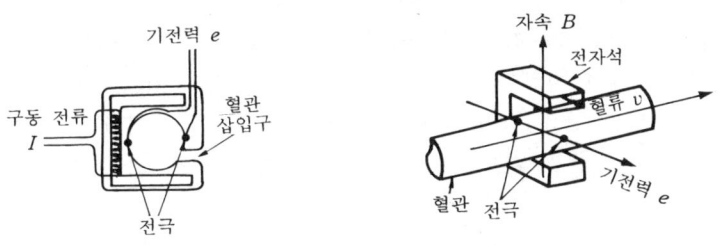

그림 6-34 전자 혈류계의 원리

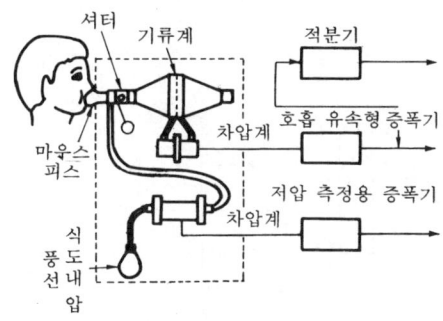

그림 6-35 뉴모타코그래프

(2) 임상 검체 검사 분야

검체 검사(檢體檢査)에는 혈액, 혈청, 소화관액 및 오줌 등 채취된 시료에 대하여 화학 조성이 분석된다. 검체 검사는 그 내용에 따라서 생화학 검사, 혈청학 검사, 혈액학 검사, 병리학 검사 및 세균학 검사로 나누어진다.

관혈적 계측에 있어서는 검체 검사의 방법이 그대로 적용되는 것도 있으나 비침습 또는 비관혈 계측의 실현을 위해서는 이것과 완전 다른 방법이나 센서를 응용하는 교묘하고 다양한 방법이 응용되고 있다. 검체 검사의 종류가 매우 다양하기 때문에 여기에서는 생화학 검사 및 혈액학 검사에서의 몇 가지 예를 들어서 센서 응용을 설명하기로 한다.

① 성분 검사 : 생화학 검사 및 혈청학 검사는 대부분 검체중의 화학 성분 분석이기 때문에 정리해서 성분 검사라고 부를 수가 있다. 이 분석 방법에는 흡광 광도법(吸光光度法)이 가장 많이 사용되고 있다. 이 외에도 탁도법(濁度法), 레이저 산란법, 크로마토그래픽법 및 형광 광도법 등이 있다. 또한 최근에는 전극을 사용하는 방법도 발달하고 있다.

흡광 광도법에 의한 검체 검사 시스템의 예를 그림 6-36에 나타내었다. 생화학 분석의 대부분이 흡광 광도법을 이용하고 있는 이유는 검체의 수가 매우 많은데 따른 자동화가 용이하기 때문이다. 아래 그림은 디스크 리드 방식의 자동 분석 장치의 예를 나타낸 것이다. 이때 디스크 리드 방식에서 반응은 검체마다, 항목마다에 할당된 용기 안에서 행해진다. 검체나 시료는 피페터(pipetter), 디스펜서(dispenser)에 의해 측량되고, 반응 용기 안에 토출(吐出)되어 혼합된다. 일정 온도, 일정 기간 후에 시퍼에 의해 흡인되어 광도계에 인도되는데 광도계로서는 필터 광도계 외에 회절 격자를 사용한 분광 광도계도 많이 사용되고 있다.

광원 램프에서의 빛은 분광되지 않고 그대로 플로 셀(flow cell) 등에 들어가고, 나온 빛이 비로소 회절 격자에 들어간다. 이때 분산된 빛은 각각의 파장 위치에 놓여진 검지기에 들어가며, 파장의 선택은 컴퓨터에 의해 행해지는데, 플로 셀 내지 반응 용기가 광로에 들어갈 때에 필요한 파장 신호를 선택하게 되어 있다.

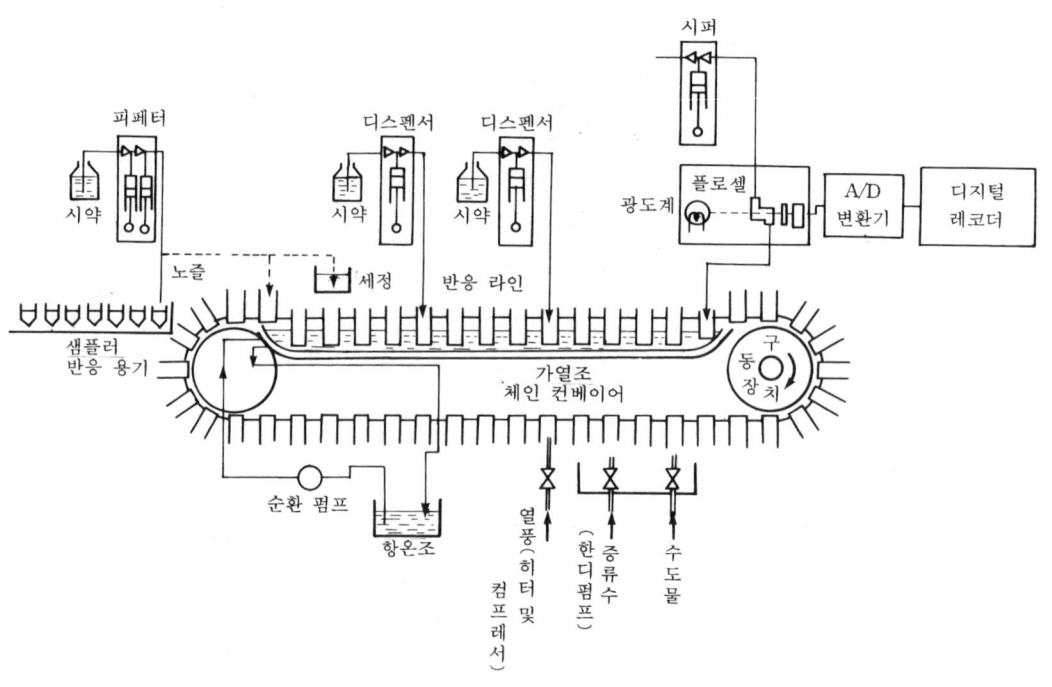

그림 6-36 디스크 리드 방식의 자동 분석 장치의 예

② 입자계측: 검체 검사 분야에서 입자 계측은 혈구 계수에 주로 이용되고 있다. 혈구 계수는 혈액 중의 적혈구(직경 7~8μm)를 계수하는 것으로, 옛날에는 현미경으로 육안 계수가 행해졌으나 현재에는 전기 저항법이나 레이저 산란법에 의한 자동 장치가 널리 이용되고 있다.

이 밖에 백혈구 등의 각종 시약과의 반응 차이를 구별해서 계수 또는 분류하는 플로사이트미터 (flow sight meter)가 있다. 여기에서는 전기 저항법과 레이저 산란법에 대하여 설명하기로 한다. 혈구 계수에 가장 많이 이용되고 있는 것은 콜터 방식이라고 불리는 전기 저항법으로 이의 원리는 그림 6-37에 나타나 있다. 시료액(보통 혈액을 수백배에서 수만배 희석한 것) 안에 직경이 100μm 정도로 작은 구멍이 설치된 프로브를 담구어 프로브 안을 감압하면 시료액은 구멍을 통해서 프로브 안으로 유입된다. 프로브 내외에는 전극이 있어서 전압이 인가하고 있으므로 일정한 전류가 흐르는데, 구멍 속을 혈구 등이 통과하면 전류값이 변화 또는 임피던스가 변화하기 때문에 이것을 붙잡아 신호로 변환한다. 일반적으로 신호의 피크 높이는 입자 크기의 정보가 되고, 신호펄스의 개수는 입자의 수가 되므로 입자수와 입자 체적정보를 동시에 얻을 수 있다.

적혈구와 백혈구의 구별은 다음과 같이 행한다. 적혈구 수는 보통 수백만 개/mm³이고 백혈구 수는 수천 개/mm³이므로 위와 같은 희석 배율로 그대로 계수하면 적혈구 수가 얻어지고, 희석 배율을 내려 시약에 의해 적혈구를 파괴(용혈이라고 한다)해서 계수하면 백혈구 수가 얻어진다. 자동화 정도가 낮은 장치에서 혈액의 희석은 기사(技師)가 피펫 등을 이용해서 행하여 적혈구수, 백혈구수를 각각 따로따로 측정하고 있다.

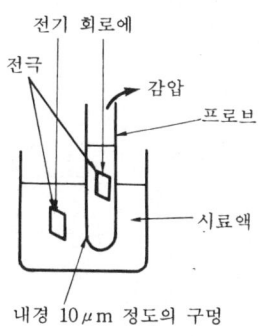

그림 6-37 전기 저항식 입자 계측의 원리

전기 저항법의 특징은 계수와 동시에 체적의 정보를 얻을 수 있는 점이다. 한편 구멍을 작게 한만큼 감도가 오르지만 막히기 쉬운 점 등의 결점이 있다. 따라서 최근의 혈구 계수 장치에는 레이저 산란법을 이용한 것이 널리 사용되고 있는 추세이다. 이때 검체를 희석한 액을 가늘게 흐르게 하고, 이것에 레이저 빔을 맞춰 이 산란광만 검지기에 도입한 것으로 대략적인 구조를 그림 6-38에 나타낸다. 레이저 빔의 직접광은 차광 격자로 가려서 산란광만 검지기에 들어가게 구성되어 있고, 혈액을 수백 배로 희석한 검체의 흐름속에 입자가 있으면 그것에 의거한 산란광을 생기게 하여 감지되도록 되어 있다. 이때 검체의 흐름을 극히 가늘게 좁히기 위하여 액의 흐름의 시스(초)를 덮어씌우도록 되어 있어 이 때문에 플로 셀의 굵기를 예를 들면 250 μm각의 굵기를 취할 수 있고, 검체에 의한 막힘을 방지하도록 구성할 수 있는 이점이 있으며, 적혈구와 백혈구의 구별에는 전기 저항법에 의한 것과 같은 구조를 이용하고 있다.

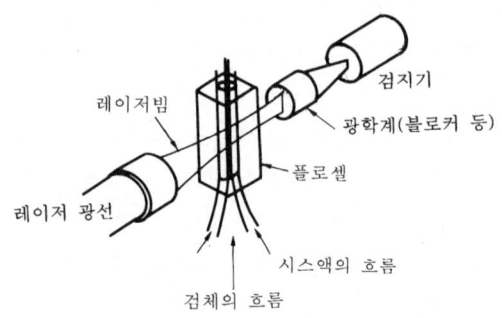

그림 6-38 레이저 산란식 입자 계측의 원리

③ 화학조성 및 대사(代謝)의 계측 : 혈액 혹은 체액 중 pH 등 일반 이온 농도의 측정과 혈액 중 탄산 가스 및 산소 농도의 측정은 병원에서 널리 이루어지고 있는 검사의 하나이다. 현재 체액 혹은 혈액 중의 이온 및 가스와 혈당 등의 조성을 측정하기 위한 여러가지 방법이 개발되어 있으나 최근 각종 이온이나 가스 및 특정 화학 성분에 선택적으로 반응하는 감지막을 가진 ISFET에 대한 연구가 활발한 상태에 있다.

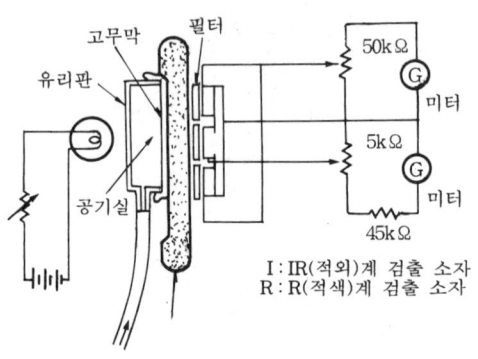

그림 6-39 펄스 옥시미터의 원리

혈중 산소 농도를 비침습적으로 측정하기 위한 편리한 방법의 하나로서 펄스 옥시미터(pulse oximeter)가 있다. 이는 귓볼에다 산소의 포화도에 크게 좌우되는 파장인 660nm 정도의 적색광과 이것에 거의 좌우되지 않는 파장인 800nm 정도의 적외광을 각각 비추어 투과광의 차이로부터 산소의 포화도를 분석하는 방식으로 이를 그림 6-39에서 보였다. 이 계측은 귓볼 이외에 손가락 끝에서 측정할 수 있도록 하는 장치도 시판되고 있다. 비침습식 혈중산소농도 측정기는 병원에서 마취나 수술 및 중환자 감시에 필수적인 장비이며, 호흡기 질환자나 소아과 등에서 널리 쓰이고 있는 장비이다.

한편 소화관 내부의 상태를 계측하기 위한 초소형의 소화관 캡슐에 대한 것도 중요한 계측 수단으로서 빼놓을 수 없다. 이 소화관 캡슐은 지금까지 충분한 정밀도를 얻지 못했으나 최근의 발전된 센서 기술과 전자회로의 IC화로 인하여 점차 성능이 개선되고 있다. 그림 6-40은 pH 측정용 라디오 캡슐의 한 예로서 약 2MHz의 블로킹 발진기가 내장되어 있다. 이 발진기의 주파수는 전극에서 감지된 기전력에 따라 달라지는 FM 변조가 되도록 만들어져 있다. 이 밖에 온도, 압력 등을 센싱하기 위하여 서미스터나 가변 인덕턴스형 압력 센서가 내장되기도 한다.

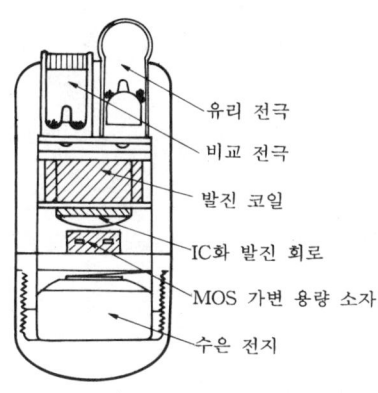

그림 6-40 pH 측정용 라디오 캡슐의 예

(3) 생체 기능 보조 시스템

문명이 발달함에 따라 각종 산업 재해나 교통사고가 급증하고 있으며, 이에 따라 불구가 되거나 시각 혹은 청각을 잃어버리는 예가 늘어나고 있다. 과학 기술을 이용하여 인간과 기계의 유기적 결합을 시도함으로써 잃었던 감각과 운동 기능을 되찾을 수 없을까? 이와 같은 맥락에서 2차 대전후 사이버네틱스(cybernetics) 분야의 활발한 연구가 이루어져 왔고, 센서와 마이크로프로세서의 결합으로 이에 대한 계속적인 진전이 이루어지고 있으며 이 분야는 감각 보철(sensory prosthesis) 또는 감각 대행(sensory substitution)으로 부르기도 한다. 이에는 인공적인 귀나 눈을 만들고 이들과 신경계를 직접 접속시켜 대체를 도모하는 분야와 불완전하나마 남은 감각계를 이용하여 기계로 정보를 전달하는 분야로 크게 나눌 수 있다. 전자를 처음으로 실험하여 그 가능성을 보인 사람은 Brindley로 그는 1968년 맹인 피험자의 오른쪽 대뇌 반구 후두부의 회질(灰質)에 80개의 전극을 심었다. 그리고 두개골과 표피 사이에 들어간 레시버를 작동시켜 외부로부터 전기 에너지를 주면 전극들을 통해 자극이 주어지고, 이로 인해 그 사람은 시야에 대응하는 장소에 섬광을 느낀다. 이렇게 하여 몇 가지의 간단한 패턴이 식별되었다고 보고되어 있다.

이어서 이 연구는 Dobelle에 의하여 더욱 발전되었으며 여러 명의 환자를 대상으로 임상 실험도 거친 바 있다. 이와 같은 시각 보철에 대한 연구는 기술적인 문제점과 사회적인 비판 등에 부딪혀 그다지 성행하지는 못하고 있는 실정이다. 그림 6-41에서 Dobelle 등이 이상으로 하는 시각 보철 시스템의 개념도를 나타내었다.

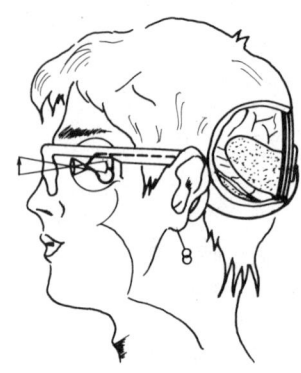

그림 6-41 W. H. Dobelle이 제안하는 인공눈의 완성 예상도

시각 대행 장치와는 달리 이와 유사한 패턴을 갖는 청각 계통에서의 연구는 많은 진전을 이루어 현재 내이가 손상된 난청환자들을 위한 이식형 와우각 (cochlear implant system)이 시판되고 있는 실정이다. 그러나 이식형 와우각의 성능은 현재까지 난청자에게 자연스런 음향을 그대로 전달해 주는 정도에는 크게 미치지 못하고 있으며, 이를 위해서는 음에 대한 청각신경의 인식기능과 전극 및 신호처리 방법에 대한 더 많은 연구가 요구되고 있는 실정이다.

남은 감각 기관의 기능을 이용하는 후자의 예로서는 B.Y.Rita가 제안한 TVSS (tactile vision substitution system)를 들 수 있다. 이는 훈련에 의하여 피부의 감각을 망막 대용으로 사용할 수 있을 것이라는 믿음에서 시작된 것으로서, 외계의 정보를 TV 카메라로 포착하고 그 상을 점 (dot) 패턴으로 변환함으로써 맹인의 등이나 복부를 자극하여 눈의 대용으로 쓰고자 한 것이다. 최대 32×32의 화소를 복부에 전기 자극 또는 진동 자극을 통하여 제시하는 휴대용 장치가 개발되어 있다. 이 장치의 신뢰도가 그리 높지 않기 때문에 전문가들에 의해 연구가 계속되고 있는 실정이다.

그 외에 음성을 문자로 변환시키거나 문자를 음성으로 변환시키는 방법도 연구되고 있다. 한편 맹인의 단독 행동을 용이하게 하기 위한 지팡이를 센서 기술로써 개발하려는 시도가 이루어지고 있다. J. M. Benjamin 등이 개발한 레이저 지팡이가 그 예로서 그림 6-42에 이를 나타내었다.

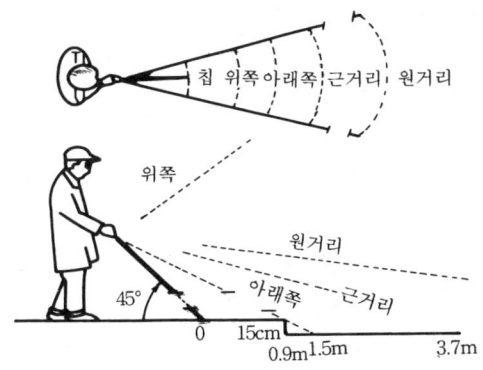

그림 6-42 J. M. Benjamin, Jr. 등이 개발한 레이저 지팡이에 의한 장애물 검출

이 레이저 지팡이는 GaAs 레이저를 광원으로 해서 0.2 μs의 레이저 펄스를 위, 앞, 아래의 3방향으로 매초 40 내지 80회 발사한다. 그 빔의 지름은 광원에서 3m 끝에서 직경 2.5cm 정도로 대단히 좁다. 그 빔이 물체로부터 반사되어온 광을 위쪽, 전방용으로서는 직경 12.7nm이고 초점거리 9.6nm, 아래쪽용으로서는 직경 18nm이고 초점거리 20nm의 광학계로 집광해서 지팡이 중앙에 배치한 복수 개의 실리콘 포토다이오드로 수광한다. 그 반사광의 강약으로 장애물의 유무를, 또 삼각 측정의 원리를 이용해서 수광한 위치로부터 대충의 위치를 알 수 있다. 그것에 의해 얻어진 장애물의 정보는 위, 앞, 아래쪽 각각 2,500Hz의 음, 집게 손가락에의 진동 자극 혹은 1,600Hz의 음, 200Hz의 음자극으로써 제시되고 있다. 또 위, 앞에 대해서는 반사광이 없어질 때, 즉 구멍이 있을 때 자극을 제시하도록 되어 있다.

3-2 안전 방재 시스템

(1) 방 범

먼저 방범을 위한 센서를 시스템적으로 배치하는 일을 생각해 보자. 침입자를 막기 위해서는 우선 쉽게 침입할 수 없도록 울타리나 담장을 만들 수 있다. 울타리를 기어올라갈 때의 진동을 감지하기 위한 수은 접점, 또는 일종의 릴레이 접점을 이용한 성냥갑 크기의 진동 감지 센서가 장치된다. 이 센서는 울타리의 구조가 튼튼하지 못하면 바람에 의한 울타리의 진동 등에 의한 오신호를 발생하며, 울타리의 진동 감지와 병행해서 철망 속에 가는 케이블을 짜 넣은 센서 케이블이 설치된다. 이것은 철망 절단 시에 케이블에 흘려 보내는 전류가 끊김으로써 침입을 감지한다.

침입자가 이 울타리를 넘어서 안으로 들어와 달리기 시작할 때는 작은 동물에 의한 절단을 피해 지상 약 30~40cm 정도로 설치된 직경 0.3~0.5mmϕ의 통전(通電) 케이블이 발에 걸리고, 이것이 절단 신호를 내도록 되어 있다. 이 신호는 지구별로 중앙 감시실의 책상에 이어지고 있으므로 절단 위치를 알 수 있게 되어 있다. 가는 통신 케이블 대신에 플러그와 잭

(jack)이 달린 케이블을 이용한 것이 있는데 이와 같은 지표를 덮은 케이블은 광역 경계의 경우에는 값싸고 좋은 방법이라 할 수 있다. 또한 초음파 빔이나 적외선 빔을 사용하여 침입자를 감시하는 센서도 개발되고 있다. 이들을 적절히 이용할 경우 움직이는 물체의 방향이나 크기 및 속도 정보를 얻을 수 있다.

중요 건물이나 시설의 경우에는 주위를 마이크로파로 둘러싼 방법도 있다. 10GHz 대의 마이크로파의 송신기와 수신기를 약 200m 떨어져 마주 향하게 두고 그 사이에 마이크로파 빔을 편다. 이때 만약 침입자가 들어오면 마이크로파 빔은 몸에 의해 끊기므로 수신측의 수신 에너지가 감소해서 침입을 알 수 있다.

침입자가 건축물이나 시설에 도달했을 때 시설이 약한 부분의 하나가 유리창이다. 최근에는 대개의 유리창에 리드 릴레이(reed relay)가 설치되어 있어 창을 열면 신호가 나오도록 되어 있으므로 침입자가 유리의 일부분을 깨고 열쇠를 풀어서 들어오기보다 자기가 들어갈 수 있을 정도의 크기를 파괴해서 들어가는 케이스가 늘어나고 있다. 그러므로 이 유리 파괴시의 진동음을 유리 표면에 접착시킨 압전 소자에 의해 감지한다. 이때 유리에 돌이 닿거나 막대로 치는 정도의 낮은 주파수의 진동에서는 신호가 나오지 않고 유리의 파괴음만으로 신호 발생을 하는 센서도 개발되어 있다.

이 외에도 시설이나 건물에 출입하는 사람을 감시하기 위한 목적으로 감시카메라가 널리 사용되고 있음은 잘 알려진 사실이며, 출입구에 자기(磁氣)카드 판독기를 설치하는 것도 방범관련 센서의 예가 될 수 있다. 앞으로는 지문을 판독하여 문을 개폐할 수 있는 도어키 등도 상품화 될 것으로 예상된다.

(2) 재해 방지

① **지진 및 홍수** : 지진계는 예전부터 이용되어 왔는데, 진동자와 전자 코일을 결합한 것이 주류이다. 지진계로 기록하는 것은 발생 지진을 분석해서 근간에 일어날 수 있는 지진에 대한 예보를 낼 수 있어야 하며 발생 직후의 재해 대책에는 쓸모가 없다. 따라서 지진계의 데이터를 기초로 하여 피해를 최소화 하려면 어떤 시스템을 하는 것이 좋겠는가 하는 문제에 부딪히게 된다. 이에 따라 어떤 센서가 지진계 외에 필요한가를 알아본다.

예를 들면 기상연구소 등에서 행하고 있는 해저 지진 상시 관측 시스템은 먼 바다에 해저 케이블로 해안에 있는 육지 중계소에 모아서 중앙의 관제실로 보내고, 계산기 처리를 하여 복수점의 지각 변동을 받아들여 지진 발생의 예보를 내는 것이다. 동시에 해저에 해일계를 가라앉혀 두고 해일의 습격을 경고할 수 있도록 되어 있다. 여기서 사용되는 지진계는 진동자와 전자 코일의 조합 및 해저에 있어서 자세 제어, 방수, 방염 등의 문제가 있고 육지에서의 원격 조작을 필요로 한다.

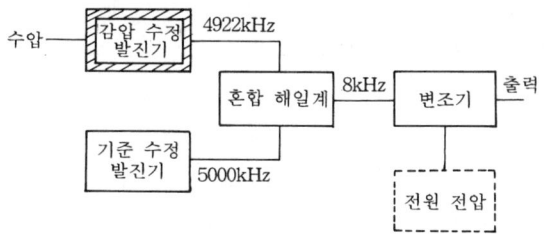

그림 6-43 해일계의 구성

　그림 6-43에서 보여주는 해일계는 수정 진동자의 진동 주파수가 압력에 의해 예민하게 벗어나는 것을 이용한다. 수압은 고무와 실리콘 그리스를 통해서 수정 진동자에 전달된다. 온도 특성을 보상하기 위해 수압을 받지 않는 수정 진동자 진동수의 비트(beat)를 취하는 회로가 짜여지고 있다. 5cm의 조위(潮位)의 측정이 가능하므로 해일 전의 이상 조위를 감지할 수 있다. 해저 지진의 위치 감지에서는 지진계 데이터에서 방위를 정해 발견하나, 해저 지진에 의해서 생긴 해수의 탁함을 발견하여 지진이나 해저 화산의 위치와 활동 상황을 파악하여 재해 예방을 행하는 것도 있다. 또는 인공 위성 혹은 항공기에 탑재된 카메라에 여러가지 필터를 걸어서 색분해한 사진의 영상을 전파로 지상에 보내어 판단의 재료로 하는 리모트 센싱 기술이 있다. 이에 대해서는 센서의 특수 응용 분야에서 다시 설명하기로 하겠다.

　육상의 지진 활동에 대해서는 단층의 크기, 분포, 방향을 태양광의 조사 방향에 따라서 생기는 그림자에서 사진상으로 판별할 수 있다. 또 영상에서 인위적으로 태양 위치를 변화시키고 여러가지 방향을 향하고 있는 단층을 모두 분명히 하는 기술도 개발되고 있다.

② 화재 : 법률에서는 빌딩 내에 연기 감지기, 스프링클러의 부착을 의무화하고 있다. 화재 감지 센서는 온도 상승, 연기, 불꽃의 감지를 행하는데 그 주류는 연기 감지이다. 연기를 작은 상자 속에 흡입하여 내부에 있는 광원과 광감지 소자로 연기에 의한 빛의 감쇠를 측정한다. 또는 이온화 물질을 상자 속에 넣는다.

　상자 속에 연기가 흡입되는 것을 기다리는 프로세스는 연기에 대한 감도가 떨어지므로 곤란한 경우도 있다. 면화 창고나 곡물 창고의 화재에서 연기가 짙게 오르는 단계는 적하의 내부가 완전히 검게 타버린 경우이므로 약간의 연기가 나는 단계의 감지가 바람직하다. 이를 위해 연기 흡입을 중지하고 광로 길이를 길게 취하면 광감쇠가 많게 되어 그만큼 예민하게 된다. 창고나 공장에서는 천장을 따라서 약 20~40m 정도의 거리에 레이저 빔을 쏘고, 마주보는 위치에 코너 리플렉터(corner reflector)를 두어서 빛을 반사시켜 송신광과 반신광(返信光)의 강도 차이에서 연기에 의한 감쇠를 측정하는 등의 방법이 효과적이다.

　연기의 감지 외에 온도 상승을 감지하는 방법이 있는데 이것은 적외 흡수를 피하기 위해 거울면 광학계를 사용해서 온도 상승이 일어나기 쉬운 부분을 서미스터의 저항 변화로 감시하거나, 초전기를 사용해서 분극 전압의 천이 변화를 보는 등의 방법을 취한다. 어떤 일정 온도에서 LiNbO$_3$ 등과 같은 초전형 강유전체 결정 내부의 전기 분극은 약간의 자유 전자와 실내를 부유하고 있던 부하가 표면에 부착하여 표면 전하로 되어 중화된다. 따라서 초전기 결정판의 표면에 붙은 전극간에는 전위차가 생기지 않게 된다. 이 결정에 적외선이 조사되면 내부 분극의 일부가 해소되기 때문에 표면 전하에 의한 전위차는 결정 일부의 온도 변화가 일어나는 과도적 과정에서 나타나므로 이를 이용하여 온도 상승을 감지할 수 있다.

온도 상승이 감지되면 불꽃의 감지도 할 수 있지만, 화재 발생 가능한 장소의 영상을 감시해서 불꽃 영상의 흔들림을 검출하는 방법도 있다. ITV 카메라나 2차원 고체 촬상 장치(이미지 센서) 화상의 어떤 특정한 점을 항상 감시하여 영상 속의 흔들림 신호를 잡아서 경보를 낸다. 또 ITV 카메라의 광전면을 초전 물질로 바꿔놓고 변조 화상에 입력시키는 초전형 비디콘의 개발도 행해지고 있다.

도시 가스, 프로판 가스 등의 가스 폭발을 동반하는 화재 등을 감지하기 위해서는 연기 감지 등의 직접 화재에 결부된 센서뿐만 아니라 폭발 전의 가스 농도를 감지하는 센서의 부착이 중요하다. 도시 가스에는 강렬한 악취가 있어 사람이 있으면 가스 누출은 곧 알 수 있도록 되어 있으나, 사람이 출입할 수 없는 천장 안이나 벽 사이의 공간에 고농도 가스가 충만하여 폭발에 이르는 수가 많다. 그러므로 가스 감지기의 부착 장소를 잘 선정하는 것이 중요하다.

3-3 교통 시스템

자동차, 고속 전철, 선박, 항공기 등의 교통 수단이나 이들 수단을 효과적으로 제어하는 시스템에도 매우 다양한 센서가 사용되고 있다. 자동차에 사용되는 센서일 경우 엔진의 공연비 제어, 에어컨이나 히터 등 쾌적한 공간을 제공하기 위한 것 및 안전 운행에 관련된 졸음 감지 센서 등 대단히 다양하다. 자동차용 센서는 특히 내구성, 내환경성, 장기 안정성, 신뢰성, 코스트 및 양산성 등의 요건이 갖추어져야 한다. 자동차에서 소비되는 에너지의 약 3/4은 주행을 위해 사용되고 있다. 따라서 엔진 제어 및 주행 제어 시스템의 좋고 나쁨이 차성능의 대부분을 좌우한다고 해도 과언이 아니다. 그러므로 엔진의 공연비 제어 등을 통하여 효율을 높이기 위해 각종 센서가 응용되고 있다. 이것에 더하여 최근에는 자동차의 안전운행과 고급화를 위하여 각종 센서와 응용기술이 총망라되어 여러가지 연구가 활발하게 진행되고 있다. 이에는 가속도 센서, 초음파 센서, 적외선 센서, 이미지 센서 및 생체신호 계측용 센서 등이 동원되고 있다.

철도 및 고속 전철은 많은 사람의 수송을 담당하는 기관으로 여기에는 궤도를 주행하는 다른 기관에는 없는 특징을 가지고 있다. 따라서 안전 확보의 최중점은 궤도의 정비 기준에 따른 보수이고, 예비 진단으로서의 선로 계획이다. 고속 철도를 위한 제어 시스템으로서 ATC(automatic train control)가 있다. 이것은 안전한 최고 속도를 운전대에 지시하는 동시에 실속도가 지시 속도보다 빠른 경우는 자동적으로 브레이크를 걸어 늦추면서 브레이크가 헐거워지는 시스템으로 되어 있다. 이 속도 센서는 차륜에 직결한 큰 기어의 기어수를 셈해서 회전수를 알게 하는 방법이 많이 사용되고 있는데 광학법에 의한 비접촉 검출도 유력시되고 있다.

선박에서는 운항용 연료비의 절약, 인력 절약을 위한 각종 시스템과 수송비의 절감과 안전 운항에 각종 센서가 응용되고 있으며, 선박의 경우도 각종 센서의 고장, 오동작에 대해서 엄격하게 평가하고 있다.

항공기는 수송 수단에서 가장 고속으로 지상에서 멀리 떨어져 만일의 경우 구조가 가장 곤란한 시스템이다. 그만큼 안전성과 쾌적성을 확보한 가운데 신속하고 경제적인 운행을 추구하고 있으며, 항공기 및 그 지상 지원 시스템은 모두 고도의 기능을 가지고 있는 장치, 기기, 센서를 사용함으로써 전술한 목적을 달성하고 있으므로 상당히 복잡한 센서 시스템이라 할 수 있다. 이 중에서도 자동 비행 시스템, 자동 감시 시스템, 정보 수집 처리 시스템 등은 다른 교통 시스템에는 없는 고도의 센서 기술이 응용되고 있다.

이들 서브 시스템에 사용되고 있는 센서는 소형, 경량, 고성능, 고신뢰성 등이 요구되고, 시스템 제작 단계에서 엄선된다. 또한 중요 부분의 센서는 같은 목적을 위해 복수 개가 사용되어 오동작을 예방하고 있을 때가 많다. 서브 시스템도 같은 것을 여러 개 사용한 예도 있어 2중, 3중으로 안전을 확보하고 있는 것이 항공기의 특징이다. 그리고 센서의 종류는 온도, 압력, 유량 등의 유체 계측용의 것, 속도, 가속도, 자세 각도 등의 기체 운동을 계측하기 위한 것 그리고 습도, 공조(空調), 미압 조정, 온도 조정 등의 쾌적성과 안심감을 주는 것 및 각종 기상 관측용, 장해물 감지용 센서도 탑재되어 있다. 항공기의 계기반에는 엔진의 동작 상태, 보조 기기류의 상태 감시, 그들의 성능 열화 감시, 탱크 내 연료 잔량, 윤활 계통 및 연료 계통의 감시 등 항상 점검을 요하는 계기들이 수백 개를 넘을 정도로 대단히 많으며, 이들은 궁극적으로 각종 센서와 연결되어 있다.

3-4 환경 관리

최근 환경 문제가 인류 최대의 관심사로 대두되고 있으며, 환경 오염 및 공해로 인한 재해 극복과 나아가 쾌적한 환경의 조성을 위한 노력이 범세계적으로 이루어지고 있다. 특히, 산업 오염과 공해 문제는 해결되어야 할 현대 사회의 주요한 과제로 인식되고 있으며 아울러 인간 및 생물이 밀집해 있는 환경에서 그 환경 요소를 제어하는 일이 현실적인 문제로 대두되고 있는 실정이다. 환경에 관한 주요 사안은 크게 도심이나 공장 지대 등의 대기 오염, 상수, 하수 및 바닷물 등의 수질 오염 그리고 소음 등의 문제로 나눌 수 있다.

대기 오염 감시 계통에 있어서 주로 사용되는 센서는 질소 산화물이나 옥시던트를 이용하여 발생의 정도를 보는 방법 그리고 적당한 흡수액과 대기중의 측정 대상 성분을 반응시켜서 그 결과 나타나는 도전율 변화를 보는 방법이 있다. 흡수액을 사용한 대기 측정 방식은 보수 작업면 등에서 불편하기 때문에 화학 발광법이나 적외선 흡광법 등도 연구되고 있는 실정이다. 최근에는 이온 전극을 내부액과 함께 가스 투과성 박막으로 덮은 격막형 전극을 여러 가지로 발전시켜 대기중 가스센서로 이용하는 예가 많다. 이러한 격막형 전극으로는 암모니아 가스 전극, 시안화수소 가스 전극 및 이산화유황 가스 전극 등 다양하다. 수질 관련 센서로서는 담수내의 도전율, pH, 용존 산소, 탁도, COD, BOD, 각종 이온 및 카드뮴 등의 중금속 검출을 위한 센서들이 사용되고 있으며, 이들 여러 가지 센서에 관해서는 앞에서 이미 설명이 되었기 때문에 더 언급하지 않는다.

공해 및 환경 관리를 위해서는 센서들을 감시가 필요한 각 장소에 위치시키고 이들 다수의 센서들로부터 나오는 신호를 받아 A/D변환기를 내장한 데이터 로거(data logger)를 경유하여 컴퓨터에 데이터를 입력시키는 것이 일반적인 과정이다. 이러한 목적으로 사용되는 데이터 로거는 작게는 16채널에서부터 1백 채널이 넘는 것 등 여러 가지가 있는데 감시 장소가 수중 혹은 고립된 것일 때는 무선 방식의 송·수신기를 사용하거나 유선 방식으로 할 경우 중계기를 사용하여야 한다. 데이터 로거를 경유하여 들어온 데이터는 각 지역의 컴퓨터에 등록되고 필요한 경우 전국 규모의 중앙 컴퓨터로 전송하여 연산이나 통계 처리를 하게 된다.

4. 산업 응용 기술

산업의 유형은 분류 방식에 따라 여러 가지로 나눌 수 있겠지만 센서 기술의 응용을 다루는 측면에서 산업을 크게 프로세서 산업, 기계 산업, 전자 산업 및 정보 산업으로 구분하여 설명하는 것이 편리하다.

① 프로세서 산업이라 함은 물질이 플랜트를 통과하는 과정마다 부가가치가 창출되는 형태를 취하는 것으로서 이는 철강, 비철금속, 섬유, 식품, 전력, 약품 등을 제조하는 산업을 의미한다.
② 기계 산업 시스템은 장치 산업이 주가 되는 프로세서 산업과 구별하여 제조업을 중심으로 한 기계공업에 관련되는 의미로 파악될 수 있다.
③ NC공작 기계, 산업용 로봇, 생산 라인 시스템 등을 들 수 있다.
④ 전자 산업은 각종 반도체 제조를 위시한 전자 제품 생산에 관련된 산업을 지칭하며 정보 산업은 유무선 정보 통신 기기, 팩시밀리나 복사기 산업을 뜻한다.

여기에서는 위에서 열거한 4가지 분야에서 센서 산업 응용 기술의 주된 사례를 중심으로 간단히 소개한다.

4-1 프로세서 산업 시스템

(1) 철강 산업

철강 프로세서는 거대한 장치 산업이며 하루에 1만 톤을 생산하는 고로를 비롯한 대량생산 설비가 국내에도 많다. 원료 제선과 제강, 열처리, 강판 제조, 제관, 표면 처리 등의 무수한 공정마다 여러 가지의 센서가 사용되고 있다. 여기에서는 제조된 강판의 평탄도를 측정하는 센서 시스템과 도금된 철판에서 도금의 두께를 재는 측정기에 대하여 설명한다.

① 강판의 평탄도계 : 강판의 압연이 적당하지 못할 경우 폭방향의 신장이 일정하지 않아 강판의 모서리나 신장 등에서 평탄도 불량이 발생하게 된다. 이로 인한 품질 저하뿐만 아니라 조임 가공 등의 다음 공정에서 나쁜 영향을 주기 때문에, 압연 과정에서 평탄도를 측정하고 이를 피드백시켜 양호한 평탄도를 유지시키는 것이 대단히 중요하다. 이러한 평탄도를 재는 방식은 강판의 변형을 직접 측정하는 것과 장력이 판 폭방향으로 미친 분포를 측정하는 것, 혹은 판 폭방향 진동 분포를 측정하는 것으로 나눌 수 있다. 여기에서는 장력의 분포를 측정하는 평탄도계에 대하여 설명한다. 일반적으로 평탄도가 양호하여 판폭 방향의 신장률이 일정하다면 장력의 분포는 일정한 셈이지만, 신장률이 큰 부분이 있는 경우는 그 부분 장력의 저하 현상이 있는데 이것을 이용하여 장력의 분포에서 신장률 분포를 측정하는 것이다. 폭 방향에 좌표축 x를 취하고 그 장력을 $u(x)$로 두고, $u(x)$의 최대값을 u_0로 하면, x점에서의 신장률 $\lambda(x)$는 다음과 같다.

$$\lambda(x) = \frac{1}{E} [u_0 - u(x)] \quad \cdots\cdots\cdots\cdots\cdots\cdots\cdots\cdots (6-18)$$

여기서, E : 강판의 탄성계수

그림 6-44는 압연 중의 강판에 수직외력을 가하고 대응하는 강판의 변위를 측정하는데 따라 간접적으로 장력을 측정하는 것이다. 이 방법은 강판에 비접촉으로 정밀도가 좋은 측정이 되므로 가장 많이 사용하고 있다. 장력 $u(x)$가 발생하고 있는 강판에 F의 외력을 수직으로 가한 경우에 생기는 변위 $P(x)$는 L을 간격으로 하면 다음과 같다.

$$P(x) = \frac{LF}{4} \frac{1}{u(x)} \quad \cdots\cdots\cdots\cdots\cdots\cdots\cdots\cdots (6-19)$$

$P(x)$의 분포를 측정하는데 따라 $u(x)$의 분포를 알 수 있다. 그림 6-44를 잘 살펴보면 외력으로는 전자석의 힘을 사용하고 변위 측정에는 정전용량식 거리계를 사용하고 있음을 알 수 있다. 전자석에 의해 직사각형의 외력이 주기적으로 인가되고 이에 대응하는 변위가 검출된다. 이때 외란의 영향을 제거하기 위해 외력에 동기된 변위만을 검출하도록 하고 있다.

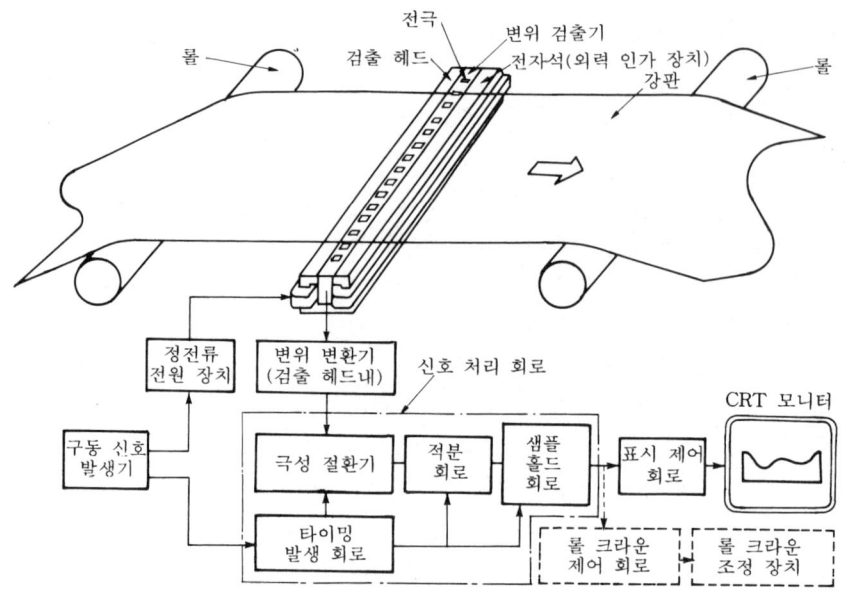

그림 6-44 전자석-정전 용량식 거리계 방식의 블록도

② 도금 두께계 : 도금 라인에 대한 도금 두께의 측정은 품질 보증, 비용 절감면에서 중요하여 종래 화학 분석법에 의해 실시되어 왔다. 그러나 화학 분석법은 샘플링 측정이며, 또 측정에 시간이 걸리는 결점이 있기 때문에 온라인용의 두께계가 개발되어 제어용으로서 사용하게 되었다. 여기서는 주석 도금, 아연 도금의 두께계 측정 장치에 대하여 설명한다.

주석 도금, 아연 도금용의 두께계로써 오늘날 사용되고 있는 것은 거의 형광 X선을 이용한 것이다. 그림 6-45에 나타낸 것처럼 도금 강판에 X선 또는 γ선을 비추면 각 금속에 대응하는 특성 X선 ($K\alpha$ 선)이 발생한다. 이 강도를 측정하여 도금 두께를 계측할 수 있다.

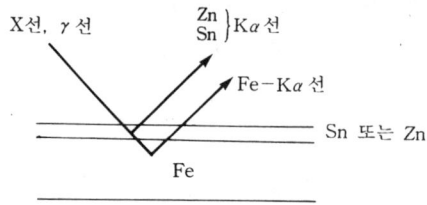

그림 6-45 특성 X선의 발생

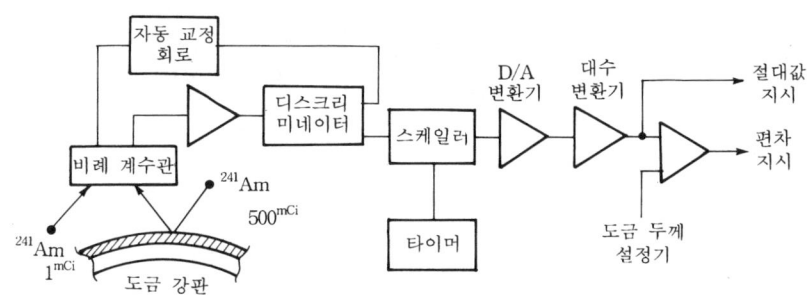

그림 6-46 γ선 방식에 의한 도금 두께 측정 원리

측정법 중 도금 금속에서의 Kα선의 강도를 측정하는 것을 직접법, 지금(地金)인 철의 Kα선의 도금 금속에 의한 흡수 상태를 측정하는 것을 간접법이라 하는데 일반적으로 직접법이 많이 사용되고 있다. 그림 6-46에 대표적인 도금 두께계의 구성도를 나타낸다. 선원(線源)으로서 Am(아메리슘)을 사용하며 검출부에 비례 계수관을 사용한다. 비례 계수관의 출력은 디스크리미네이터(discriminator)에 의해 파고(波高)가 구별되며, Kα선에 대응하는 파고값을 지닌 펄스만이 계수된다.

이 도금 두께계에서는 기준선원으로서 일정한 양의 Am의 γ선을 직접 비례 계수관에 비추어서, 이것에 대응하는 파고값을 지닌 펄스의 파고값이 일정하도록 비례 계수관에의 인가 전압을 제어하여 안정화를 도모하고 있다.

(2) 섬유

섬유 산업에서는 다양한 섬유의 종류에 따라서 여러 가지의 복잡한 가공 과정을 거친다. 즉 원면 제조, 방적, 직포, 편포, 염색, 마무리 등의 단계에 따라 여러 가지 프로세서가 있으며 다양한 센서 기술이 사용되고 있다. 그러므로 여기에서는 방적된 실의 굵기 및 굵기 결함을 측정하는 기술과 유제부착량 검출 및 실의 끊어짐을 감지하기 위한 센서 기술에 대하여 설명한다.

① 섬유 굵기 검출: 굵기 내지 굵기 결함의 자동 측정으로 가장 많이 보급되고 있는 방법은 그림 6-47과 같은 정전 용량법이다. 전극 사이에 실을 주행시켜서 전극간 용량을 측정하여 실의 길이마다 질량에 해당하는 측정값을 얻는다.

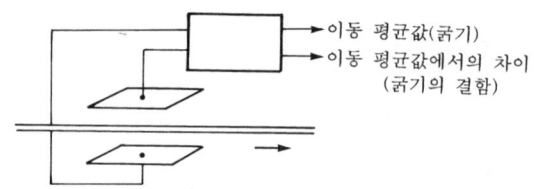

그림 6-47 정전 용량식에 의한 측정 원리

또한, 용량의 변화로 실의 굵기 결함을 측정한다. 이 방법은 샘플의 취급이나 데이터 처리가 용이하여 널리 사용되고 있으나 실에는 나중에 가공하기 쉽도록 그 표면에 유제(油劑)라 불리는 유기물 수용액이 붙어 있어서, 그 부착량에 의해 전극간 용량이나 회로의 크기가 변화하여 측정 정밀도에 영향을 줄 수 있음에 유의해야 한다.

② **유제 부착량 검출** : 실에는 표면의 미끄럼을 좋게 한다든지 정전기를 띠지 않도록 하기 위해 제조 과정에서 계면 활성제 등의 수용액 (유제라 함)을 부착시킨다. 유제 부착량의 결함이나 붙지 않은 것도 제품으로서 중요한 결함이다.

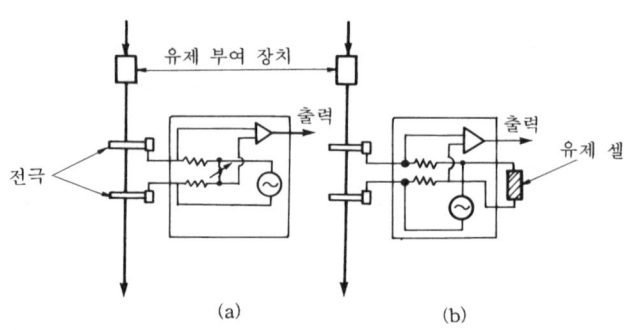

그림 6-48 인-라인 유제 부착 모니터

이를 해결하기 위해서 인-라인(in-line)에서 부착량을 모니터하는 방법도 여러 가지로 제안되고 있다. 그림 6-48과 같은 원리의 센서는 유제중의 수분에 착안하여 실 표면에 부착된 수분을 저항값으로 측정하는 것이다. 수분이라고 해도 실과의 중량비로 1% 또는 그 이하이므로 저항값도 높고 수백 $k\Omega$의 오더가 되며, 각 추에 1개씩 설치하는 경우와 포터블형으로 측정기를 구성하여 현장을 순회하면서 측정하는 경우가 있는데 전자의 경우에는 센서의 비용과 특성을 맞추는 어려움이 있다. 유제의 종류가 다를 경우에도 측정을 정확히 하기 위하여 그림 (b)와 같이 유제 셀을 쓰는 방법도 있다.

③ **실의 끊어짐 감지** : 제사 프로세스의 생산성을 논하는 경우 생산 중에 실이 끊기는 것을 어떻게 줄이는가 하는 것이 매우 중요한 문제이다. 이런 의미에서 실의 끊김을 감지하는 센서는 제사 프로세스에 있어서 예로부터 최대의 가장 큰 측정상의 문제라고 해도 과언

이 아니다. 실이 끊기면 실은 제품 또는 중간 제품으로서 감기지 않고 주변의 회전체에 감기든지 인접 실에 물려서 장해가 주변에 파급된다. 따라서 실이 끊기면 즉시 프로세스의 상류측에서 실의 공급을 중지하여 오퍼레이터에게 경보해야 한다.

그림 6-49에 실용화되고 있는 4개 원리의 실의 끊김 감지기의 예를 나타낸다. 이때 A의 레버 방식은 값이 싸고 동작 신뢰성도 비교적 높으나 실과 접촉되므로 실을 상하게 하고 저장력(低張力) 프로세서에서는 사용할 수 없는 난점이 있다. B, C의 방식은 비접촉이라는 점에서는 우수하지만 실이 끊겼을 때 이외, 예를 들면 실이 정지되었을 때나 트래버스(traverse)가 정지되었을 때에도 신호를 발생하므로 다른 프로세스 상태와 논리적 조합에서 실의 끊김 신호를 조작할 필요가 있다. 이때 D는 정전 용량식으로서 가격이 높은 편이다.

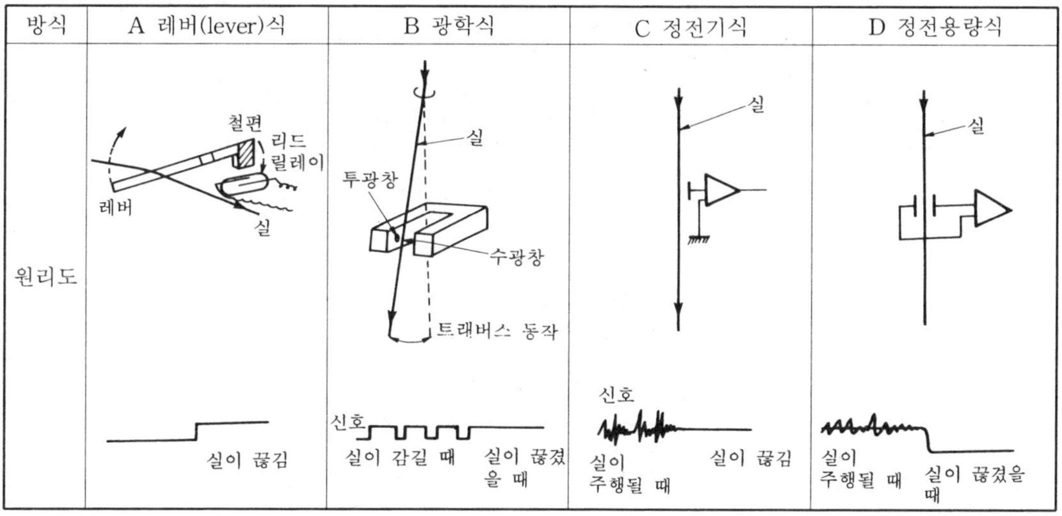

방식	A 레버(lever)식	B 광학식	C 정전기식	D 정전용량식
원리도	(철편, 리드 릴레이, 레버, 실)	(실, 투광창, 수광창, 트래버스 동작)	(실)	(실)
	실이 끊김	신호 / 실이 감길 때 / 실이 끊겼을 때	신호 / 실이 주행될 때 / 실이 끊김	실이 주행될 때 / 실이 끊겼을 때

그림 6-49 실이 끊기는 감지법

4-2 기계 산업 시스템

기계 산업 시스템에서 사용되는 센서의 사용 목적은 두 가지로 대별할 수 있다. 첫번째는 인간의 감각 기능을 보조 확장 또는 대행을 목적으로 하는 경우이고, 두번째는 기계산업 자체를 보다 잘 제어하는 것을 목적으로 하는 경우이다.

감각 기능의 보조 대행을 목적으로 하여 센서가 사용되는 대표적 분야는 제품의 검사 공정이라 할 수 있으며, 이는 생산성 향상과 노동력 부족을 해소할 수 있는 주요한 수단이 되고 있다. 감각 기능의 보조 확장이라는 측면에 있어서는 보다 정밀하게, 그리고 경우에 따라서는 작업 부담의 경감이라는 의미에서 보다 편안하게 대상을 측정하기 위한 요구가 센서 도입의 주요한 동기이다.

　기계 시스템의 제어라는 목적에 있어서 센서의 이용 형태는 다시 두 가지로 나눌 수 있다. 첫째, 기계 시스템 자체의 내부 변수를 정확히 제어할 목적과 둘째, 기계 시스템에 작업 환경의 변동에 대한 적응성을 지니게 하는 목적이다. 전자의 목적에 사용하는 센서는 내계(內界) 센서라 부르며, 그림 6-50 (a)에 나타낸 바와 같이 기계 시스템 구동축의 위치(각도), 속도(각속도), 힘(토크) 등 기계의 내부 상태를 규정하는 물리량을 계측하기 위해 사용되는 것이다.

　구체적으로는 가동부를 외부에서의 명령에 따라서 정확히 구동하기 위한 서보 기구의 제어량 검출기나 기계의 운동 상태를 모니터하는 검출기 등이 이에 해당된다. 최근의 기계 고성능화에 대한 요구는 구동축에 의해 고속성이나 보다 높은 위치 결정 정밀도를 요구하는 경향을 낳게 하였으며, 거기에 사용되는 서보 기구에도 보다 엄격한 규격이 요구되고 있다.

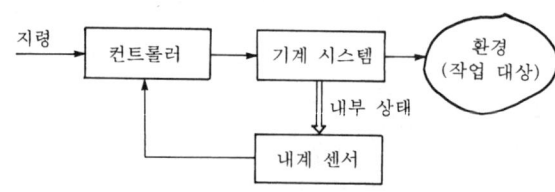

(a) 내계 센서를 포함한 시스템

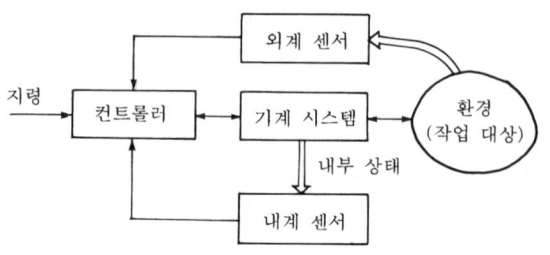

(b) 외계 센서, 내계 센서를 포함한 시스템

그림 6-50　기계 시스템에 대한 내계 센서와 외계 센서

　일반적으로 선반 가공에 있어서 공작 기계 자체 또는 피가공물 자체의 열변형 또는 바이트의 마모 등 내계 센서에의 관측값으로 평가되는 피가공물의 가공 상황과 실제로 가공된 치수 사이의 오차를 생기게 하는 요인은 여러 가지가 있으며, 그것은 가공 정밀도를 한층 높이려고 할 경우에 장해가 된다. 이러한 경우 절삭 중인 대상의 치수를 적당한 방법으로 측정하고 그 결과에 입각하여 미리 주어진 바이트의 이동 궤적을 변경하도록 하면 문제가 해결된다. 이와 같이 대상을 직접 계측하는 것을 목적으로 사용되는 센서가 외계 센서이다. 그림 6-50 (b)는 외계 시스템을 포함한 기계 시스템을 나타내며, 각각 대상 검사 및 대상(환경)의 변화를 검지하여 그것을 지령값에 반영시키는 것 즉, 기계의 내부 상태뿐만 아니라, 환경 상태도

포함한 피드백 제어 시스템을 구성하는 데 따라서 환경에 대한 적응성을 부여하는 기능을 갖는다.
 여기에서는 NC 공작 기계의 센서 이용 실제, 산업용 로봇과 센서, 자동 검사 시스템과 컨베이어 시스템에서의 센서 이용에 대하여 설명한다.

(1) NC 공작 기계와 센서

 NC 공작 기계를 효과적으로 이용하는 데는 가공물이나 공작 기계의 상태를 계측하는 여러 가지의 센서가 필요하다. 구체적으로는 다음과 같은 항목을 측정하기 위한 센서를 필요로 한다.
 ① 가공시에 생기는 힘의 상태 (절삭력, 연산력, 스핀들 토크 등)
 ② 공구의 상태 (공구 마모, 공구 결손, 숫돌의 깎이는 상태, 공구의 이상 진동, 구성날 끝의 상태 등)
 ③ 가공물의 치수, 형상의 상태 (치수, 형상, 표면 거칠기 등), 가공물의 부착 상태 (척 (chuck)의 쥐는 힘, 공작물 부착면의 상태 등) 및 공구와 가공물의 상대 위치 관계 (공구와 가공물의 접촉 위치, 가공 구멍의 중심과 공구의 중심 등)
 ④ 부스러기의 상태 (부스러기의 온도, 깎인 부스러기의 유출 상태) 및 절삭유의 상태
 ⑤ 기타 보기류(補器類)나 제어 기기류의 상태 등을 제어하기 위해서 필요로 한다.
 여기에서는 NC 공작 기계에서 공작물의 진원도를 측정하기 위한 센서 응용을 설명한다. 진원도의 측정법으로서는 반경법, 직경법, 3점법 등이 있으며, 반경법은 대상 회전체의 축으로서 주위가 아주 작은 것이 필요하다는 전제는 있으나 원리가 간단하고 특히 온라인 계측에 가장 적합하다. 그림 6-51은 중간축 자체에 공기 마이크로미터를 설치하여 3점법에 의하여 진원도를 측정하는 방법을 나타낸 것이다. 공기 노즐은 축의 선단에서 축에 직각인 동일 평면내에서 3개의 방향으로 향한다. 트랜스듀서에 잡힌 신호는 3채널 증폭기를 통하여 증폭한 다음 A/D 변환기를 통해 CPU에 입력되고 회전 정보는 로터리 앤코더로부터 얻어진다.

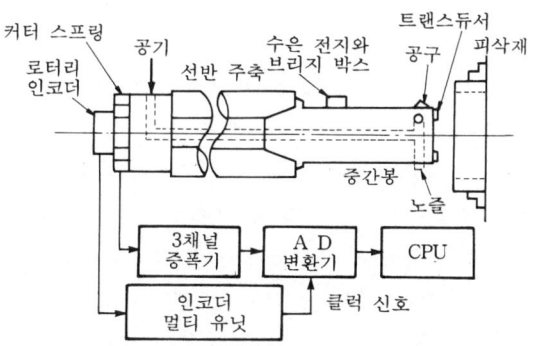

그림 6-51 안지름 진원도 측정원의 중간축

(2) 로봇과 센서

산업 현장에서 로봇의 위치는 확고해졌으며, 감각 시스템과 액추에이터가 고급화됨에 따라 활용이 더욱 확대되고 있다. 용접과 부품 조립, 분류, 창고 업무, 가공 및 사람이 직접하기 힘든 열악한 작업환경 등의 분야에서 로봇의 활약은 점차 중요성을 더해 가고 있다. 여기에서는 로봇의 주요한 센싱 시스템에 대하여 설명한다.

① 시각 센서 : 산업용 로봇에서 특별한 경우 2차원 정보만의 시각을 필요로 하는 경우도 있으나 일반적인 로봇의 작업대상은 3차원 공간이며, 따라서 3차원 공간으로의 정보 추출이 불가피하다.

　　3차원 정보 추출 방법은 다음과 같다.

㈎ 빛이 대상물에 닿아서 반사되어 오는 시간을 계측하여 거리를 구하는 타임 오브 플라이트(time of flight)법이다.

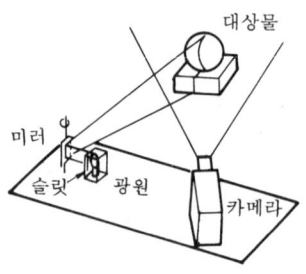

그림 6-52 슬릿 광에 의한 레인지 파인더의 원리

㈏ 그림 6-52와 같이 슬릿 광의 평면과 카메라 위치에서 삼각 측량의 원리에 의해 거리를 구하는 슬릿 광 이용 방식이 있으며, 이 방법에서는 광원에서 슬릿 광이 대상물에 비추어진 신(scene)을 텔레비전 카메라로 촬상한다. 이때 거울을 회전시켜서 슬릿 광을 화면 전체에 이동하면 거리 화상을 얻을 수 있다.

㈐ 스폿 광을 대상에 비추어서 그 위치를 카메라에서 구하고 삼각 측량의 원리로 구하는 스폿 방법이다.

㈑ 므와레(Moire) 무늬를 이용하여 무늬의 변형을 보는 므와레 무늬 방법이 있으며, 격자 무늬를 만들 때 격자를 사용하지 않고 전자적으로 주사하는 방법 등이 있다.

　　시각 소자로서는 촬상관으로 된 TV카메라나 CCD카메라가 일반적으로 이용되고 있지만, 고해상도가 필요치 않는 경우는 포토 트랜지스터 어레이를 이용하기도 한다. 로봇 암이 목표물에 가깝게 다가갔을 때 대상물의 장소를 분명히 파악할 필요가 있는데 이때는 각종 근접 센서가 사용된다. 근접 센서로는 광전식, 초음파식, 정전용량식, 공기압식 및 자기식 근접 센서 등이 있다.

② 촉각 센서 : 촉각 센서는 인간으로 말하자면 피부 감각에 대응하는 센서이다. 이에는 접

촉각 센서, 압각 센서, 역각 센서 및 미끄럼각 센서로 나눌 수 있으며, 이와 같은 촉각을 가지고 검출 가능한 대상과 응용목적 및 센서의 종류를 표 6-1에 나타내었다.

표 6-1 촉각 소자와 그 응용

구분	검출 대상	응용의 목적	감각 센서	간접적 검출 방법
접촉각	손끝과 대상물의 접촉 유무, 접촉 패턴의 검출	대상물체의 탐색 대상물체의 인식 접촉 패턴의 검출표면 특성, 형상의 인식	마이크로 스위치 근접 스위치 편파 접점을 고밀도로 배치한 것	손의 닫힌 각도에서 검출 플렉시블미러, 비디오 신호 변환 지연선에 의한 펄스 검출
압각	손끝이 대상물에 주고 있는 힘 또는 압력	파지력의 제어 파지 방법의 제어 유연성의 판정 조작자에의 피드백	반도체 감압소자 스트레인 게이지 감압 저항체 도전성 고무	노즐 플래퍼 판스프링과 자동트랩스 코일 스프링과 퍼텐션미터
역각	팔이 내고 있는 힘 또는 받고 있는 힘	바이래터럴 서보 제어 밀어 넣기 제어 구속 작업의 실행 2개 팔의 협조 제어	토트 검출기 스트레인 게이지	모터의 부하 전류 코일 스프링과 변위계
활각	손끝의 파지면과 수직 방향으로의 물체 이동 또는 변형	파지력의 설정값 결정 미끄럼 방지 무게의 검출 접쳐 쌓기 작업의 실행	(변형계) (광전 변환 소자) (픽업)	하중 변화 검출에 의한 측정, 롤러의 회전 변위 검출에 의한 측정, 미끄럼시의 미소 진동 검출

(가) 접촉각 센서 : 접촉각 센서로서 가장 기본이 되는 것은 외력에 의해 동작하는 스위치를 생각할 수 있다. 접촉 정도를 아날로그 출력으로 얻으려면 그림과 같은 푸시-온형 접촉각 센서가 유용하다.

여기서 Push-On형 접촉각 센서라는 것은 외부에서 센서에의 물체 접촉을 스위치를 OFF상태로 바꾸는 데에 따라 검출하는 타입의 접촉각 센서라는 것이다. 그림 6-53의 센서 구조는 도전성의 흑연화탄소 섬유, 우레탄 폼, 기판 및 금속성의 핀으로 되어 있으며, 탄소 섬유와 핀 사이에는 스위치가 형성되었으며, 밖에서 탄소 섬유 부분에 물체가 접촉되면 그림 6-53 (b)에 나타낸 것처럼 스위치가 ON이 되고, 그 상태가 검출된다. 이 센서의 각 소자는 집중형뿐만 아니라 분포형으로도 조정이 가능하다.

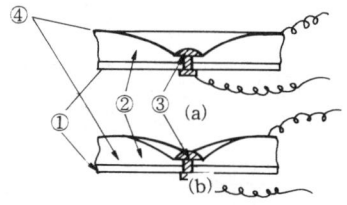

①: 프린트 기판 ②: 우레탄 폼
③: 접점 ④: 흑연화 탄소 종이

그림 6-53 Push-On형 접촉각 센서

(나) 압각 센서 : 압각이란 본래 압력감각의 약칭이다. 따라서 단어에 충실하게 압각 센서를 정의하면, 압각 센서란 로봇과 대상물과의 접촉면에 있어서 접촉 방향으로 작용하는 역분포(力分布)를 검출하는 센서라는 뜻이다. 역각 센서와의 차이점은 압각 센서가 검출면의 수직 방향으로 힘의 분포에 착안하는데 비해 역각 센서는 힘의 방향과 크기에 함께 착안한 것이다. 아래의 그림 6-54 (a)와 같은 경우 로봇의 손끝에 1개의 스프링식 센서가 장치된 것이며, 이 경우 접촉면에 대해 수직인 방향의 쥐는 힘을 검출할 수 있다. 그림 6-54 (b)의 경우에는 힘의 분포를 측정할 수 있는 압각 센서이다.

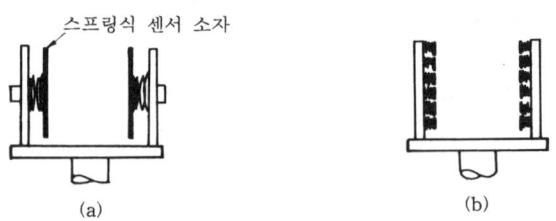

그림 6-54 머니퓰레이터 손끝에 부착된 촉각 센서

(다) 역각 센서 : 압각의 경우는 1차원 힘의 감각이지만 역각의 경우는 복수 차원의 힘의 감각이다. 역각용 촉각 센서는 복수 차원의 힘을 검출하기 때문에 여러 개의 변형 게이지를 다른 위치에 입체적으로 장착한 것이다.

그림 6-55는 역각 센서의 한 예로서 손끝부는 직교되는 4개의 바를 통하여 손목 부분에 접촉되며, 각 바에는 4면의 변형 게이지가 장치되어 있다. 이 4면 변형 게이지는 그 마주 향하는 변형 게이지의 조(組)에 의해 게이지에 수직인 힘을 검지할 수 있다. 즉, 각 바에 장치된 4면 변형 게이지는 그 마주 향한 면의 게이지가 1쌍으로 되어 있어서, 그림 6-55 (b)에 나타나는 8개의 힘 성분 f_{yz1} ……을 출력한다. 따라서 변형 게이지에 장치된 위치의 크로스바 중심에서의 거리를 l로 하면, 식을 이용하여 핸드에 고정된 좌표축 방향의 힘 및 각 좌표축 둘레의 모멘트를 산출할 수 있다.

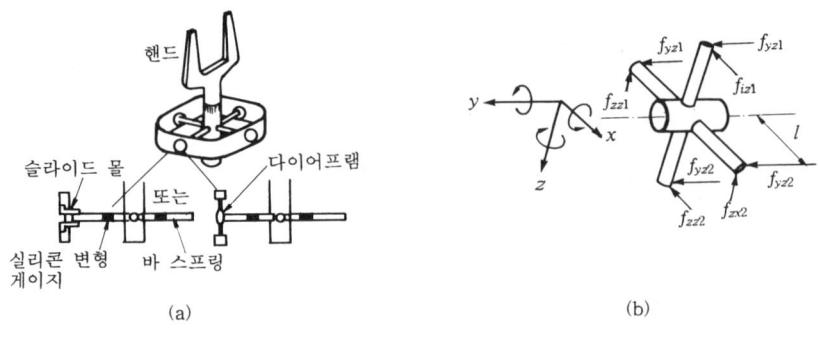

그림 6-55 크로스 바형 6성분 역각 센서

㈘ 미끄럼각 센서(활각 센서) : 활각 센서는 이제까지의 촉각 센서와는 달리 미소한 위치 변위를 순시에 검출하는 것이 중요하고 미끄럼 정보를 손의 정보에 활용하기에는 센서의 출력 신호를 신속히 처리해야 한다. 또한 미끄러짐은 미소한 움직임이며 외부 약간의 진동에서도 큰 영향을 받기 쉬우므로 이런 면의 대책을 고려하여야 한다. 아래의 그림 6-56은 크리스탈 레버를 이용한 활각 센서이다. 이 센서는 검출부가 점이고 미끄럼 방향에 제한이 없는 것이 특징이다. 따라서 한정된 부분의 활각 검출에 유효하며, 이 밖에도 여러 가지의 미끄럼 센서가 개발되고 있다.

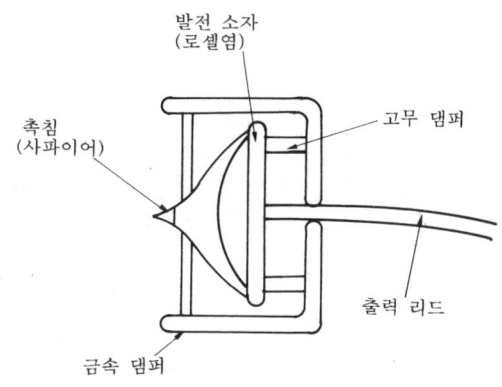

그림 6-56 촉침식 미끄럼 센서

③ **청각 센서** : 로봇에서 소리를 검출하는 방법은 당연히 마이크가 이용될 수 있으며, 정보 추출을 위해 음성 인식 기술이 사용될 수 있다. 한편 거리 측정이나 제어를 위한 목적으로 사용되는 로봇의 청각 센서에 이용되는 음은 초음파이며, 따라서 센서로서는 PZT계의 초음파 센서를 주로 사용한다. 로봇에서는 초음파를 이용하여 거리 측정 외에도 영상을 촬영하는 데 응용되기도 한다.

(3) 반송 시스템과 센서

기계 공장 등의 생산 라인의 주요부는 가공 조립 작업이라고 하지만, 그와 같은 공정을 거쳐서 소재로부터 제품을 만드는 데 각 공정을 접속하여 물품이나 정보의 운반을 꾀하는 반송 작업을 빼 놓을 수 없다. 예를 들면 프레스 기계나 선반, 프레이즈반 등 각종 공작 기계에서의 가공 공정 등에서는 피가공물을 각 작업 현장에 운반하여 가공 기계에 건네 주고, 가공후 그것을 받아서 다음 작업 현장에 보내는 작업이 수반되는데 이것이 반송 작업이다. 그림 6-57은 공정에서의 반송 작업의 예를 나타낸다.

여기서는 반송 기술에 관한 센서를 크게 다음과 같이 분류할 수 있다.

① 고정형 반송 기기 자체를 정상으로 동작시키기 위해 필요한 것으로서 예를 들면, 벨트 컨베이어의 속도 제어나 과부하시의 안전한 정지를 위한 센서 등이다.

② 반송 라인 위를 피반송물이 정확하게 이송되는가를 검출하기 위한 것으로서 제품의 유무를 살피는 것과 반송 개수를 살피는 것, 정확한 자세로 반송되는가를 검출하는 것 등이 있다.

③ 옮겨 싣는 작업에 필요한 것으로서 원리적으로는 테이블 등의 레벨을 맞추어서 물품을 밀어내거나 끌어당기는 데에 따라 옮기는 일을 하는 단순한 경우가 많고, 소정의 위치에 도달하는가의 여부를 체크하는 리밋(limit) 스위치 등이 사용된다.

④ 무인 반송차로 대표되는 이동형 반송 기기에 관한 것으로서 소정의 반송 경로에 따라 유도하기 위한 센서와 반송차 상호의 충돌 방지나 그 밖의 장해물과의 충돌 회피 등 안전을 위한 센서가 필요하다.

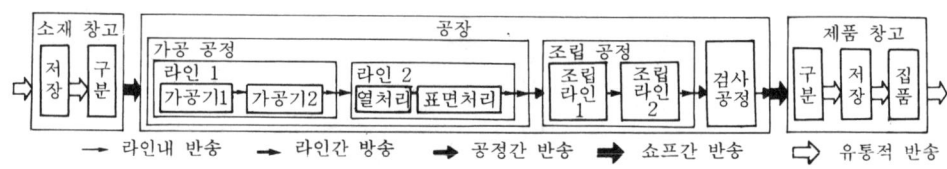

그림 6-57 공장 내의 반송

4-3 전자 산업 시스템

전자 산업의 범위도 대단히 넓은 범위이지만, 현대 전자 산업은 역시 각종 전자 소자와 반도체 직접 회로의 혁신으로부터 온 것이라고 할 수 있기 때문에 여기에서는 주로 이들의 제조에 관련된 시스템에서의 센서 응용에 대하여 다룬다.

(1) 프로젝션 얼라이너에서의 센서 응용

프로젝션 얼라이너는 반사 투영 광학계를 사용해서 마스크 패턴을 실리콘 웨이퍼에 1 : 1로 투영 노광(露光)하는 장치이다. 광학계는 요철면의 양종 미러를 사용 원호상(圓弧狀)으로 존재하는 비점 수차(非點收差)가 작은 양상역(良像域)을 이용해서 전사하는 것으로 특징은 색수차(色收差)가 없고 광원인 초고압 수은 등의 분광 출력 스펙트럼의 임의 파장을 사용할 수 있는 점에 있다. 이 외에도 최량 결상점이 원호상으로 얻어지므로 폭 1~2mm의 원호 슬릿 모양 조명에서 마스크 및 웨이퍼를 상대적으로 일체로 하여 주사 노광하는 것이다.

프로젝션 얼라이너는 마스크와 웨이퍼를 상대적으로 일체로 하여 주사 노광하는데 특징이 있으므로 조명광의 조도와 주사 속도 관리, 즉 일정화가 중요한 기술이 된다. 또한 주사는 일정 속도여야 할 뿐만 아니라 정확히 직선상으로 보내져야 한다. 직선 가이드에 리니어 에어 베어링(LAB)을 사용하고 있는데, 이 자세 제어도 특징적 기술이다. 다음에 프로젝션 얼라이너에서 센서가 사용되는 구체적인 사례를 나타낸다.

① 조명계의 일정 조도 제어 포토 센서 시스템
② LAB의 주사 속도 제어용 로봇 인코더 및 위치 제어용 마그네 스케일 시스템
③ LAB의 자세 제어용 압력 센서 시스템
④ 각종 동작, 위치 결정용 포토 센서 시스템
⑤ 마스크 및 웨이퍼의 He-Ne레이저에 의한 자동 위치 결정용 센서 시스템

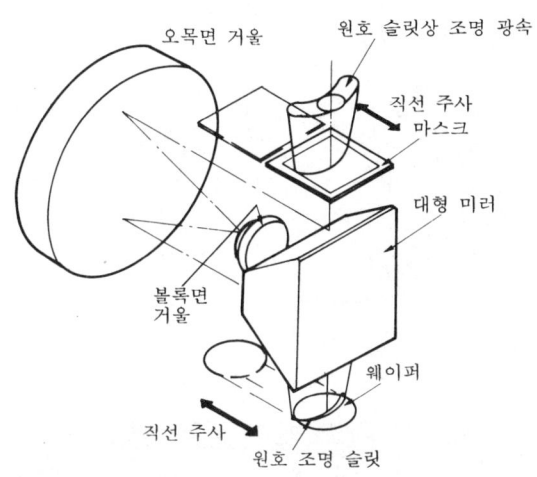

그림 6-58 프로젝션 얼라이너의 원리도

(2) 프린트 기판의 검사 시스템

회로 소자를 배선으로 연결할 수 있도록 동박을 에칭시켜서 패턴을 만들고 구멍을 뚫어 부품을 입식할 수 있도록 한 것이 프린트 기판이다. 이는 단수층 혹은 복수층으로도 만들어지며 각 층은 200~300μm 두께의 수지 기판 위에 35~70μm 두께의 동박 패턴을 입힌 것이다. 여기에서는 프린트 기판의 동박 패턴 검사 시스템을 설명한다. 프린트 배선판 제조 공정상, 마스크 패턴과 같이 중간층 기판의 동박 패턴 검사를 한다. 중간층 기판은 적층 후의 수정이 안되고, 더욱이 프린트 배선판의 생산량이 늘어나면 늘수록 피검사량이 많아진다. 따라서 프린트 배선판의 패턴 검사라 하면 동박 패턴 검사를 가리킬 때가 많다. 동박 패턴의 결함은 어떠한 두께를 갖는 입체적 구조로 되어 있다는 점이다. 따라서 동박 패턴의 양부를 결정하기 위해서는 패턴의 상폭과 하폭을 측정하는 일이 중요하다.

일반적으로 동박 패턴의 상폭과 하폭의 영상을 채용한다는 것은 어렵지만 레이저에 의해 실현되는 것이 있다. 그림 6-59에 동박 패턴의 상폭과 하폭을 검지하는 3D-SCAN 검지법 원리를 나타내는데 그림 (a)는 광학계를, 그림 (b)는 동박 패턴 검출 신호를 나타낸다. 렌즈 조리개로 레이저 광을 중간층 기판 위에서 주사하면 레이저 광은 기판 위의 주사 위치 A, B, C에 의해 반사 특성이 각각 다르다. 렌즈 I 과 렌즈 II에 의해 반사 신호광을 결상시키며, 결

상면에서의 광강도 분포는 각각 A′, B′, C′가 되는데 그 결상면에 공간 필터를 둔다. 필터를 빠져나온 광강도 특성에서 그림 (b)에 나타내는 검출 신호가 얻어진다. 여기서 B의 위치가 마치 동박 패턴의 사면(斜面)으로 되어 있다. 따라서 그림 (b)에서와 같이 상폭용 문턱값과 하폭용 문턱값을 설정하면 동박 패턴의 상폭과 하폭의 패턴 신호가 들어온다. 그림 6-59에 검출 신호의 2값화 패턴과 검출된 결함을 나타내는데 검출 한계는 $10\mu m$ 정도이다.

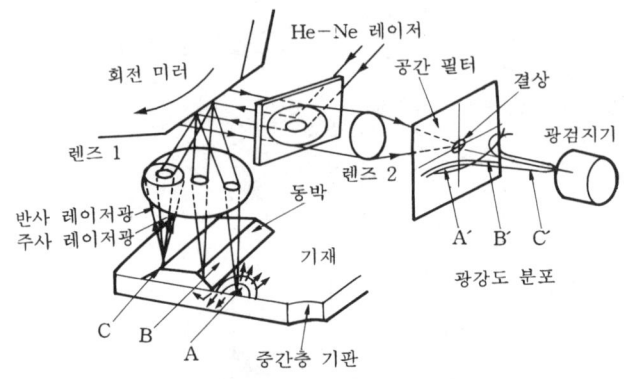

(a) 3D-SCAN 검지법의 원리

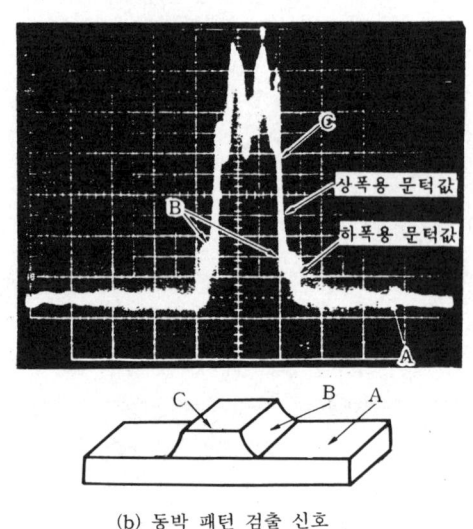

(b) 동박 패턴 검출 신호

그림 6-59 3D-SCAN 검지법과 검출 신호

(3) 카메라 시스템

카메라에 사용되는 센서의 주류는 광전 변환 소자이고, 피사체의 휘도(輝度)를 검지해서 자동 노출 제어 등으로 연동(連動)하는 측광용 센서와 피사체까지의 거리를 측정해서 자동 초점을 조절하는 측거용 센서로 분류된다. 기타 일부 메커니즘을 제어하기 위해 포토커플러

(photocoupler)가 사용되고 있는데 앞으로 보다 신뢰성이 높은 자동화를 위해서는 이와 같은 내부 센서가 늘어날 것이다. 카메라는 정의를 확장시켜 생각하면, 비디오 카메라나 스틸 비디오에 사용되는 이미지 센서로서 고체 촬상 소자가 가장 중요한 부분이지만, 여기에서는 CCD를 이용한 자동 초점 기능을 설명하기로 한다.

일안(一眼) 레프나 비디오 카메라 등에서는 반대로 장(長)초점 렌즈나 줌(zoom) 렌즈가 일반적으로 사용되고 있으므로 핀트 맞춤은 고정밀도의 것이 요구된다. 그 예로서 하네웰사의 TTL 방식의 원리를 그림 6-60에 나타낸다. 이 센서는 24개 쌍으로 된 CCD 어레이 앞에 작은 플라스틱 렌즈 어레이가 대응해서 만들어져 있고 그림처럼 촬영 렌즈의 사출동(射出瞳)에서 나오는 빛을 양분해서 제각기의 상을 소자 쌍으로 검출한다.

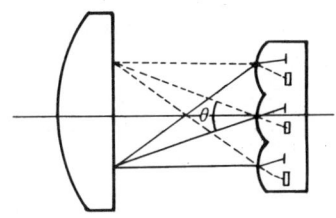

그림 6-60 멀티 렌즈에 의한 TTL 상 합치 방식의 눈동자 분해

검출 소자에 대해서 결상 위치가 전(前)핀인가 후핀인가에 의해 소자상의 2가지 상의 위치 관계가 역전한다. 합초점일 때는 2개의 상이 겹쳐진다. 특히, 비디오 카메라의 경우에는 움직이고 있는 피사체에 따라가서 거리 조절도 변화시켜야 하므로 이와 같은 편면의 방향 변별이 필요해진다.

4-4 정보 처리 시스템

컴퓨터와 통신 선로와의 결합으로 공간적 거리는 좁혀지고 시간은 단축되는 결과를 낳고 있다. 이로 인하여 사회 조직의 기능은 점점 더 능률적이고 다양해지며, 사람들은 이를 정보화 사회라고 일컫는다. 정보화 사회에서의 정보 산업은 크게 정보 자체의 수집과 배포에 관련된 서비스 차원의 산업과 정보 처리에 관련되는 산업, 즉 컴퓨터의 하드웨어와 소프트웨어 산업 및 정보 처리 기기 관련 사업으로 나눌 수 있다.

여기에서는 컴퓨터 기기, 통신 기기, OA 기기 등 정보 처리에 관련된 기기 산업적인 측면에서 정보처리 시스템을 설명하기로 한다.

(1) 정보 처리용 입력 장치로서의 광 센서와 그 특징

카드 리더, 팩시밀리, 복사기, 스캐너 등의 정보 처리용 입력 장치들은 여러 가지의 광센서를 필수적으로 사용하게 되어 있다. 광센서들의 종류가 대단히 많으므로 이에 대하여 센서 종류별 특징을 소개한다.

인간의 시각은 이른바 가시 영역이라고 불리는 4000~7000Å의 파장에 반응하고, 이의 응답 속도는 대개 50ms 정도이다. 이에 대해서 최근 개발되고 있는 광센서는 광전자 재료의 진보에 의해서 약 2500Å의 자외선 영역에서 수십 μm의 적외선 영역에 이르기까지 여러 가지의 광센서가 나와 있다. 이러한 실례를 표 6-2에서 각각 광기전력 현상을 이용하는 센서 (PV모드)와 광전도도 변화현상을 이용하는 센서 (PC모드) 및 초전형 센서로 나누어서 보여주고 있다. 이 표에서 보면 응답속도가 10^8Hz인 것에서부터 10Hz까지 매우 다양하며, 동작온도와 검출률도 다양하다. 한편 화소 크기는 CCID나 MOSID 등의 촬상관에서는 최소 수 μm 이하로 인간의 망막 크기에 필적하는 것도 있으며, 감도도 포톤 1개를 세는 정도까지 가능한 시대가 되었다. 이에 따라 인간의 시각을 초월하는 광입력 기능 소자를 이용하여 과학적인 초정밀 영상 장치나 이기를 만들어 낼 수 있는 시대가 도래하고 있다.

표 6-2 각종 광센서의 성능 정수

동작 모드	용도	소자명	파장 범위 (μm)	검출률 D^* (10^{10}cm· $Hz^{1/2}·W^{-1}$)	차단광 응답 (Hz)	동작 온도 (K)
PV 모드	가시 ↕ 근적외	Pt-Si 쇼트키 배리어 PD	0.35~0.6	30	10^8	295
		Si p-n PD	0.4~1.0	50	10^7	295
		Si p-i-n PD	0.4~1.1	80	$0.2~0.5\times10^5$	295
		Si APD	0.4~0.8	80	10^{10}	295
		Ge p-n PD	0.6~1.8	50	10^7	295
		InSb p-n PD	3~6.2	8	5×10^6	77
		PbSn Te p-n PD	5~11.4	>15~60V/W	10^7	77
PC 모드	근적외 ↕ 적외	PbS 광도전 소자	0.5~3.8	15	300	196
		PbSe 광도전 소자	0.8~4.6	3	3×10^3	196
		PbTe 광도전 소자	0.8~5.5	0.16	3×10^3	196
		p-InSb 광도전 소자	2~6.7	2	2×10^5	77
		n-InSb 광도전 소자	1~3.6	30	2×10^6	195
		PbSnTe 광도전 소자	5~11.0	1.7	8×10^5	4.2
		CdHgTe 광도전 소자	5~16.0	3	10^4	4.2
		Ge:Au 광도전 소자	2~9.5	0.02	10^4	77
		Ge:Zn, Au 광도전 소자	5~40	1	10^3	4.2
		Ge:Cu, Au 광도전 소자	5~30	3	10^3	4.2
초전	적외	ATGS	1~1000	0.03	10	295
		(Ba, Sr)TiO$_2$	1~1000	0.011	400	295

이와 같이 정보 처리 입력 기능 소자로서 광센서가 우수하다는 특징을 열거해 보면 아래와 같이 요약할 수 있다.

① 비접촉 계측이 가능하다.
② 입력 에너지를 매우 작게 할 수 있다.

③ 고속이고 고감도의 처리가 가능하므로 자동화에 편리하다.
④ 파장의 선택성을 이용하여 S/N비 향상을 가져올 수 있다.
⑤ 연산 처리가 쉽고 특징 추출 등 정보의 질이 높다.

(2) 정보 처리 기기 분야에서의 센서 시스템

① 자기 카드 리더·라이터 : 자기 카드 리더·라이터는 자기 카드에 정보를 기록하거나 기록한 정보를 읽어내는 장치이다. 특히 캐시 디스펜서나 현금 자동 예금 지불기(ATM)라고 말하는 금융 단말 장치나 POS 단말 장치 등에는 고객 정보의 입력 장치로서 또는 고객의 ID 체커로서 널리 사용되고 있다. 이것은 본체 속에 모터나 그 구동 회로 및 자기 기록 데이터의 읽어 내기, 기록 데이터 갱신 등의 전자 회로가 짜 넣어져 있으며, 소형으로 정보 기기에 짜 넣기에 적합한 구조로 되어 있다.

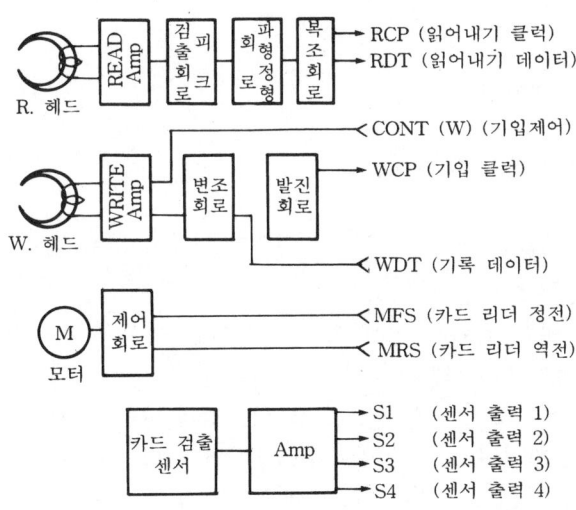

그림 6-61 모터식 자기 카드 읽기 및 쓰기 회로 구성도

최근 자기 카드 리더·라이터는 자기 기록, 판독용으로서 싱글 갭·콤비네이션 헤드를 사용해서 데이터 기록 회로나 판독 회로를 독립시키고 있다. 그림 6-61에 그 회로 구성을 나타낸다. 그림 중 상단은 판독 회로, 기록 회로, 모터 구동 회로, 카드 위치 검출 센서 회로로 되어 있다. 판독 회로는 자기 헤드에서 읽혀진 미약한 아날로그 파형의 전기 신호를 READ 증폭기로 증폭한 후, 피크 검출 회로와 파형 정형 회로에서 디지털 파형으로 하고 그 위에 복조 회로를 통해서 디지털 데이터를 꺼내도록 되어 있다. 한편 기록 회로는 단말 장치가 가진 기록할 만한 데이터를 판독하기 위해 우선 발진 회로에서 기입 클럭 펄스 신호를 만들고, 이것에 맞추어 기록 데이터를 변조 회로에 거두어 들인다. 계속하여 변조 회로에서 기록 데이터를 FM변조하고, 이 신호를 WRITE 증폭기와 자기

헤드를 통해서 카드에 데이터를 기록하도록 되어 있다.
② 전자 복사기에서의 센서 응용 : 전자 복사기에서는 다양한 제어와 검지를 위하여 대단히 많은 센서가 사용되고 있으며, 그 종류를 열거하면 아래와 같다.
- 카피지 배급 상황의 검지
- 카세트 내 카피지의 유무 검지
- 카피지의 기기 내 이동 진행 상황의 검지
- 카피지, 시드 형상 원고의 사행(斜行) 검지
- 원고 조명부의 이동 검지
- 카피지, 시드 형상 원고의 배출 검지
- 드럼의 회전 검지
- 카피지 감광 드럼에서의 분리 상황 검지
- 현상기의 토너 농도의 검지
- 렌즈의 이동 검지
- 원고대의 이동 검지
- 원고의 화상 농도 검지
- 감광 드럼의 온도 검지
- 감광 드럼의 전위 콘트라스트 검지
- 정착기의 온도 검지
- 노광용 램프의 광량 검지
- 현상기의 토너 잔량의 검지

이와 같이 검지 대상 범위는 전자 복사기의 기능 향상과 인텔리전트(intelligent)화가 진행됨에 따라서 더욱 더 확대되어 가는 경향이 있다.
③ 팩시밀리와 센서 : 팩시밀리에 사용되는 센서는 크게 나누어 이미지 센서와 제어용 센서로 나눌 수 있으며, 이미지 센서의 종류로는 1차원 이미지 센서와 밀착형 이미지 센서로 나눌 수 있다. 이때 제어용 센서는 원고 기록지의 검지 센서, 온도 센서, 커터 센서, 망 제어용 센서, 호출 신호 검출 센서, 오프·훅 검출 센서 등으로 구성된다.

1차원 이미지 센서는 종래에는 MOS형 이미지 센서가 많이 사용되었으나 최근에는 CCD의 해상도가 증가함에 따라 CCD 센서가 주로 사용된다. 최근 CCD 센서는 16 pel/mm 이상의 해상도를 얻을 수 있는 것이 나오고 있기 때문에 전송을 더욱 선명하게 할 수 있게 되었다.

팩시밀리에서 원고 및 기록지 제어 센서에 대하여 설명하기로 한다. 원고 및 기록지 제어 센서는 원고, 기록지의 유무나 원고의 전송량을 제어하기 위한 것이며 팩시밀리에서 전송된 원고는 모든 종류의 원고를 생각하지 않으면 안된다. 즉 지질, 종이 두께, 종이의 색 농도, 투명지 등 전부를 고려하여 센서를 선정할 필요가 있다. 현재 가장 많이 사용되는 것은 반사형 포토인터럽터(photo interrupter)이다. 반사형 포토인터럽터는 원고와 비접촉하기 때문에 원고를 훼손하는 일이 없어 투명지에 대해서 투명형 센서보다도 높은 S/N비가 얻어진다. 정밀도가 높은 이유 때문에 많이 사용된다.

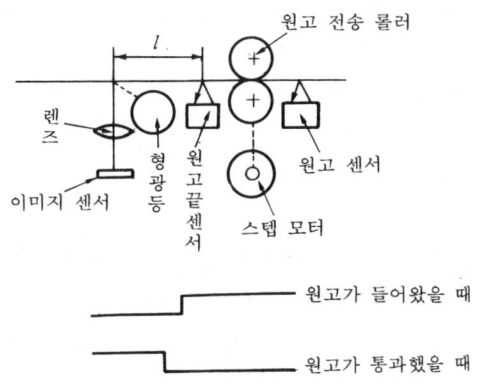

그림 6-62 원고 센서와 그 제어

그림 6-62는 원고 끝 센서에 의해 원고의 전송을 제어하는 모습을 나타내며, 팩시밀리 장치는 원고를 한라인씩 판독하는 제어를 행한다. 스텝 모터가 원고 전송 롤러를 구동하여 원고 끝 센서에 원고 전단이 도달하면 원고 센서 출력은 저레벨에서 고레벨로 된다. 이 점에서 이미지 센서의 판독 위치까지 거리 l만큼 원고를 진행시키고, 한라인씩 읽기를 시작한다. 원고끝 센서가 고레벨에서 저레벨로 될 때는 원고 후단이다.

5. 특수 응용 기술

지금까지 앞에서 서술한 센서 응용 분야인 민수, 공공 및 산업 분야는 인간 생활의 편리 도모와 기본적 문제 해결을 위하여 그간 센서가 활용된 주된 분야라 할 수 있겠지만, 이 외에도 문명이 발달함에 따라 더욱 새롭고 다양한 양상으로 센서가 활용되고 있다.

즉, 우주 천문 분야나 자원 탐사, 기상 시스템, 해양 환경 계측 시스템 및 군사 분야에서의 센서 활용도 빼놓을 수 없으며 이 분야 역시 여러가지의 첨단 기술과 접목되어 미래에 더욱 중요한 센서 응용 분야가 될 것임에 틀림없다. 따라서 여기에서는 각종 센서의 주요 특수 응용 기술에 대하여 간단히 설명하였다.

5-1 자원탐사 · 우주 · 기상 시스템에서의 리모트 센싱 기술

자원의 탐사나 그 상황을 파악하는 데는 넓은 영역에서 이루어지는 관측이 필수적이다. 또한 기상의 경우에도 장차의 기상 변화에 대한 예측이 매우 중요하기 때문에 넓은 범위에 걸친 정보의 수집이 필요하다. 광역 관측에 적합한 관측 방법이 리모트 센싱이며, 리모트 센싱은 "대상이나 현상의 어떤 성질을 관측하기 위해 대상이나 현상에 물리적으로 접촉하지 않고 항공기, 우주선, 배를 사용해서 역장, 전자파 또는 음향 에너지를 측정해서 지구의 환경 자원과 기상에 관한 정보를 수집하는 방법"으로 정의되고 센서로서는 카메라 MSS (multi-spectral scanner), 레이저 레이더파, 마이크로파 레이더, 소나, 지진계, 중력계, 자력계, 신틸레이션 카운터 등이 사용된다. 리모트 센싱의 특징은 광역을 비접촉으로 단시간에 관측하는 것이므로 자원이나 기상에 관한 정보 수집에 흔히 사용되며, 이를 위한 센서는 다음과 같은 요건을 만족하여야 한다.

첫째로 비접촉성이라는 특징에서는 지표 대상물과 센서 사이를 연결하는 정보 전달 매체의 존재, 그 전달 매체에 대한 검출 수단의 존재, 대기의 영향 배제가 요구된다. 대기의 영향 배제에 관해서는 기상을 목적으로 하는 경우에는 반대로 대기의 영향이 관측의 대상이 되고, 지표에서의 영향이 배제 대상이 된다. 이러한 요구 가운데 정보 전달 매체의 존재의 전달 매체로서는 대상의 특성을 가지고 있는 역장이나 파동장이 고려된다. 구체적으로 전자에는 중력이나 자력장이 있고, 후자의 경우에는 음파나 초음파 등의 압력파와 빛이나 전파 등의 전자파가 있다. 이 가운데 전자파가 파장 범위가 넓고 취급도 용이하며 수동형, 능동형의 사용이 가능하기 때문에 가장 많이 사용되고 있다. 여기서 수동형이란 자연계에 원래 존재하는 파동을 이용하는 방식이며, 능동형이란 인공적으로 발생된 파동으로 대상을 비추어서 반사되는 파동을 이용하는 방식이다. 그리고 수동적으로 이용이 가능한 전자파에는 태양으로부터의 방사와 지표 물체로부터의 열방사가 있다. 압력파에서는 능동적 사용이 주가 되고 역장에서는 수동적인 사용법이 주가 된다는 점에서 용도가 한정된다는 결점이 있다.

위의 장 (field)검출 수단 중 그 전달 매체에 대한 검출 수단의 존재로서 중력에서는 가속도계, 자력에서는 자력계가 사용되고 압력파의 검출에서는 마이크로폰이나 압전소자가 사용된다. 그리고 전자파에 대해서는 파장에 따라서 여러 가지 검출 소자가 있는데 그 중에서도 신틸레이터 카운터, 광전자 증배관, 실리콘 포토다이오드, PbS, InSb, PbSe, PbSnTe 및 HgCdTe 등이 있다. 전자파에 대하여 대기가 미치는 중요한 영향은 흡수와 산란이다. 지표 대상물의 관측에는 투과율이 높은 파장역의 전자파를 사용하며, 이 파장역을 대기창 (大氣窓)이라 한다. 한편 대기의 상태를 파악하는 데 목적을 둔 기상을 위해 리모트 센싱에서는 구름으로부터의 반사나 방사를 관측하는 가시, 열적외영역 외에 수증기나 CO_2 등의 대기 성분에 의한 흡수가 있는 파장영역도 사용된다.

이와 같은 리모트 센싱 기술을 응용가능한 분야는 대단히 많다. 지표에 나타난 어떤 지형상의 특징을 이용하여 지하의 구조를 추정하고 지하 자원을 탐사한다든가 해면의 온도 분포 및 해류의 이동을 분석하여 수산 자원의 이동 경로를 추정하는 것이 가능하며, 수종의 판별이나 나무의 높이와 직경을 판단하는 등의 삼림 자원에의 응용이나 농작물 경작 상태의 측정 및 기상상태의 측정에서의 응용은 잘 알려진 바이다.

5-2 지중·수중 자원탐사 센서

지중·수중의 탐사에서는 투과성, 계측 정밀도, 분해능의 상태에서 전파, 지진파, 음파가 주요한 센서로써 사용된다. 이들 가운데 지하의 에너지자원, 광물자원 혹은 수산자원은 일반적으로 심층 또는 해중이나 해저에 있으므로 전파에 의한 탐사는 곤란하고 오직 지진파, 음파의 음향 센서가 사용되고 있다. 한편 우리 주변의 전기, 가스, 수도의 지중 매설관이나 터널, 고분, 고고학적 유적 등 지중에 묻혀 있는 인공적인 자원은 얕은 층이므로 그 탐사에는 전파 센서가 이용된다.

이와 같이 음향 센서와 전파 센서는 그 대상이나 목적에 따라 구분하여 사용할 필요가 있지만, 이들에 대한 공통되는 문제점은 공간 분해능과 S/N비의 향상이다. 이 가운데 공간 분해능은 깊이 방향의 거리 분해능과 수평방향의 분해능으로 분류된다. 여기서 거리 분해능은 신호의 주파수가 높을수록 대역폭을 넓게 잡을 수 있으므로 향상된다. 그러나 지중·수중에서 받는 감쇠가 늘고 탐지 심도가 낮아지므로 이들은 트레이드 오프(trade off) 관계가 있다. 한편, 수평 분해능은 송수파기나 안테나의 개구 길이에 의존하지만 그 크기에는 한계가 있으므로 데이터 처리에 의해 등가적으로 개구 길이를 길게 하는 방법이 취해진다. 그 대표적인 예가 합성 개구법으로서 짧은 개구의 센서를 이동시켜 예리한 빔폭을 얻는 방법으로 대단히 효과적인 방법이다.

지중·수중탐사 레이더는 지표면상에서 펄스 전파를 대지로 향해서 방사하여 에코 신호에서 지중·수중을 탐사하는 레이더 시스템이다. 시스템은 모노 사이클 펄스 발생기, 송수 신호 분리기(T/R 회로), 안테나, STC 부착 수신기 샘플링 및 화상 표시기로 구성되어 있고, 안테나의 주사에 의해 지중·수중의 단면상이 화상으로 표시된다.

5-3 지열탐사

열탐사의 방법으로서 지중에 구멍을 파서 온도를 측정하는 직접적인 방법이나, 지하에서 솟아나는 온천수를 분석해서 지하 온도를 추정하는 간접적인 방법 등이 있다. 이들 종래의 방법에 대하여 최근 완전히 새로운 개념으로 지하 심부의 열원을 탐사하는 기법이 개발되었다. 그것은 강자성 물질은 그 물질 고유의 퀴리점 온도 이상에 달하면 상자성이 된다는 성질 즉, 자성을 잃는다는 성질을 이용한 것이다.

실제로 지중에는 자철광과 같은 강자성 광물이 조금씩 포함되어 있다. 즉 대지는 약한 자석이라고 할 수 있다. 수십 km의 지하 심부는 1,000℃ 이상에 달하는 것으로 생각되므로 대지의 자석은 어느 심도에 달하면 반드시 퀴리점 온도에 달하여 자석으로서의 성질을 잃게 될 것이다. 그러므로 지상에서 대지의 자석이 발생하는 지자기의 이상을 조사하고 지자기 이상 형태에서 대지의 자석 바닥 깊이를 구함으로써 퀴리점 온도에 달하는 심도를 구할 수 있다.

이 퀴리점 심도의 분포를 알게 됨으로써 지하 열원의 분포를 추정할 수 있다. 즉 퀴리점 심도가 얕을 때는 지표면에서 수평 방향의 지자기 이상 변화가 심한 경향으로 나타나고, 반대로 깊을 경우는 비교적 변화 정도가 작게 나타난다. 이와 같은 정보로서 퀴리점 심도를 결정하게 된다.

5-4 우주 자원탐사 센서

인류의 문명이 고도로 발전함에 따라 점차 환경문제와 자원고갈 문제가 중요시되고 있다. 이에 따른 돌파구로서 달이나 소혹성과 같은 지구 외의 천체에도 눈을 돌릴 필요가 있다. 예를 들어 달은 태양을 등지고 있으며, 항상 그늘진 영역을 갖고 있는데 이 영역은 환경의 물리적 특수성에서 유용도가 높을 것으로 기대되어 그 공간적인 구조, 열수지 상태나 광학적 환경들에 대하여 파악할 필요성이 있다. 또한 달이나 소혹성에는 Si, O, Fe, Mg, Al 등 지구의 인류가 영위하는 데 필요한 원소가 풍부한 것으로 추정되고 있다. 이와 같은 달이나 소혹성의 표면 물질은 형광 X선 스펙트로미터를 이용하여 측정할 수가 있다. 즉, 이들 표면 물질은 태양의 코로나로 나오는 X선을 여기원으로 하여 각각의 특성 X선을 방사하고 있다. 따라서 이들 특성 X선을 관측함으로써 표면 물질을 알 수가 있다. 천체 중에서 지각 표면에 대기가 전혀 없거나 희박한 화성, 수성, 각 혹성의 위성, 혜성 등의 표면 관찰에는 감마선 스펙트로 미터법을 응용할 수가 있으며, 감마선 관측에서 알 수 있는 것은 지각 표면의 원소 존재량과 그 비율이다.

5-5 기상현상 측정

기온이나 습도, 풍향 및 풍속, 구름 등의 기상 상태를 측정하기 위한 센서 응용도 빼놓을 수 없는 특수 응용 분야의 하나이다. 이들 기상 현상 측정에는 레이저 레이더가 매우 유용하게 사용된다. 레이저 레이더는 공간으로 레이저를 발사한 후 산란 및 반사 되어온 레이저 광을 망원경으로 수신하여 분석하는 것이다.

기온의 측정은 주로 라만산란 방식(raman scattering method)으로 시도된다. 라만 산란 방식에는 다시 2종류가 있는데 하나는 분자의 회전에 의해 생기는 라만 산란 스펙트럼 강도가 기온에 의하여 변화되는 것을 이용한 것이고, 다른 하나는 공기 밀도가 기온 변화하는 것을 이용해서 공기 밀도를 N_2 분자의 라만산란 강도에서 구하는 방법이다.

습도는 라만산란 방식과 DIAL 방식에 의해 측정이 가능하다. 라만산란 방식에서는 H_2O분자의 라만산란 강도가 그 밀도에 비례한다는 것을 이용한다. 따라서 이 방식에서는 N_2분자의 라만산란 강도도 동시에 측정하여 그들의 강도비를 구함으로써 절대 습도의 측정이 가능하며, DIAL 방식에서는 가시역에서 적외선 영역에 걸쳐서 많이 존재하는 H_2O 분자의 흡수선 흡수 계수가 수증기량에 비례하는 것이 이용된다.

풍향, 풍속의 측정법에는 크게 나누어 상관법과 도플러법이 있다. 두 방법 모두 대기중에 부유하는 에어로솔을 바람의 트레이서로 하여 그 움직임을 레이저 레이더로 관측하는 것이다. 구름 관측은 오직 마이에산란 방식으로 실시되고 있다. 레이더에 비해 레이저 레이더로 구름을 측정하는 장점은 레이더에서는 굵은 입자의 구름밖에 측정할 수 없는 데 비해 레이저 레이더에서는 대단히 미소한 입자까지도 포착할 수 있다.

5-6 해양환경 계측 시스템

수산업에 대한 해양 목장, 에너지 이용으로서 조석 발전, 파력 발전, 해양 온도차 발전 자원 이용으로서 석유, 천연가스의 채굴, 망간 단괴의 채광, 열수광상 조사 등이 크게 부각되고 있다. 또 지진 예보를 위한 심해저 플레이트의 조사나 수산물을 보호하기 위한 기름 오염 등의 공해 감시도 중요하다. 이와 같은 해양 개발에서는 먼저 해양 환경 계측이 필요하다. 종래 수산 자원의 상황 파악이나 해운 조사를 위해 관측선이 이용되어 해상의 수심, 염분, 수온, 해류 방향, 유속 등과 기온, 기압, 풍향, 풍속 등의 기상에 관한 자료들이 측정되어 왔다. 바다에서의 계측이 어려운 이유는 바다 면적이 넓다는 것, 수심 10m마다 1기압이 증가되므로 바다 속은 대단히 고압이 된다는 것, 바다 속에서는 거의 전자파의 통과가 어렵다고 하는 바다의 특수성 때문이다.

최근 첨단기술의 발달에 따라 이들 작업이 점차 자동화되거나 항공기, 인공 위성에 의한 관측이 실시되고 있다. 여기에 수반해서 원격적인 측정 방법인 빛과 전파가 사용되고 있다. 또 바다 속에서는 통상 전달되기 쉬운 음파가 사용되어 왔지만 최근에는 강한 레이저광이나 바다 속에 빛을 전달시키기 위한 광섬유의 이용도 검토되고 있다. 초음파는 전자파 등과 달리 비교적 적은 감쇠로 수중을 전파하므로 해양 계측 특히, 바다속 리모트 센싱 분야에서 가장 많이 이용되고 있는 매체이다. 초음파에 의한 측심은 배 밑에 장치한 송수파기로부터 초음파 펄스를 해저로 발사해서 해저로부터의 반사파를 수신함으로써 초음파의 왕복시간을 계측하고 그 시간차와 음속 곱의 1/2에서 수심을 구한다.

해역이나 심도에 따라서 달라지는 유속, 유향을 원격 계측할 수 있는 시스템으로서 선박에 탑재된 도플러 유속계가 있다. 측정 원리는 음원에 대하여 산란체(바다 속의 미세 부유물) 등이 상대적으로 움직이고 있는 경우 각 층의 산란체로부터 반사되어 되돌아오는 초음파의 주파수가 그 상대 속도에 의존해서 천이한다고 하는 도플러 효과에 입각하고 있다. 선박의 앞쪽에서 본 산란체의 상대 속도를 V_x, 송신 주파수를 f_0, 전방 및 후방으로부터의 반사파 주파수를 f_1, f_2, 음속을 c로 하면 도플러 효과에 의해 f_1과 f_2와의 차 Δf는 다음 식으로 주어진다. 따라서 아래 식과 같이 선박에 대한 산란체의 전후 방향의 상대 속도가 구해진다.

$$\Delta f = \frac{4v_x}{c \sin \theta} f_0 \quad \cdots\cdots\cdots\cdots\cdots\cdots\cdots\cdots\cdots\cdots\cdots\cdots\cdots\cdots (6-20)$$

좌우 방향의 상대 속도도 각 방향의 반사파 주파수를 측정함으로써 위와 같이 구해진다.

다시 해저로부터 반사파의 주파수 천이를 측정하여 선박에 대지 속도를 계측해서 여기에 맞추어 바닷물의 유속, 유향을 구한다.

해양의 관측에는 초음파뿐만 아니라 마이크로파에 의한 계측이 많이 응용되고 있으며, 해면파와 풍속의 계측, 해면 온도 및 염분 등이 그 주요한 예이다. 해면에 조사한 마이크로파의 산란을 계측하는 능동형 센서로부터는 주로 해면파에 의한 표면 형상 또는 표면 조도 정보가 얻어진다. 또 바람에 의한 파의 발달 과정을 개입시켜 해상 풍속 분포의 계측이 실용화되고 있으며, 해면 오염의 파감쇠 효과가 능동형 센서에 의한 해면 오염의 검출에 이용된다. 해면에서 자연적으로 방출되는 열방사를 포착하는 수동형 센서는 해면의 방사율과 해면 온도의 곱에 비례하는 마이크로파 방사량 변화를 계측해서 해면 온도 분포 또는 방사율 변화를 일으키는 해수의 염분 농도 분포, 표면 오염 분포의 정보를 준다. 또한 대기층으로부터의 마이크로파 열방사의 측정에 의해 대기중 수증기량, 빗물량 및 기온의 계측도 가능하다.

- 집필위원 -

손병기 · 최시영 · 박이순 · 박세광
이종현 · 남태철 · 이정희 · 강희동
노용래 · 이용현 · 이덕동 · 이홍락
강신원 · 조진호

센서공학

1996년 3월 20일 1판 1쇄
1998년 2월 25일 2판 1쇄
2000년 7월 25일 3판 1쇄
2023년 1월 10일 3판 3쇄

저　자 : 손병기
펴낸이 : 이정일

펴낸곳 : 도서출판 일진사
www.iljinsa.com

(우) 04317 서울시 용산구 효창원로 64길 6

전화 : 704-1616/팩스 : 715-3536

등록 : 제1979-000009호 (1979.4.2)

값 14,000 원

ISBN : 978-89-429-0394-8

● 불법복사는 지적재산을 훔치는 범죄행위입니다.

저작권법 제97조의 5(권리의 침해죄)에 따라 위반자는
5년 이하의 징역 또는 5천만원 이하의 벌금에 처하거나
이를 병과할 수 있습니다.